·高等学校计算机基础教育教材精选·

大学计算机应用实用教程

赵明 主编

丁婷 龚京民 王维民 丁元明 副主编

清华大学出版社

北京

内容简介

本书主要内容包括计算机基础知识、Windows XP操作系统、文字处理软件Word 2003、电子制表软件Excel 2003、演示文稿软件PowerPoint 2003、网页设计与制作软件FrontPage 2003、计算机网络与Internet基础、常用工具软件的使用、计算机安全与维护以及多媒体技术等。

本书内容丰富、层次清晰、通俗易懂、图文并茂、易教易学，注重基础知识、基本原理和方法的介绍，同时也注重上机实践环节的介绍。全书详略得当、重点突出。

本书可作为普通高等院校、大专院校、高等职业技术院校、成人高等教育非计算机专业基础课的教材，也可作为各类计算机培训班的教材和自学参考书。

图书在版编目（CIP）数据

大学计算机应用实用教程 / 赵明主编. —北京：清华大学出版社，2011.1
（高等学校计算机基础教育教材精选）
ISBN 978-7-302-23036-6

Ⅰ.①大…　Ⅱ.①赵…　Ⅲ.①电子计算机－高等学校－教材　Ⅳ.①TP3

中国版本图书馆CIP数据核字(2010)第112140号

责任编辑：袁勤勇　王冰飞
责任校对：时翠兰
责任印制：何　芊

出版发行：清华大学出版社　　**地　址**：北京清华大学学研大厦A座
http://www.tup.com.cn　　**邮　编**：100084
社　总　机：010-62770175　　**邮　购**：010-62786544
投稿与读者服务：010-62795954, jsjjc@tup.tsinghua.edu.cn
质量反馈：010-62772015, zhiliang@tup.tsinghua.edu.cn
印　刷　者：北京富博印刷有限公司
装　订　者：北京市密云县京文制本装订厂
经　　销：全国新华书店
开　　本：185×260　　**印　张**：22.5　　**字　数**：513千字
版　　次：2011年1月第1版　　**印　次**：2011年1月第1次印刷
印　　数：1～3500
定　　价：30.00元

产品编号：036074-01

出版说明

在教育部关于高等学校计算机基础教育三层次方案的指导下，我国高等学校的计算机基础教育事业蓬勃发展。经过多年的教学改革与实践，全国很多学校在计算机基础教育这一领域中积累了大量宝贵的经验，取得了许多可喜的成果。

随着科教兴国战略的实施以及社会信息化进程的加快，目前我国的高等教育事业正面临着新的发展机遇，但同时也必须面对新的挑战。这些都对高等学校的计算机基础教育提出了更高的要求。为了适应教学改革的需要，进一步推动我国高等学校计算机基础教育事业的发展，我们在全国各高等学校精心挖掘和遴选了一批经过教学实践检验的优秀的教学成果，编辑出版了这套教材。教材的选题范围涵盖了计算机基础教育的三个层次，包括面向各高校开设的计算机必修课、选修课以及与各类专业相结合的计算机课程。

为了保证出版质量，同时更好地适应教学需求，本套教材将采取开放的体系和滚动出版的方式(即成熟一本、出版一本，并保持不断更新)，坚持宁缺毋滥的原则，力求反映我国高等学校计算机基础教育的最新成果，使本套丛书无论在技术质量上还是文字质量上均成为真正的"精选"。

清华大学出版社一直致力于计算机教育用书的出版工作，在计算机基础教育领域出版了许多优秀的教材。本套教材的出版将进一步丰富和扩大我社在这一领域的选题范围、层次和深度，以适应高校计算机基础教育课程层次化、多样化的趋势，从而更好地满足各学校由于条件、师资和生源水平、专业领域等的差异而产生的不同需求。我们热切期望全国广大教师能够积极参与到本套丛书的编写工作中来，把自己的教学成果与全国的同行们分享；同时也欢迎广大读者对本套教材提出宝贵意见，以便我们改进工作，为读者提供更好的服务。

我们的电子邮件地址是 jiaoh@tup.tsinghua.edu.cn。联系人：焦虹。

清华大学出版社

前言

随着计算机技术的飞速发展及信息技术革命的到来，计算机在国民经济和人们生活各个领域的应用越来越广泛，掌握计算机和网络的基础知识及应用技能已成为现代社会对人才培养的基本要求，同时，熟悉、掌握计算机技术的基本知识和技能已经成为胜任本职工作、适应社会发展的必备条件之一。

本书编写的主导思想是：要让读者不仅要学会使用计算机的基本操作，而且要掌握计算机的基本原理、基本知识和解决实际问题的能力，同时为后继课程的学习打下基础。

本书具有如下特色：首先，本书强调培养读者的创新能力和实践能力，突出动手能力和自学能力，使读者了解和掌握计算机的基本原理和基础知识，为进一步学习和工作打下坚实的基础；其次，本书强调以学习方法为导向，在深入理解和掌握人机对话的方法和技巧的基础上，能够追踪计算机技术的新发展，进而迅速加以运用；第三，内容组织方式非常新颖；书中绝大多数附图均经过处理，在保持内容完整性的基础上进一步加以整合，信息量极大，尤其是能给读者以相关知识点的全貌，不会使读者"迷路"。

本书在编写过程中，力求达到内容丰富、结构清晰、理论联系实际、叙述深入浅出，强化学生的动手能力，以更好地培养学生的技能。本书例题分析透彻，便于学生举一反三，触类旁通。书中配合具体实例，在做中学，在学中做，增强学生学习兴趣，加强教学效果。书中每一章在开头部分就列出了本章要点，每个章节相互独立，既便于组织教学，又方便学生自学。

全书共分10章。第1章是计算机基础知识，主要介绍计算机的发展简史、特点、分类及其应用领域；数制的基本概念及各种进制之间的相互转换；计算机中数据、字符和汉字的编码；计算机硬件系统的组成和作用，各组成部分的功能和简单工作原理；计算机软件系统的组成和功能，系统软件和应用软件的概念和作用等。第2章是Windows XP操作系统，主要介绍当前流行的Windows XP操作系统的使用技巧，提高微机的使用效率。第3章是文字处理软件Word 2003，主要介绍Word 2003的基本操作。第4章是电子制表软件Excel 2003，主要介绍Excel 2003的基本操作及使用技巧，并用来进行数据处理和数据分析。第5章是演示文稿软件PowerPoint 2003，主要介绍制作具有专业水平的图、文、声、动画乃至视频并茂的电子文稿的方法。第6章是FrontPage 2003，主要介绍FrontPage 2003的基本网页、框架和组件，创建超级链接，插入各种对象、表单，发布站点等编辑技术。第7章是计算机网络与Internet基础，主要介绍计算机网络的有关知识，着重讲述了Internet的使用。第8章是常用工具软件的使用，主要介绍多媒体播放软件、下载工具软件、图片浏览软件、PDF文件阅读软件、压缩与解压软件、系统优化软件的使用方法。第9章是计算机安全,主要介绍计算机病毒,网络黑客与网络攻防,数据加密和数字签名,防火墙技术以及网络道德,计算机安全的法律、法规和软件知识产权等。第10章是多媒体技术,主要介绍多媒体技术的基本概念、多媒体系统的组成、多媒体信息的数字化等。

本书可作为普通高等院校、大专院校、高等职业技术院校、成人高等教育非计算机专业基础课的教材,也可作为各类计算机培训班的教材和自学参考书。

本书由赵明、丁婷编写。其中第1、6、7、8、9、10章由赵明编写,第2、3、4、5章由丁婷编写。龚京民、王维民、丁元明在资料收集、整理及部分章节的文字校对工作中付出了辛勤劳动,在此表示感谢。

另外,本书在成书过程中,得到了史九林教授的大力支持与帮助,在此表示衷心的感谢。

由于计算机科学技术发展迅速,计算机学科知识更新很快,加之时间仓促,书中难免有不足和疏漏之处,恳请广大读者批评指正,不吝赐教。联系信箱:zmldt@126.com。

编　者

2010年5月于北京

目录

第1章 计算机基础知识

本章要点

- 计算机的发展简史、特点、分类及其应用领域
- 数制的基本概念，二进制和十进制整数之间的转换
- 计算机中数据、字符和汉字的编码
- 计算机硬件系统的组成和作用，各组成部分的功能和简单工作原理
- 计算机软件系统的组成和功能，系统软件和应用软件的概念和作用
- 计算机的性能和技术指标
- 计算机的配置

电子计算机(Electronic Computer)又称电脑(Computer)，诞生于20世纪40年代。在短暂的半个多世纪中，计算机技术迅猛发展，它从最初的军事应用扩展到目前社会的各个领域，有力地推动了信息化社会的发展。计算机已遍及机关、学校、企事业单位，并且进入家庭，成为信息社会中必不可少的工具。因此，越来越多的人们认识到，掌握计算机的使用是有效学习和成功工作的基本技能。

1.1 计算机概述

1.1.1 计算机发展简史

自从1946年第一台电子计算机ENIAC问世以来，计算机的发展突飞猛进。下面介绍从大型计算机时代到微型计算机时代的发展简史、我国计算机技术的发展概括及计算机发展的趋势。

1. 大型计算机时代

1) 第一代计算机(1946—1958年)

第一代计算机的主要特征是采用电子管组成基本逻辑电路，主要用于军事和科学研究工作。其特点是速度慢、体积大、耗电多、发热量大、可靠性差、存储容量小、价格贵、维修复杂。其代表机型有IBM 650(小型机)和IBM 709(大型机)。

2) 第二代计算机(1958—1964年)

第二代计算机的特征是采用晶体管组成基本逻辑电路，与第一代计算机相比，其体积、成本有了较大降低，功能、可靠性等有了较大的提高。除了应用于科学计算之外，在数据和事务处理方面都得到了广泛的应用，并且开始应用于工业控制。其代表机型有 IBM 7094 和 IBM 7600。

3) 第三代计算机(1965—1971 年)

第三代计算机是随固体物理技术的发展、集成电路的出现而诞生的。其主要特征是逻辑元件采用中小规模集成电路。运算速度每秒可达几十万次到几百万次，存储器进一步发展，体积更小、成本更低。同时，计算机开始向标准化、多样化、通用化和系列化方向发展。软件逐渐完善，操作系统开始使用。其代表机型有 IBM 360、富士通 F230 系列等。

4) 第四代计算机(自 1971 年至今)

第四代计算机的主要特征是逻辑元件和主存储器都采用大规模集成电路和超大规模集成电路。其特点是微型化、耗电极少、运算速度更快、可靠性更高、成本更低。在这一时期，微电子学理论和制作工艺方面的发展，为大幅度提高集成电路的集成度创造了条件；出现了微处理器，产生了微型计算机，使人类社会进入了计算机普及的新纪元。此外，软件行业迅速发展，编译系统、操作系统、数据库管理系统以及应用软件的研究更加深入，并日趋完善，软件业已成为一个重要的产业。

5) 新一代计算机

从 20 世纪 80 年代开始，日、美等国家开展了新一代称为"智能计算机"的计算机系统的研究，并声称将成为第五代计算机。日本科学家经过近十年的研究，发现要研制达到商品化的第五代计算机，比预计的难度要大得多。目前，关于第五代计算机尚未有突破性发展。这一代计算机是把信息采集、存储处理、通信和人工智能结合在一起的计算机系统，也就是说，新一代计算机由处理数据信息为主，转向处理知识信息为主，如获取、表达、存储及应用知识等，并有推理、联想和学习(如理解能力、适应能力、思维能力等)等人工智能方面的能力，能帮助人类开拓未知的领域和获取新的知识。

上述划分年代的方法是按计算机的主要部件采用的元器件来划分的，有学者把它称为传统的年代划分方法。另一种划分方法是按计算机应用发展年代来划分：1946—1980 年为小型机、大型机、小巨型机、巨型机发展阶段；1981—1991 年为微型机发展阶段；1991 年开始为网络化计算机发展阶段。

2. 微型计算机时代

随着集成度更高的超大规模集成电路(Super Large Scale Integrated circuits，SLSI)技术的出现，计算机正朝着微型化和巨型化两个方向发展。尤其是微型计算机，自 1971 年世界上第一片 4 位微处理器 Intel 4004 在 Intel 公司诞生以来，就异军突起，以迅猛的气势渗透到工业、教育、生活等许多领域之中。

微处理器是大规模和超大规模集成电路的产物。以微处理器为核心的微型计算机属于第四代计算机，通常人们以微处理器为标志来划分微型计算机，如 286 机、386 机、486 机、Pentium 机、PⅡ机、PⅢ机、P4 机等。微型计算机的发展史实际上就是微处理器的发展史。微处理器一直按照摩尔定律，其性能以平均每 18 个月提高一倍的高速度发展着。Intel 公司的芯片设计和制造工艺一直领导着芯片业界的潮流，Intel 公司的芯片发展史从一个侧面反映了微处理器和微型计算机的发展史，它宏观上可划分为 80x86 时代和

Pentium 时代。表 1-1 列出了 Intel 公司生产的微处理器芯片的发展过程。

表 1-1 Intel 公司生产的微处理器芯片的发展过程

时间/年	芯片名称	位	简单说明
1971	4004/4040	4	2250 个晶体管，用它制成一个 4 位微型计算机 MCS-4
1972	8008	8	3500 个晶体管，45 条指令
1973	8080	8	6000 个晶体管，时钟频率低于 2MHz，运算速度比 4004 快 20 倍
1978	8086	16	29 000 个晶体管，80x86 指令集
1979	8088	16	29 000 个晶体管，时钟频率 4.77MHz
1982	80286	16	13.4 万个晶体管，时钟频率 20MHz。1984 年 IBM 公司以 Intel 80286 芯片为 CPU 推出 IBM-PC/AT 机
1985	80386	32	27.5 万个晶体管，时钟频率 12.5MHz/33MHz
1989	80486	32	120 万个晶体管，时钟频率 25MHz/33MHz/50MHz
1993	Pentium	32	310 万个晶体管，时钟频率 60MHz/75MHz/90MHz/100MHz/120MHz/133MHz
1995	Pentium Pro	32	550 万个晶体管，时钟频率 150MHz/166MHz/180MHz/200MHz
1997	Pentium Ⅱ	32	750 万个晶体管，时钟频率 233～450MHz
1999	Pentium Ⅲ	32	950 万个晶体管，时钟频率 450MHz～1GHz
2000	Pentium Ⅳ	32	4200 万个晶体管，时钟频率大于 2GHz
2005	Pentium D	64	单一处理器中具有两个 Pentium Ⅳ 处理核心。时钟频率 2.80GHz、3.0GHz、3.20GHz
2006	Pentium 至尊	64	支持 MMX、SSE、SSE2、SSE3、EM64T、XD-bit 硬件防病毒指令集，另外还支持 VT 虚拟技术、EIST 节电技术以及 HT 超线程技术。时钟频率 3.20GHz、3.46GHz 和 3.72GHz
2006	Pentium 酷睿 2	64	晶体管数量达到 2.91 亿个，分双核、四核、八核三种。酷睿处理器采用 800～1333MHz 的前端总线速率，45nm/65nm 制造工艺，2MB/4MB/8MB/12MB/16MB L2 缓存

未来的计算机将是半导体技术、超导技术、光学技术、纳米技术和仿生技术相互结合的产物。从发展上看，计算机将向巨型化和微型化的方向发展；从应用上看，它将向系统化、网络化、智能化的方向发展。21 世纪，微型计算机会变得更小、更快、更人性化，在人们的工作、学习和生活中发挥更大的作用，而巨型机将成为各国体现综合国力和军力的战略物资以及发展高科技的强有力工具。

3. 我国计算机技术的发展概况

我国从 1956 年开始研制计算机，1958 年研制成功第一台电子管计算机 103 机，1959 年夏研制成功运行速度为每秒 1 万次的 104 机，该机是我国研制的第一台大型通用电子数字计算机。103机和104机的研制成功，填补了我国在计算机技术领域的空白，为促进我国计算机技术的发展做出了贡献。此后，我国又于1964年研制成功晶体管计算机，1971年研制以集成电路为主要器件的DJS系列计算机。在微型计算机方面，我国研制开发了长城系列、紫金系列、联想系列等微机，并得到了迅速发展。

1983年底，我国第一台被命名为“银河”的亿次巨型电子计算机诞生了。1992年，10亿次巨型计算机银河-Ⅱ研制成功。1997年6月，每秒130亿次浮点运算、全系统内存容量为9.15 GB的银河-Ⅲ并行巨型计算机在北京通过国家鉴定。

1995年5月曙光1000研制完成，这是我国独立研制的第一套大规模并行机系统，打破了外国在大规模并行机技术方面的封锁和垄断。1998年，曙光2000-Ⅰ诞生，它的峰值运算速度为每秒200亿次浮点运算。1999年9月，曙光2000-Ⅱ超级服务器问世，它是国家863计划的重大成果，峰值速度达到每秒1117亿次，内存高达50GB。

1999年9月，“神威”并行计算机研制成功并投入运行，其峰值运算速度可高达每秒3840亿次浮点运算，位居当时全世界已投入商业运行的前500位高性能计算机的第48位。

从2001年开始，我国自主研发通用CPU芯片。龙芯(Godson)CPU是中国科学院计算技术研究所自行研制的高性能通用CPU，也是国内研制的第一款通用CPU。龙芯2号已达到Pentium Ⅲ的水平。2006年9月龙芯2E通过了技术鉴定，其性能比龙芯2号大有提高。可以预测，未来的龙芯3号将是一个多核的CPU。我国在微机通用CPU的研发方面，已走上了自主创新的发展之路。

2009年10月29日，国防科技大学成功研制出的峰值性能为每秒1206万亿次的“天河一号”超级计算机，这意味着如果用这个“巨无霸”计算一天，一台当前主流计算机得算160年；其存储量则相当于4个国家图书馆藏书量之和。“天河一号”位居当日公布的中国超级计算机前100强之首，这也使得中国成为继美国之后世界上第二个能够研制千万亿次超级计算机的国家。超级计算机又称高性能计算机、巨型计算机，是世界公认的高新技术制高点和21世纪科学领域最重要的科研成果之一。

4. 计算机发展的趋势

现在的计算机功能已相当强大，且为人类做出了巨大的贡献。但是，人们对计算机的依赖性也越来越强，对计算机的功能要求越来越高，因此研制功能更加强大的新型计算机已成为必然。

计算机未来的发展趋势将主要概括为以下几个方面。

1) 巨型化

巨型化是指发展高速、大存储容量和功能更强大的巨型机，以满足尖端科学研究的需要。并行处理技术是当今研制巨型计算机的基础。研制巨型机能体现出一个国家计算机科学水平的高低，也能反映出一个国家的经济实力和科学技术水平。

2) 微型化

发展小、巧、轻、价格低、功能强的微型计算机，以满足更广泛的应用领域。近年来，微机技术发展十分迅速，新产品不断问世，芯片集成度和性能大幅度提高，价格也越来越低。

多媒体计算机是目前微型计算机发展的主要方向之一。

3）网络化

计算机网络是计算机技术和通信技术相结合的产物，是计算机技术中最重要的一个分支，是信息系统的基础设施。目前，世界各国都在规划和实施自己国家的信息基础设施(National Information Infrastructure，NII)。NII是指一个国家的信息网络，能使任何人在任何时间、任何地点，将文字、声音、图像、电视信息传递给在任何地点的任何人。它将学校、科研机构、企业、图书馆、实训室等部门的各种资源连接在一起，被全体公民所共享。

尽管网络的带宽不断大幅度提高，服务质量不断改善，服务种类不断增加，但是，由于网络用户急剧增多，用户要求越来越高，网络仍不能满足人们的需要。网络传输速率更高，提供的服务更多、质量更高，是计算机网络总的发展趋势。未来，计算机网络将无所不在。“网络就是计算机”将要成为现实。

4）智能化

智能化是指用计算机来模拟人的感觉和思维过程，使计算机具备人的某些智能。例如，听说能力以及识别文字、图形和物体的能力，并具备一定的学习和推理能力等。智能化是建立在现代科学基础之上的、综合性很强的边缘科学。大量科学家为此正在进行艰难的探索。

一些发达国家正在开展对新型计算机的研究。第五代计算机(人工智能机)和第六代计算机(神经网络机)的研制工作继续深入，不断出现新成果。日本已研制出光学神经型计算机，这种计算机能够通过连续自动程序模拟人脑学习和存储视觉形象，具有人脑的视觉神经反应能力和记忆能力。现在，它基本上已经能够识别和阅读比较复杂的手写体字符和图像，识别率相对有了较大的提高。

5）多媒体化

本来，人们很乐于接受图、文、声并茂且丰富多彩的信息，但长期以来，计算机只能提供以字符为主的信息，难以满足人们的需要。随着多媒体技术的发展，现在的计算机已具备了综合处理文字、声音、图形、图像的能力。多媒体化也是未来计算机发展的一个重要趋势。

多媒体化是指计算机能更有效地处理文字、图形、动画、音频、视频等多种形式的信息，使人们可以更自然、有效地使用信息。

1.1.2 计算机的特点

计算机作为一种通用的信息处理工具，它具有极高的处理速度、很强的存储能力、精确的计算和逻辑判断能力，其主要特点如下。

1. 处理速度快

当今计算机系统的运算速度已达到每秒万亿次，微机也可达每秒亿次以上，使大量复杂的科学计算问题得以解决，如卫星轨道的计算、大型水坝的计算、天气预报的计算等，过去人工计算需要几年、几十年，而现在用计算机只需几天甚至几分钟就可完成。

2. 计算精度高

科学技术的发展特别是尖端科学技术的发展，需要高度精确的计算。计算机控制的导弹之所以能准确地击中预定的目标，是与计算机的精确计算分不开的。一般计算机可以有十几位甚至几十位(二进制)有效数字，计算精度可由千分之几到百万分之几，是其他任何计算工具所望尘莫及的。

3. 存储容量大

计算机的存储器类似于人的大脑，可以“记忆”(存储)大量的数据和信息。随着微电子技术的发展，计算机内存储器的容量越来越大，目前一般的微机内存容量已达256MB～1GB，加上大容量的磁盘、光盘等外部存储器，实际上存储容量已达到了海量。而且，计算机所存储的大量数据可以迅速查询，这种特性对信息处理是十分重要和有用的。

4. 可靠性高

随着计算机硬件技术的迅速发展，采用大规模和超大规模集成电路的计算机具有非常高的可靠性，其平均无故障时间可达到以“年”为单位。人们所说的“计算机错误”，通常是由于与计算机相连的设备或软件的错误造成的，而由计算机硬件引起的错误越来越少了。

5. 工作全自动

计算机内部操作是根据人们事先编好的程序自动控制进行的。用户根据解题需要，事先设计好运行步骤与程序，计算机十分严格地按程序规定的步骤操作，整个过程不需人工干预。

6. 适用范围广，通用性强

计算机靠存储程序控制进行工作。一般来说，无论是数值的还是非数值的数据，都可以表示成二进制数的编码，无论是复杂的还是简单的问题，都可以分解成基本的算术运算和逻辑运算，并可用程序描述解决问题的步骤。所以，不同的应用领域中，只要编制和运行不同的应用软件，计算机就能在此领域中很好地服务，通用性极强。

1.1.3 计算机的应用

计算机的应用已经渗透到人类社会的各个领域，不仅可以实现各种复杂的运算，可以对各种数据信息进行收集、存储、管理、加工，还广泛应用于辅助设计、工业控制、网络通信和电子商务等领域。

按照计算机应用的特点，归纳起来有以下几大类。

1. 科学计算

使用计算机可实现大规模、复杂、精密的运算，如应用于人造卫星轨迹计算、三峡工程抗震强度、天气预报等科学领域。科学计算是计算机最早的应用。

2. 信息处理

信息处理也称数据处理，主要针对大量的原始数据进行收集、存储、整理、分类、加工、统计等，特点是运算不复杂，但数据量非常庞大。这样的系统在计算机领域中有一个专门的名称——数据库系统，应用于人事管理、生产管理、财务管理、项目管理、图书情报检索、办公自动化等，应用领域最广，把人们从烦琐的数据统计和管理事务中解放出来，大大提高了工作效率。

3. 过程控制

过程控制也称工业控制（自动控制或实时控制），对工业生产、交通管理、国防科研等过程进行数据采集、即时分析，并即时发出控制信号，实现生产、科研自动化。

4. 辅助技术

利用计算机协助人们完成各种工作，提高工作效率，包括以下几方面。

(1) 计算机辅助设计(Computer Aided Design，CAD)：利用计算机帮助设计人员进行工程设计，如飞机设计、汽车设计、建筑设计、机械设计、服装设计等一些实际应用。

(2) 计算机辅助制造(Computer Aided Manufacturing，CAM)：利用计算机协助人们进行产品的制造、控制和操作，提高生产工艺水平、加工质量，降低成本，提高效益。

(3) 计算机辅助测试(Computer Assisted Test，CAT)：利用计算机协助或替代人完成大量复杂、枯燥或恶劣环境的检测工作。

(4) 计算机辅助教学(Computer Assisted Instruction，CAI)：通过计算机自动学习系统的形式协助或替代教师引导学生学习，增加学生的学习兴趣。

5. 人工智能

人工智能(Artificial Intelligence，AI)是利用计算机模拟人类的某些智力活动，如智能机器人、专家系统等，应用于声像识别与推理、机器翻译、疾病诊断、系统仿真等高端技术领域。

6. 网络通信

将分布在各地（直至全球）的计算机连成一个整体，实现资源共享、信息传送。

7. 电子商务

利用 Internet 将商场、书店、银行、证券交易等商务活动搬到计算机上，实现办公自动化和商务电子化，是目前新兴的应用领域。

1.1.4 计算机的分类

计算机种类很多,可以从不同的角度对计算机进行分类。

1. 按照计算机原理分类

1) 数字式电子计算机

数字式电子计算机是用不连续的数字量"0"和"1"来表示信息,其基本运算部件是数字逻辑电路。数字式电子计算机的精度高、存储量大、通用性强,能胜任科学计算、信息处理、实时控制、智能模拟等方面的工作。人们通常所说的计算机就是指数字式电子计算机。

2) 模拟式电子计算机

模拟式电子计算机是用连续变化的模拟量电压来表示信息,其基本运算部件是由运算放大器构成的微分器、积分器、通用函数运算器等运算电路组成。模拟式电子计算机解题速度极快,但精度不高、信息不易存储、通用性差,它一般用于解微分方程或自动控制系统设计中的参数模拟。

3) 混合式电子计算机

数字、模拟混合式电子计算机是综合了上述两种计算机的长处设计出来的。它既能处理数字量,又能处理模拟量。但是这种计算机结构复杂,设计困难。

2. 按照计算机用途分类

1) 通用计算机

通用计算机是为能解决各种问题、具有较强的通用性而设计的计算机。它具有一定的运算速度,有一定的存储容量,带有通用的外部设备,配备各种系统软件、应用软件。一般的数字式电子计算机多属此类。

2) 专用计算机

专用计算机是为解决一个或一类特定问题而设计的计算机。它的硬件和软件的配置依据解决特定问题的需要而定,并不求全。专用机功能单一,配有解决特定问题的固定程序,能高速、可靠地解决特定问题。一般在过程控制中使用此类计算机。

3. 按照计算机性能分类

计算机的性能主要是指其字长、运算速度、存储容量、外部设备配置、软件配置及价格高低等。1989 年 11 月美国电气和电子工程师学会(IEEE)根据当时计算机的性能及发展趋势,将计算机分为巨型机、小巨型机、大型机、小型机、工作站和个人计算机六大类。

1) 巨型机(Super Computer)

巨型机又称超级计算机,它是所有计算机类型中价格最贵、功能最强的一类计算机,其浮点运算速度已达每秒万亿次。目前多用在国家高科技领域和国防尖端技术中。美国、日本是生产巨型机的主要国家,俄国及英、法、德次之。我国在 1983 年、1992 年、

1997 年分别推出了银河Ⅰ、银河Ⅱ和银河Ⅲ，进入了生产巨型机的行列。

2）小巨型机（Mini super Computer）

小巨型机是 20 世纪 80 年代出现的新机种，因巨型机价格十分昂贵，在力求保持或略微降低巨型机性能的条件下开发出小巨型机，使其价格大幅降低（约为巨型机价格的 1/10）。为此在技术上采用高性能的微处理器组成并行多处理器系统，使巨型机小型化。

3）大型机（Mainframe）

国外习惯上将大型机称为主机，它相当于国内常说的大型机和中型机。近年来大型机采用了多处理、并行处理等技术，其内存一般为 1GB 以上，运行速度可达 300～750mips（每秒执行 3～7.5 亿条指令）。大型机具有很强的管理和处理数据的能力，一般在大企业、银行、高校和科研院所等单位使用。

4）小型机（Minicomputer）

小型机结构简单、价格较低、使用和维护方便，备受中小企业欢迎。20 世纪 70 年代出现小型机热，到 20 世纪 80 年代其市场份额已超过了大型机。那时在我国许多高校、科研院所都配置了 16 位的 PDP-Ⅱ及 32 位的 VAX-Ⅱ系列。国产的有 DJ-2000 及生产批量较大的太极 2000 等。

5）工作站（Workstation）

工作站是一种高档微型机系统。它具有较高的运算速度，具有大型机或小型机的多任务、多用户能力，且兼有微型机的操作便利和良好的人机界面。其最突出的特点是具有很强的图形交互能力，因此在工程领域特别是计算机辅助设计领域得到迅速应用。典型产品有美国 Sun 公司的 Sun 系列工作站。

6）个人计算机（Personal Computer）

国外个人计算机简称 PC，国内多数人称微型计算机，简称微机。这是 20 世纪 70 年代出现的新机种，以其设计先进（总是率先采用高性能微处理器）、软件丰富、功能齐全、价格便宜等优势而拥有广大的用户，因而大大推动了计算机的普及应用。现在除了台式机外，还有笔记本、掌上型电脑等。

1.2 数制与编码

数制也称计数制，是指用一组固定的符号和统一的规则来表示数值的方法。编码是采用少量的基本符号，选用一定的组合原则，以表示大量复杂多样的信息的技术。计算机是信息处理的工具，任何信息必须转换成二进制形式数据后才能由计算机进行处理、存储和传输。计算机所表示和使用的数据可分为两大类：数值数据和字符数据。

1.2.1 数制的基本概念

1. 十进制计数制

十进制计数制其加法规则是“逢十进一”；任意一个十进制数值可用 0、1、2、3、4、5、6、

7、8、9 共 10 个数字符组成的字符串来表示。数字符又叫数码，数码处于不同的位置（数位）代表不同的数值。例如，666.66 这个数中，第一个 6 处于百位数的数位，代表六百；第二个 6 处于十位数的数位，代表六十；第三个 6 处于个位数的数位，代表六；第四个 6 处于十分位的数位，代表十分之六；而第五个 6 处于百分位的数位，代表百分之六。因此，十进制数 666.66 可以写成：

$$666.66=6\times10^{2}+6\times10^{1}+6\times10^{0}+6\times10^{-1}+6\times10^{-2}$$

上式称为数值的按权展开式，其中 10^{i} 称为十进制数的权，10 称为基数。

2. *R* 进制计数制

从对十进制计数制的分析可以得出，对于任意 R 进制计数制同样有基数 R、权 R^{i} 和按权展开式。其中 R 可以是任意正整数，如二进制的 R 为 2，十六进制的 R 为 16 等。分别叙述如下。

1）基数

一个计数制所包含的数字符号的个数称为该数制的基数（Radix），用 R 表示。

十进制（Decimal）：任意一个十进制数可用 0、1、2、3、4、5、6、7、8、9 十个数字符的组合表示，它的基数 $R=10$。

二进制（Binary）：任意一个二进制数可用 0、1 两个数字符的组合表示，其基数 $R=2$。

八进制（Octal）：任意一个八进制数可用 0、1、2、3、4、5、6、7 八个数字符的组合表示，它的基数 $R=8$。

十六进制（Hexadecimal）：任意一个十六进制数可用 0、1、2、3、4、5、6、7、8、9、A、B、C、D、E、F 十六个数字符的组合表示（A、B、C、D、E、F 分别代表 10、11、12、13、14、15），它的基数 $R=16$。

为区分不同数制的数，书中约定对于任一 R 进制的数 N，记作：$(N)_R$，如 $(10101)_2$、$(7034)_8$、$(AE06)_{16}$，分别表示二进制数 10101、八进制数 7034 和十六进制数 AE06。不用括号及下标的数，默认为十进制数，如 256。人们也习惯在一个数的后面加上字母 D（十进制）、B（二进制）、Q（八进制）、H（十六进制）来表示其前面的数用的是什么进制。例如，10101B 表示二进制数 10101；7034Q 表示八进制数 7034；AE06H 表示十六进制数 AE06。

2）位值（权）

任何一个 R 进制的数都是由一串数码表示的，其中每一位数码所表示的实际值大小，除数码本身的数值外，还与它所处的位置有关，由位置决定的值就叫位值（或称权）。位值用基数 R 的 i 次幂 R^{i} 表示。

假设一个 R 进制数具有 n 位整数、m 位小数，那么其位权为 R^{i}，其中 i 的取值范围为 $-m\sim n-1$。显然，对于任一 R 进制数，其最右边数码的权最小，最左边数码的权最大。

3）数值的按权展开

类似十进制数值的表示，任一 R 进制数的值都可表示为：各位数码本身的值与其权的乘积之和。例如：

（1）十进制数 314.12 的按权展开：

$$314.12\text{D}=3\times10^{2}+1\times10^{1}+4\times10^{0}+1\times10^{-1}+2\times10^{-2}$$

(2) 二进制数 110.01 的按权展开：

$$110.01\text{B}=1\times2^2+1\times2^1+0\times2^0+0\times2^{-1}+1\times2^{-2}=4+2+0.25=6.25\text{D}$$

(3) 十六进制数 A2B 的按权展开：

$$\text{A2BH}=10\times16^2+2\times16^1+11\times16^0=2560+32+11=2603\text{D}$$

这种过程叫做数值的按权展开。

任意一个具有 n 位整数和 m 位小数的 R 进制数 N 的按权展开为：

$$\begin{aligned}(N)_R &= a_{n-1}\times R^{n-1}+a_{n-2}\times R^{n-2}+\cdots+a_2\times R^2+a_1\times R^1+a_0\times R^0\\&\quad+a_{-1}\times R^{-1}+\cdots+a_{-m}\times R^{-m}\\&=\sum_{i=-m}^{n-1}a_i\times R^i\end{aligned}$$

其中以 a_i 为 R 进制的数码。

1.2.2 二进制、十进制和十六进制数制

由上述计数制的规律，下面具体对二进制、十进制和十六进制的数制做一小结，并对各种数制间的转换加以介绍。

1. 十进制

基数为 10，即“逢十进一”。它含有 10 个数码：0、1、2、3、4、5、6、7、8、9。权为 10^i（i 的取值范围为 $-m\sim n-1$，其中 m、n 为自然数）。

2. 二进制

基数为 2，即“逢二进一”。它含有两个数码：0、1。权为 2^i（i 的取值范围为 $-m\sim n-1$，m、n 为自然数）。

二进制是计算机中采用的数制，这是因为二进制具有以下特点。

(1) 简单可行，容易实现。因为二进制仅有两个数码 0 和 1，可以用两种不同的稳定状态（如有磁和无磁、高电位与低电位）来表示。计算机的各组成部分由两个稳定状态的电子元件组成，它不仅容易实现，而且稳定可靠。

(2) 运算规则简单。二进制的计算规则非常简单。以加法为例，二进制加法规则仅有四条，即：0+0=0；1+0=1；0+1=1；1+1=10（逢二进一）。

(3) 适合逻辑运算。二进制中的 0 和 1 正好分别表示逻辑代数中的假值（False）和真值（True）。二进制数代表逻辑值容易实现逻辑运算。

但是，二进制的明显缺点是：数字冗长，书写麻烦且容易出错，不便于阅读。所以，在计算机技术文献的书写中，常用十六进制数表示。

3. 十六进制

基数为 16，即“逢十六进一”。它含有 16 个数字符号：0、1、2、3、4、5、6、7、8、9、A、B、C、D、E、F，其中 A、B、C、D、E、F 分别表示数码 10、11、12、13、14、15。权为 16^i（i 的取值范

围为$-m \sim n-1$,其中m、n为自然数)。

应当指出,二进制和十六进制都是计算机中常用的数制,所以在一定数值范围内直接写出它们之间的对应表示,也是经常遇到的。表1-2列出了0~15这16个十进制数与其他两种数制的对应表示。

表1-2 3种计数制的对应表示

十进制	二进制	十六进制	十进制	二进制	十六进制
0	0000	0	8	1000	8
1	0001	1	9	1001	9
2	0010	2	10	1010	A
3	0011	3	11	1011	B
4	0100	4	12	1100	C
5	0101	5	13	1101	D
6	0110	6	14	1110	E
7	0111	7	15	1111	F

4. 各种数制间的转换

对于各种数制间的转换,重点要求掌握二进制整数与十进制整数之间的转换。

1) 非十进制数转换成十进制数

利用按权展开的方法,可以把任意数制的一个数转换成十进制数。下面是将二进制、十六进制数转换为十进制数的例子。

例1-1 将二进制数1110.101转换成十进制数。

$$1110.101B = 1\times2^3+1\times2^2+1\times2^1+0\times2^0+1\times2^{-1}+0\times2^{-2}+1\times2^{-3}$$
$$=8+4+2+0.5+0.125=14.625D$$

例1-2 将二进制数110110转换成十进制数。

$$110110B=1\times2^5+1\times2^4+0\times2^3+1\times2^2+1\times2^1+0\times2^0=32+16+4+2=54D$$

例1-3 将十六进制数2BE转换成十进制数。

$$2BEH=2\times16^2+11\times16^1+14\times16^0=512+176+14=702D$$

由上述例子可见,只要掌握了数制的概念,那么将任一进制的数转换成十进制数的方法是一样的。

2) 十进制整数转换成二进制整数

通常一个十进制数包含整数和小数两部分。由于对整数部分和小数部分的处理方法不同,这里只讨论整数的转换。

把被转换的十进制整数反复地除以2,直到商为0,所得的余数(从末位读起)就是这个数的二进制表示。简单地说,就是"除2取余法"。

例1-4 将十进制整数217转换成二进制整数。

按上述方法得:

	商 1	商 2	商 3	商 4	商 5	商 6	商 7	商 8	
除数 2	217	108	54	27	13	6	3	1	0
	216	108	54	26	12	6	2	0	
余数	1	0	0	1	1	0	1	1	
	最低位							最高位	

所以 217D=11011001B。

所有的运算都是除 2 取余，只是本次除法运算的被除数须用上次除法所得的商来取代，这是一个重复过程。

掌握了十进制整数转换成二进制整数的方法以后，十进制整数转换成八进制数或十六进制数就变得很容易。十进制整数转换成八进制整数的方法是"除 8 取余法"，十进制整数转换成十六进制整数的方法是"除 16 取余法"。

3）二进制数与十六进制数间的相互转换

用二进制数编码存在这样一个规律：n 位二进制数最多能表示 2^n 种状态，分别对应 0、1、2、3、…、2^{n-1}。可见，用 4 位二进制数就可对应表示一位十六进制数。其对应关系如表 1-2 所示。

(1) 二进制整数转换成十六进制整数。将一个二进制数转换成十六进制数的方法是从个位数开始向左按每 4 位二进制数一组划分，不足 4 位的组前面以 0 补足，然后将每组 4 位二进制数代之以一位十六进制数字即可。

例 1-5 将二进制整数 11111101011001B 转换成十六进制整数。

按上述方法分组得：0011，1111，0101，1001。在所划分的二进制数组中，第一组是不足 4 位经补 0 而成的。再以一位十六进制数字符替代每组的 4 位二进制数字得：

0011	1111	0101	1001
3	F	5	9

故得结果：11111101011001B=3F59H。

(2) 十六进制整数转换成二进制整数。将十六进制整数转换成二进制整数，其过程与二进制数转换成十六进制数相反，即将每一位十六进制数字代之以与其等值的 4 位二进制数即可。

例 1-6 将 3ECH 转换成二进制数。

因为

3	E	C
0011	1110	1100

故得结果：3ECH=001111101100B。

1.3 计算机中字符的编码

前面讨论了把十进制整数转换成二进制整数的方法，这样就可以在计算机里表示十进制整数了。对于数值数据的表示还有两个需要解决的问题，即数的正、负符号和小数点位置的表示。计算机中通常以"0"表示正号，"1"表示负号，进一步又引入了原码、反码和补码等编码方法。为了表示小数点位置,计算机中又引入了定点数和浮点数表示法。有关数据在计算机内部的具体表示方法已远远超出本教材的范围,略去不讲。本节将重点讲述字符和汉字的编码,了解编码的概念有利于掌握计算机的应用。

1.3.1 西文字符的编码

计算机中,对非数值的文字和其他符号进行处理时,要对文字和符号进行数字化处理,即用二进制编码来表示文字和符号。字符编码(Character Code)是用二进制编码来表示字母、数字及专门符号。

在计算机系统中,有两种重要的字符编码方式：ASCII 和 EBCDIC。EBCDIC 主要用于 IBM 的大型主机,ASCII 用于微型机与小型机。下面简要介绍 ASCII 码。

目前计算机中普遍采用的是 ASCII(American Standard Code for Information Interchange)码,即美国信息交换标准代码。ASCII 码有 7 位版本和 8 位版本两种,国际上通用的是 7 位版本,7 位版本的 ASCII 码有 128 个元素,只需用 7 个二进制位($2^7=128$)表示,其中控制字符 34 个、阿拉伯数字 10 个、大小写英文字母 52 个、各种标点符号和运算符号 32 个。在计算机中实际用 8 位表示一个字符,最高位为"0"。表 1-3 列出了全部 128 个符号的 ASCII 码。例如,数字 0 的 ASCII 码为 48,大写英文字母 A 的 ASCII 码为 65,空格的 ASCII 码为 32 等。有的计算机教材中的 ASCII 码用十六进制数表示,这样,数字 0 的 ASCII 码为 30H,字母 A 的 ASCII 码为 41H。

表 1-3 标准 ASCII 码字符集

$b_6b_5b_4$ / $b_3b_2b_1b_0$	000	001	010	011	100	101	110	111
0000	NUL	DLE	SP	0	@	P	`	p
0001	SOH	DC1	!	1	A	Q	a	q
0010	STX	DC2	"	2	B	R	b	r
0011	ETX	DC3	#	3	C	S	c	s
0100	EOT	DC4	$	4	D	T	d	t
0101	ENQ	NAK	%	5	E	U	e	u
0110	ACK	SYN	&	6	F	V	f	v
0111	BEL	ETB	'	7	G	W	g	w
1000	BS	CAN	(	8	H	X	h	x
1001	HT	EM	)	9	I	Y	i	y
1010	LF	SUB	*	:	J	Z	j	z
1011	VT	ESC	+	;	K	[	k	{
1100	FF	FS	,	<	L	\	l	|
1101	CR	GS	-	=	M	]	m	}
1110	SD	RS	.	>	N	^	n	~
1111	SI	US	/	?	O	_	o	DEI

注：SP 代表空格字符。

EBCDIC(扩展的二-十进制交换码)是西文字符的另一种编码,采用 8 位二进制表示,共有 256 种不同的编码,可表示 256 个字符,IBM 系列大型机采用的就是 EBCDIC 码。

扩展的 ASCII 码使用 8 个二进制位表示一个字符的编码,可表示 $2^8=256$ 个不同字符的编码。

1.3.2 汉字的编码

汉字也是字符,与西文字符比较,汉字数量大,字形复杂,同音字多,这就给汉字在计算机内部的存储、传输、交换、输入、输出等带来了一系列的问题。为了能直接使用西文标准键盘输入汉字,必须为汉字设计相应的编码,以适应计算机处理汉字的需要。

1. 汉字信息交换码(国标码)

1980 年我国颁布了《信息交换用汉字编码字符集·基本集》代号(GB2312—1980),是国家规定的用于汉字信息处理使用的代码依据,这种编码称为国标码。在国标码的字符集中共收录了 6763 个常用汉字和 682 个非汉字字符(图形、符号),其中一级汉字 3755 个,以汉语拼音为序排列,二级汉字 3008 个,以偏旁部首进行排列。

国标 GB2312—1980 规定,所有的国标汉字与符号组成一个 94×94 的矩阵,在此方阵中,每一行称为一个"区"(区号为 01～94),每一列称为一个"位"(位号为 01～94),该方阵实际组成了 94 个区,每个区内有 94 个位的汉字字符集,每一个汉字或符号在码表中都有一个唯一的位置编码,叫该字符的区位码。区位码的形式是:高两位为区号,低两位为位号。如"中"字的区位码是 5448,即 54 区 48 位。

使用区位码方法输入汉字时,必须先在表中查找汉字并找出对应的代码,才能输入。区位码输入汉字的优点是无重码,而且输入码与内部编码的转换方便。

两个字节存储一个国标码。由于一个字节只能表示 256 种编码,显然一个字节不可能表示汉字的国标码,所以一个国标码必须用两个字节来表示。

汉字的输入区位码和其国标码之间的转换很简单。具体方法是:将一个汉字的十进制区号和十进制位号分别转换成十六进制数;然后再分别加上 20H,就成为此汉字的国标码。例如,"中"字的输入区位码是 5448,分别将其区号 54 转换为十六进制数 36H、位号 48 转换为十六进制数 30H,即 3630H,然后,再把区号和位号分别加上 20H,得"中"字的国标码:3630H+2020H=5650H。

2. 汉字输入码

为将汉字输入计算机而编制的代码称为汉字输入码,也叫外码。目前汉字主要是经标准键盘输入计算机的,所以汉字输入码都由键盘上的字符或数字组合而成。如用全拼输入法输入"中"字,就要输入代码"zhong",再选字。汉字输入码是根据汉字的发音或字形结构等多种属性和汉语有关规则编制的,目前已有许多流行的汉字输入码的编码方案,如全拼输入法、双拼输入法、自然码输入法、五笔字型输入法等。全拼输入法和双拼输入法是根据汉字的发音进行编码的,称为音码;五笔字型输入法是根据汉字的字形结构进行编码的，称为形码；自然码输入法是以拼音为主，辅以字形字义进行编码的，称为音形码。

可以想象，对于同一个汉字，不同的输入法有不同的输入码。例如，“中”字的全拼输入码是“zhong”，其双拼输入码是“vs”，而五笔字型的输入码是“kh”。这些不同的输入码通过输入字典转换统一到标准的国标码之下。

3. 汉字内码

汉字的机内码是计算机系统内部对汉字进行存储、处理、传输统一使用的代码，又称为汉字内码。由于汉字数量多，一般用两个字节来存放汉字的内码。在计算机内汉字字符必须与英文字符区别开，以免造成混乱。英文字符的机内码是用一个字节来存放ASCII码，一个ASCII码占一个字节的低7位，最高位为“0”，为了区分，汉字机内码中两个字节的最高位均置“1”，如果用十六进制来表示，就是把汉字国标码的每个字节上加一个80H(即二进制数10000000)。所以，汉字的国标码与其内码有下列关系：汉字的内码＝汉字的国标码＋8080H。例如，汉字“中”的国标码为5650H$(0101011001010000)_2$，机内码为D6D0H $(1101011011010000)_2$。

4. 汉字字形码

每一个汉字的字形都必须预先存放在计算机内；如GB2312国标汉字字符集的所有字符的形状描述信息集合在一起，称为字形信息库，简称字库。描述汉字字形的方法主要有点阵字形和轮廓字形两种。目前汉字字形的产生方式大多是用点阵方式形成汉字，即是用点阵表示的汉字字形代码。根据汉字输出精度的要求，有不同密度点阵。汉字字形点阵有16×16点阵、24×24点阵、32×32点阵等。汉字字形点阵中每个点的信息用一位二进制码来表示，“1”表示对应位置处是黑点，“0”表示对应位置处是空白。图1-1是“中”字的16×16点阵字形示意图。字形点阵的信息量很大，所占存储空间也很大，如16×16点阵，每个汉字就要占32个字节(16×16÷8＝32)，24×24点阵的字形码需要用72字节(24×24÷8＝72)，因此字形点阵只能用来构成“字库”，而不能用来替代机内码用于机内存储。字库中存储了每个汉字的字形点阵代码，不同的字体(如宋体、仿宋、楷体、黑体等)对应着不同的字库。在输出汉字时，计算机要先到字库中去找到它的字形描述信息，然后再把字形送去输出。

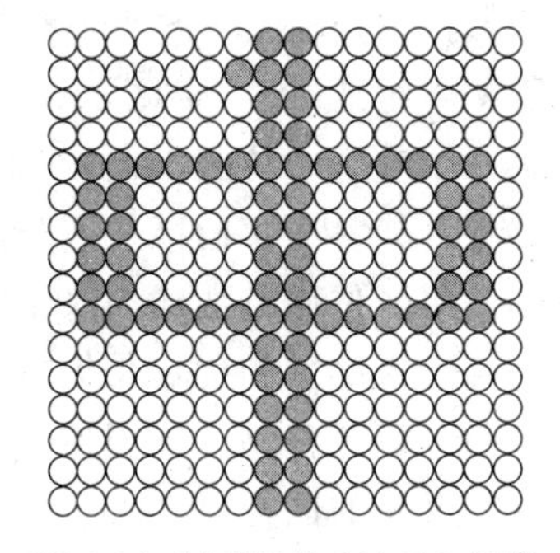

图1-1 “中”字的16×16点阵字形示意图

汉字的点阵字形的缺点是放大后会出现锯齿现象，很不美观。

轮廓字形方法比前者复杂，一个汉字中笔画的轮廓可用一组曲线来勾画，它采用数学方法来描述每个汉字的轮廓曲线。中文Windows下广泛采用的TrueType字形库就是采用轮廓字形法。这种方法的优点是字形精度高，且可以任意放大、缩小而不产生锯齿现象；缺点是输出之前必须经过复杂的数学运算处理。

5. 汉字地址码

汉字地址码是指汉字库(这里主要指整字形的点阵式字模库)中存储汉字字形信息的逻辑地址码。汉字库中,字形信息都是按一定顺序(大多数按标准汉字交换码中汉字的排列顺序)连续存放在存储介质上,所以汉字地址码也大多是连续有序的,而且与汉字内码间有着简单的对应关系,以简化汉字内码到汉字地址码的转换。

6. 各种汉字代码之间的关系

汉字的输入、处理和输出的过程,实际上是汉字的各种代码之间的转换过程,或者说汉字代码在系统有关部件之间流动的过程。图 1-2 表示了这些代码在汉字信息处理系统中的位置及它们之间的关系。

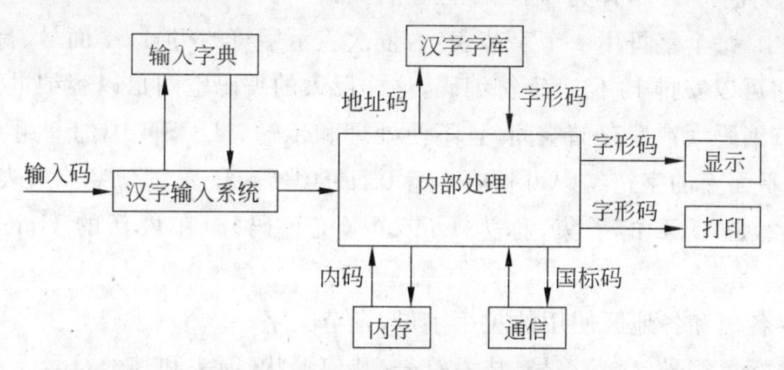

图 1-2 汉字代码转换关系示意图

汉字输入码向内码的转换,是通过使用输入字典(或称索引表,即外码与内码的对照表)实现的。一般的系统具有多种输入方法,每种输入方法都有各自的索引表。在计算机的内部处理过程中,汉字信息的存储和各种必要的加工,以及向软盘、硬盘或磁带存储汉字信息,都是以汉字内码形式进行的。汉字通信过程中,处理机将汉字内码转换为适合于通信使用的交换码以实现通信处理。在汉字的显示和打印输出过程中,处理机根据汉字内码计算出地址码,按地址码从字库中取出汉字字形码,实现汉字的显示或打印输出。有的汉字打印机只要送入汉字内码,就可以自行将汉字打印出来,汉字内码到字形码的转换由打印机本身完成。

7. 汉字字符集简介

目前,汉字字符集有以下几种。

1) GB2312—1980 汉字编码

GB2312 码是中华人民共和国国家标准汉字信息交换用编码,全称《信息交换用汉字编码字符集——基本集》,标准号为 GB2312—1980,由中华人民共和国国家标准总局发布,1981 年 5 月 1 日实施,习惯上称国标码、GB 码或区位码。它是一个简化汉字的编码,通行于中国大陆地区,新加坡等地也使用这一编码。

GB2312—1980 收录简化汉字及一般符号、序号、数字、拉丁字母、日文假名、希腊字母、俄文字母、汉语拼音符号、汉语注音字母，共 7445 个图形字符，其中汉字以外的图形字符 682 个，汉字 6763 个。

2）GBK 编码

GBK 是又一个汉字编码标准(GB 即“国标”，K 是“扩展”的汉语拼音第一个字母)，全称《汉字内码扩展规范》，由中华人民共和国全国信息技术标准化技术委员会于 1995 年 12 月 1 日制定。

GBK 向下与 GB2312—1980 编码兼容，向上支持 ISO10646.1 国际标准，共收录汉字 21003 个、符号 883 个，并提供 1894 个造字码位，简、繁体字融于一库。

3）Unicode 和 CJK 编码

ISO10646 是国际标准化组织（ISO）公布的一个编码标准。Universal Coded Character Set，简称 UCS，译为《通用编码字符集》。

在 UCS 中，每个字符用 4 个字节表示，依次表示字符的组号、平面号、行号和列号，称为 UCS-4。它可以安排 13 亿个字符编码，这样巨大的编码空间足以容纳世界上的各种文字。但 4 字节编码太浪费存储空间，且不便处理和传输。UCS-4 中的 0 组 0 面叫基本多文种平面，该平面上的字符编码可省略 0 组 0 面的编码，只需两个字节来表示，这个字符集称为 UCS-2，是 UCS 的子集，称为 Unicode（统一码）。在最新的 Unicode 3.0 版中包含：

（1）世界各国和各地区使用的拉丁字母、音节文字。

（2）各类标点符号、数学符号、技术符号、几何形状、箭头和其他符号。

（3）中、日、韩(CJK)统一的象形文字 27484 个。

总计 49192 个编码。它为世界各国和各地区使用的每个字符提供了一个唯一的编码。其中的 CJK 编码称为中、日、韩统一汉字编码字符集，它以汉字字形为编码标准，按部首笔画数目排序。

4）GB18030—2000 编码

GB18030—2000 编码标准是在原 GB2312—1980 编码标准和 GBK 编码标准基础上扩展而成的，采用单字节、双字节和 4 字节 3 种方式编码，编码空间达 160 多万个，基本平面内的汉字数达 27000 多个。

GB18030—2000 支持全部 CJK 统一汉字字符，也解决了内地使用 GB 码与港台地区使用的 BIG-5 码间转换不便的状况。

5）BIG-5 码

BIG-5 码是通行于中国台湾、香港地区的一个繁体字编码方案，俗称“大五码”。它被广泛地应用于计算机业和因特网(Internet)中，是一个双字节编码方案，收录了 13461 个符号和汉字，其中包括 408 个符号和 13053 个汉字。汉字分 5401 个常用字和 7652 个次常用字两部分，各部分中的汉字按笔画/部首排列。

1.4 指令和程序设计语言

计算机之所以能够按照人们的安排自动运行，是因为采用了存储程序控制的方式。简单地说，程序就是一组计算机指令序列。本节简要介绍计算机指令、程序和程序设计语言的概念。

1.4.1 计算机指令

简单说来，指令(Instruction)就是给计算机下达的命令，它告诉计算机要做什么操作，参与此项操作的数据来自何处，操作结果又将送往哪里。所以，一条指令必须包括操作码和地址码(或称操作数)两部分。操作码指出该指令完成操作的类型，如加、减、乘、除、传送等。地址码指出参与操作的数据和操作结果存放的位置。一条指令只能完成一个简单的动作，一个复杂的操作需要由许多简单的操作组合而成。通常，一台计算机能够完成多种类型的操作，而且允许使用多种方法表示操作数的地址。因此，一台计算机可能有多种多样的指令，这些指令的集合称为该计算机的指令系统。

1.4.2 程序设计语言

像人们交往需要语言一样，人们与计算机交往也要使用相互可以理解的语言，以便人们把意图传达给计算机，而计算机则把工作结果告诉给人们。这种用于同计算机交往的语言叫程序设计语言。程序设计语言通常分为机器语言、汇编语言和高级语言三类。

1. 机器语言

一般来说，不同型号(或系列)的 CPU，具有不同的指令系统。对于早期的大型机来说，不同型号的计算机就有不同的指令系统。而对于现代的微型机来说，使用不同系列 CPU(如 Intel 80x86 或 Intel Pentium 系列)的微机也具有不同的指令系统。

指令系统也称机器语言(Machine Language)。每条指令都对应一串二进制代码。假定一台机器中加法指令的代码为 00000101，则指令 00000101 00000000 10010010 的含义就是将地址为 92 的存储单元中的数与累加器中的数相加。机器语言是计算机唯一能够识别并直接执行的语言，因此占用内存小、无须翻译(CPU 可以直接识别)，所以与其他程序设计语言相比，其执行速度快、效率高。

用机器语言编写的程序称为机器语言程序。由于机器语言中每条指令都是一串二进制代码，可读性差、不易记忆，编写程序既难又繁，容易出错，程序的调试和修改难度也很大，所以机器语言不易掌握和使用。此外，因为机器语言直接依赖于机器，所以在某种类型计算机上编写的机器语言程序不能在另一类计算机上使用。也就是说，机器语言的可移植性差。

2. 汇编语言

为了克服机器语言难读难懂的缺点，用助记符（英文单词及其缩写）来表示对应机器语言指令，这种语言就是汇编语言（Assemble Language）。如用 Add 表示“加”、Sub 表示“减”，上面的机器指令就可写成 Add 92，因此汇编语言比机器语言直观、容易阅读。

汇编语言程序占用内存也比较小、执行速度快、效率高。但由于 CPU 不能直接识别汇编语言，所以汇编语言程序必须先翻译成机器语言，CPU 才能执行。

翻译之前的程序称为源程序（Source Program）、源代码（Source Code），翻译之后产生的程序称为目标程序（Object Program）。将汇编语言源程序翻译成机器语言目标程序的软件称为汇编程序，这一翻译过程称为汇编。

由于汇编语言实际上是与机器语言指令一一对应的，所以汇编语言仍然不通用。

3. 高级程序设计语言

汇编语言比机器语言用起来方便多了，但汇编语言与人类自然语言或数学式子还相差甚远。到了 20 世纪 50 年代中期，人们又创造了高级程序设计语言。所谓高级语言是一种用各种意义的“词”和“数学公式”按照一定的“语法规则”编写程序的语言，也称高级程序设计语言或算法语言。这里的“高级”，是指这种语言与自然语言和数学式子相当接近，而且不依赖于计算机的型号，通用性好。

高级语言也称算法语言，是一种更加容易阅读理解而且用它编写的程序具有通用性的计算机语言。其语言接近人们熟悉的自然语言和数学语言，如前面的指令可写成 x＝x＋92，直观易懂，便于程序的编写、调试。高级语言的使用，大大提高了编写程序的效率，改善了程序的可读性。不同类型 CPU 的高级语言基本通用。

与汇编语言相同的是，CPU 不能直接识别高级语言，所以也要把高级语言源程序翻译成目标程序才能执行，因此执行效率不高。高级语言的目标程序可以是机器语言的，也可以是汇编语言的。

高级语言的翻译有解释和编译两种方式，解释是把高级语言程序逐句翻译并立即执行，不产生目标程序，早期的 Basic 语言就采用解释的方法，即采用解释一条 Basic 语句执行一条语句的“边解释边执行”的方法，因此效率比较低；编译是把整个高级语言源程序静态地翻译产生目标程序，还要用连接程序将目标程序以及所需的功能库等连接成一个可执行程序，最后运行可执行程序。简单地说，一个高级语言源程序必须经过编译和连接装配两步后才能成为可执行的机器语言程序。目前流行的高级语言，如 C、C++、Visual C++、Visual Basic 等都采用编译的方法。

目前常用的高级语言及适用对象如下。

（1）Basic：适用于教学和小型应用程序。

（2）FORTRAN：适用于科学及工程计算应用程序。

（3）COBOL：适用于商业与管理应用程序。

（4）C：适用于中小型系统程序。

（5）C++：适用于面向对象程序。

(6) PASCAL：适用于专业教学和应用程序。

(7) FoxPro：适用于数据库管理程序。

(8) LISP：适用于人工智能程序。

(9) Prolog：适用于人工智能程序。

(10) Java：适用于面向对象程序。

1.5 计算机系统的组成

一台完整的计算机系统由硬件(Hardware)和软件(Software)两大部分组成。

硬件是指组成一台计算机的各种物理装置,它们是由各种能看得到、摸得着的器件所组成的,它们是计算机工作的物质基础。

计算机硬件由主机和外设两部分组成：主机包括中央处理器和内存储器;外设包括外存储器、输入设备和输出设备。

软件是指运行在计算机硬件上的程序、运行程序所需的数据和相关文档的总称。程序就是根据所要解决问题的具体步骤编制而成的指令序列。当程序运行时,它的每条指令依次指挥计算机硬件完成一个简单的操作,通过这一系列简单操作的组合,最终完成指定的任务。程序执行的结果通常是按照某种指定的格式产生输出。

硬件是软件发挥作用的舞台和物质基础,软件是使计算机系统发挥强大功能的灵魂,两者相辅相成,缺一不可。只有硬件和软件相结合才能充分发挥计算机系统的作用,计算机系统的组成示意图如图 1-3 所示。

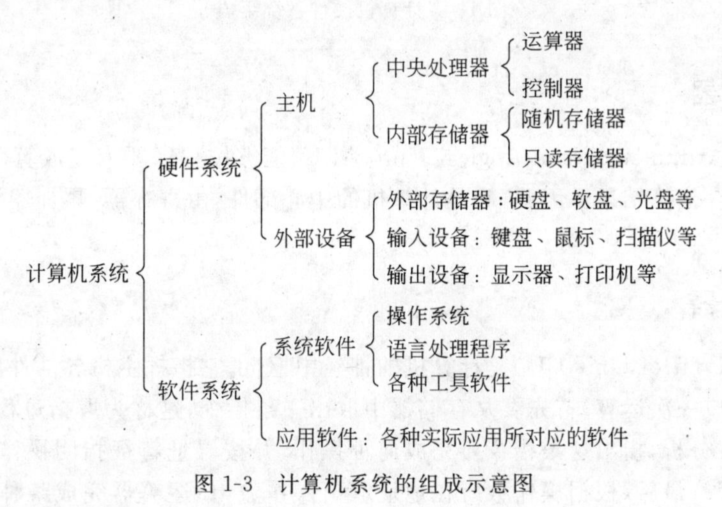

图 1-3 计算机系统的组成示意图

1.5.1 "存储程序控制"的概念

实际上"存储程序、实现自动控制"的概念正是计算机的设计原理,这种设计思想最初是由著名的美籍匈牙利数学家冯·诺依曼在1946年提出的，一直沿用到现在。从第一台电子数字计算机诞生至今，虽然计算机的设计和制造技术得到突飞猛进的发展，但仍然没有脱离冯·诺依曼提出的基本思想，其思想有三大要点。

(1) 程序存储控制：把某个工作任务的执行步骤编成程序，存储在计算机中，再启动计算机自动执行，也称为“存储程序”。

(2) 采用二进制：在计算机内部，程序和数据等所有信息均采用二进制代码表示。

(3) 计算机的基本结构：为实现“程序存储控制”，计算机的体系结构应包括控制器、运算器、存储器、输入设备和输出设备5个基本功能部分。

1.5.2 计算机硬件系统的组成

一台完整的计算机硬件系统应该包括冯·诺依曼计算机理论体系的5个部分：运算器、控制器、存储器、输入设备和输出设备，如图1-4所示。计算机硬件系统的五大基本组成部件的功能分别扼要叙述如下。

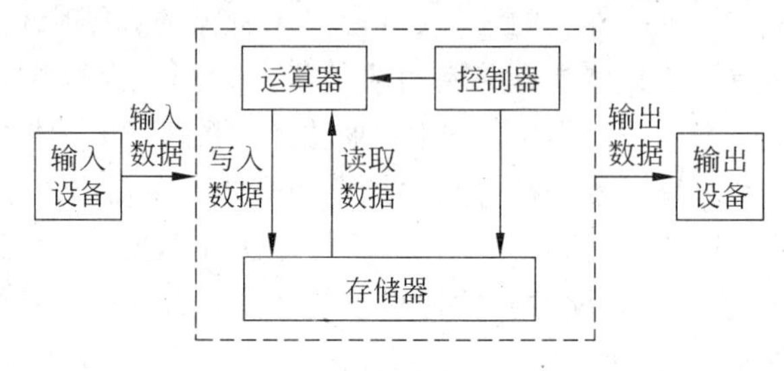

图1-4 计算机硬件系统组成

1. 运算器

运算器(Arithmetical and Logical Unit，ALU)能够按程序要求完成算术运算和逻辑运算，并可暂存运算结果。因此，它是计算机的中心部件，由寄存器、累加器等逻辑运算部件构成。

2. 控制器

控制器(Control Unit，CU)是计算机的神经中枢，由它指挥主机各部件协调工作。具体地说，要完成一次运算，首先要从存储器中取出一条指令，这称为取指过程。接着，它对这条指令进行分析，指出这条指令要完成何种操作，并按寻址特征指明操作数的地址，这称为分析过程。最后，根据操作数所在地址取出操作数，让运算器完成某种操作，这称为执行过程。以上就是通常所说的完成一条指令操作的取指、分析、执行的三个阶段。

在控制器的统一指挥下，指令操作的取指、分析、执行的三个阶段按序执行，数据则在I/O设备、存储器、中央处理器之间自动转换，完成运算。一条指令执行完毕，控制器控制计算机继续运行下一条指令，直到程序运行完毕。

3. 存储器

计算机与其他计算设备的区别是，计算机是把程序和执行这些程序需要的所有数据都先存储，然后再执行程序的计算设备。

存储器(Memory)是计算机的记忆装置，主要用来保存程序和数据，所以存储器应该具备存数和取数功能。存数是指往存储器里“写入”数据；取数是指从存储器里“读取”数据。读、写操作统称对存储器的访问。存储器分为内存储器(简称内存)和外存储器(简称外存)两类。

中央处理器(CPU)只能直接访问存储在内存中的数据。外存中的数据只有先调入内存后，才能被中央处理器访问和处理。

4. 输入设备

输入设备(Input Devices)的主要功能是把计算机将要执行的程序和所要处理的数据输入到存储器中的设备。输入过程是把人所熟悉的符号由输入设备输入，然后变为计算机能够识别的二进制代码的过程。微机中常见的输入装置是键盘、鼠标、扫描仪等。

5. 输出设备

输出设备(Output Devices)的主要功能是将计算完成后存储在存储器中的二进制结果，以人们熟悉的方式显示到屏幕或打印到纸张上。常见的输出设备有显示器、打印机、绘图仪和音箱等。

1.5.3 计算机软件系统的组成

所谓软件是指为方便使用计算机和提高使用效率而组织的程序以及用于开发、使用和维护的有关文档。软件系统可分为系统软件和应用软件两大类。

1. 系统软件

系统软件由一组控制计算机系统并管理其资源的程序组成，其主要功能包括启动计算机，存储、加载和执行应用程序，对文件进行排序、检索，将程序语言翻译成机器语言等。实际上，系统软件可以看做是用户与计算机的接口，它为应用软件和用户提供了控制、访问硬件的手段，这些功能主要由操作系统完成。此外，编译系统和各种工具软件也属此类，它们从另一方面辅助用户使用计算机。下面分别简单介绍其功能。

1) 操作系统(Operating System，OS)

(1) 操作系统的功能和组成：操作系统是管理、控制和监督计算机软件、硬件资源协调运行的程序系统，由一系列具有不同控制和管理功能的程序组成，它是直接运行在计算机硬件上的、最基本的系统软件，是系统软件的核心。操作系统是计算机发展中的产物，它的主要目的有两个：一是方便用户使用计算机，是用户和计算机的接口，如用户输入一条简单的命令就能自动完成复杂的功能，这就是操作系统帮助的结果；二是统一管理计算机系统的全部资源，合理组织计算机工作流程，以便充分、合理地发挥计算机的效率。

现代操作系统的功能十分丰富，操作系统通常应包括下列五大功能模块。

① 处理器管理：当多个程序同时运行时，解决处理器(CPU)时间的分配问题。

② 作业管理：完成某个独立任务的程序及其所需的数据组成一个作业。作业管理的任务主要是为用户提供一个使用计算机的接口，使其方便地运行自己的作业，并对所有进入系统的作业进行调度和控制，尽可能高效地利用整个系统的资源。

③ 存储器管理：为各个程序及其使用的数据分配存储空间，并保证它们互不干扰。

④ 设备管理：根据用户提出使用设备的请求进行设备分配，同时还能随时接收设备的请求(称为中断)，如要求输入信息。

⑤ 文件管理：主要负责文件的存储、检索、共享和保护，为用户提供文件操作的方便。

(2) 操作系统的分类：操作系统的种类繁多，按其功能和特性分为批处理操作系统、分时操作系统和实时操作系统等；按同时管理用户数的多少分为单用户操作系统和多用户操作系统；提供网络通信和网络资源共享功能的网络操作系统。按其发展的前后过程，通常分成以下 6 类。

① 单用户操作系统(Single User Operating System)：单用户操作系统的主要特征是计算机系统内一次只能支持运行一个用户程序。这类系统的最大缺点是计算机系统的资源不能得到充分利用。微型机的 DOS、Windows 操作系统属于这一类。

② 批处理操作系统(Batch Processing Operating System)：批处理操作系统是 20 世纪 70 年代运行于大中型计算机上的操作系统，当时由于单用户单任务操作系统的 CPU 使用效率低，I/O 设备资源未充分利用，因而产生了多道批处理系统，它主要运行在大中型机上。多道是指多个程序或多个作业同时存在和运行，故也称为多任务操作系统。IBM 的 DOS/VSE 就是这类系统。

③ 分时操作系统(Time-Sharing Operating System)：分时操作系统是一种具有以下特征的操作系统：在一台计算机周围挂上若干台近程或远程终端，每个用户可以在各自的终端上以交互的方式控制作业运行。

在分时操作系统管理下，虽然各用户使用的是同一台计算机，但却能给用户一种“独占计算机”的感觉。实际上是分时操作系统将 CPU 时间资源划分成极短的时间片(毫秒量级)，轮流分给每个终端用户使用，当一个用户的时间片用完后，CPU 就转给另一个用户，前一个用户只能等待下一次轮到。由于人的思考、反应和输入的速度通常比 CPU 的速度慢很多，所以只要同时上机的用户不超过一定数量，人不会有延迟的感觉。分时系统的优点是：经济实惠，可充分利用计算机资源；由于采用交互会话方式控制作业，用户可以坐在终端前边思考、边调整、边修改，从而大大缩短了解题周期；分时系统的多个用户间可以通过文件系统彼此交流数据和共享各种文件，在各自的终端上协同完成任务。分时操作系统是多用户多任务操作系统，UNIX 是国际上最流行的分时操作系统。此外，UNIX 具有网络通信与网络服务的功能，也是广泛使用的网络操作系统。

④ 实时操作系统(Real-Time Operating System)：在某些应用领域，要求计算机对数据能进行迅速处理。例如，在自动驾驶仪控制下飞行的飞机、导弹的自动控制系统中，计

算机必须对测量系统测得的数据及时、快速地进行处理和反应，以便达到控制的目的，否则就会失去战机。这种有响应时间要求的快速处理过程叫做实时处理过程，当然，响应的时间要求可长可短，可以是秒、毫秒或微秒级的。对于这类实时处理过程，批处理系统或分时系统均无能为力了，因此产生了另一类操作系统——实时操作系统。配置实时操作系统的计算机系统称为实时系统。实时系统按其使用方式可分成两类：一类是广泛用于钢铁、炼油、化工生产过程控制、武器制导等各个领域中的实时控制系统；另一类是广泛用于自动订购飞机票和火车票的订票系统、情报检索系统、银行业务系统、超级市场销售系统中的实时数据处理系统。

⑤ 网络操作系统(Network Operating System)：计算机网络是通过通信线路将地理上分散且独立的计算机联接起来的一种网络。有了计算机网络之后，用户可以突破地理条件的限制，方便地使用远地的计算机资源。提供网络通信和网络资源共享功能的操作系统称为网络操作系统。

⑥ 微机操作系统：微机操作系统随着微机硬件技术的发展而发展，从简单到复杂。Microsoft公司开发的DOS是一个单用户单任务系统，而Windows操作系统则是一个单用户多任务系统。Windows操作系统经过十几年的发展，已从Windows 3.1发展到目前的Windows NT、Windows 2000、Windows XP、Windows Vista和Windows 7，它是当前微机中广泛使用的操作系统之一。Linux是一个源代码公开的操作系统，目前已被越来越多的用户所采用，是Windows操作系统的强有力的竞争对手。

2）语言处理系统(翻译程序)

如前所述，机器语言是计算机唯一能直接识别和执行的程序语言。如果要在计算机上运行高级语言程序就必须配备程序语言翻译程序(以下简称翻译程序)。翻译程序本身是一组程序，不同的高级语言都有相应的翻译程序。

对于高级语言来说，翻译的方法有以下两种。

一种称为“解释”。早期的BASIC源程序的执行都采用这种方式。它调用机器配备的BASIC“解释程序”，在运行BASIC源程序时，逐条把BASIC的源程序语句进行解释和执行，它不保留目标程序代码，即不产生可执行文件。这种方式速度较慢，每次运行都要经过“解释”，边解释边执行。其过程如图1-5(a)所示。

另一种称为“编译”。它调用相应语言的编译程序，把源程序变成目标程序(以.obj为扩展名)，然后再用连接程序把目标程序与库文件相连接形成可执行文件。尽管编译的过程复杂一些，但它形成的可执行文件(以.exe为扩展名)可以反复执行，速度较快，图1-5(b)给出了编译的过程。运行程序时只要输入可执行程序的文件名，然后按Enter键即可。

对源程序进行解释和编译任务的程序，分别叫做编译程序和解释程序。如FORTRAN、COBOL、PASCAL和C等高级语言，使用时需要有相应的编译程序；BASIC、LISP等高级语言，使用时需用相应的解释程序。

3）服务程序

服务程序能够提供一些常用的服务性功能，它们为用户开发程序和使用计算机提供了方便。像微机上经常使用的诊断程序、调试程序、编辑程序均属此类。

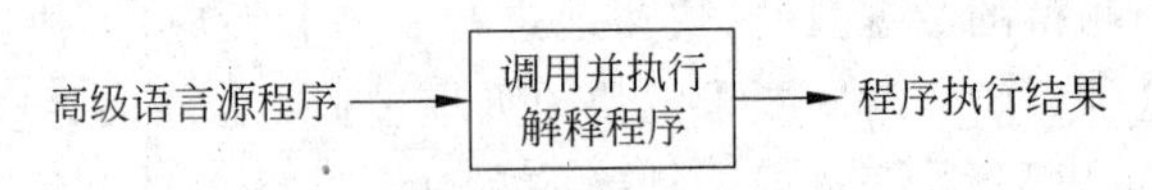

(a) 源程序解释执行的过程

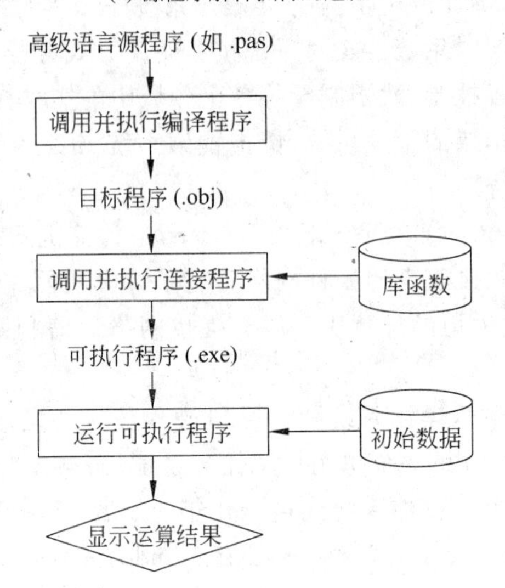

(b) 源程序编译执行的过程

图 1-5　源程序的解释和编译过程

4）数据库管理系统

在信息社会里，人们的社会和生产活动产生很多的信息，以至于人工管理难以应付，希望借助计算机对信息进行搜集、存储、处理和使用。数据库系统（DataBase System，DBS）就是在这种需求背景下产生和发展的。

数据库是指按照一定联系存储的数据集合，可被多种应用共享，如工厂中职工的信息、医院的病历、人事部门的档案等都可分别组成数据库。数据库管理系统（DataBase Management System，DBMS）则是能够对数据库进行加工、管理的系统软件，其主要功能是建立、消除、维护数据库及对库中数据进行各种操作。

数据库技术是计算机技术中发展最快、应用最广泛的一个分支。可以说，在今后的计算机应用开发中大都离不开数据库。因此，了解数据库技术尤其是微机环境下的数据库应用是非常必要的。

2. 应用软件

为解决各类实际问题而设计的程序系统称为应用软件。从其服务对象的角度，应用软件可分为通用软件和专用软件两类。

1）通用软件

这类软件通常是为解决某一类问题而设计的，而这类问题是很多人都要遇到和解决的，如文字处理、表格处理、电子演示、电子邮件收发等是企事业单位或日常生活中常见的问题。WPS Office 办公软件、Microsoft Office 办公软件是针对上述问题而开发的。后面将详细介绍 Microsoft Office 办公软件的应用。

此外,如针对财务会计业务问题的财务软件、机械设计制图问题的绘图软件 AutoCAD、图像处理软件 Photoshop 等都是适应解决某一类问题的通用软件。

2) 专用软件

在市场上可以买到通用软件,但有些具有特殊功能和需求的软件是无法买到的。比如某个用户希望有一个程序能自动控制厂里的车床,同时也能将各种事务性工作集成起来统一管理。因为它对于一般用户太特殊了,所以只能组织人力开发。当然,开发出来的这种软件也只能专用于这种情况。

综上所述,计算机系统由硬件系统和软件系统组成,两者缺一不可。而软件系统又由系统软件和应用软件组成。操作系统是系统软件的核心,在每个计算机系统中是必不可少的,其他的系统软件,如语言处理系统,可根据不同用户的需要配置不同程序语言编译系统。应用软件则随着各用户的应用领域的不同可以有不同的配置。

1.6 微型计算机的硬件系统

上一节扼要介绍了计算机系统组成的整体情况,下面对微型计算机中常见的硬件进行具体介绍。

1.6.1 微型计算机的基本结构

在微型计算机技术中,通过系统总线把 CPU、存储器、输入设备和输出设备连接起来,实现信息交换。通过总线连接计算机各部件使微型计算机系统结构简洁、灵活、规范、可扩充性好。

1.6.2 微型计算机的硬件及其功能

1. 中央处理器

中央处理器(Central Processing Unit,CPU)如图 1-6 所示,主要包括运算器(ALU)和控制器(CU)两大部件,它是计算机的核心部件。CPU 是一块体积不大而元件的集成度非常高、功能强大的芯片,又称微处理器(Micro Processor Unit,MPU)。计算机的所有操作都受 CPU 控制,所以它的品质直接影响整个计算机系统的性能。CPU 可以直接访问内存储器,它和内存储器构成了计算机的主机,是计算机系统的主体。输入/输出(I/O)设备和辅助存储器(又称外存)统称为外部设备(简称外设),它们是沟通人与主机的桥梁。

图 1-6 CPU

CPU 的性能指标直接决定了由它构成的微型计算机系统的性能指标。CPU 的性能指标主要有字长和时钟主频两个。字长表示CPU每次处理数据的能力,如80286型号的CPU每次能处理16位二进制数据,而80386型号的CPU和80486型号的CPU每次能处理32位二进制数据,当前流行的Pentium 4型号的CPU每次能处理32位二进制数据;时钟频率以MHz(兆赫兹)或GHz(吉赫兹)为单位来度量。通常,时钟频率越高其处理数据的速度相对也就越快。CPU的时钟频率已由几百兆赫发展到1~3GHz,如当前流行的Pentium 4的时钟频率可达到3GHz。同时,随着CPU主频的不断提高,它对内存(RAM)的存取速度要求更高,如果RAM的响应速度还达不到CPU的速度要求,就可能成为整个系统的"瓶颈"。为了协调CPU与RAM之间的速度差问题,在CPU芯片中又集成了高速缓冲存储器(Cache),一般在几万字节到几十万字节之间。

所以,可以说CPU主要包括运算器(ALU)和控制器(CU)两大部件,此外还包括若干个寄存器和高速缓冲存储器(即Cache,Pentium以后的CPU都含有Cache了),用内部总线连接。

2. 存储器

存储器(Memory)分为两大类:一类是设在主机中的内部存储器(简称内存),也叫主存储器,如图1-7所示,用于存放当前运行的程序和程序所用的数据,属于临时存储器;另一类是属于计算机外部设备的存储器,叫外部存储器(简称外存),也叫辅助存储器。外存属于永久性存储器,存放着暂时不用的数据和程序。当需要某一程序或数据时,首先应调入内存,然后再运行。

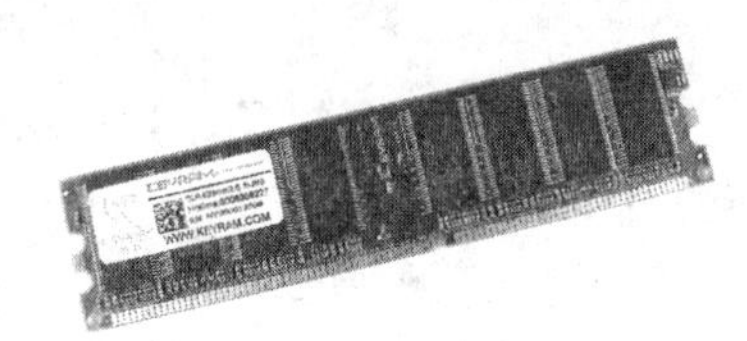

图1-7 内存

一个二进制位(bit)是构成存储器的最小单位。实际上,存储器是由许多个二进制位的线性排列构成的。为了存取到指定位置的数据,通常将每8个二进制位组成一个存储单元,称为字节(Byte),并给每个字节编上一个号码,称为地址(Address)。

存储器可容纳的二进制信息量称为存储容量。目前,度量存储容量的基本单位是字节。此外,常用的存储容量单位还有KB(千字节)、MB(兆字节)和GB(吉字节或千兆字节)等。它们之间的关系为:

$$1\text{Byte}=8\text{bit}$$

$$1\text{KB}=1024\text{B}=2^{10}\text{B}$$

$$1\text{MB}=1024\text{KB}=2^{20}\text{B}$$

$$1\text{GB}=1024\text{MB}=2^{30}\text{B}$$

$$1\text{TB}=1024\text{GB}=2^{40}\text{B}$$

1) 主存储器

主存储器(Main Memory)分为随机存取存储器(Random Access Memory,RAM)和只读存储器(Read Only Memory,ROM)两类。

(1) 随机存取存储器:随机存取存储器也叫读、写存储器。目前,所有的计算机大都使用半导体RAM。半导体存储器是一种集成电路,其中有成千上万的存储元件。依据存储元件结构的不同,RAM又可分为静态RAM(Static RAM,SRAM)和动态RAM

(Dynamic RAM,DRAM)。静态 RAM 是利用其触发器的两个稳定态来表示所存储的"0"和"1"的,这类存储器集成度低、价格高,但存取速度快,常用来做高速缓冲存储器用。动态 RAM 则是用半导体器件中分布电容上有无电荷来表示"1"和"0"。因为保存在分布电容上的电荷会随着电容器的漏电而逐渐消失,所以需要周期性地给电容器充电,称为刷新。这类存储器集成度高、价格低,但由于要周期性地刷新,所以存取速度比静态 RAM 慢。

RAM 中存储当前使用的程序、数据、中间结果和与外存交换的数据,CPU 根据需要可以直接读/写 RAM 中的内容。RAM 有两个主要特点:一是其中的信息随时可以读出或写入,当写入时,原来存储的数据将被冲掉;二是加电使用时其中的信息会完好无缺,但是一旦断电(关机或意外掉电),RAM 中存储的数据就会消失,而且无法恢复。由于 RAM 的这一特点,所以也称它为临时存储器。通常所说的内存就是随机存取存储器,如图 1-7 所示。

(2) 只读存储器:顾名思义,对只读存储器只能做读出操作而不能做写入操作,ROM 中的信息只能被 CPU 随机读取。ROM 主要用来存放固定不变的控制计算机的系统程序和数据,如常驻内存的监控程序、基本 I/O 系统、各种专用设备的控制程序和有关计算机硬件的参数表等。例如,安装在系统主板上的 ROM-BIOS 芯片中存储着系统引导程序和基本输入/输出系统。ROM 中的信息是在制造时用专门设备一次写入的,存储的内容是永久性的,即使关机或掉电也不会丢失。随着半导体技术的发展,已经出现了多种形式的只读存储器,如可编程的只读存储器(Programmable ROM,PROM)、可擦除的可编程的只读存储器(Erasable Programmable ROM,EPROM)及掩膜型只读存储器(Masked ROM,MROM)等。它们需要特殊的手段改变其中的内容。

2) 辅助存储器

与内存相比,辅助存储器(Auxiliary Memory)的特点是存储量大、价格较低,而且在断电的情况下也可以长期保存信息,所以又称为永久性存储器。目前,常用的有软盘、硬盘、光盘等。

(1) 软磁盘:软磁盘简称软盘,是最早配置在计算机上的外存储器,是一种涂有磁性介质的聚酯薄膜圆盘,盘片柔软,因此称为软盘。为保护盘片不被磨损和玷污,盘片封装在一个保护套内。微机上使用的软盘有 5.25 英寸和 3.5 英寸两种,5.25 英寸的软盘已经被淘汰。

一张新的软盘在使用之前必须进行格式化,所谓格式化就是将磁盘先划分为多个磁道,再分为多个扇区,并写入一些文件管理信息。软盘上由系统划分为若干个不同半径的同心圆,称为磁道,数据就记录在磁道上。磁道编号由外向里,最外面是 0 磁道。尽管磁道的长度不同,但其存储的信息容量是相同的。系统还将磁道分为若干个区段,这些区段称为扇区,每个扇区可以存放 512B 的数据。

每张盘的容量计算式为:

$$容量=盘面数\times磁道数\times扇区数\times 512\text{B}$$

例如,3.5 英寸磁盘为 2 面,每面 80 磁道,每磁道 18 个扇区,则其容量为:

$$容量=2\times 80\times 18\times 512\text{B}=1.44\text{MB}$$

软盘有个写保护口，当打开写保护口的透光孔时，软盘处于写保护状态，此时只能对它进行读操作而不能进行写操作。

软盘驱动器简称软驱，是用来驱动软盘旋转并同时对软盘进行读/写数据的设备。它主要包括机械驱动部分和控制电路部分。软盘驱动器存取数据的速度比磁带机快，但比硬盘慢。软盘和软驱外观如图 1-8 所示。

图 1-8　软盘和软盘驱动器

(2) 硬盘：硬盘驱动器(Hard Disk Driver，HDD)是计算机系统中最重要的大容量外部存储器，计算机的操作系统、相关资料和一些数据等都存放在硬盘上，是计算机中最重要的设备之一。

硬盘作为一种磁表面存储器，是在非磁性的合金材料表面涂上一层很薄的磁性材料，通过磁层的磁化来存储信息。硬盘主要由磁盘、磁头及控制电路组成，信息存储在磁盘上，由磁头负责读出或写入，硬盘的外形和内部结构如图 1-9 所示。

衡量一个硬盘最主要的性能指标是容量、速度。硬盘的容量比软盘、内存都要大得多，现在主流硬盘的容量是 120GB。硬盘的速度比软盘快得多，但比内存慢。硬盘的速度一般用"转速"来衡量。目前硬盘的转速为 7200r/min 和 10 000r/min 等。

(3) 光盘与光驱：光盘(Optical Disk)出现于 20 世纪 90 年代初期，后来光盘的使用越来越普及。光盘采用激光技术存储信息，最常用的是只读光盘，即所谓的 CD-ROM。光盘的特点是容量大(CD-ROM 的标准容量为 650MB)、价格低廉，可以脱机用于多台机器，便于携带。光盘不怕磁场干扰、不易损坏、可靠性高，常用于保存一些需要长时间保留的信息。

驱动光盘转动的是光盘驱动器(光驱)。其读取速度越来越快。衡量光驱的读取速度通常用"几倍速"，每一倍速是 150KB/s。现在的主流光驱的速度是 60～100 倍速，所以光盘不但容量大，而且速度也比较快(比硬盘速度慢一些)。光盘和光驱外形如图 1-10 所示。

图 1-9　硬盘

图 1-10　光盘和光驱

除了CD-ROM外，目前还有一次性写入光盘(WORM，可记录光盘)、可擦写光盘(CD-RW，可多次写入)。除了CD-ROM，还有VCD、DVD，现在广泛应用于多媒体技术中。

(4) 几种新型外存储器：

① U盘是1999年由深圳朗科科技有限公司的邓国顺、成晓华自主研发的新一代移动存储盘，它采用Flash Memory(闪存)技术，可使8MB～8GB的信息量储存到只有成人拇指大小的存储盘中。该产品采用USB(Universal Serial Bus，通用串行总线)接口直接连接计算机。不需要驱动器，没有机械设备，抗震性能强。任何带有USB接口的计算机不需添加任何设备都可以使用U盘，即插即用，简单方便。目前新一代的无驱动U盘，在操作系统上都不需要安装驱动程序，而是使用操作系统本身自带的驱动程序(USB Mass Storage类设备)，省去了用户安装驱动程序的麻烦。由于Windows 98不带USB Mass Storage类设备的驱动程序，因而在Windows 98下使用U盘还需要安装驱动程序。

U盘的优点是：不需要驱动器，无外接电源；容量大(8MB～8GB)；体积小，重量仅约20g；使用简便，即插即用，可带电插拔；存取速度快，约为软盘速度的20倍；可靠性好，可擦写达100万次，数据至少可保存10年；抗震、防潮防磁、耐高低温、携带方便；采用USB接口，带写保护功能。U盘的这种易用性、实用性、稳定性，极大地方便了对信息存储和移动的需求。

U盘发展很快，容量越来越大，价格越来越低，目前主流U盘容量在512MB以上，价格在200～1000元之间。U盘的外观如图1-11所示。

② 移动硬盘主要用于计算机之间交换数据或进行大量数据的备份。早期的移动硬盘又称活动硬盘，采用传统的硬盘技术，只是将盘片集成在保护盒中，并制作成可更换式，容量为1～2GB，接口与一般硬盘接口一样。现在的移动硬盘制作得小巧灵活，容量可达几百亿字节(或几十吉字节)，数据传输速度更快，达到12Mb/s(每秒传输12兆比特)，而且使用USB接口，与计算机的连接更加方便。

USB移动硬盘真正的优势是它的“海量”。40GB、60GB、80GB，这样的容量接近不少机器的IDE硬盘。U盘尽管使用最方便，但目前U盘的容量最多才几十亿字节(GB)。这对于大容量移动存储的用户来说无异于杯水车薪。此外，USB移动硬盘的价格比较实惠。移动硬盘的外观如图1-12所示。

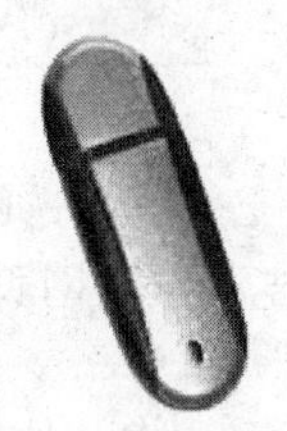

图1-11　U盘

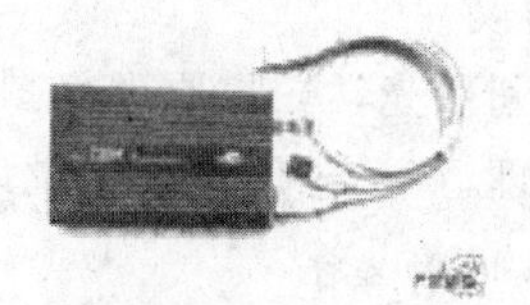

图1-12　移动硬盘

③ 大容量软驱与软盘(ZIP)，这种新型的外存储器是硬盘与软盘技术相结合的产物，尺寸一般为3.5英寸，比普通软盘厚一些，存储容量高达100MB以上，数据传输率可达1.4Mb/s，尤其是USB接口的ZIP软驱，速度更快。以复制100MB大小的文件为例，

USB ZIP 软驱大约为 3 分钟(注意不要将 ZIP 软驱/软盘与 WinZip 压缩软件混淆)。USB ZIP 软驱可以带电插拔,使用方便。但是 ZIP 软驱的价格太贵。

前两年,ZIP 软盘以其容量大、带电插拔、可反复擦写等特点出现在市场上,欲取代传统软盘,可它没有摆脱软盘的模式,没能得到市场的认可。如今,U 盘打着以取代传统软盘的旗帜在市场上掀起了一阵波澜,因其小巧、便于携带而且可以作为启动盘,迅速得到消费者的认可,从而把 ZIP 软盘没有做到的事成功地进行下去。

(5) 各种存储设备的比较按速度由快至慢顺序,大致排列如下:

Cache→RAM→ROM→硬盘→光盘→U 盘→软盘

各种存储设备的存储容量由大至小顺序大致排列如下:

硬盘→U 盘→光盘→RAM→软盘

3. 输入设备

1) 键盘

键盘(Keyboard)是计算机不可缺少的输入设备(Input Devices),是实现人机对话最常用的工具,用于输入英文字母、数字、汉字等文字信息。PC 的标准键盘有 101 个键,分为 5 部分:主键区/字符键区、编辑键区/光标键区、数字键区/小键盘区、功能键区及控制键区。当按下一键时就产生与该键对应的二进制代码,并通过接口送入计算机,同时将按键字符显示在屏幕上,如图 1-13 所示。

2) 鼠标

鼠标(Mouse)也是计算机中常用的输入设备,如图 1-14 所示,用于单击指定或选定屏幕某一位置的对象。鼠标按工作原理分主要有光电式、机械式两种;按按键来分,主要有两键式、三键式。

图 1-13 键盘

图 1-14 鼠标

3) 扫描仪

扫描仪利用光学扫描原理将图形、图像、照片、文字符号等各种原始资料输入到计算机中进行处理,广泛应用于广告设计、装饰设计、形象设计、服装设计及网页设计等领域。

4) 其他输入设备

键盘和鼠标是微机中最常用的输入设备。此外,输入设备还包括条形码阅读器、光学字符阅读器(OCR)、触摸屏、手写笔、声音输入设备(麦克风)和图像输入设备(数码相机)等。

条形码阅读器是一种能够识别条形码的扫描装置,一般连接在计算机上使用。当阅读器从左向右扫描条形码时,就把不同宽窄的黑白条纹翻译成相应的编码供计算机使用。

许多自选商场和图书馆里都用它管理商品和图书。

光学字符阅读器(Optical Character Reader,OCR)是一种快速字符阅读装置。它用许多的光电管排成一个矩阵,当光源照射被扫描的一页文件时,文件中空白的白色部分会反射光线,使光电管产生一定的电压,而有字的黑色部分则把光线吸收掉,光电管不产生电压。这些有、无电压的信息组合形成一个图案,并与 OCR 系统中预先存储的模板匹配,若匹配成功就可确认该图案是什么字符。有些机器一次可阅读一整页的文件,称为读页机,有的则一次只能读一行。

语音输入设备和手写笔输入设备使汉字输入变得更为方便、容易,免去了计算机用户学习键盘汉字输入法的烦恼,但语音或手写笔汉字输入设备的输入速度还有待提高。

4. 输出设备

输出设备(Output Devices)将计算机的处理过程或处理结果以人们熟悉的文字、图形、图像、声音等形式展现出来,常用的输出设备有显示器、打印机和绘图仪等。

1) 显示器

显示器(Monitor)也叫监视器,是微机中最重要的输出设备之一,也是人机交互必不可少的设备。显示器用于微机或终端,可显示多种不同的信息。

(1) 显示器的分类可用于计算机的显示器有许多种,常用的有阴极射线管显示器(简称 CRT)和液晶显示器(简称 LCD),分别如图 1-15、图 1-16 所示。CRT 显示器又有球面 CRT 和纯平 CRT 之分。纯平显示器大大改善了视觉效果,已取代球面显示器,成为 PC 的主流显示器。液晶显示器为平板式,体积小、重量轻、功耗少,主要用于移动 PC 和笔记本电脑,高档台式机也采用它。

图 1-15 CRT 显示器

图 1-16 LCD 显示器

(2) 显示器的主要性能指在选择和使用显示器时,应该了解显示器的主要特性,分别介绍如下。

像素与点距:屏幕上图像的分辨率或者清晰度取决于能在屏幕上独立显示的点的直径,这种独立显示的点称为像素(Pixel),屏幕上两个像素之间的距离叫点距(Pitch)。目前,微机上使用的显示器的点距有 0.31mm、0.28mm 和 0.25mm 等规格。一般来讲,点距越小,分辨率就越高,显示器的性能也就越好。

分辨率:分辨率是衡量显示器的一个常用指标。它指的是整个屏幕上像素的数目(列×行)。目前,通常有 640×480、800×600、1024×768 和 1280×1024 等几种。

显示器的尺寸:它以显示屏的对角线长度来度量,常见的有 14 英寸、15 英寸、17 英寸、19 英寸和 21 英寸。

(3) 显示卡：显示器是通过"显示器接口"(简称显示卡)与主机连接的，所以显示器必须与显示卡匹配。显示卡主要由显示控制器、显示存储器和接口电路组成。目前，PC 上使用的显示卡大多数与 VGA(Video Graphics Array)兼容，SVGA 和 TVGA 是两种较流行的 VGA 兼容卡。VGA 的分辨率是 640×480，256 种颜色。SVGA(Super VGA)是 VGA 的扩展，分辨率可达 1280×1024，224 种颜色。

2) 打印机

打印机(Printer)最主要的技术指标是打印分辨率(一般用每英寸打印点数 dpi 表示)，其他就是打印速度、噪声等。

打印机的种类很多，按打印原理可分为击打式和非击打式。击打式又分为点阵式打印机和字符式打印机；非击打式又有静电打印机、喷墨打印机、热敏打印机和激光打印机等。

PC 中使用的打印机主要有以下 3 种。

① 针式打印机：属点阵击打式打印机，历史最悠久，技术成熟，对纸张要求低，耗材价格低，但打印速度慢，有噪声，打印质量在所有打印机中最差。

② 喷墨打印机：属点阵非击打式打印机，噪声较低，价格便宜，可实现彩色打印，打印质量和速度介于针式打印机和激光打印机之间，但对纸张要求高，耗材(墨汁)价格也较贵。

③ 激光打印机：采用激光原理进行打印，速度最快，分辨率最高，打印质量最好，无噪声，但价格较高，耗材(炭粉)也较贵，对纸张要求也较高。

3) 其他输出设备

在微型机上使用的其他输出设备有绘图仪、声音输出设备(音箱或耳机)、视频投影仪等。绘图仪有平板绘图仪和滚筒绘图仪两类，通常采用"增量法"在 x 和 y 方向产生位移来绘制图形。视频投影仪常称多媒体投影仪，是微型机输出视频的重要设备。目前，有 CRT 投影仪和使用 LCD 投影技术的液晶板投影仪。液晶板投影仪体积小，重量轻，价格低且色彩丰富。

5. 总线和主板

总线(Bus)技术是目前微型机中广泛采用的连接技术。所谓总线就是系统部件之间传送信息的公共通道，各部件由总线连接并通过它传递数据和控制信号。

根据所连接部件的不同，总线可分为内部总线和系统总线。内部总线是同一部件(如 CPU)内部的控制器、运算器和各寄存器之间的连接总线。系统总线是同一台计算机的各部件，如 CPU、内存、I/O 接口之间相互连接的总线。系统总线又可分为数据总线(DB)、地址总线(AB)和控制总线(CB)，分别传递数据、地址和控制信号。总线在发展过程中形成了许多标准，如 ISA、EISA、PCI 和 AGP 总线等。

总线体现在硬件上就是计算机主板(Mainboard)，它也是配置计算机时的主要硬件之一。主板上配有插 CPU、内存条、显示卡、声卡、网卡、鼠标器和键盘等的各类扩展槽或接口，而软盘驱动器和硬盘驱动器则通过电缆与主板相连。主板的主要指标包括所用的芯片组、工作的稳定性和速度、提供插槽的种类和数量等。

1.6.3 微型计算机的技术指标

计算机的性能指标涉及体系结构、软/硬件配置、指令系统等多种因素，一般说来主要有下列技术指标。

1. 字长

字长是指 CPU 一次能直接处理的二进制数据的位数。字长越长，表明计算机的运算能力越强，精度越高，速度也相应越快。通常字长总是 8 的整数倍，如 8 位、16 位、32 位、64 位等。Intel 486 机和 Pentium 4 机均属 32 位机。

2. 主频

主频是指 CPU 的内部时钟工作频率，代表 CPU 的工作速度。主频是 CPU 最重要的指标，单位是 MHz、GHz。一般来说，主频越高，速度越快。由于微处理器发展迅速，微机的主频也在不断提高。目前“奔腾 4”处理器的主频已达到 3GHz。

3. 运算速度

运算速度是指计算机每秒钟执行指令的数目，它比 CPU 的主频更直观地反映计算机的运算速度，单位是 MIPS(Million Instructions Per Second，百万指令数/秒)。

4. 存储容量

计算机的存储容量包括内存容量(RAM，Cache)和外存容量(主要指硬盘)。内存容量越大，能同时运行的程序就越多，处理能力就越强，运算速度也就越大。硬盘容量越大，表明作为后备数据仓库的容量越大，计算机的数据存储能力就越强。目前计算机主流内存容量是 1GB，主流硬盘容量是 160GB。

5. 存取周期

内存储器的存取周期也是影响整个计算机系统性能的主要指标之一。简单地讲，存取周期就是 CPU 从内存储器中存取数据所需的时间。目前，内存的存取周期在 7～70ns 之间。

此外，计算机的可靠性、可维护性、平均无故障时间和性能价格比等都是计算机的技术指标。计算机系统的总体性能是由各个部件的技术指标综合决定的。

1.6.4 微型计算机硬件系统的配置

1. 微机硬件系统的基本配置

微型计算机的各个部件可以组合。不同用途、不同档次的微型计算机的配置也不完全一致,可以根据用户的使用能力、经济能力自行进行配置。基本要求如下。

(1) 各组成部件要先进、合理,完全兼容。部件要选择优质产品。

(2) 选择市场的主流产品,要有良好的可升级、可扩展能力。

(3) 明确购机目的,微机的配置要与用途相适应。

(4) 要有好的性能价格比。

(5) 选择有声誉、有良好售后服务的经销商。

微型计算机的基本配置包括主机、显示器、键盘和鼠标。主机又包括机箱、电源、主板、CPU、内存、硬盘驱动器、软盘驱动器(简称软驱)、光盘驱动器(简称光驱)和显示卡等。

2. 微机硬件系统的增强性配置

目前计算机增强性配置是指配有高速度大硬盘、大内存、图形加速显示、高速的CD-ROM驱动器。如果配置多媒体计算机系统,除此以外还有音频视频采集卡、压缩卡、图形采集卡等多媒体扩展卡,以及刻录机、康宝光驱、扫描仪、录音录像机、音响等外部设备,这些构建成强大的多媒体硬件环境。

随着技术的进步,微型机的各种部件都在不断地更新换代,受市场需求和竞争的影响,其价格更是变化无常,让人无所适从。微型机的配置不同,其性能上会有很大的差异,所以微机的配置和组装是至关重要的。

1.7 本章小结

本章首先介绍了计算机的发展概况、计算机应用领域等基础常识,进制的基本概念及转换、信息编码等基本知识。

其次,本章用较大的篇幅对微机系统的软/硬件构成等基础知识作了详尽的介绍,并简要介绍了微机硬件系统的配置及如何去合理地配置一台微型计算机,掌握这些实用知识有利于理解计算机的工作原理、内部结构和市场情况,也为学习后续内容打下了坚实的基础。

第2章 Windows XP操作系统的使用

本章要点

- Windows XP的功能、基本概念和常用术语
- Windows XP的启动和退出、“开始”菜单的使用等基本操作方法
- 资源管理系统的“资源管理器”或“我的电脑”的操作和使用
- 文件和文件夹的概念、创建与删除、复制与移动、文件名和文件夹名的重命名、属性的设置和查看以及文件的查找等操作
- 快捷方式的创建和使用
- 磁盘属性的查看、磁盘的格式化和磁盘复制
- 控制面板的设置

操作系统是应用软件的支撑平台，所有其他软件都必须在操作系统的支持下才能使用。简单地说，操作系统就是一套具有特殊功能的软件，它在用户和计算机之间搭起了一座沟通的桥梁。操作系统一方面管理计算机，命令其做各种各样的操作；另一方面提供给用户一个友好的界面并接受用户的各种指令。没有操作系统，用户就不能对计算机进行操作。所以，掌握操作系统的常用操作是使用计算机的必备技能。

目前常用的操作系统有DOS、Windows、UNIX、Linux、Mac OS等，其中Windows系列是微软公司推出基于图形用户界面的操作系统，是目前世界上应用最广泛的操作系统。Windows XP是微软公司继Windows 2000之后推出的又一个Windows版本，Windows XP集Windows 2000的安全性、可靠性和管理功能以及Windows 98的即插即用功能、简易用户界面和创新支持服务等各种先进功能于一身，是一款优秀的Windows操作系统。

本章就以Windows XP为例，介绍该操作系统的基本操作和使用方法。

2.1 Windows XP的启动和退出

2.1.1 Windows XP的启动

当计算机开启后，Windows操作系统将自动进入工作状态，打开Windows XP登录界面。系统会要求使用者输入“用户名”和“密码”，如图2-1所示。输入完成后单击“确定”按钮，进入Windows系统。如果输入的密码不对，Windows会提出警告，并要求用户重新输入口令。Windows XP启动后的界面如图2-2所示。

提示：如果单击选中的用户没有设置密码，系统将直接登录。

图 2-1　Windows XP 登录界面

图 2-2　Windows XP 启动后的界面

2.1.2　Windows XP 的退出

当用户不再使用计算机时，不能直接关闭电源，而应遵循正确的操作方法。

用户应先单击桌面左下角的“开始”按钮，出现如图 2-3 所示的“开始”菜单后，再在“开始”菜单中选择“关闭计算机”命令，这时会弹出一个如图 2-4 所示的“关闭计算机”窗口，单击“关闭”按钮，则系统将自动关闭。操作者不需要再去关闭电源。

如果用户没有正常关机，则在下次启动计算机时，将自动执行磁盘扫描程序。严重时，可能造成数据丢失，甚至计算机无法启动。

提示：如果系统处在死机状态，也就是不再对鼠标和键盘的各项操作有反应，这时，就需要强行关闭计算机，方法是按住电源按钮几秒钟，直至计算机的电源指示灯关闭。

图 2-3　打开“开始”菜单

图 2-4　关闭计算机窗口

提示：关闭 Windows XP 之前用户应关闭所有打开的程序和文档窗口。如果用户不关闭，系统也会询问用户是否要结束有关程序的运行。

2.1.3　创建新用户账户

为安全起见，经常使用计算机的每一个用户应有一个专用的账户。使用控制面板中的“用户和密码”可以创建新的用户，并需将用户添加到某个组中。因为在 Windows XP 中，权限和用户权力通常授予组。通过将用户添加到组，可以将该组的所有权限和用户权力授予这个用户。

在以管理员(Administrator)或管理员组成员身份登录到计算机之后,才能创建新的单用户账户。创建用户账户的操作步骤如下。

(1) 选择“开始”→“设置”→“控制面板”命令。

(2) 在控制面板窗口中双击“用户和密码”图标。

(3) 在弹出的对话框中单击“添加”按钮,出现“添加新用户”向导。

(4) 根据向导的提示,输入用户名、口令等信息,并授予访问权限,一步一步地完成设置。

Windows XP 中,多个用户可以使用同一台计算机,每个用户都可以进行以下设置:依据个人爱好设置桌面;在收藏夹中仅显示该用户设置的项目;使用由用户命名的“我的文档”并可通过密码进行保护;可以不必关闭程序而切换用户等。根据使用权限,用户可以分为管理员账户和有限账户两类。管理员账户拥有对计算机使用的最大权限,可以安装程序和增删硬件,访问计算机中的所有文件,增加和删除用户账户,改变其他用户账户的密码和类型等。在计算机中,必须要有一个管理员账户。

2.2 鼠标和键盘的基本操作

Windows 环境下的操作主要是依靠鼠标和键盘来执行的,因此熟练掌握鼠标和键盘的操作可以提高工作效率。

2.2.1 鼠标操作

鼠标(见图 2-5)是一种控制屏幕上指针(通常显示为箭头)的手持设备,可以使用鼠标移动屏幕上的指针并对屏幕上的项目执行某个操作。鼠标的主按钮通常是左按钮。

当用户移动鼠标时,计算机屏幕上会同时有一个同步移动的斜向箭头,这就是鼠标指针。

图 2-5 鼠标

鼠标的基本操作一般有定位、单击、双击、右击和拖动等几种。

(1) 定位:移动鼠标,使屏幕上的鼠标指针移到某一位置或接触到某一目标的操作称为“定位”。

(2) 单击:将鼠标指针定位到要单击的对象上,然后用食指按下鼠标左键并松开,这种操作叫做“单击”。单击一个图标后,一般该图标呈反白显示,表示被选中。

(3) 双击:将鼠标指针定位到要双击的对象上,然后快速地连续两次按下鼠标左键,并立即松开,称为“双击”。双击一般是打开一个窗口或运行一个程序。

(4) 右击:将鼠标指针定位到要单击右键的对象上,然后用无名指或中指按下鼠标右键并松开的操作称为“右击”,也称为“单击鼠标右键”或“右键单击”。一般会弹出一个快捷菜单,菜单中显示了该项目的大部分常用命令。

(5) 拖动：将鼠标指针定位到要拖动的对象上，然后再按住鼠标左键不放的同时移动鼠标，这时对象或一个虚框会跟着鼠标指针移动。当移动到合适的位置后，松开鼠标左键，对象会被放置在新的位置上。这种操作就称为“拖动”。

提示：操作鼠标的通用规则是单击按钮，双击图标。双击窗口的标题栏可以最大化任何窗口(应用程序和文档窗口均可)，再次双击可以使最大化的窗口恢复原状。单击滚动条的空白区域可以每次翻一页。右击桌面或任一文件夹窗口中的空白区域，会弹出右键快捷菜单，可以让使用者选择“排列图标”、“新建文件和文件夹”、“属性”等选项。右击任务栏上的空白区域可以布置窗口或设置任务栏属性。

2.2.2 鼠标指针

鼠标指针在窗口的不同位置(或不同状态下)会有不同形态。表 2-1 列出了常用鼠标指针的含义。

表 2-1 鼠标指针含义

	正常选择		选定文本		沿对角线调整 1
	帮助选择		手写		沿对角线调整 2
	后台运行		不可用		移动
	系统忙		垂直调整		其他选择
	精确定位		水平调整		链接选择

2.2.3 键盘的布局

键盘是计算机使用者向计算机输入数据或命令的最基本的设备。常用的键盘上有 101 个键或 104 个键，分别排列在 4 个主要部分：打字键区、功能键区、编辑键区、数字小键盘区，如图 2-6 所示。

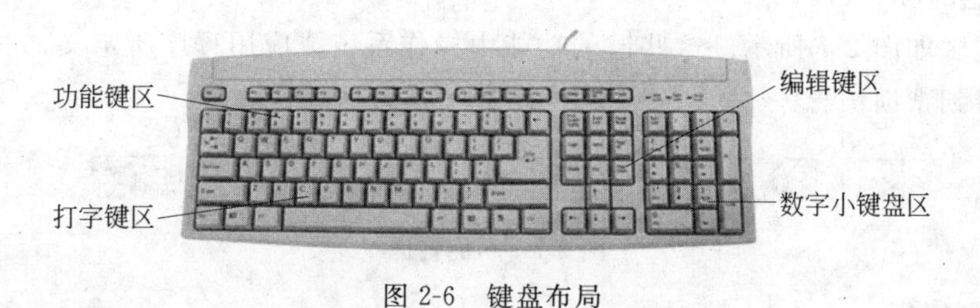

图 2-6 键盘布局

现将键盘的分区以及一些常用键的操作说明如下。

1. 打字键区

打字键区是键盘的主要组成部分，也称为主键区。打字键区的键位排列与标准英文打字机的键位排列一样。该键区包括了字母键、数字键、常用运算符及标点符号键，除此之外还有几个控制键。

下面对几个特殊的键及用法作简单介绍。

1）空格键(SpaceBar)

该键是在打字键区最下方中间最长的条形键。每按一次该键，将在当前光标的位置上空出一个字符的位置。

2）Enter 键(Enter)

该键是键盘上最大的键。当用户输入完一段文字后，按下该键，将另起一新行开始输入。或在输入完一个命令后，按下该键，表示确认命令并执行。

3）大写字母锁定键(CapsLock)

该键在打字键区的左边。该键是一个开关键，用来转换字母大小写状态，并且在键盘的右上角还有一个相关的指示灯。每按一次该键，Caps 指示灯会由不亮变成亮，或由亮变成不亮。如果 Caps 指示灯不亮，则输入的是小写字母；如果 Caps 指示灯亮，则输入的是大写字母。

4）换挡键(Shift)

换挡键在打字键区共有两个，它们分别在主键盘区的左下角和右下角。换挡键是进行上下挡切换的，一般用来输入符号。如百分号“%”和“5”在一个键上，直接按下该键，输入的是“5”，按下 Shift 键不放，再按下“5”键，输入的是这个键上的“%”。如果按下 Shift 键不放，再按下字母键，也可进行大小写转换。

5）退格删除键(←BackSpace)

该键在打字键区的右上角。每按一次该键，将删除当前光标位置前的一个字符。

6）Ctrl 和 Alt 键

这两个键必须和其他键配合才能实现各种功能，这些功能是在操作系统或其他应用软件中进行设定的。

2. 功能键区

1）功能键(F1～F12)

功能键区如图 2-7 所示。这些键的功能由操作系统或应用程序所定义，如一般将 F1 键定义为得到帮助信息。

Esc | F1 Help | F2 | F3 | F4 | F5 | F6 | F7 | F8 | F9 | F10 | F11 | F12 | Print Screen SysRq | Scroll Lock | Pause Break

图 2-7 功能键区

2）取消键(Esc)

该键一般被定义为取消当前操作或退出当前窗口。

3）屏幕硬拷贝键(PrintScreen)

按下该键可以将计算机屏幕的显示内容复制到剪贴板上；按下 Alt＋PrintScreen 组合键将当前窗口的显示内容复制到剪贴板上，供其他程序使用。

3. 编辑键区

编辑键区如图 2-8 所示。

1）插入字符开关键(Insert)

按一次该键，进入字符插入状态；再按一次，则取消字符插入状态，进入字符改写状态。

2）删除键(Delete)

按一次该键，可以把当前光标所在位置后面的字符删除掉。

3）行首键(Home)

按一次该键，光标会移至当前行的开头位置。

4）行尾键(End)

按一次该键，光标会移至当前行的末尾。

5）上翻页键(PageUp)

按一次该键，显示上一页的内容。

6）下翻页键(PageDown)

按一次该键，显示下一页的内容。

7）光标移动键(←、↑、↓、→)

使光标分别向左、向上、向下、向右移动一格。

4. 数字小键盘区

数字小键盘区位于键盘的最右侧，如图 2-9 所示。在数字小键盘区上，大多数键都是上下挡键，它们具有双重功能：一是代表数字键，二是代表编辑键。小键盘的转换开关键是 Num Lock 键(数字锁定键)。

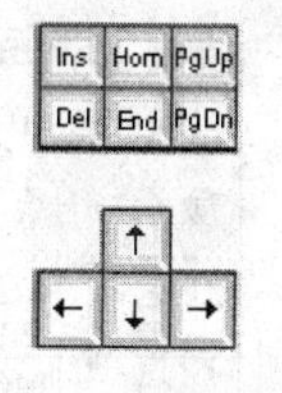

图 2-8　编辑键区

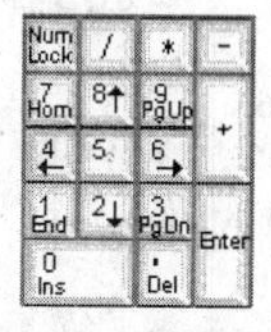

图 2-9　数字小键盘区

数字小键盘区 Num Lock 按键是一个开关键。每按一次该键，键盘右上角标有 Num 指示灯会由不亮变为亮，或由亮变为不亮。如果 Num 指示灯亮，则小键盘的键作为数字符号键来使用，否则变为编辑键的功能。

2.2.4　键盘的使用

打字键区是平时最为常用的键区，通过它可以实现各种文字和控制信息的录入。打字键区的正中央有 8 个基本键，即左边的 A、S、D、F 键和右边的 J、K、L、;键，其中的 F、J

两个键上都有一个凸起的小棱杠，以便盲打时手指能通过触觉进行定位。

开始打字前，左手食指、中指、无名指和小指应分别虚放在 F、D、S、A 键上，右手食指、中指、无名指和小指应分别虚放在 J、K、L、;键上，两个大拇指虚放在空格键上。基本键是打字时手指所处的基准位置，击打其他任何键，手指都是从这里出发，打完后又须立即退回到基本键位。

其他键的手指分工为：左手食指负责的键位有 4、5、R、T、F、G、V、B 共 8 个键，中指负责 E、D、C 和 3 共 4 个键，无名指负责 W、S、X 和 2 这 4 个键，小指负责 Q、A、Z、1 及其左边的所有键位。右手食指负责 6、7、Y、U、H、J、N、M 共 8 个键，中指负责 I、K、,（逗号）和 8 共 4 个键，无名指负责 O、L、.（小数点）和 9 共 4 个键，小指负责 0、P、;（分号）、/（斜杠）及其右边的所有键位。击打任何键，只需把手指从基本键位移到相应的键上，快速按下后，立即返回基本键位即可。

2.2.5 Windows 键盘快捷键

快捷键（又称热键），它们可以是单个键也可以是多个键的组合。如 F1 键显示帮助信息；F10 键用于激活操作中的菜单栏；Ctrl＋C 表示 Ctrl 键和 C 键的组合，用于复制所选的内容等。表 2-2 列出了 Windows 系统中在初始设置下的部分常用键盘快捷键，仅供参考。

表 2-2 常用键盘快捷键

快捷键	作　用	快捷键	作　用
F1	显示帮助信息	Alt＋Enter	显示所选对象的属性
F2	重新命名所选项目	Alt＋Esc	以项目打开的顺序循环切换
F3	搜索文件或文件夹	Esc	取消当前任务
F4	显示“地址”栏列表	Shift＋Delete	永久删除所选项
F5	刷新当前窗口	Ctrl＋A	选中全部内容
F6	循环切换屏幕上元素	Ctrl＋Esc	显示“开始”菜单
F10	激活当前程序中的菜单栏	Ctrl＋Tab	在选项卡之间向前移动
Ctrl＋C	复制	Ctrl＋Shift＋Tab	在选项卡之间向后移动
Ctrl＋X	剪切	Ctrl＋Shift	在不同的输入法之间切换
Ctrl＋V	粘贴	Alt＋Tab	在打开的项目之间切换
Ctrl＋Z	撤销	Ctrl＋空格键	输入法/非输入法切换
Shift＋空格键	全角/半角切换	Alt＋空格键	为当前窗口打开快捷菜单
开始	显示或隐藏“开始”菜单	开始＋F	搜索文件或文件夹
开始＋D	显示桌面	开始＋M	最小化所有窗口
开始＋Shift＋M	还原最小化的窗口	开始＋E	打开“我的电脑”
开始＋Break	显示“系统属性”对话框	开始＋Ctrl＋F	搜索计算机
开始＋R	打开“运行”对话框	开始＋U	打开“工具管理器”窗口
开始＋F1	显示 Windows 帮助		

2.3 桌面及窗口的基本操作

启动 Windows 以后，会出现如图 2-10 所示的 Windows 界面，这就是通常所说的桌面。用户的工作都是在桌面上进行的。桌面上包括桌面图标、任务栏等部分。下面分别进行介绍。

图 2-10 Windows 桌面

2.3.1 桌面图标

桌面上的小图片称为图标，如图 2-10 所示，它可以代表一个程序、文件、文件夹或其他项目。Windows 的桌面上通常有“我的电脑”、“回收站”、“我的文档”、“网上邻居”等图标和其他一些程序文件的快捷方式图标。

1. 我的电脑

“我的电脑”表示当前计算机中的所有内容。双击这个图标可以快速查看软盘、硬盘、CD-ROM 驱动器以及映射网络驱动器的内容。还可以从“我的电脑”中打开“控制面板”，配置计算机中的许多设置。

2. 回收站

当用户删除硬盘中的文件或文件夹时，Windows 会将其放到回收站。这样当用户误删除或再次需要这些文件时，还可以到回收站中将其取回。从软盘或网络驱动器中删除的项目将被永久删除，不发送到回收站。

如果用户需要取回这些被删除的文件或文件夹，或将其彻底删除，可以双击桌面上的回收站图标，进入回收站。找到要恢复的文件或文件夹后将其选中，并在上面右击，会出现如图 2-11 所示的快捷菜单。

如果用户选择了“还原”命令，则文件或文件夹将被恢复到原位置。如果用户选择了“删除”命令，则文件或文件夹将被彻底地删除，不能再被恢复。

在桌面上的“回收站”图标上右击，在弹出的快捷菜单中选择“属性”命令，会出现一个如图 2-12 所示的“回收站 属性”对话框。在该对话框中可以设置该计算机中是否只有一个回收站（各硬盘公用），还是各硬盘单独设有自己的回收站；还可以设置回收站的空间大小。要注意的是，当回收站充满后，Windows 自动清除“回收站”中的文件和文件夹以存放最近删除的文件和文件夹。

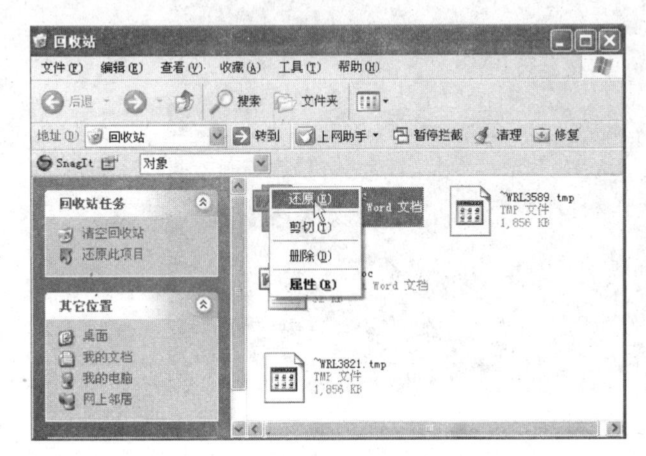

图 2-11 右击出现的快捷菜单

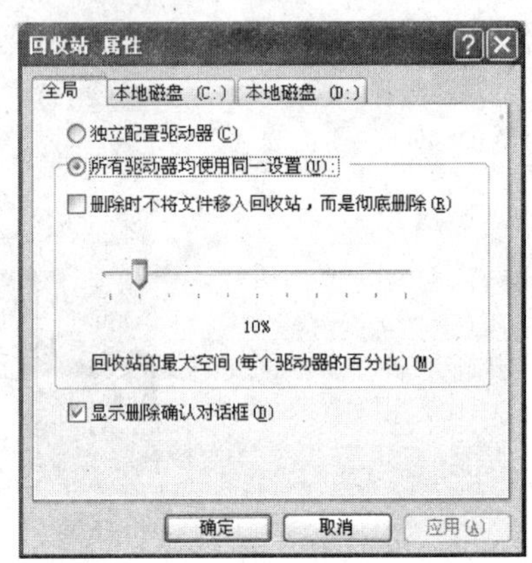

图 2-12 “回收站 属性”对话框

3. 我的文档

“我的文档”是为用户提供存储需要快速访问的文档、图形或其他文件的文件夹。如果一台计算机有多个用户使用，则每位登录到该计算机的用户均拥有各自唯一的“我的文档”文件夹，这样，使用同一台计算机的其他用户就无法访问存储在“我的文档”文件夹中的文档了。

4. 网上邻居

“网上邻居”显示了用户计算机连接的网络上的所有能被共享的计算机、打印机和其他的资源。如果想要使用其他计算机上的文件或文件夹，只需进入网上邻居，双击目标计算机，就可以使用这个计算机上被设置为共享的文件或文件夹了。

图 2-13 共享文件夹

如果自己计算机上的文件夹要设置为能被别的计算机访问，可以在该文件夹上右击，在弹出的快捷菜单上选择“共享”命令，该文件夹即成为如图 2-13 所示的共享文件夹。

2.3.2 任务栏

任务栏出现在屏幕的底部。如图 2-10 所示，任务栏由“开始”按钮、快速启动栏、任务按钮和托盘等部分组成。

1. 开始按钮

“开始”按钮位于屏幕的左下角。用户单击该按钮后，会弹出“开始”菜单。通过“开始”菜单可以完成启动程序、查找文件、访问“帮助”、设置系统和退出系统等几乎所有 Windows 中的任务。

单击“开始”按钮，用鼠标指向“开始”菜单中的“程序”级联菜单。这时在“程序”级联菜单的右边会出现一个子菜单，用鼠标指向其中的“附件”级联菜单，再在弹出的下一个子菜单中选择“记事本”命令，就可以运行“记事本”程序了。

2. 快速启动栏

如图 2-10 所示，在工具栏的最左边是快速启动栏，上面一般有资源管理器、显示桌面和 IE 浏览器等按钮。单击这些按钮，可以直接打开资源管理器、回到桌面或打开 IE 浏览器窗口。

3. 任务按钮

Windows 是一个多任务操作系统，每当计算机运行一个程序就会有一个如图 2-14 所示的任务按钮出现在任务栏上。单击这些任务栏按钮可以快速地在这些程序中进行切换。也可在任务按钮上右击，通过弹出的快捷菜单对程序进行控制。

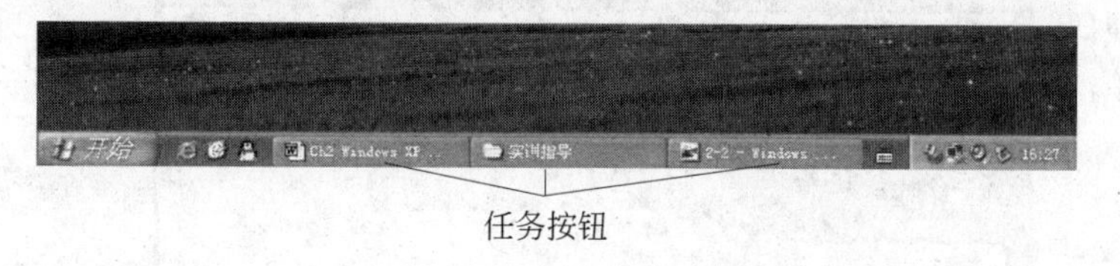

图 2-14　任务栏上的任务按钮

4. 托盘

托盘位于屏幕的右下角，如图 2-15 所示。其中一般有日期时间、汉字输入法和音响音量等按钮，通过这些按钮可以快速进行日期设置、输入法切换、音量调节等操作。

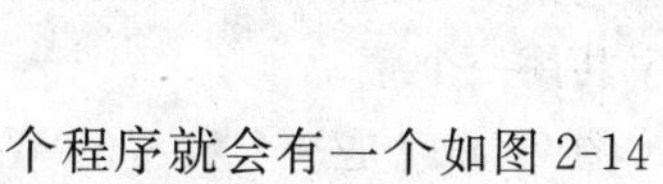

如果要对其中的项目进行操作或设置，可以用鼠标进行单击或双击。如在日期上双击，会出现如图 2-16 所示的“日期和时间属性”对话框，可对日期和时间进行修改。

音响音量　汉字输入法　日期时间

CH　20:48

图 2-15　任务托盘

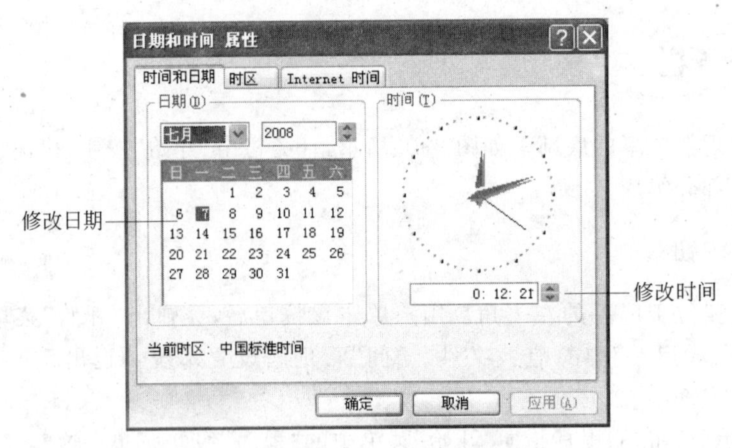

图 2-16 “日期和时间 属性”对话框

2.3.3 窗口的组成与基本操作

每当用户打开一个应用程序或文件、文件夹后，屏幕上会出现一个长方形的区域，这就是窗口。在运行某一程序或在这个过程中打开一个对象，会自动打开一个窗口。Windows 窗口分为应用程序窗口和文档窗口。应用程序窗口表示正在运行的一个程序，可以包括多个文档窗口。文档窗口一般包含在应用程序窗口中，没有自己的菜单，与应用程序共用一个菜单。

图 2-17 就是一个典型的 Windows 窗口，它的组成如下。

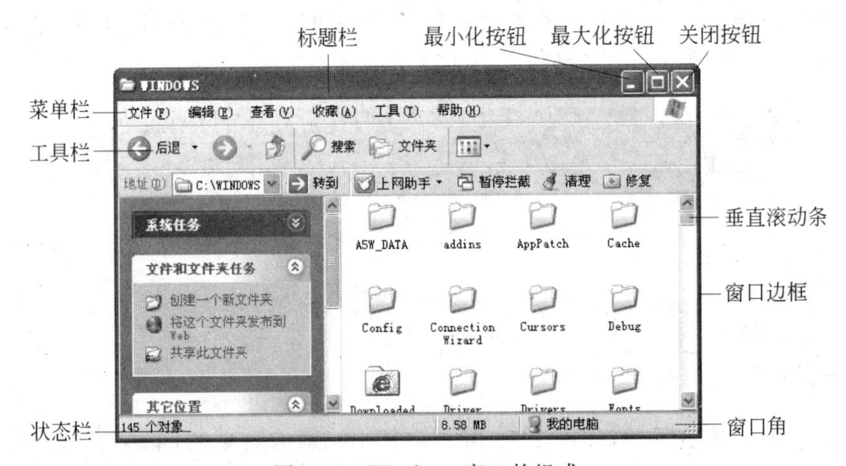

图 2-17 Windows 窗口的组成

1. 边框和角

每个窗口都有自己的边框，标识出窗口的边界。当用户将鼠标指针指向边框时，指针会变成水平调节↔或垂直调节↕形状，这时按下鼠标左键拖动可以调节窗口的大小。如果将鼠标指向窗口的角▨，鼠标会变成↘或↗形状，这时按下鼠标左键拖动可以同时调节窗口的水平尺寸和垂直尺寸的大小。

2. 标题和标题栏

标题栏位于窗口的顶部第一行，用来显示应用程序名或文档名等窗口标题。将鼠标指向标题栏，然后按下鼠标拖动，可以移动窗口的位置。

3. 最小化、最大化/还原和关闭按钮

这组按钮位于窗口的右上角。

单击应用程序的最小化按钮▁，应用程序窗口将关闭，只剩下任务栏上的任务按钮。如果要使窗口还原，可以单击任务栏按钮。如果单击的是文档窗口的最小化按钮，窗口将缩小为一个只有标题栏的小窗口，放置在应用程序窗口的底部，同时最小化按钮变为还原按钮🗗。

单击最大化按钮□，窗口扩大到整个桌面，同时最大化按钮变为还原按钮🗗。

单击还原按钮🗗，可以将最大化或最小化的窗口还原为原来的大小。

单击关闭按钮☒，可以快速关闭文档窗口或结束应用程序。

4. 菜单栏

菜单栏位于标题栏之下。在菜单栏上列出了用户可以使用的菜单项名称，每个菜单项都是一个命令或操作，供用户选择。

5. 工具栏

工具栏在菜单栏的下方，由若干图标组成，每个小图标都对应菜单中的一个常用命令。

6. 水平滚动条和垂直滚动条

当窗口中的内容太大、太多，无法在一个窗口中全部显示出来时，窗口的底部或右部会自动出现水平滚动条和垂直滚动条。用户用鼠标拖动滚动条上的滑块，可以查看那些未显示在当前窗口中的内容。

7. 状态栏

有些窗口有状态栏，它位于窗口的底部。状态栏将显示当前的系统状态和操作状态等信息。

2.4 菜单及对话框的操作

菜单是一种形象化的称呼，它是一张命令列表，是应用程序和用户交互的一种方式。用户可以从菜单中选择所需的命令来指示程序执行相应的操作。

2.4.1 菜单组成及操作

图 2-18 是一个典型的下拉菜单。快捷菜单是用鼠标右键引发的，其组成和使用方法和下拉菜单一样。

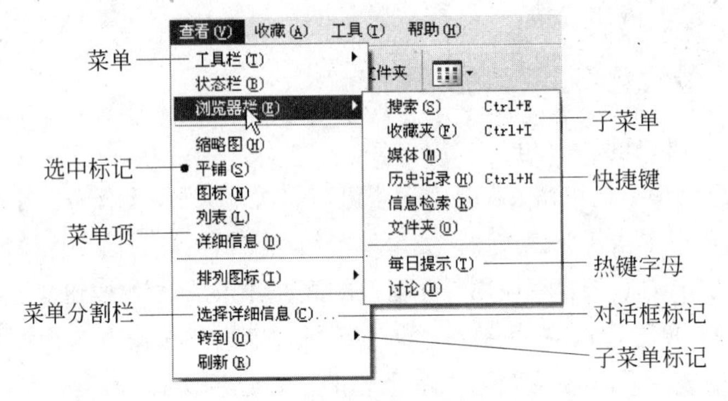

图 2-18　下拉菜单的组成

当用户用鼠标单击菜单栏中的菜单时，会弹出一个下拉菜单。在菜单上会出现各种标记，表 2-3 列出了这些标记的含义。

表 2-3　菜单中标记的含义

标　　记	含 义 说 明
…	菜单命令的后面有此标记，表示单击该菜单命令后会弹出一个对话框，要求用户输入更多的信息
▶	菜单命令的后面有此标记，表示单击该菜单命令后会出现一个子菜单
✔	菜单命令的前面有此标记，表示该项被选中。再单击该命令，标记会消失
●	菜单命令的前面有此标记，表示该项被选中。和✔标记不同的是，本标记是一个单选标记，即在一组菜单命令中，只允许一个菜单命令被选中。而✔标记无此限制
灰色菜单项	表示在目前状态下暂时无法使用
字母	在菜单命令的后面一般都会有一个用圆括号括起来的字母，这个字母称为“热键”或“访问键”。有些菜单命令的后面会有一串字母，如 Ctrl+E，这称为快捷键

用鼠标操作菜单非常简单。先用鼠标单击菜单栏上的相应菜单，再用鼠标选中弹出的下拉菜单或子菜单中的菜单命令即可。

也可以用“访问键”和“快捷键”来操作菜单。按下 Alt 键可以激活当前的菜单，然后按下 Alt+“访问键”来选择一个菜单命令。或用上、下键来移动光标，按 Enter 键表示确定。快捷键可以在不激活菜单的情况下使用，非常方便。表 2-4 列出了常用的快捷键。

提示：用鼠标在菜单以外的任意位置处单击，就可以撤销该菜单。

表 2-4 常用快捷键

Ctrl+C	复制	Ctrl+Z	撤销
Ctrl+X	剪切	Delete	删除
Ctrl+V	粘贴		

2.4.2 对话框组成及操作

与菜单一样，对话框也是一种常用的人机交互方式。当 Windows 在运行命令中需要更多信息时，就用对话框来提问。用户回答有关问题后，命令继续执行。

在有些菜单命令的后面跟有省略号"…"，当用户选择这些菜单的时候就会出现一个对话框。如许多软件都有"打开"菜单命令，选择这个命令时，会出现如图 2-19 所示的"打开"对话框。在对话框中，用户输入要打开文件的名称、位置、类型等信息，然后单击"打开"按钮。

各种对话框的组成复杂度不同，最简单的对话框只有几个按钮，而复杂的对话框需要用户操作几个控件。一个复杂的对话框除了按钮之外，还由下列的一项或多项组成。

1. 文本框

文本框是一个用来输入文字的矩形区域。

2. 列表框

列表框中会显示多个选项，用户可以从中选择一个或多个。被选中的项加亮显示或背景变暗。图 2-19 中间的文件名就是一个列表。

图 2-19 "打开"对话框

3. 下拉列表框/组合框

单击下拉列表框的向下箭头，可以打开一个列表，供用户选择。组合框的外观和下拉列表框相同，它和下拉列表框不同的是，除了可以在列表中进行选择外，还可以直接输入文字，它就像是下拉列表框和文本框的组合。图 2-19 中的"文件名"就是一个组合框，而图 2-20 中的"屏幕保护程序"就是一个下拉列表框。

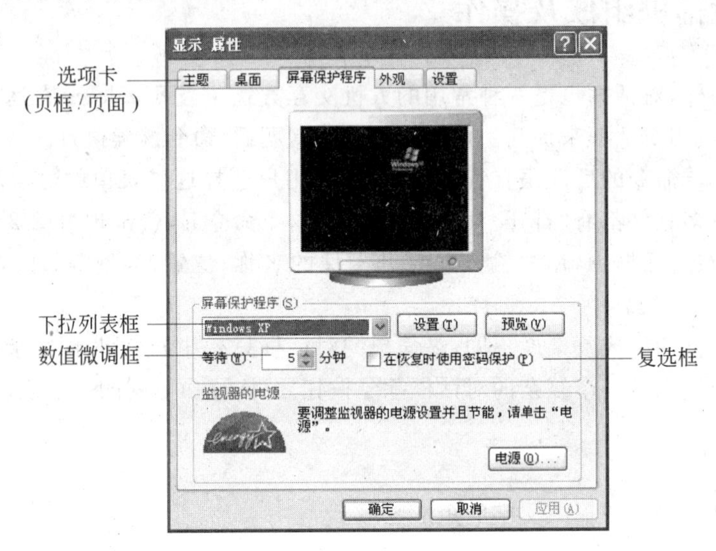

图 2-20 "显示 属性"对话框

4. 单选按钮

单选按钮又称为选项按钮，是一组互斥的选项，在一组中只能有一项被选中。如果选择了另一个选项，原先的选择将被放弃。被选中的项中会出现一个黑点，形状为◉。图 2-21 中的"位置"就是一个单选按钮组。

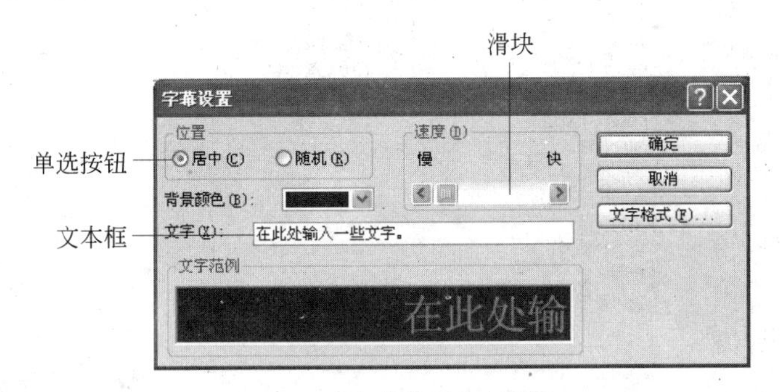

图 2-21 "字幕设置"对话框

5. 复选框

复选框和单选按钮不同，它可以同时被选中多个或一个也不选中。被选中的项中出现一个“√”,形状为☑。图 2-20 中的“在恢复时使用密码保护”就是一个复选框。

6. 数值微调框/滑块

单击微调框右边的微调按钮，可以改变数值的大小。滑块的作用与它差不多，通过拖动滑块，也可以改变数值的大小。图 2-20 中的“等待”是一个微调框，图 2-21 中的速度是一个滑块。

7. 选项卡(页框和页面)

选项卡也称为标签页，是 Windows 中增加显示面积的一种方式。一个页框可以包含多个页面，用鼠标单击页面标签可以在页面之间进行切换。图 2-20 就是由 5 个页面组成的。

2.5 文件管理

Windows 提供了两种管理计算机资源的方法，一种是“资源管理器”，另一种是“我的电脑”。利用它们，用户可以非常方便地组织和管理文件、文件夹和其他资源。本书只对“资源管理器”的使用进行介绍，“我的电脑”在操作上和“资源管理器”非常类似，不再具体介绍。

可以通过“开始”菜单启动“资源管理器”。将鼠标指向“开始”按钮并右击，在弹出的快捷菜单中选择“资源管理器”命令，如图 2-22 所示。

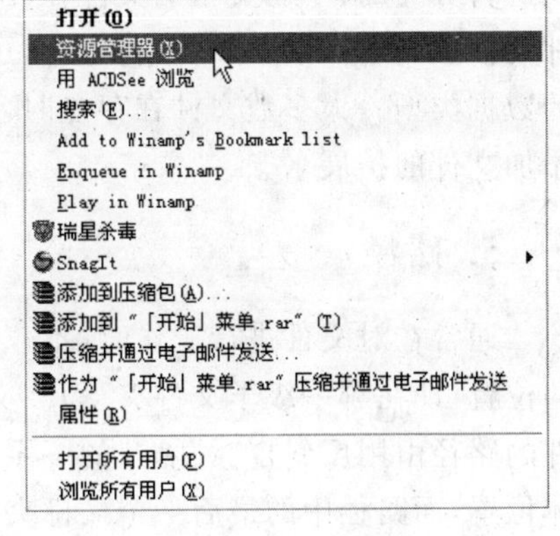

图 2-22 启动“资源管理器”

2.5.1 基本概念

1. 文件名

Windows XP 对于文件名命名的长度可达 255 个字符，其中不允许使用尖括号(<>)、正斜杠(/)、反斜杠(\)、竖杠(|)、冒号(:)、双撇号(")、星号(*)和问号(?)。

文件名体现文件的内容，扩展名指明文件的性质和类别。不同类型的文件规定了不同的扩展名。

系统保留用户命名时的大小写字母，但系统对文件名的大小写是不区分的，如 FILE1 和 file1 是相同的。

2. 文件与文件夹

在计算机中，文件就是相关信息的集合。一个程序、一幅画、一篇文章、一个通知等都可以是文件的内容，它们都可以以文件的形式存放在磁盘或光盘上。在 Windows

XP 中，文件夹是组织文件的一种方式，可以把同一类型的文件保存在一个文件夹中，也可以根据用途将不同的文件保存在一个文件夹中，它的大小由系统自动分配。计算机资源可以是文件、硬盘、键盘、显示器等。用户不仅可以通过文件夹来组织管理文件，也可以用文件夹管理其他资源。例如，“开始”菜单就是一个文件夹；设备也可以认为是文件夹。文件夹中除了可以包含程序、文档、打印机等设备文件和快捷方式外，还可以包含下一级文件夹。利用“资源管理器”可以很容易地实现创建、移动、复制、重命名和删除文件夹等操作。

3. 文件夹树

由于各级文件夹之间有互相包含的关系，使得所有文件夹构成一个树状结构，称为文件夹树。Windows XP 中的文件夹树的根是桌面；下一级是“我的电脑”、“网上邻居”和“回收站”；再下一级就是“软盘驱动器”和“硬盘”等。用户可以在软盘或硬盘的文件夹下创建自己的文件夹来管理自己的文档。

4. 文件的类型

在 Windows XP 中，文件可以划分为很多类型。文件是根据它们所含信息类型的不同进行分类的，不同类型的文件在 Windows XP 中使用的图标也不同。文件的类型用文件的扩展名来区别。文件的扩展名可以帮助用户辨认文件的类型、创建它的程序和存放的数据类型。大多数文件在存盘时，若不特定指出文件的扩展名，应用程序都会自动为其添加文件的扩展名。

5. 路径

通常在对文件进行操作时，不仅要指出该文件在哪一个磁盘上，还要指出它在磁盘上的位置(即在哪一级子文件夹下)。文件在文件夹树上的位置称为文件的路径(path)。文件的路径由用反斜杠“\”隔开的一系列子文件夹名表示，它反映了文件在文件夹树中的具体位置，而路径中的最后一个文件夹名就是文件所在的子文件夹名。

通常用两种方式来指定文件路径，即绝对路径和相对路径。所谓绝对路径是指从该文件所在磁盘根文件夹开始直到该文件所在的子文件夹为止的路径上的所有文件夹名(各子文件夹名之间用“\”分隔)。所以，绝对路径总是以符号“\”开始的。绝对路径表示了文件在文件夹树中的绝对位置，文件夹树上的所有文件的位置都可以用绝对路径表示。

所谓相对路径是指从该文件所在磁盘的当前文件夹开始直到该文件所在的文件夹为止的路径上的所有的子文件夹名(各文件夹名之间用“\”分隔)。因此，相对路径表示了文件在文件夹树上相对于当前文件夹的位置。

6. 通配符

通配符是一个键盘字符。Windows 操作系统规定了两个通配符，即星号“*”和问号“?”。当用户查找文件或文件夹时，可以使用它们来代替一个或多个字符。

例如，用户要查找 D 盘上所有 Word 文档文件，文件名可以用下列形式表示：

.doc,其中,""号代表任意个字符,doc 表示 Word 文档的扩展名。

例如,用户要查找 F 盘上以 X 开头 4 个字符的 VC++ 源程序,文件名可以用下列形式表示:X???.cpp,其中"?"号代表任意一个字符。文件名中有几个"?"就代表几个字符。

7. 对象

在 Windows XP 中,对象是指系统直接管理的资源,如驱动器、文件、文件夹、打印机、系统文件夹(控制面板、我的电脑、网上邻居、回收站)等。

8. 驱动器

驱动器是查找、读取磁盘信息的硬件。驱动器分为软盘驱动器、硬盘驱动器和光盘驱动器。每个驱动器都用一个字母来标识。通常情况下软盘驱动器用字母 A 或 B 标识;硬盘驱动器用字母 C 标识。如果硬盘划分了多个逻辑分区,则各分区依次用字母 D、E、F 等标识。光盘驱动器标识符总是接着硬盘标识符的顺序排在其后边。

9. 快捷方式

Windows XP 的"快捷方式"是一个链接对象的图标,它是指向对象的指针,而不是对象本身。快捷方式文件内包含指向一个应用程序、一个文档或文件夹的指针信息,它以左下角带有一个小黑箭头的图标表示。双击某个快捷方式图标,系统会根据指针的内部链接迅速地启动相应的应用程序或打开对应的文档或文件夹。

可以在桌面上或其他文件夹内创建指向应用程序、文档、文件夹、磁盘驱动器、打印机、控制面板等对象的快捷方式图标。

2.5.2 浏览文件与文件夹

"资源管理器"窗口如图 2-23 所示。左边为文件夹树,以树型结构显示出了计算机中所有的资源。其中桌面(Desktop)是文件夹树的根,其下包含有"我的电脑"、"回收站"等文件夹。"我的电脑"下又包含有 C、D 等驱动器文件夹,这些文件夹中又包含系统和用户的各级文件和文件夹。右边为当前活动文件夹中的内容,一般为该文件夹包含的子文件夹和文件。

文件夹中除了可以包含程序、文档、打印机等设备、文件和各种快捷方式外,还可以包含下一级文件夹,又称为子文件夹,子文件夹下面还可以包含子文件夹。Windows 中,某一时刻只有一个文件夹是活动的。该文件夹的名称出现在"地址"下拉列表框中,在"文件夹树"窗口中,这个文件夹将反白显示,而在文件夹内容窗口中将显示该文件夹中的具体内容。

1. 浏览文件夹内容

单击"资源管理器"窗口左侧窗格中的文件夹后,右侧"文件夹内容"窗口中就显示出该文件夹中所包含的子文件夹和文件。如果一个文件夹中包含有子文件夹,则左侧窗格中的文件夹图标的左边有一个方框,其中包含一个加号"+"。单击该加号,将展开该文件

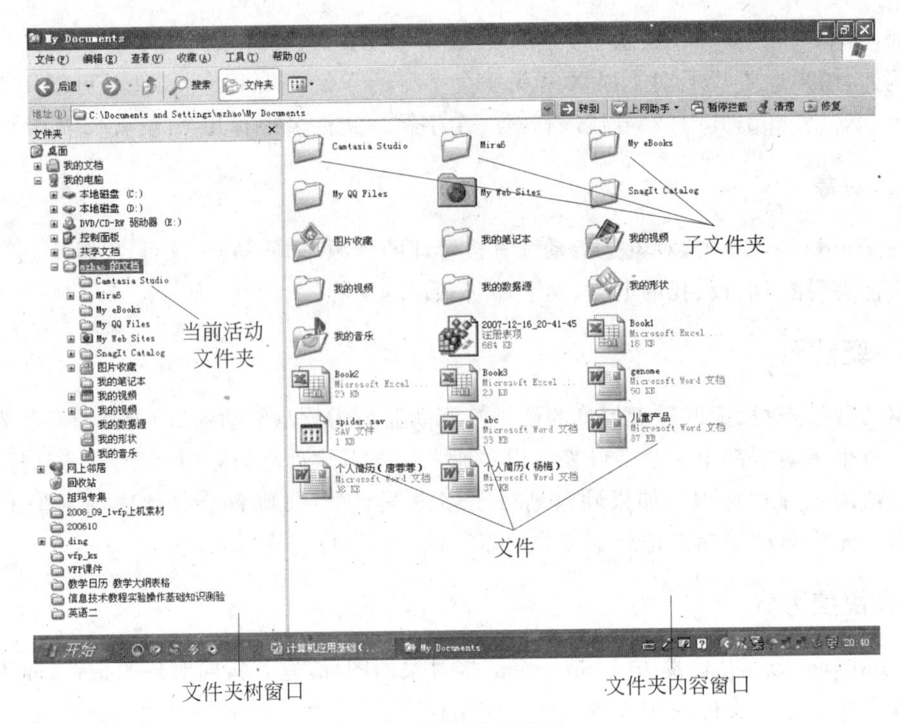

图 2-23 “资源管理器”窗口

夹，显示出下一级的子文件夹。而方框中的加号会变为减号“－”。如果单击该减号，则文件夹将被折叠，符号又回到加号“＋”。

用户也可以在右边的“文件夹内容”窗口中双击文件夹图标或文件名，浏览该文件夹中包含的下一层内容或该文件内容。

2. 改变文件列表显示方式

在“资源管理器”的右窗格“文件夹内容”窗口中，有多种文件显示的方式。如果需要改变文件夹和文件的显示方式，可以在“文件夹内容”窗口中的空白处右击，会弹出如图 2-24所示的快捷菜单，选择其中的“查看”命令，可以进行操作。也可以在下拉菜单中选择“查看”命令进行操作。

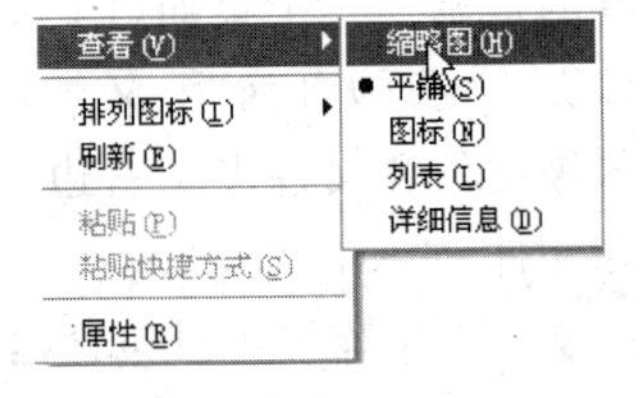

图 2-24 改变文件列表的显示方式

“图标”命令的显示结果如图 2-23 所示。“小图标”命令所显示的形式和“图标”是相同的，只是图标略小一些。“列表”命令表示只显示每个文件夹的图标和文件名。“详细信息”命令除了显示图标和文件名之外，还显示文件和文件夹的大小、类型和修改时间。当文件夹中包含有图像文件时，可以选择“缩略图”命令，这样可以同时浏览多个图像的微缩版本。

3. 改变显示顺序

在 Windows 中，文件夹和文件是按照名称进行排序显示的，其中文件夹排在文件的前面。

如果要改变文件和文件夹的排列顺序，可以在“文件夹内容”窗口中右击，会弹出如图 2-25 所示的快捷菜单，选择其中的“排列图标”级联菜单命令进行操作，也可以在下拉菜单中选择“查看”级联菜单命令进行操作。

用户可以按“名称”、“大小”、“类型”和“修改时间”等对文件进行排序，也可以选择“自动排列”命令。“自动排列”命令只负责将图标对齐，而不对文件进行排序。在“自动排列”方式中，文件夹可以出现在文件的后面。

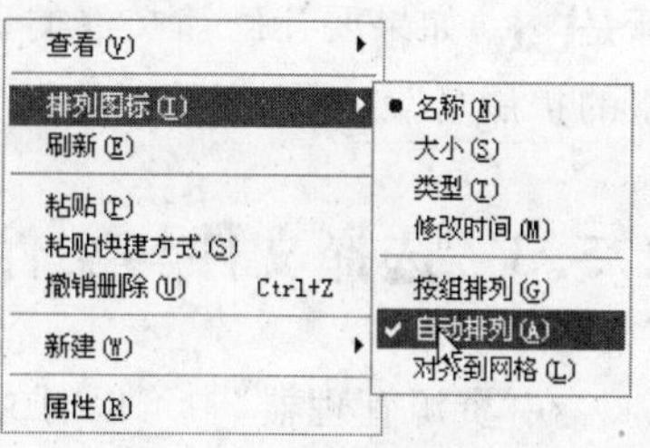

图 2-25　排列图标

4. 修改查看选项

如果用户要显示被隐藏的文件，或显示出文件的扩展名，可以对“查看”选项卡进行修改。

用户在菜单中选择“工具”菜单，然后在下拉菜单中选择“文件夹选项”命令，这时会弹出一个如图 2-26 所示的“文件夹选项”对话框。切换到其中的“查看”选项卡，在该选项卡中有一个“高级设置”列表框，其中的“隐藏文件和文件夹”下有“不显示隐藏的文件和文件夹”和“显示所有文件和文件夹”两个单选按钮。如果不希望显示系统文件和隐藏文件，则选中“不显示隐藏的文件和文件夹”单选按钮；否则选中“显示所有文件和文件夹”单选按钮。隐藏的文件和文件夹是浅色的，以表明它们与普通项目不同。

一个文件和文件夹有“只读”、“隐藏”和“存档”3 个属性，如果要将一个文件和文件夹设置为“隐藏”状态，可以在该文件或文件夹上右击，在弹出的快捷菜单中选择“属性”命令，会出现一个如图 2-27 所示的文件属性对话框。选中“隐藏”复选框，使其中出现对钩“√”即可。

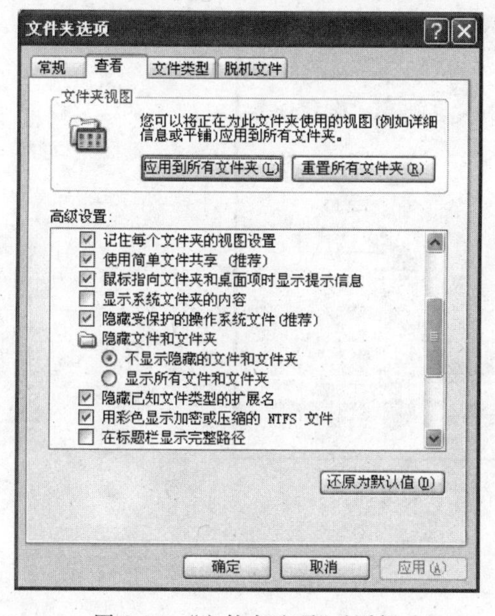

图 2-26　“文件夹选项”对话框

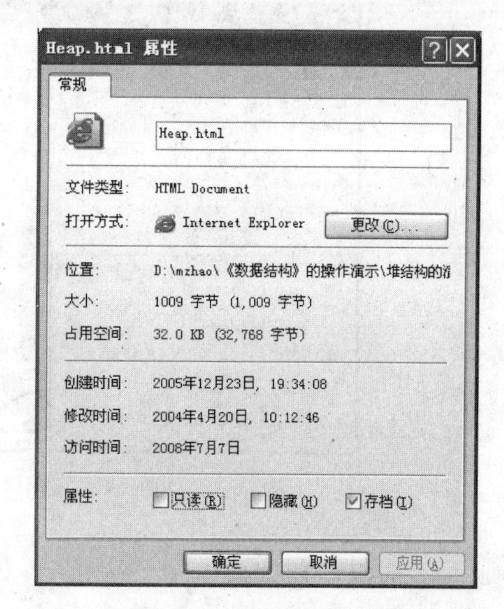

图 2-27　文件属性对话框

在图 2-26 中，还有一个“隐藏已知文件类型的扩展名”复选框。在 Windows 中，已知文件类型的文件是不显示文件的扩展名的，而是以图标的形式显示。如 Word 文档的图标是 。如果要让已知文件类型的文件显示文件的扩展名，则应去掉“隐藏已知文件类型的扩展名”复选框中的对钩“√”。

2.5.3 选择文件与文件夹

在“资源管理器”中可以对文件和文件夹进行各种操作，如更名、删除、移动等。在进行这些操作前必须先选中这些文件和文件夹。

1. 选择单个对象

在“资源管理器”右边的“文件夹内容”窗口中，单击要选中的文件或文件夹，该文件或文件夹会以蓝底白字显示出来，表示被选中。

2. 选择多个连续对象

如果要一次选中多个连续的对象，可以先选中第一个文件或文件夹，然后按下键盘上的 Shift 键不放，单击要选中的最后一个文件，则这一组连续的文件都会以蓝底白字显示出来，表示被选中。

3. 选择多个不连续对象

如果要选定多个不连续的文件或文件夹，按住键盘上的 Ctrl 键不放，逐个单击要选定的每一个文件和文件夹，最后放开 Ctrl 键。结果如图 2-28 所示。

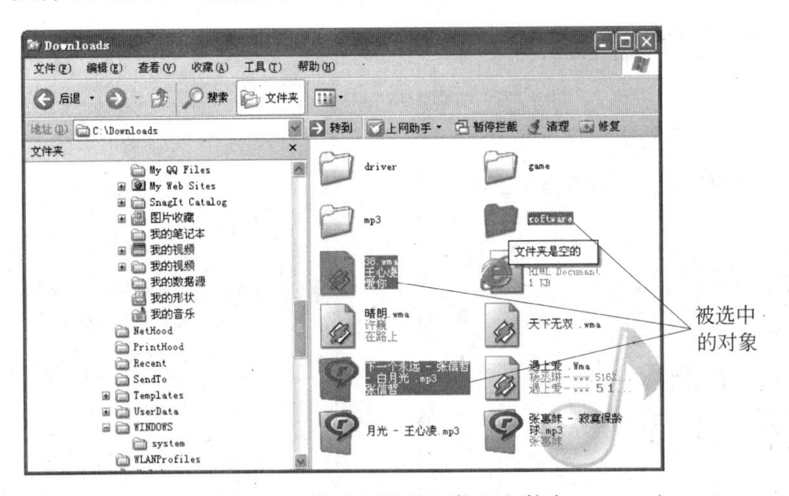

图 2-28　选中不连续文件和文件夹

4. 选择全部对象

如果要选中“文件夹内容”窗口中的所有文件，按下 Ctrl+A 组合键即可迅速选中全部文件和文件夹。

2.5.4 移动、复制文件与文件夹

在 Windows 的“资源管理器”中，移动和复制文件和文件夹都很简单。“移动”是指文件和文件夹从原位置上消失，出现在指定的新位置上；“复制”是指原来位置上的文件和文件夹保留不动，在指定的位置上出现源文件和文件夹的一个副本。移动和复制的方法很多，现介绍几种最常用的方法。

1. 使用剪贴板

(1) 选择要复制或移动的文件和文件夹。

(2) 如果要复制文件，可以按下 Ctrl＋C 组合键进行复制；如果要移动文件，可以按下 Ctrl＋X 组合键进行剪切。

(3) 打开目标文件夹。

(4) 按下 Ctrl＋V 组合键进行粘贴。

2. 使用鼠标拖动

(1) 选择要复制或移动的文件和文件夹。

(2) 如果要复制文件，按下键盘上的 Ctrl 键不放，用鼠标将选中的文件拖动到目标文件夹；如果要移动文件，按下键盘上的 Shift 键不放，用鼠标将选中的文件拖动到目标文件夹。如果用户没有按下任何键，则在同一个驱动器的各文件夹之间进行拖动，是移动对象；在不同的驱动器的文件夹之间进行拖动，是复制对象。

3. 使用“发送”命令

如果要将文件复制到移动存储设备，如软盘、U 盘或“我的文档”中，可以使用“发送到”命令。

(1) 选择要复制的文件和文件夹。

(2) 在选择的文件和文件夹上右击，会弹出如图 2-29 所示的快捷菜单。

(3) 选择其中的“发送到”命令，在拉出的子菜单中选择目标驱动器。

2.5.5 删除、还原文件与文件夹

在 Windows 的“资源管理器”中删除文件或文件夹的方法如下。

1. 直接使用 Delete 键

(1) 选择要被删除的文件和文件夹。

(2) 按下键盘上的 Delete 键。

当用户按下 Delete 键后，系统会出现一个“确认文件删除”对话框，如图 2-30 所示。

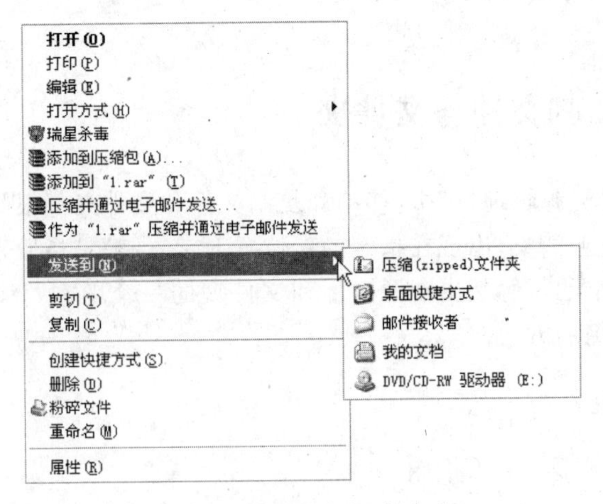

图 2-29 选择"发送到"命令

如果的确要删除文件或文件夹,可以单击"是"按钮,否则单击"否"按钮取消这次操作。

图 2-30 "确认文件删除"对话框

2. 将对象拖动到回收站

(1) 选择要被删除的文件和文件夹。

(2) 将文件或文件夹直接拖动到"资源管理器"左边"文件夹树"窗口中的回收站中。而被删除文件的"还原"操作请参看 2.3.1 小节。

2.5.6 新建文件夹

如果要建立一个新的文件夹,步骤如下。

(1) 打开父文件夹,使它成为当前文件夹。

(2) 在"资源管理器"右窗格的空白处右击,在弹出的快捷菜单中选择"新建"命令,如图 2-31 所示。

(3) 在出现的子菜单中选择"文件夹"命令,Windows 会自动建立一个名称为"新建文件夹"的新文件夹。用户在文件夹下方蓝色的框中为文件夹命名并按 Enter 键确认。

2.5.7 重新命名文件与文件夹

对文件或文件夹重新命名是经常遇到的。在"资源管理器"中为文件或文件夹重新命

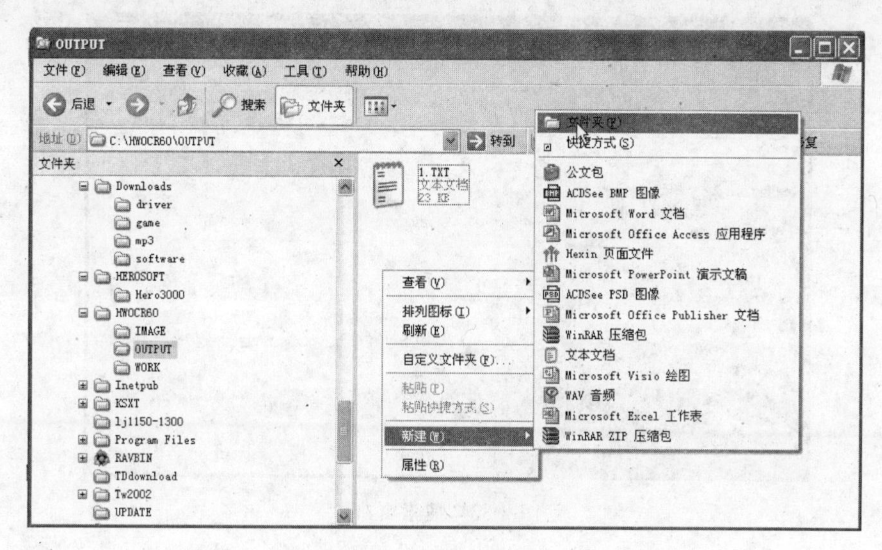

图 2-31　新建文件夹

名的方法如下。

(1) 选择一个要改名的文件或文件夹。

(2) 在该对象上右击,在弹出的快捷菜单中选择"重命名"命令。

(3) 输入新的名称,并按下 Enter 键,如图 2-32 所示。

图 2-32　重命名的过程

2.5.8　寻找文件与文件夹

在使用中,经常会出现文件和文件夹不知道放在什么地方的情况,这时可以使用 Windows 的查找功能,找出文件或文件夹的位置。在"资源管理器"中,用户可以单击工具栏上的"搜索"图标 搜索 ,启动查找程序。

启动查找程序后,"资源管理器"的左窗格会变成一个如图 2-33 所示的搜索窗口。如果记得文件或文件夹的名称,选中"所有文件和文件夹"项,可以在"全部或部分文件名"文本框内输入要搜索的文件或文件夹的名称;如果只记得文件中的一些文字内容,可以在"文件中的一个字或词组"文本框内填写文字内容。在"在这里寻找"内选择文件可能存在的范围。如可以选择"我的电脑"、某个磁盘或某个文件夹。最后单击"搜索"按钮,Windows 开始搜索。搜索的结果会出现在"资源管理器"的右窗格中。

用户通过设置其他搜索条件,如日期、类型、文件大小或区分大小写,可以缩小文件或

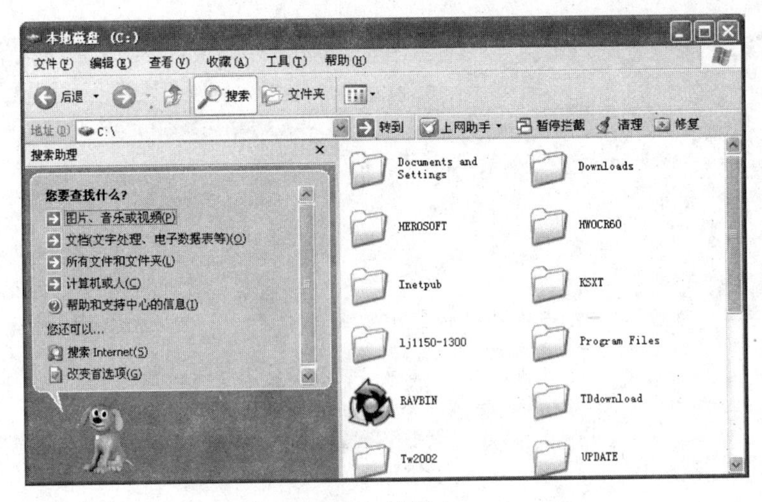

图 2-33　搜索窗口

文件夹的搜索范围。

2.5.9　创建快捷方式

快捷方式是一个链接，通过它用户可以快速地访问计算机中的程序、文件、文件夹、磁盘驱动器、Web 页、打印机或另一台计算机。快捷方式可以放置在不同的位置上，如桌面上、“开始”菜单上或特定文件夹中。一个对象可以有多个快捷方式。对快捷方式进行更名、移动和删除等操作不会对原对象产生影响。

在目标对象(一般为文件，也可以是文件夹、打印机、驱动器等其他对象)上右击，弹出如图 2-34 所示的快捷菜单，选择其中的“创建快捷方式”命令即可创建出一个快捷方式。如果要直接将快捷方式创建在桌面上，可以选择菜单中的“发送到”命令，从中选择其中的“桌面快捷方式”命令(见图 2-29)，快捷方式会直接出现在桌面上。

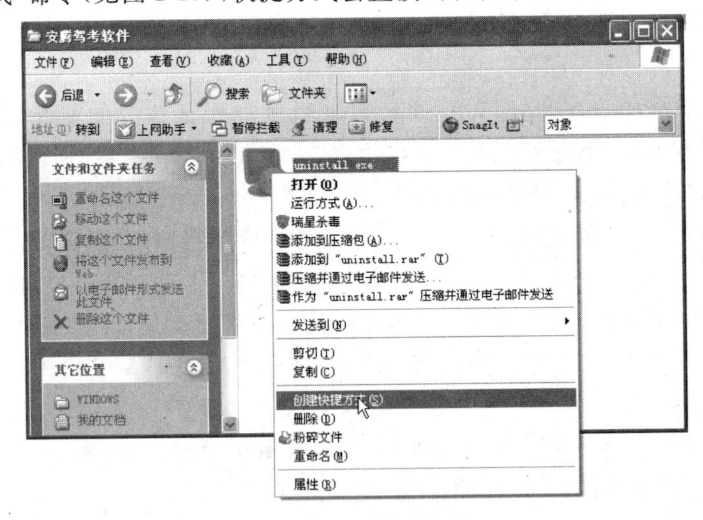

图 2-34　创建快捷方式

2.6 管理与设置

Windows 系统除了能对文件进行管理外，还能对计算机的其他部分进行管理。

2.6.1 磁盘管理

1. 格式化磁盘

当磁盘出现损坏或要将磁盘上的所有内容全部删除，可以对磁盘进行格式化。任何一个磁盘都必须格式化后才能使用。软盘一般在出厂时就已经做过格式化，而对硬盘做格式化要慎之又慎。因为硬盘上的内容较多，格式化后上面的所有内容将全部消失。

下面以格式化软盘为例，介绍格式化的操作步骤。

(1) 先将要格式化的软盘插入软盘驱动器中，然后双击桌面上的“我的电脑”图标，在打开的软盘驱动器图标 3.5软盘(A:) 上右击，弹出如图 2-35 所示的快捷菜单，选择其中的“格式化”命令。

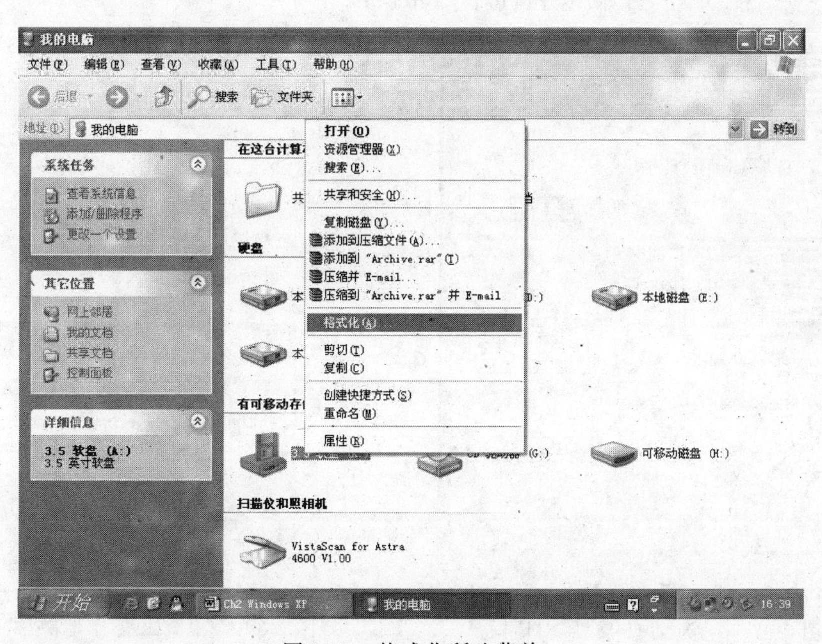

图 2-35　格式化所选菜单

(2) 在打开的“格式化”对话框中，根据需要选择相应的选项，再单击“开始”按钮。

在 Windows XP 中，系统提供了“快速格式化”和“完全格式化”两种格式化类型。

快速格式化只删除磁盘上的文件，不检查磁盘的坏扇区。这种方式一般用于已使用过的旧磁盘而且确信该磁盘没有损坏的情况下；完全格式化不但会删除磁盘上的所有内容，而且还对磁盘进行检查。

如果要快速格式化磁盘，可以选中如图 2-36 所示的“格式化”对话框中的“快速格式化”复选框，使方框中出现对钩“√”，单击“开始”按钮即可进行快速格式化；如果“快速格式化”复选框中没有对钩“√”，单击“开始”按钮进行的是完全格式化。如果要为磁盘起一个名称（卷标），可以在“卷标”文本框中输入磁盘的名称，这样格式化后磁盘内将记下用户的卷标。

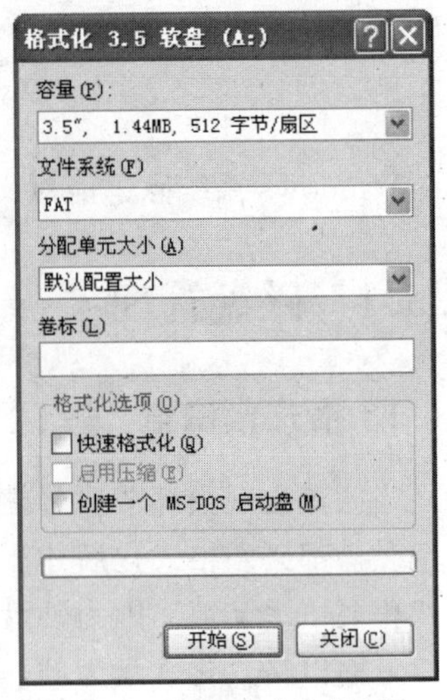

图 2-36 “格式化”对话框

2. 磁盘查错

当出现不正常关机或病毒破坏、计算机自然损坏等情况，会造成 Windows 中文件系统错误或磁盘出现坏扇区。在 Windows 中可以使用错误检查工具来检查文件系统错误和硬盘上的坏扇区。

用户双击桌面打开“我的电脑”，然后在要检查的本地硬盘上右击，在弹出的快捷菜单（如图 2-35 所示）中选择“属性”命令，在弹出的如图 2-37 所示的“本地磁盘属性”对话框中切换到“工具”选项卡，单击“开始检查”按钮，会出现如图 2-38 所示的“检查磁盘 本地磁盘”对话框，单击“开始”按钮，进行查错操作。

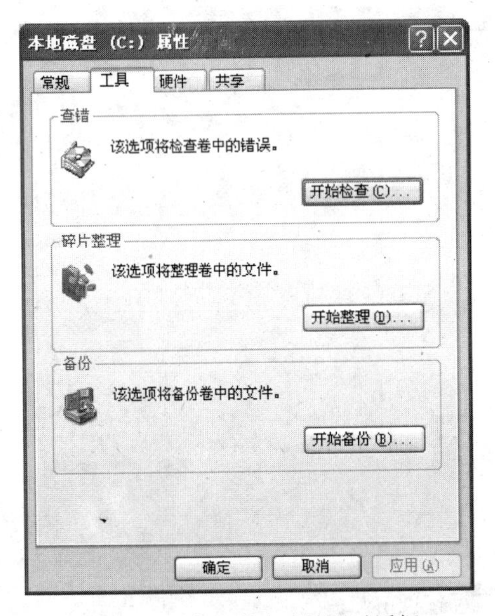

图 2-37 “本地磁盘 属性”对话框

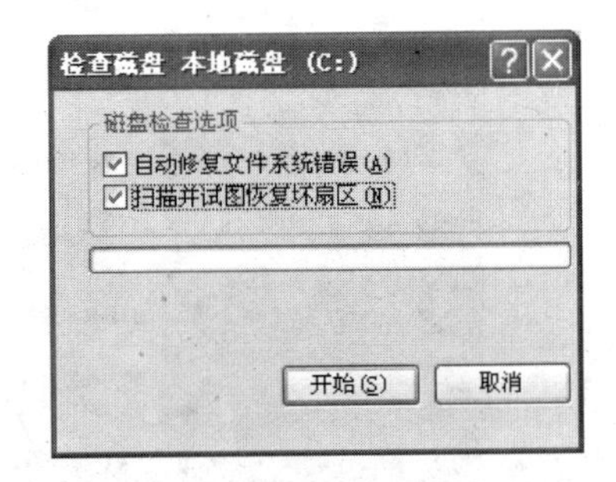

图 2-38 “检查磁盘 本地磁盘”对话框

3. 碎片整理

当使用新的磁盘时，文件将被保存在连续的扇区中。当磁盘使用过一段时间后，经过删除和复制文件，磁盘上的空扇区将分布在不连续的位置上。这样，一个文件就有可能被保存在不连续的扇区中，在读、写文件时会增加磁头的移动，降低系统的读、写速度。

Windows 提供的磁盘碎片整理程序能够重新整理磁盘，将文件存放在连续的扇区中，可以提高磁盘的读写性能。

在图 2-37 所示的“本地磁盘属性”对话框中单击“开始整理”按钮，会出现如图 2-39 所示的“磁盘碎片整理程序”窗口，单击“碎片整理”按钮，进行碎片整理操作。

提示：要打开磁盘碎片整理程序，还可以通过选择“开始”→“所有程序”→“附件”→“系统工具”→“碎片整理程序”命令来完成。

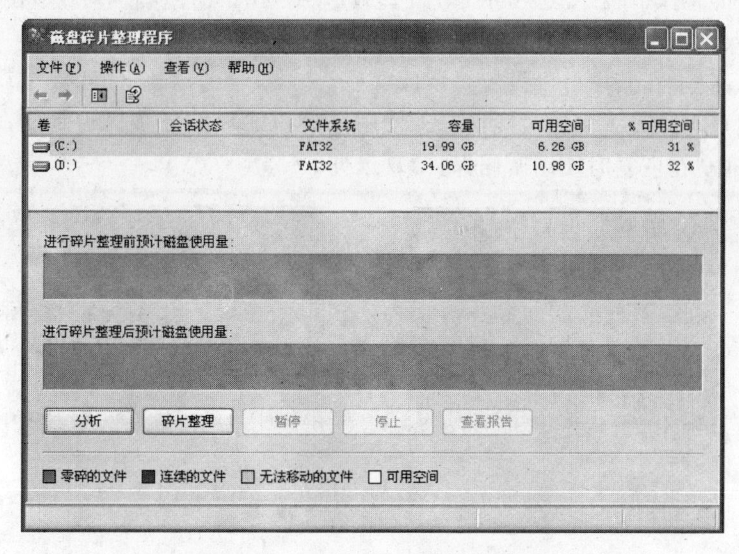

图 2-39 “磁盘碎片整理程序”窗口

2.6.2 设置显示器

在桌面的空白处右击，在弹出的快捷菜单中选择“属性”命令，会出现如图 2-40 所示的“显示 属性”对话框。在这个对话框中，可以对屏幕背景、屏幕保护、显示器的分辨率和刷新频率进行设置。

1. 屏幕背景

切换到“桌面”选项卡可以设置桌面的背景图案和墙纸。背景图案一般是较小的图案，使用平铺的方式出现在屏幕上。墙纸一般是一幅较大的图像，以居中或拉伸的方式出现在屏幕上。如果要用一幅自己创作的图像作为墙纸，可以单击“浏览”按钮，在出现的“浏览”对话框中选中需要的图像，这幅图像就会成为墙纸。

2. 屏幕保护

用户使用的台式计算机的显示器一般为 CRT 显示器，它是通过将电子束发射到涂有荧光粉的屏幕上而形成图像的。如果某个位置长时间被照射，就可能损坏此处的荧光粉而使显示器受损。屏幕保护程序可以防止这种情况的出现。用户可以指定如果在某一指定的时间内没有键盘、鼠标的操作，计算机自动启动屏幕保护程序。启动了屏幕保护程序后，显示器被关闭或出现一个不断变化的图案，这样就可以避免屏幕受损的情况出现了。用户只要移动鼠标，或按下键盘上的任意键，就可以结束屏幕保护程序。用户也可以为屏幕保护程序设置口令，只有知道口令才能结束屏幕保护程序，这样当用户离开计算机后，只要启动了屏幕保护程序，其他人都不能看到屏幕上原来的内容。

切换到“屏幕保护程序”选项卡，如图 2-41 所示，在“屏幕保护程序”下拉列表框中选择一个屏幕保护程序。如果要做一些设置，可单击“设置”按钮，打开图 2-42 所示的“三维文字设置”对话框，在其中可以设置显示的文字、大小、速度、旋转样式等参数。在“等待”微调框中，用户可以设置多长时间没有人使用计算机而启动屏幕保护程序。如果要设置口令，可以选中“在恢复时使用密码保护”复选框。

图 2-40　选择屏幕背景图

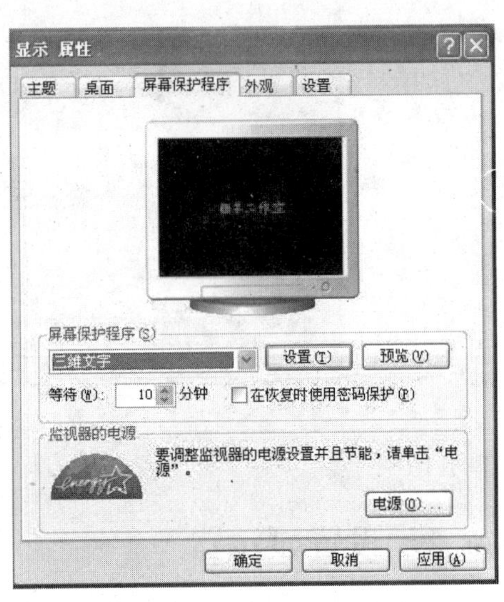

图 2-41　设置屏幕保护

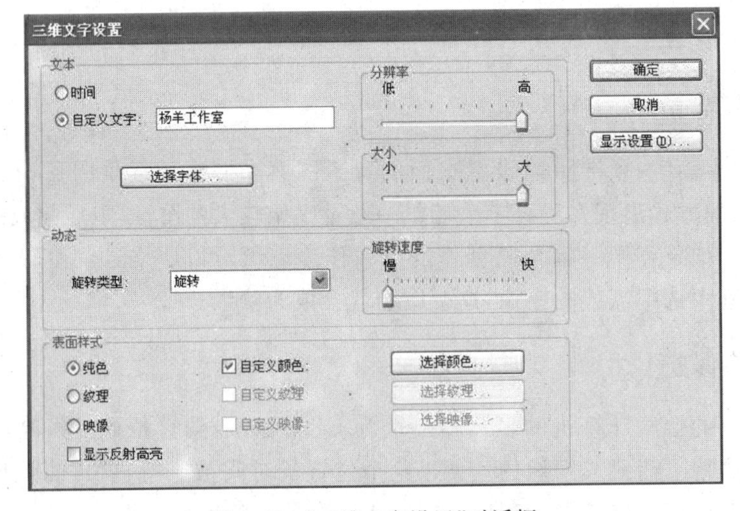

图 2-42　“三维文字设置”对话框

3. 分辨率与刷新频率

设置屏幕的分辨率可以改变屏幕上显示信息的多少。低分辨率(如 640×480,表示屏幕上每一行有 640 个像素点,共有 480 行)能使屏幕上显示的信息变少,同时屏幕上的项目(如图标、文字)变大。高分辨率(如 1024×768)能使屏幕上显示的信息变多,同时屏幕上的项目变小。

在如图 2-43 所示的"显示 属性"对话框的"设置"选项卡中,有一个"屏幕分辨率"滑块,向"少"的方向移动,可以降低屏幕的分辨率;向"多"的方向移动,可以提高屏幕的分辨率。

显示器的刷新频率是指为了防止图像闪烁的视频屏幕回扫频率。大多数监视器的整个图像区域每秒刷新大约 60 次。

在如图 2-43 所示的对话框中,单击"高级"按钮,出现一个如图 2-44 所示的对话框,在"屏幕刷新频率"下拉列表框中选择一个频率。一般将刷新频率设置在 72 赫兹以上,就可以大大降低因屏幕闪烁而对眼睛的损害。

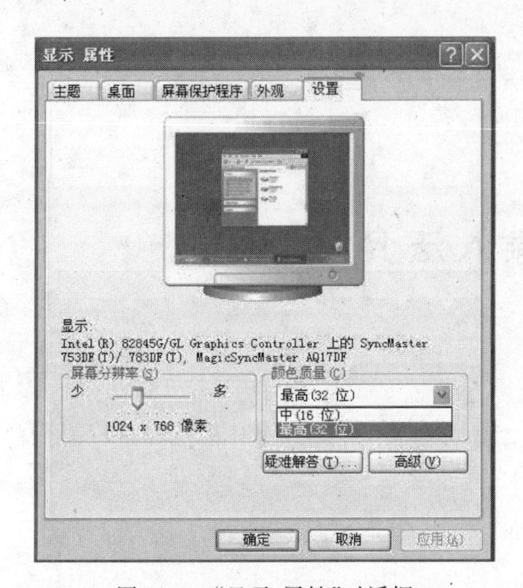

图 2-43 "显示 属性"对话框

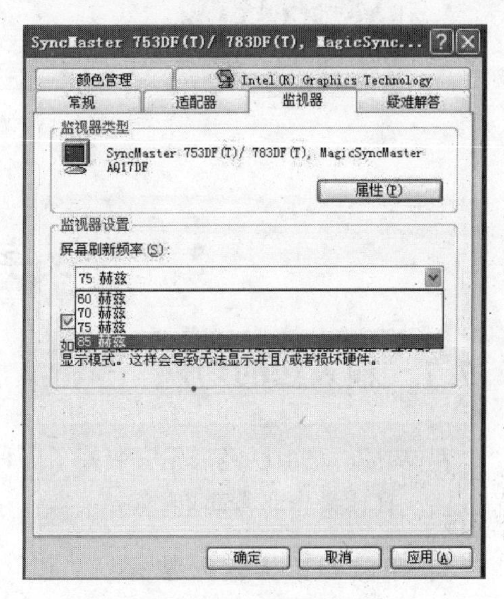

图 2-44 设置刷新频率

2.6.3 控制面板的使用

控制面板是用来对系统的各种属性进行设置和调整的一个工具集。用户可以根据自己的需要设置显示、键盘、桌面和鼠标等对象,还可以添加和删除已安装的程序,添加新的硬件。

选择"开始"菜单的"设置"级联菜单中的"控制面板"命令,弹出如图 2-45 所示的"控制面板"窗口。

在"控制面板"窗口中列出了所有可供用户设置的项目。如果要对某项进行设置,可以在该项的图标上双击。

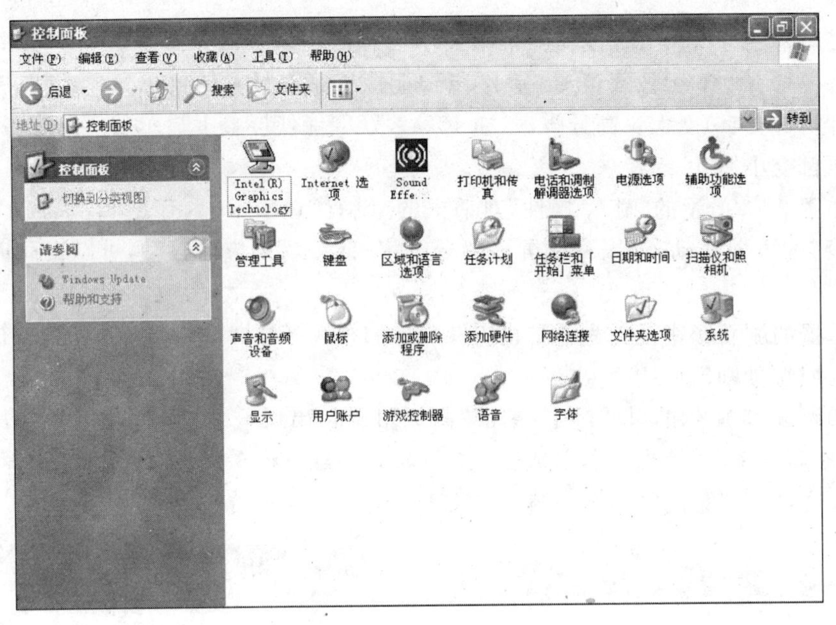

图 2-45 “控制面板”窗口

2.7 汉字输入法介绍

2.7.1 输入法的切换

在 Windows 中已经事先安装好了多种汉字输入法，用户可以在其中选择自己要用的输入法。具体操作非常简单。

1. 用鼠标选择输入法

用户单击屏幕右下角状态栏上的输入法指示器，会弹出如图 2-46 所示的输入法切换菜单，再单击想要的输入法即可。

如果要退出中文输入法，可以选择 中文(中国) 项。

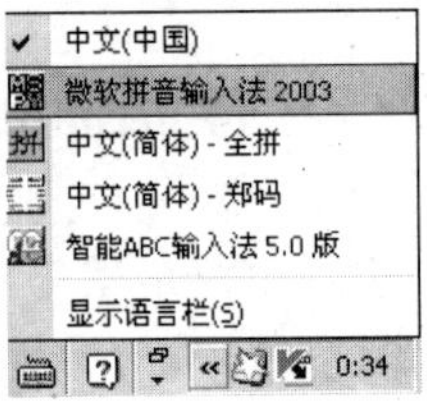

2. 用键盘选择输入法

用户除了用鼠标来进行输入法选择外，还可以用键盘来进行快速地切换。按下 Ctrl +“空格键”组合键可以在中文输入法和英文输入法之间进行切换。用 Ctrl + Shift 组合键可以在多种中文输入法之间进行选择切换。

中文(中国)
微软拼音输入法 2003
中文(简体) - 全拼
中文(简体) - 郑码
智能ABC输入法 5.0 版
显示语言栏(S)
0:34

图 2-46 输入法切换菜单

2.7.2 输入法工具栏的介绍

当用户选择了一种中文输入法后，屏幕上会出现一个对应的输入法工具栏。例如，用户启动了附件中的记事本程序后，将中文输入法选择为智能 ABC，则屏幕上会出现如图 2-47 所示的中文输入法工具栏。

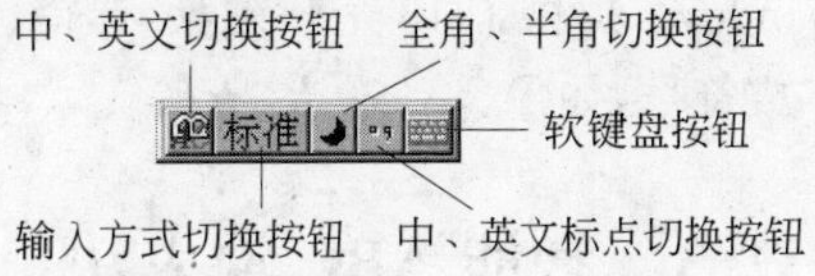

中、英文切换按钮　全角、半角切换按钮　软键盘按钮　输入方式切换按钮　中、英文标点切换按钮

图 2-47　中文输入法工具栏

1. 中、英文切换按钮

单击中、英文切换按钮，可以在输入中文和输入英文之间进行切换。当按钮上显示的图标是时，表示中文输入状态；当按钮上显示的图标是时，表示英文输入状态。

2. 输入方式切换按钮

在一种输入法中，可能提供多种输入方式，如智能 ABC 就提供标准、双打等输入方式。单击输入方式切换按钮，可以在这些输入方式之间进行切换。

3. 全角、半角切换按钮

当图标为时，表示现在是半角方式，输入的英文和数字等都只有汉字的一半宽，在内存中作为西文符号来存放。当图标为时，表示现在是全角方式，输入的英文和数字等都和汉字一样宽，在内存中作为汉字来存放。

4. 中、英文标点切换按钮

当图标为时，表示现在是中文标点方式，输入的标点符号为中文形式的。当图标为时，表示现在是英文标点方式，输入的标点符号为英文形式的。表 2-5 列出了中、英文标点之间的对应关系。

表 2-5　中、英文标点符号对照表

英文标点	中文标点	英文标点	中文标点
,	，	.	。
/	／	;	；
[	〔	]	〕
\	、	'	'
<	《和〈	>	〉和》
?	？	:	：
“	“和”	‘	‘和’
~	～	!	！
@	·	#	＃
$	￥	%	％
^	……	&	—
(	（	)	）

5. 软键盘按钮

单击软键盘按钮⌨打开软键盘，再单击一次该按钮，关闭软键盘。

软键盘是一个在屏幕上模拟出的键盘。在软键盘按钮上右击，会弹出一个选择菜单。Windows 提供了 13 个软键盘，选择一个后即可输入在键盘上无法直接输入的各种特殊字或符号，如①、‰、Я、ㄊ、★等。

2.7.3 智能 ABC 输入法

智能 ABC 输入法(又称标准输入法)是中文 Windows XP 中自带的一种汉字输入方法。它简单易学、快速灵活，受到用户的青睐。

当用户需要输入汉字时，可以按 Ctrl+Shift 组合键或单击输入法指示器，在输入法之间进行切换。软键盘选择菜单如图 2-48 所示。用智能 ABC 进行汉字输入时，会出现如图 2-49 所示的 3 种中文输入法窗口。

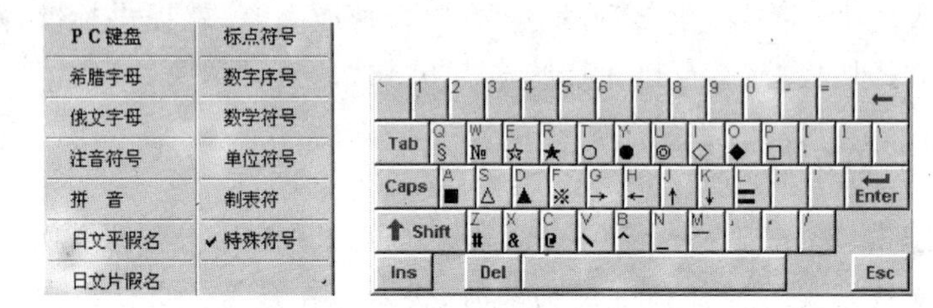

图 2-48　软键盘选择菜单和软键盘

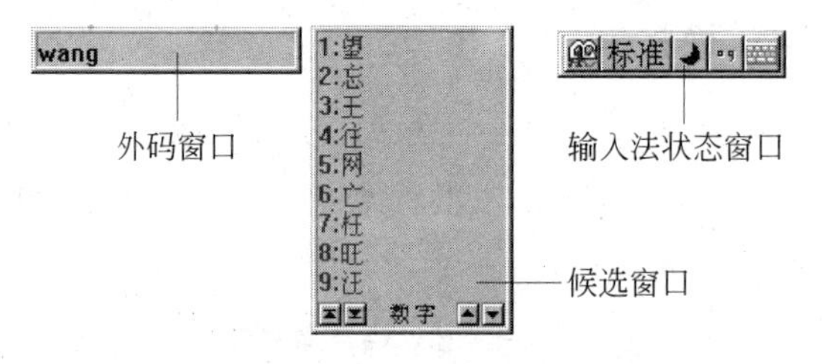

图 2-49　中文输入法窗口

1. 全拼输入法

只要用户会拼音，就可以使用全拼输入法。用户在小写状态下输入的字母被认为是拼音，出现在如图 2-49 所示的外码窗口中。

当拼音输入完毕后，用户再输入一个空格，候选窗口中将出现所有的同音字作为候选。图 2-49 就是输入拼音 wang 后的情况。

候选窗口中的每个字的前面都有一个编号，要选中哪个字，就在键盘上输入这个编号。例如，要选择“王”，则再输入 3 即可。如果要选择的字在第一个，也可以直接按一下空格键。例如“望”字，则不需要再输入 1，直接按一下空格键即可。

候选窗口一次可以显示 9 个汉字，如果要输入的字不在候选窗口中，可以按下“+”、“-”号或 PageUp、PageDown 键进行上、下翻页，查找那些没有出现的字。

如果在输入中出现了错误，可以用退格键←进行删除，也可按 Esc 键重新输入。

2. 词组输入

智能 ABC 的词库以《现代汉语词典》为蓝本，同时增加了一些新的词汇，共收集了大约 6 万词条。要输入词组非常简单，只要连续输入拼音即可。如要输入汉字“北京”，只需输入 beijing 并按下空格键，就会出现如图 2-50 所示的情况。如果词组只有一个，则不出现候选窗口，词组直接出现在外码窗口中，用户再按一次空格就可以了。

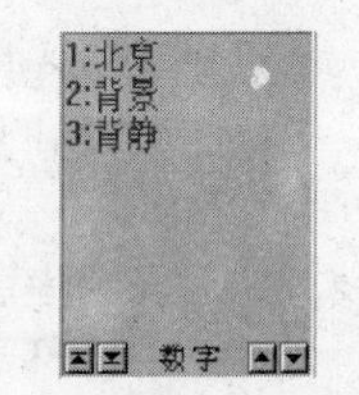

图 2-50　词组输入

3. 简拼输入

简拼是对全拼的简化，对于较长的词组，只要输入词组中每个汉字拼音的第一个字母，相应的词组就会出现。如输入 zgrmjfj，得到的词组为“中国人民解放军”。

智能 ABC 还有许多强大的功能，如造词、双打、自动记忆等。用户可以用鼠标在输入法状态栏上右击，在弹出的快捷菜单中选择“帮助”命令，在帮助中有详细的介绍。

2.8　其他附件程序的使用

在 Windows 中还有许多其他实用程序，这些程序都在附件中。

2.8.1　记事本的使用

“记事本”是一个用来创建简单文档的基本文本编辑器，“记事本”窗口如图 2-51 所示。“记事本”最常用来查看或编辑文本文件(.txt)，它仅支持基本的格式，不能为文档中的内容设置特殊的格式，也不能处理图像等其他 Windows 对象。

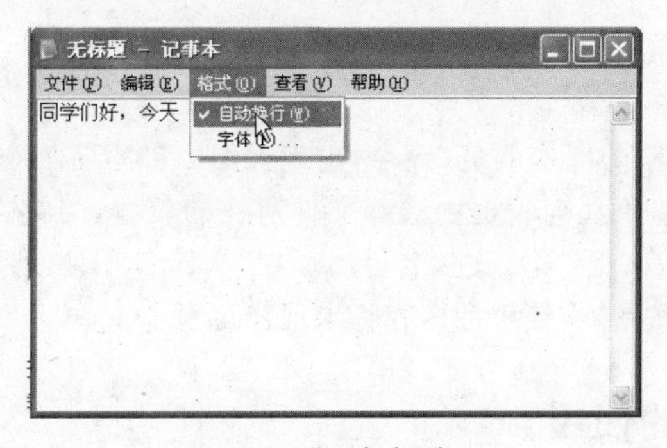

图 2-51　“记事本”窗口

在“记事本”中，可以通过“格式”菜单中的“字体”命令来为所有文字设定同一种字体。当文字的内容超出了窗口的范围时，可以在“格式”菜单中选择“自动换行”命令，这样就可以看见每一行的所有文字了。

1. 保存文档

当用户输入编辑完文档后，可以将文档保存起来供以后使用。操作步骤如下。

(1) 选择“文件”菜单中的“保存”命令。

(2) 在出现的如图 2-52 所示的“另存为”对话框中的“文件名”下拉列表框中输入要保存的名称。“保存在”下拉列表框中列出的是当前文档保存的位置，如果要保存的不是这个位置，可以单击该列表框后面的向下箭头，选择一个位置。

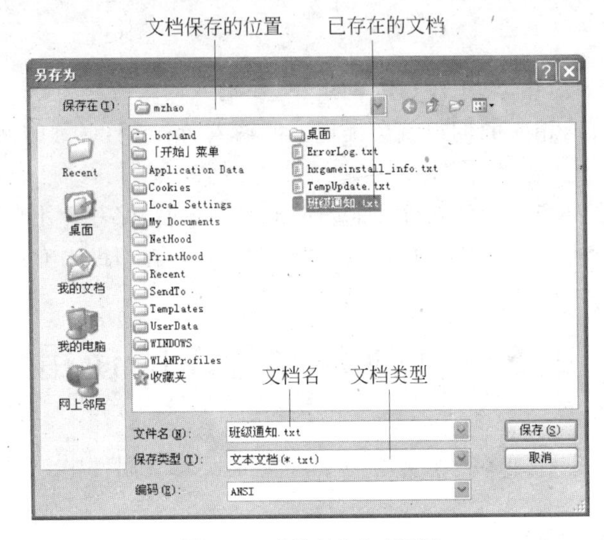

图 2-52 “另存为”对话框

(3) 单击“保存”按钮，将文档保存起来。

文档保存以后，再进行保存，就不会出现如图 2-52 所示的对话框了，可直接进行保存。如果要将文档更名保存或存到另一个地方，可以选择“文件”菜单中的“另存为”命令。

2. 打开文件

如果要打开一个已经存在的文件，可按以下操作步骤进行。

(1) 选择“文件”菜单中的“打开”命令，出现如图 2-53 所示的“打开”对话框。

(2) 在“查找范围”下拉列表框中选择文件所在的位置，当文件出现在对话框中间的文件名列表中后，单击该文件名，文件名将出现在“文件名”下拉列表框中。

(3) 单击“打开”按钮，文档中的内容将出现在记事本中。

2.8.2 写字板的使用

“写字板”也是一种文本编辑器，“写字板”窗口如图 2-54 所示。在写字板中可以创建

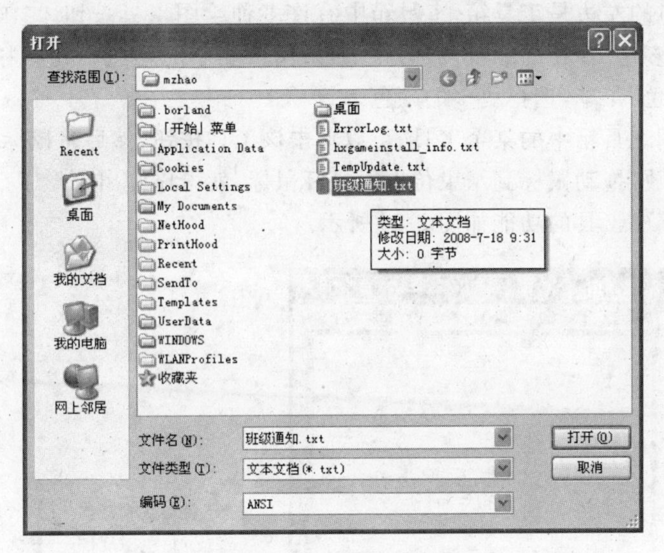

图 2-53 “打开”对话框

和编辑复杂格式的文档，在文档中可以有图形、图像、字体变换等。

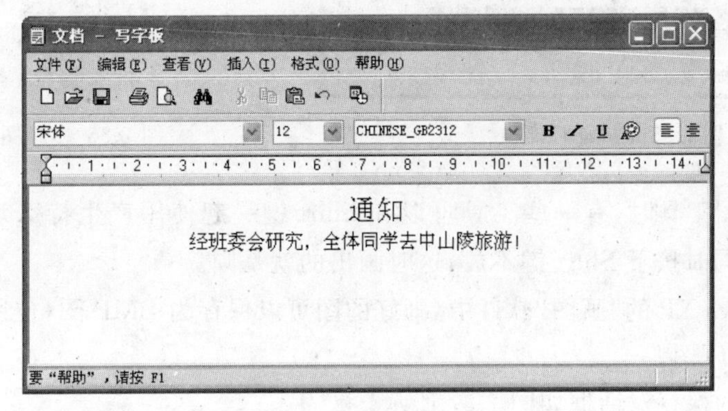

图 2-54 “写字板”窗口

在写字板中可以为每个字设置不同的字体、字号和颜色等字符格式，可以为每个段落设置不同的对齐方式和缩进等段落格式。可以使用“粘贴”或“插入”菜单中的“对象”命令，将一个 Windows 对象(如图像)添加到文档中。

写字板文件可以被保存为 RTF 文件、Word 文档、纯文本文件等多种格式。

2.8.3 画图软件的使用

“画图”是个画图工具，可以用它创建简单或者精美的图画。这些绘图可以是黑白或彩色的，并可以存为位图(BMP)文件。也可以打印绘图，或将它作为桌面背景，或者粘贴到另一个文档中。还可以使用“画图”查看和编辑扫描的相片。

在“附件”中单击“画图”，启动“画图”软件。“画图”软件启动后，出现如图 2-55 所示的“画图”窗口。

“画图”窗口的左边是工具箱，工具箱中有许多种绘图工具按钮。“画图”窗口的下方是颜料盒，提供多达28种的颜色供选择。如果用户要用的颜色不在颜料盒中，还可以选择菜单中的“颜色”菜单，选择更多的颜色。

如果要使用工具箱中的某个工具，可以单击该工具按钮，然后将鼠标指针移动到工作区，按下鼠标不放，拖动鼠标到结束位置再松开鼠标，就可以画出图形了。

画图工具箱中工具的功能如图2-56所示。

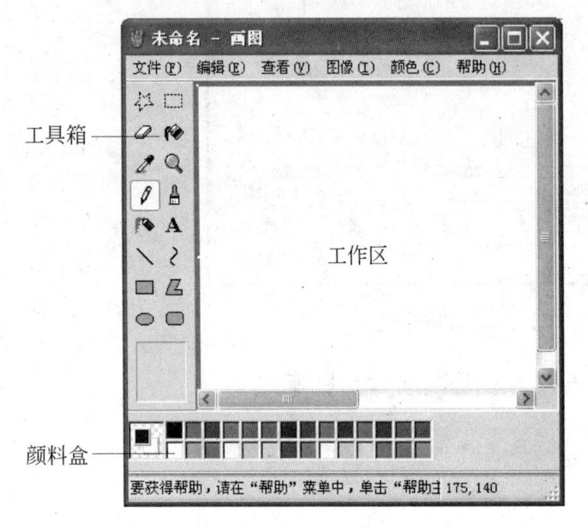

图2-55 “画图”窗口

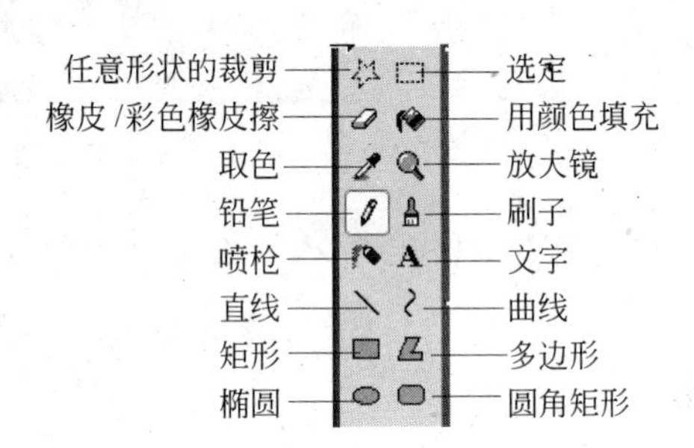

图2-56 “画图”工具箱

在使用绘图工具时，有一些工具可以和Shift键一起使用产生特殊效果。如选取了椭圆工具，同时按下Shift键不放，这时画出的就是圆。

在Windows XP的“画图”软件中，画好的图可以保存为BMP图(位图)，也可以保存为GIF图或JPG图。

“画图”中的保存对话框如图2-57所示。

图2-57 “画图”中的保存对话框

2.9 本章小结

Windows 操作系统是学习一切计算机操作的起点，本章先从操作系统的功能出发引进微软 Windows XP 操作系统，接着对操作系统下鼠标和键盘的使用、桌面元素及操作、窗口、文件及文件夹操作及使用方法作了介绍。本章重点是以任务驱动的方式，对 Windows 系统的资源管理、资源管理工具和文件、文件夹的基本操作方法进行了详细的描述。此外，本章还与读者一起简要地学习了 Windows 中回收站的使用、磁盘的操作、控制面板的使用，以及一些常用的系统设置和系统维护方法。最后还浏览了 Windows 操作系统中汉字输入的基本操作、一些常用的汉字输入法及附件中常用程序的使用。

第3章 文字处理软件 Word 2003

本章要点

- Word 的基本概念及 Word 的启动与退出
- 文档的创建、输入、打开、保存、保护和打印
- 文本的选定、插入与删除、复制与移动、查找与替换等基本编辑技术
- 文字格式、段落设置、页面设置和分栏等基本排版技术
- 表格的制作、修改,表格中文字的排版和格式设置等
- 图形或图片的插入、图形的绘制和编辑

Word 2003 是 Office 2003 的组件之一,是世界上使用最多、最优秀的字处理和排版软件之一,是实现办公自动化的有力工具。使用 Word 不仅可以帮助用户完成信函、公文、报告、学术论文、商业合同等文本文档的编辑与排版,还能帮助用户方便地制作图文并茂、形式多样、感染力强的宣传、娱乐文稿。

Word 2003 具有很强的直观性,它的最大特点是“所见即所得”(WYSIWYG,What You See Is What You Get),即在屏幕上看到的效果和打印出来的效果是一样的。Word 2003 是在 Word 2002 的基础上升级而来的,版本之间保持向下兼容性,即低版本的 Word 文档可在高版本的 Word 中进行处理。

Word 2003 的主要功能包括: ①文字的增、删、改等基本操作,还提供了拼写和语法检查、自动编写摘要、自动套用格式等功能; ②对文字和段落进行排版,设置不同的格式、边框和底纹、分栏等; ③可设置页面的页边距、纸型、版式,添加页眉和页脚,对文档进行保护、打印预览等; ④可插入或自行绘制图形,实现图文混排,还可插入其他内容,如艺术字、剪贴画、文本框、公式等; ⑤可创建表格,在表格中输入数据,还可对表格中的数据进行排序、计算、转换等操作。

本章将介绍 Word 2003 的主要功能。

3.1 初识 Word 2003

3.1.1 启动和退出 Word 2003

1. 启动 Word 2003 的方法

(1) 单击“开始”按钮,在“开始”菜单中单击“程序”级联菜单,在“程序”子菜单中选择

Microsoft Office 子菜单，再选择 Microsoft Office Word 2003 命令，即可启动 Word 2003，如图 3-1(a)所示。

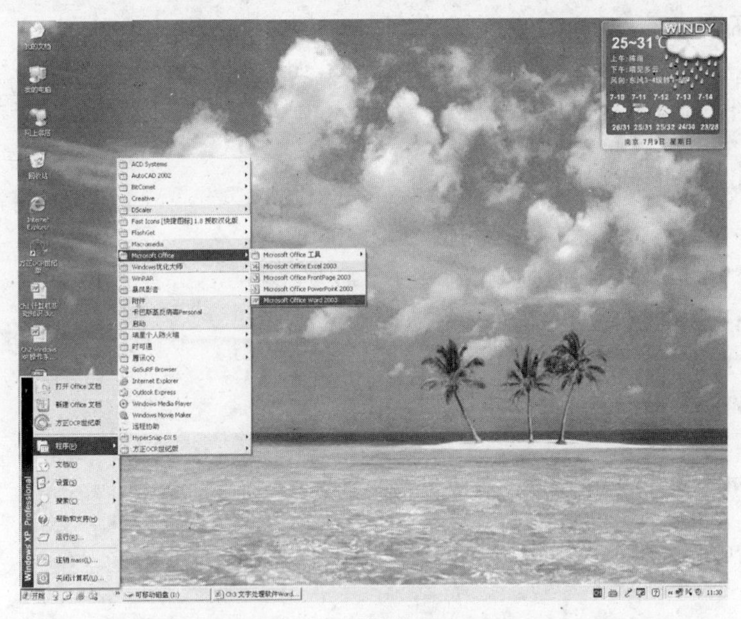

(a) 从“开始”菜单启动 Word 2003

(b) 使用常用文档启动

图 3-1　启动 Word 2003

(2) 双击桌面上的 Word 2003 的快捷方式图标，也可启动 Word 2003。

(3) 在“我的电脑”或“资源管理器”中，双击任一个 Word 文档(扩展名为. doc)，就启动了 Word 2003 应用程序。

(4) 利用常用文档启动 Word 2003。在“开始”菜单中单击“文档”，再单击 Office 2003 系列文档的图标，即可启动与之相对应的应用程序，并且在启动的同时打开该文档，如图 3-1(b)所示。

注意：这种方法只适用于最近打开过的文档，如果该文档已被删除或移动，那么将不能打开该文档并启动与之对应的程序。

2. 退出 Word 2003 的方法

(1) 单击 Word 2003 窗口右上角的“关闭”按钮。

(2) 选择“文件”菜单中的“退出”命令。

(3) 按 Alt+F4 组合键。

3.1.2 Word 2003 工作环境

1. Word 2003 应用界面

启动 Word 2003 后，即出现如图 3-2 所示的应用界面。

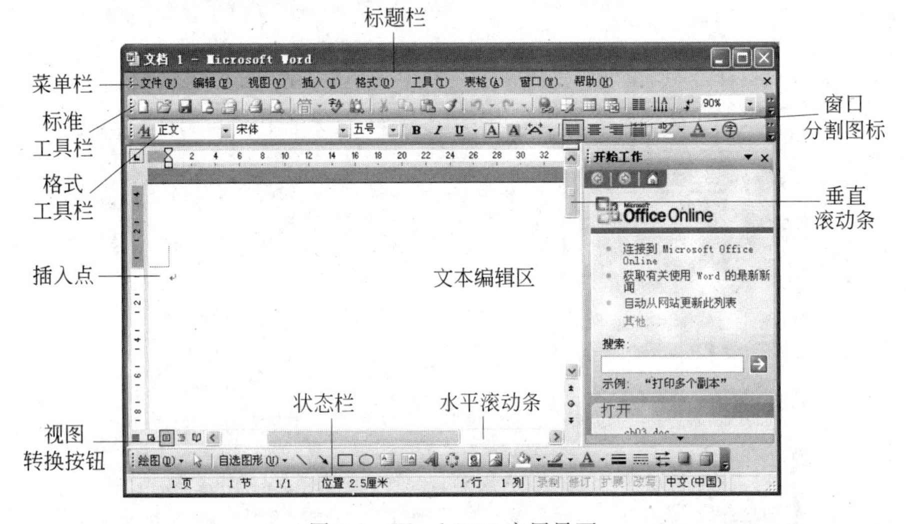

图 3-2 Word 2003 应用界面

2. 视图方式

Word 2003 中提供了 5 种不同的视图方式，即普通、Web 版式、页面、大纲和阅读版式。不同的视图可查看不同的显示效果，可以用图 3-2 中的视图转换按钮在各种视图间进行转换。

(1) 普通视图。在普通视图下不能显示绘制的图形、页眉、页脚、分栏等效果，所以一般利用普通视图进行最基本的文字处理，工作速度较快。

(2) Web 版式视图。在 Web 版式视图中，Word 对网页进行了优化，可看到在网站上发布时网页的外观。正文显示得更大且自动换行以适应窗口。

(3) 页面视图。页面视图实现了 Word 2003"所见即所得"的特点，视图中显示的效果与打印出来的效果是一样的，但页面视图的处理速度相对较慢。在"视图"菜单中选中"文档结构图"命令，就可在普通视图的左侧出现一个显示有文档结构的窗格，在该窗格中单击某一个标题就可在右侧窗格中显示相应的内容。"页面视图"+"文档结构图"特别适合编写较长的文档。

(4) 大纲视图。在大纲视图中将出现"大纲"工具栏，可以很方便地查看和修改文档的结构，可以进行折叠或展开文档、文本块上移或下移等操作。

(5) 阅读版式视图。阅读版式视图是 Word 2003 新增的视图，模拟纸质书籍阅读模式，增强了文档的可读性。

3.1.3 学会使用帮助

(1) 在"帮助"菜单中选择"Microsoft Word 帮助"命令，或按 F1 键，或鼠标左键单击 Word 窗口中的"Office 助手"图标，即显示出如图 3-3 所示的帮助信息，可选择所需的帮助条目，也可在空白处输入所需帮助的主题，单击"搜索"按钮进行查找。

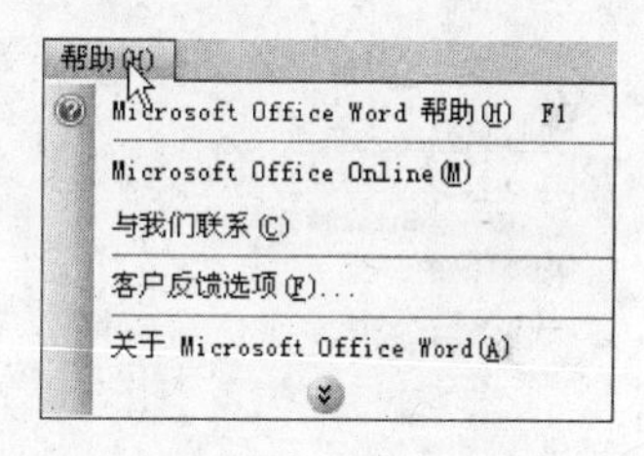

图 3-3 Word 帮助

(2) 在对话框的右上角单击"?"按钮，会弹出此对话框中所有项目的帮助信息。

3.2 编辑与排版

3.2.1 文档的创建、保存和打开

1. 文档的创建

选择"文件"菜单中的"新建"命令，窗口右侧即可出现如图 3-4 所示的"新建"任务窗格，任务窗格的各个标签中提供了多种不同的文档模板，在这些模板中存放着预先定义好的设置。选择"本机上的模板...."项，在弹出的"模板"对话框中选择其中一种文档模板，在右下方的"新建"单选按钮中选择"文档"，单击"确定"按钮，即可创建一个新的文档。

在"常用"工具栏中单击最左侧的"新建"按钮，或按 Ctrl+N 组合键，即可直接建立一个空白文档。

在 Word 2003 文档中，每一个段落中可包含一行或多行文字，但都是以 Enter 键结尾的。因此，在输入文本时不可一行按一个 Enter 键，应在一段结束时按 Enter 键。

2. 文档的保存

文档输入、编辑完成后，若想保留其内容，需进行存盘操作。选择“文件”菜单中的“保存”命令，或在“常用”工具栏中单击“保存”按钮，或按 Ctrl+S 组合键，第一次保存会弹出如图 3-5 所示的“另存为”对话框。在“保存位置”下拉列表框中选择需保存的磁盘和文件夹，在“文件名”下拉列表框中输入文件的名称，在“保存类型”下拉列表框中选择需保存的文件类型，最后单击“保存”按钮，即完成保存文件的过程。

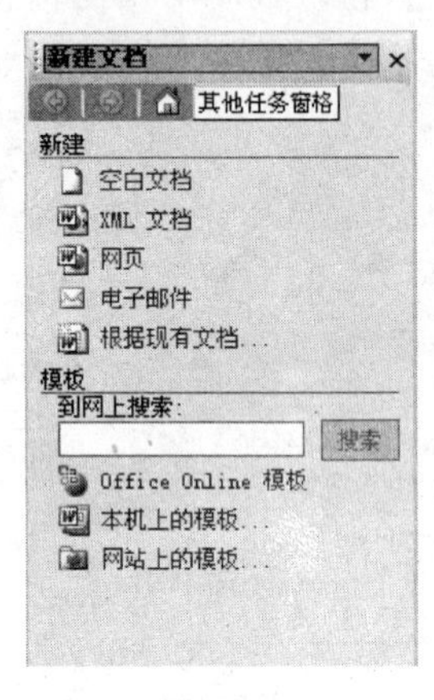

图 3-4 “新建”任务窗格

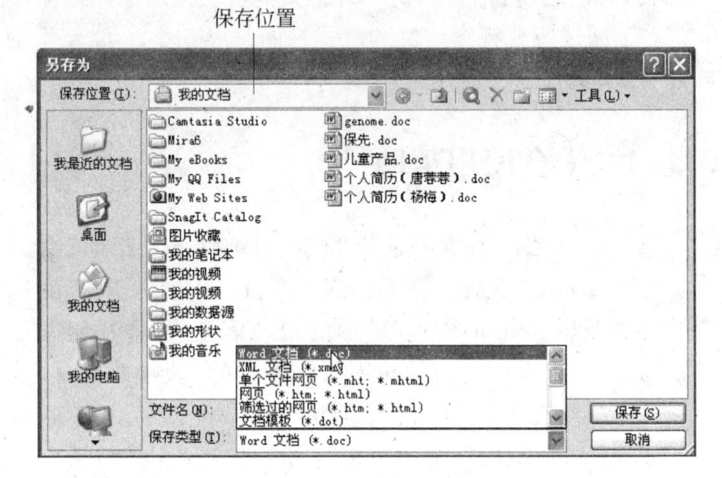

图 3-5 “另存为”对话框

选择“文件”菜单中的“另存为”命令可将同一个文件保存为另一个文件名或保存在另一个文件夹中。

在 Word 2003 中创建的文档的默认扩展名为.doc，另外在 Word 2003 中还可以将文档保存为 Web 页(.html)、RTF 格式(丰富格式文档(..rtf))、文本文件(.txt)等文件。Word 2003 文档还可以转换为 PowerPoint 演示文稿。

3. 文档的打开

若要对已关闭的文档进行处理，首先应打开该文档。选择“文件”菜单中的“打开”命令，或单击“常用”工具栏中的“打开”按钮，即弹出如图 3-6 所示的“打开”对话框。在“查找范围”下拉列表框中选择所在的磁盘和文件夹，在文件列表中选择要打开的文档，如 word1.doc 文件，然后单击“确定”按钮即可。在“文件”菜单的底部保存有最近打开的 4 个文档的名称，选择其中一个名称，即可打开该文档。

3.2.2 工具栏的添加和删除

在 Word 2003 的窗口中，通常只出现“常用”工具栏和“格式”工具栏，在“视图”菜单中指向“工具栏”命令，在它的下一级菜单中会列出各种工具栏的名称，名称前带有“√”符

图 3-6 “打开”对话框

号的表示该工具栏已打开。若想打开其他工具栏,可在列表中选择其名称;若想关闭某一个已打开的工具栏,只需在列表中再次单击其名称。

在工具栏的左侧有一个竖线标志,鼠标指向它呈现✥形状,按住鼠标左键拖动可移动工具栏位置,或将工具栏拖出来成为一个工具栏窗格,如图 3-7 所示。

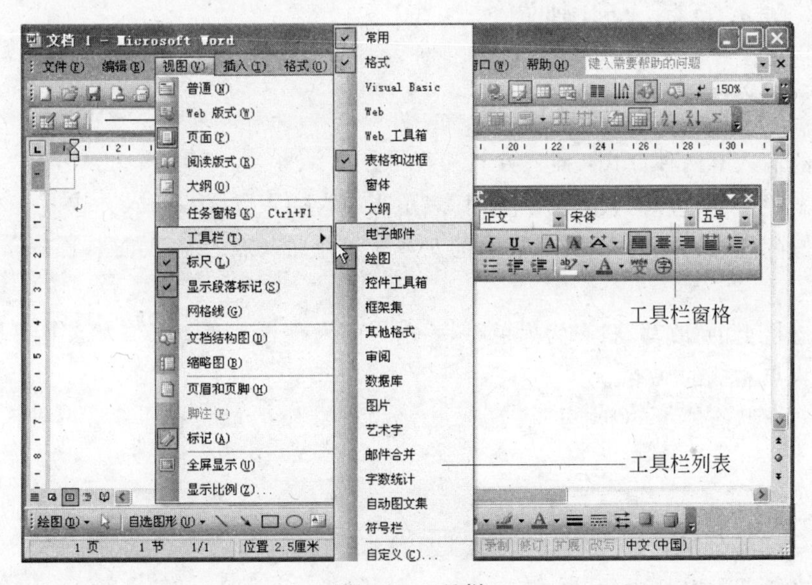

图 3-7 工具栏

3.2.3 文本的选定

1. 使用鼠标选定文本

(1) 选定若干个字符：将鼠标定位在第一个字符之前,按住鼠标左键向后拖动,直到最后一个字符之后为止,即选定了从第一个字符到最后一个字符之间的所有字符(包括第一个字符和最后一个字符在内）。

(2) 选定一行或多行：鼠标指向行首的空白区（称为“选定栏”），变成右上箭头鼠标形状，单击左键一次则选定当前行；双击左键则选定当前段；连续单击左键3次则选定当前整个文档。鼠标指向行首的选定栏，按住鼠标左键向上或向下拖动若干行，则这些行都被选中。

(3) 选定一个矩形区域内的内容：按住Alt键的同时，按住鼠标左键拖出一个矩形框，则矩形框内的内容被选定，如图3-8所示。

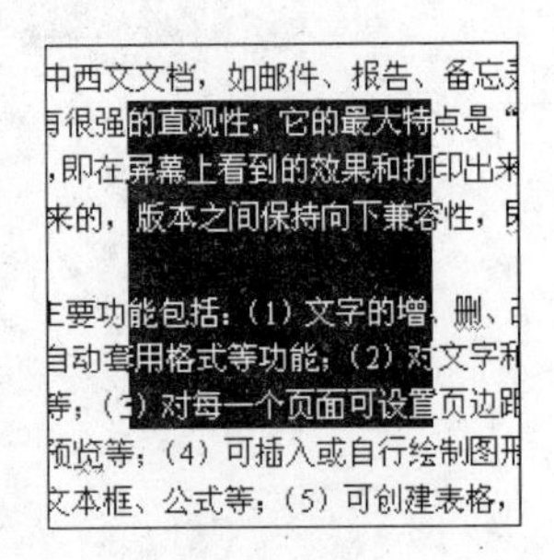

图3-8 选定矩形框内的内容

2. 使用键盘选定文本

(1) 选定若干个字符：将光标定位在第一个字符之前，按住Shift键的同时，用键盘上的向右或向左箭头选定文本。

(2) 选定一行或多行：将光标定位在第一行的第一个字符之前，按住Shift键的同时，用键盘上的向上或向下箭头选定文本。

3.2.4 文本的插入和删除

1. 文本的插入

文本的输入有两种方式：插入方式和改写方式。

当状态栏上的“改写”状态为灰色时，表示当前为插入方式。插入方式下插入文本时，插入点右侧的文本自动向右移动，插入的文本显示在插入点的左侧，这样不会覆盖原来的内容。

当状态栏上的“改写”状态为黑色时，表示当前为改写方式。改写方式下输入文本时，则覆盖插入点右侧的文本。

通过双击状态栏上的“改写”状态，或按键盘上的Insert键，都可以在两种输入方式之间切换。

2. 文本的删除

(1) 按键盘上的BackSpace键(←键)，可删除光标左侧的文本。

(2) 按键盘上的Delete键，可删除光标右侧的文本。

(3) 若需删除大量的文本，首先选定需删除的文本，再按BackSpace键或Delete键，或选择“编辑”菜单中的“清除”中的“内容”或“剪切”命令。

3. 撤销和恢复

若处理过程中执行了某项误操作，可选择“编辑”菜单中的“撤销”命令，或单击“常用”工具栏上的“撤销”按钮，便可撤销这项误操作。若又认为该项操作是正确的，则可选择“编辑”菜单中的“重复”命令，或单击“常用”工具栏上的“恢复”按钮。

单击“常用”工具栏上“撤销”按钮或“恢复”按钮旁边的箭头，可显示出最近执行的可撤销或可恢复操作的列表。撤销或恢复操作时必须按照原顺序的逆顺序进行，不可以跳过中间的某些操作。

3.2.5 文本的复制和移动

1. 文本复制的方法

(1) 选定文本后，选择“编辑”菜单中的“复制”命令，然后将光标定位在目标处，选择“编辑”菜单中的“粘贴”命令。

(2) 选定文本后，单击“常用”工具栏上的“复制”按钮，然后将光标定位在目标处，单击“常用”工具栏上的“粘贴”按钮。

(3) 选定文本后，按Ctrl+C组合键，然后将光标定位在目标处，按Ctrl+V组合键。

(4) 选定文本后，按住Ctrl键的同时，用鼠标左键将选定的文本拖动到目标处。

2. 文本移动的方法

(1) 选定文本后，选择“编辑”菜单中的“剪切”命令，然后将光标定位在目标处，选择“编辑”菜单中的“粘贴”命令。

(2) 选定文本后，单击“常用”工具栏上的“剪切”按钮，然后将光标定位在目标处，单击“常用”工具栏上的“粘贴”按钮。

(3) 选定文本后，按Ctrl+X组合键，然后将光标定位在目标处，按Ctrl+V组合键。

(4) 选定文本后，用鼠标左键直接将选定的文本拖动到目标处。

3.2.6 插入符号

有些特定的符号无法从键盘上直接输入，如“℃”，可以用插入符号的方式输入，步骤如下：将光标定位在插入点，选择“插入”菜单中的“符号”命令，即可弹出如图3-9所示的“符号”对话框，选择某个字符后，单击“插入”按钮，即可插入该符号。若要插入另一个字符，不用关闭“符号”对话框，可直接在文档中再次定位，然后插入另一个字符。

3.2.7 查找和替换

在Word 2003中，可自动进行文本的查找和替换，以节省时间和提高准确性。

1. 文本的查找

选择“编辑”菜单中的“查找”命令，出现如图3-10所示的“查找和替换”对话框，在“查找内容”下拉列表框中输入需查找的内容或选择列表中最近用过的内容，单击“查找下一

图 3-9 “符号”对话框

处”按钮,即可在文档中反白显示第一处该内容,每单击一次“查找下一处”按钮,就会在文档中查找下一处该内容。

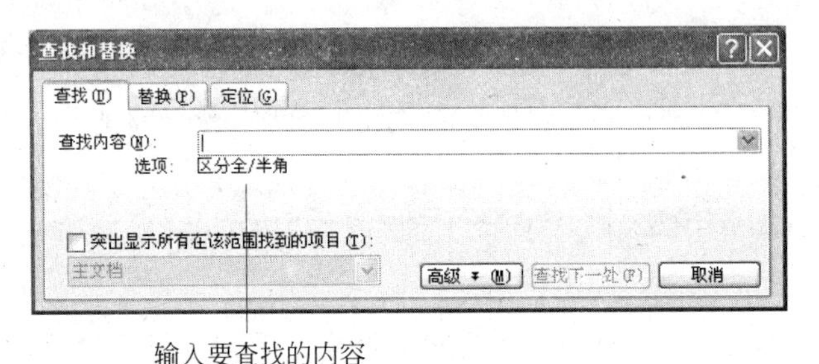

图 3-10 “查找和替换”对话框(一)

在“查找和替换”对话框中单击“高级”按钮,即可弹出如图 3-11 所示的“查找和替换”对话框,在下方会显示多项设置。

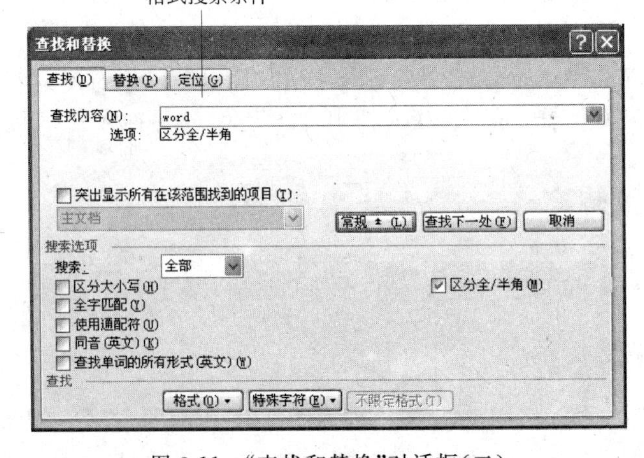

图 3-11 “查找和替换”对话框(二)

(1) 搜索范围：选择文本查找的方向(向上、向下、全部)。

(2) 区分大小写：此项被选中时,区分大写和小写字符。

(3) 全字匹配：搜索与查找内容完全一致的完整单词。

(4) 使用通配符：此项被选中时,“?”和“*”表示通配符。“?”表示一个任意字符,“*”表示多个任意字符。

(5) 同音：查找与查找内容发音相同但拼写不同的英文单词。

(6) 查找单词的所有形式：在英文文档中查找具有相同词性、不同形式的单词。如查找 has,也会找到 have、had、having 等形式的单词。

(7) 区分全/半角：此项被选中时,区分字符的全角和半角形式。

(8) “格式”按钮：根据字体、段落、制表位等格式进行查找。

(9) “特殊字符”按钮：在文档中查找段落标记、制表符、省略号等特殊字符。

(10) “不限定格式”按钮：清除在“查找内容”下拉列表框下面显示的“格式”搜索条件。

2. 文本的替换

选择“编辑”菜单中的“替换”命令,出现如图 3-12 所示的“查找和替换”对话框,在“查找内容”下拉列表框中输入替换之前的内容,在“替换为”下拉列表框中输入替换之后的内容。在图 3-12 中,单击“全部替换”按钮,则将文档中所有的“word”替换为“letter”。也可单击“查找下一处”按钮,查找到一处时,若需替换,则单击“替换”按钮;若不需替换,则再单击“查找下一处”按钮,查找下一处。

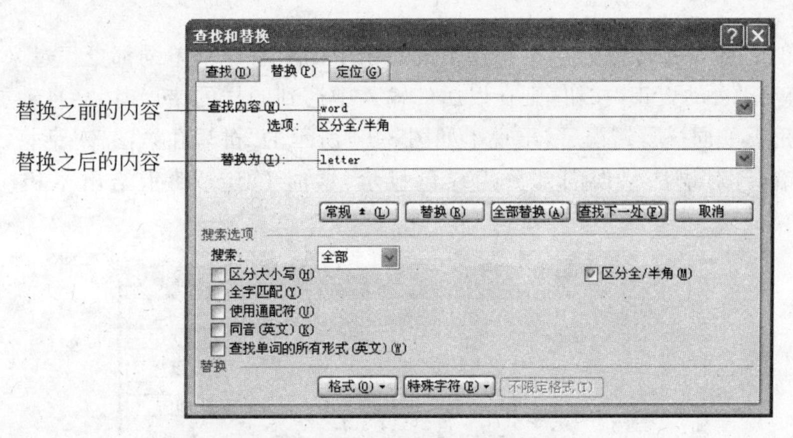

图 3-12 “查找和替换”对话框(三)

3.2.8 拼写和语法检查

Word 2003 提供了对部分或全部英文文档进行拼写和语法检查的功能。

在 Word 2003 中输入一句漏洞百出的英文句子：“Ths are a apples. ”,选中该句话,选择“工具”菜单中的“拼写和语法”命令或按 F7 键,出现如图 3-13 所示的“拼写和语法”

对话框。首先检查选中部分的拼写错误,对拼写错误的单词用红色显示,在“建议”列表框中列出了若干个拼写相似的正确单词以供选择。在“词典语言”下拉列表框中可选择用来检查拼写和语法的词典语言。

图 3-13 “拼写和语法”对话框(一)

(1) 若认为这个单词是正确的或“建议”列表框中没有相应的单词,可单击“忽略一次”按钮。

(2) 单击“全部忽略”按钮,则在选中的句子中不再检查这个单词。

(3) 单击“添加到词典”按钮,可将该单词添加到用户的“自定义词典”中,在以后的检查中该单词被认为是正确的。

(4) 在“建议”列表框中选择一个单词,单击“更改”按钮,可将错误单词更改为选中的单词。

(5) 单击“全部更改”按钮,可将选中的句子中的所有这个单词都更正过来。

(6) 单击“自动更正”按钮,则在以后的输入中遇到同样的错误时,会自动更正过来。

更改完毕单词拼写错误后,出现了如图 3-14 所示的“拼写和语法”对话框。这次检查的是语法错误,对语法错误的部分用绿色显示,这时 Office 助手给出了相应的解释和例句。

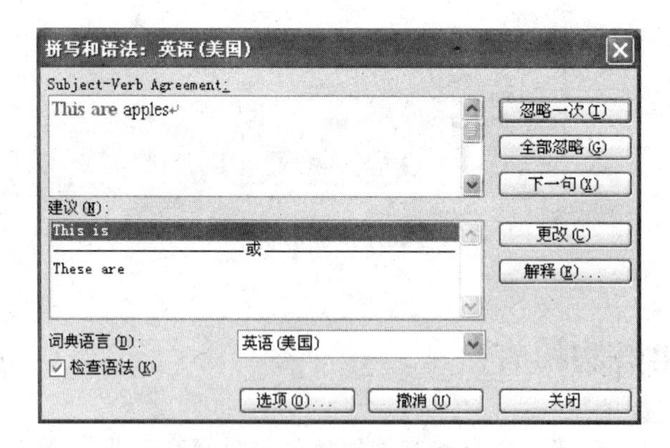

图 3-14 “拼写和语法”对话框(二)

3.2.9 多窗口和多文档的编辑

1. 窗口的拆分

在 Word 2003 中一个文档窗口可拆分成两个窗格，在两个窗格中可分别显示同一个文档的不同部分，这对一个长文档来说编辑起来就更加方便了。

1) 利用“窗口”菜单中的“拆分”命令拆分窗口

选择“窗口”菜单中的“拆分”命令，在文档窗口中就会出现一条灰色的长横线，它随鼠标的移动而移动。移动鼠标到适当位置，单击，就将一个文档窗口拆分成上、下两个窗格，如图 3-15 所示。鼠标放在两个窗格之间的分割线上，拖动鼠标左键，便可调整两个窗格的相对大小，如图 3-16 所示。两个窗格分别有自己的水平滚动条和垂直滚动条，在一个窗格中编辑文本，会同时作用在另一个窗格中。

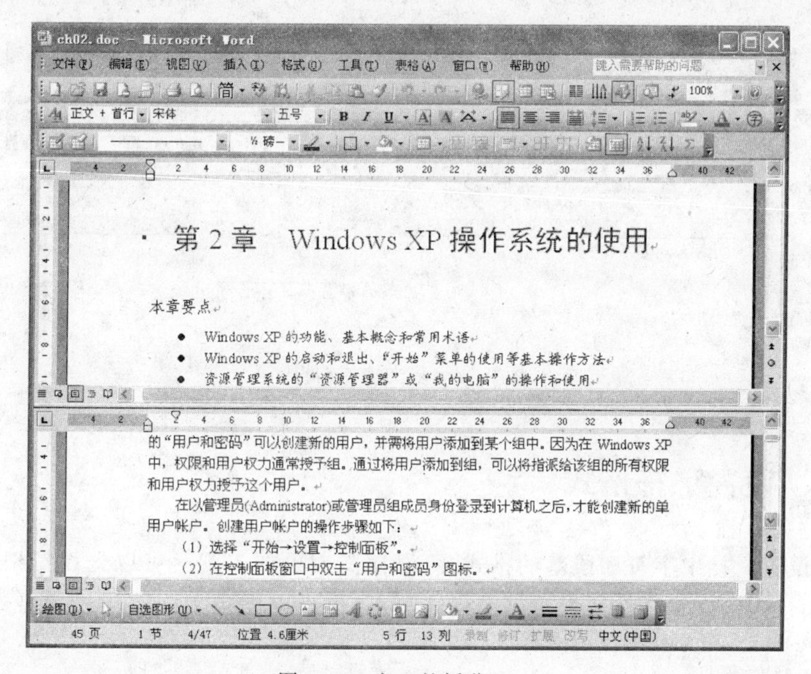

图 3-15 窗口的拆分(一)

选择“窗口”菜单中的“取消拆分”命令，可将两个窗格合二为一。

2) 利用垂直滚动条上方的小横条拆分窗口

鼠标左键拖动垂直滚动条上方的小横条也可拆分窗口，把两个窗格之间的分割线拖到小横条位置即可合并窗口。鼠标左键双击小横条便将一个文档窗口平分成大小相同的两个窗格，双击两个窗格之间的分割线即合并窗口。

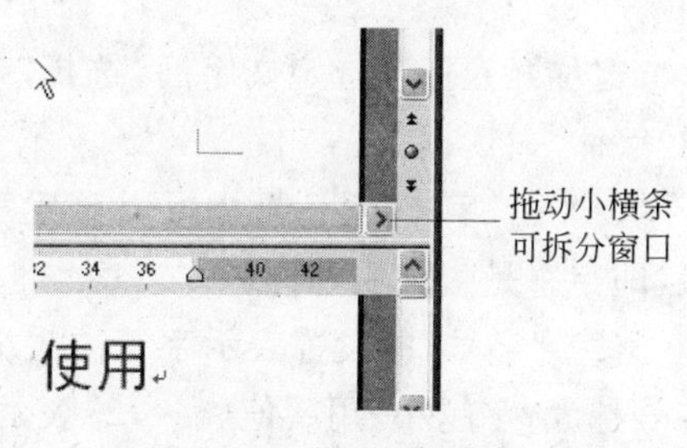

图 3-16 窗口的拆分(二)

2. 多文档的编辑

在 Word 2003 中还可以通过“打开”命令打开多个文档，每一个文档都有一个文档窗口。

(1) 在屏幕的任务栏上会显示出每一个文档窗口的任务按钮，通过单击任务按钮可在各个文档窗口之间切换。

(2) 单击“窗口”菜单，底部列出了所有打开的文档名称，如图 3-17 所示。其中一个文档名称前有“√”符号，表示该文档所在的窗口是当前的工作窗口。

(3) 选择“窗口”菜单中的“全部重排”命令，使所有的文档窗口都显示在屏幕上，可在各个文档窗口之间进行操作。

(4) 编辑完成后，可将文档窗口分别进行保存和关闭操作，也可以一次完成所有文档窗口的保存或关闭操作，方法为：按住 Shift 键，选择“文件”菜单中的“全部保存”或“全部关闭”命令。

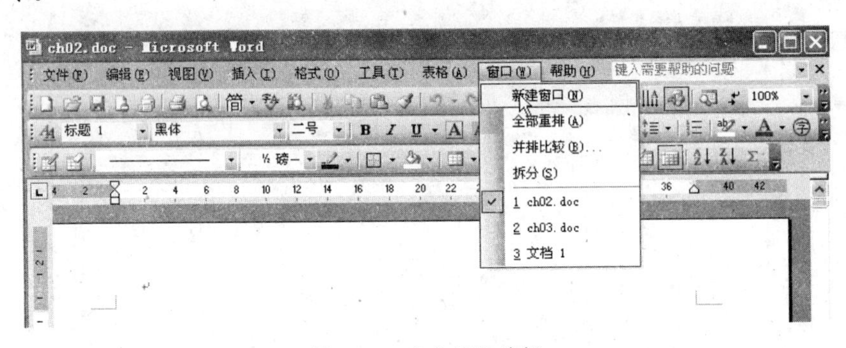

图 3-17 多文档的编辑

3.2.10 设置字符格式

通过设置文档中字符和段落的格式，可以使文档更加美观。可以先设置格式后录入文字，后面录入的文字便按照设置好的格式显示；也可以先录入文字后设置格式，但在设置之前应先选定需设置格式的文字。

1. 字符的字体格式

定位好光标或选定文字后，选择“格式”菜单中的“字体”命令，则弹出如图 3-18 所示的“字体”对话框。

(1) 在“字体”对话框中可以设置字符的中文字体和西文字体，也可以设置字符的形状，即字符是否加粗和倾斜。

(2) “字号”的设置表示字符的大小，字号的设置有两种：字号的设置由初号到 8 号，字号越大，字越小；用磅值(5～72)表示字符的大小，磅值越大，字越大。

(3) 下划线和删除线的效果是不同的：下划线是位于字符下方的水平横线，删除线

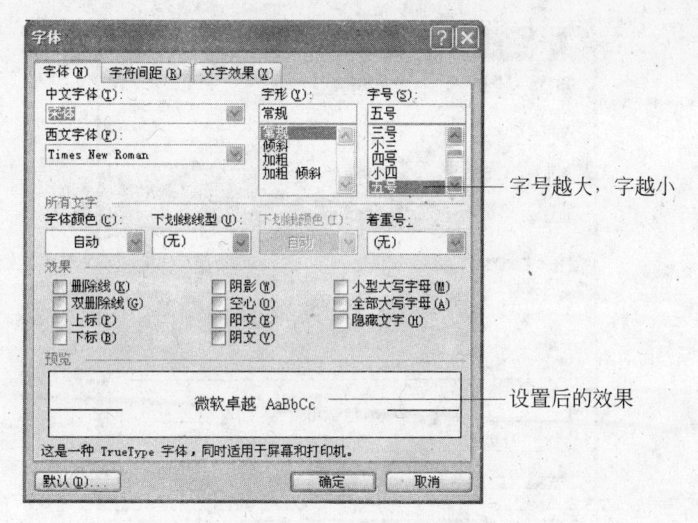

图 3-18 “字体”对话框

是位于字符中央的水平横线。

几种字体样例如图 3-19 所示。

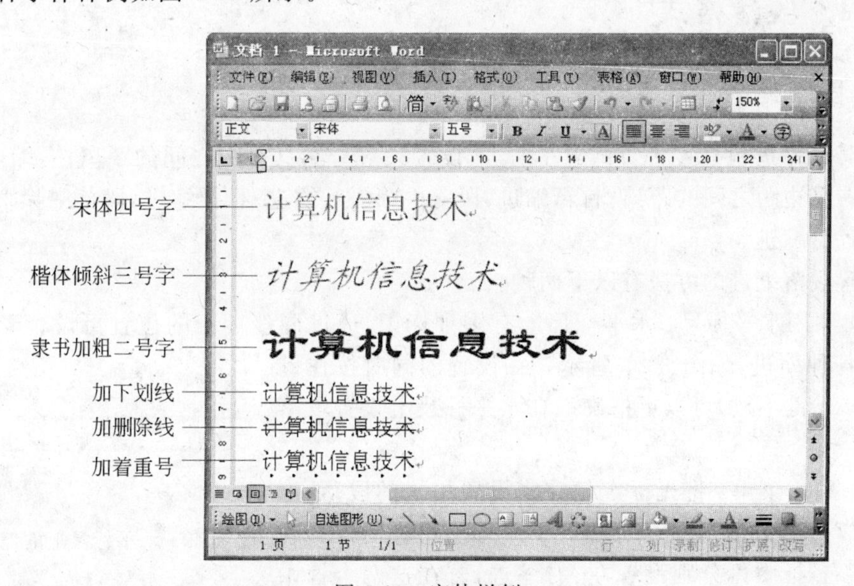

图 3-19 字体样例

2. 字符间距和文字效果

在“字体”对话框中还可切换到“字符间距”选项卡设置字符间距，如图 3-20 所示。“缩放”下拉列表框可横向扩展或压缩文字，“间距”下拉列表框可扩展或压缩字符间距，“位置”下拉列表框可提升或降低文字位置。

在“字体”对话框中切换到“文字效果”选项卡，可以设置文字的动态效果。注意只能在屏幕上显示文字的动态效果，但不能打印出来。

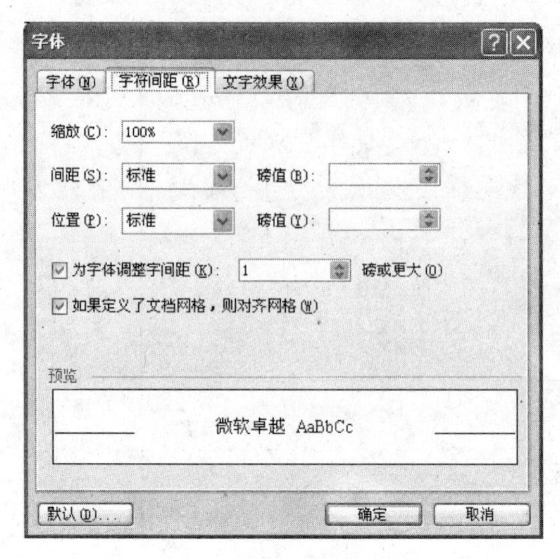

图 3-20 “字符间距”选项卡

3.2.11 段落格式

1. 段落缩进

段落的缩进包括 4 种方式：左缩进，设置段落与左页边距之间的距离；右缩进，设置段落与右页边距之间的距离；首行缩进，段落中第一行缩进；悬挂缩进，段落中除第一行之外其他各行缩进。

设置段落缩进的方法有以下两种。

(1) 利用水平标尺：水平标尺上有多种标记，通过调整标记的位置可设置光标所在段落的各种缩进，如图 3-21 所示。在设置的同时按住键盘上的 Alt 键不放，可以更精确地在水平标尺上设置段落缩进。

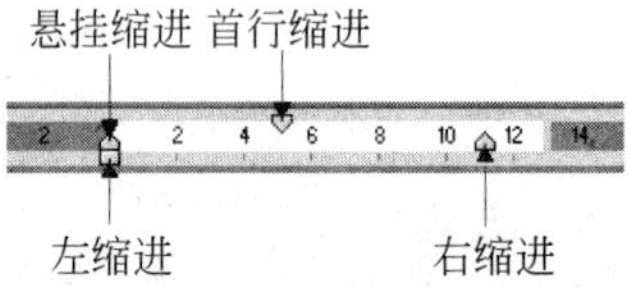

悬挂缩进 首行缩进

左缩进 右缩进

图 3-21 水平标尺上的缩进标记

(2) 利用菜单：将光标定位在需设置格式的段落，选择“格式”菜单中的“段落”命令，弹出“段落”对话框。在“左”和“右”框中可分别设置左、右缩进，若在这两个框中输入负值，则文字会显示在左右页边距上。在“特殊格式”下拉列表框中可设置首行缩进或悬挂缩进。

2. 段落间距和行间距

在如图 3-22 所示的“段落”对话框中，在“段前”和“段后”微调框中可设置段前和段后的空白间距，在“行距”下拉列表框和“设置值”微调框中可设置一行所占据的高度。

3. 段落的对齐方式

段落有 5 种对齐方式：左对齐，将文本向左对齐；右对齐，将文本向右对齐；两端对齐，将所选段落(除末行外)的左、右两边同时与左、右页边距或缩进对齐；居中对齐，将所选段落的各行文字居中对齐；分散对齐，将所选段落的各行文字均匀分布在该段左、右页边距之间。

可以在如图 3-22 所示的“段落”对话框中的“对齐方式”下拉列表框中设置段落的对齐方式，也可以利用“格式”工具栏中的对齐按钮来设置，如图 3-23 所示分别为两端对齐、居中对齐、右对齐和分散对齐，4 个按钮都没有选中时表示左对齐。

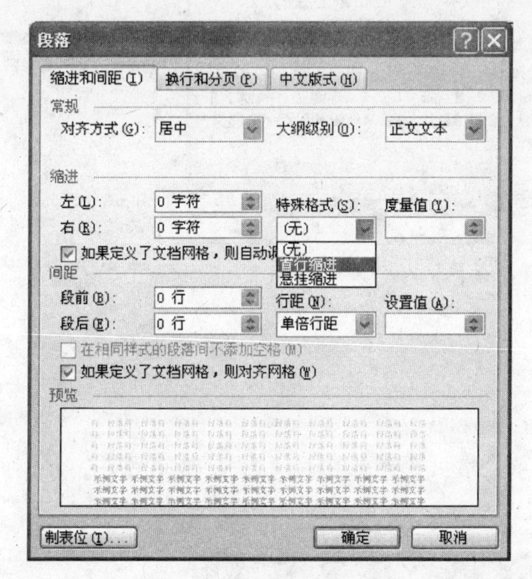

图 3-22 “段落”对话框

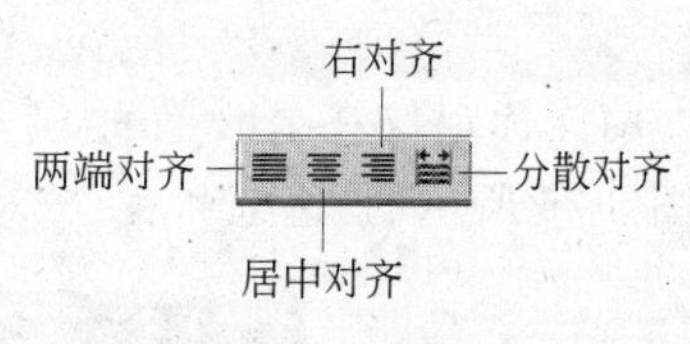

图 3-23 对齐按钮

3.2.12 首字下沉

可以在报刊杂志中经常看到段落首字下沉的效果，在 Word 2003 中就可设置段落的首字下沉。将光标定位在要设置的段落中，选择“格式”菜单中的“首字下沉”命令，弹出如图 3-24 所示的“首字下沉”对话框，在该对话框中有以下设置内容。

(1) 在“位置”选项组中可选择无、下沉和悬挂 3 种。“下沉”是指段落首字下沉若干行，其余文字围绕在首字的右侧和下方显示；“悬挂”是指段落首字下沉若干行并将其显示在从段落首行开始的左页边距中。

(2) 在“字体”下拉列表框中设置首字字体。

(3) 在“下沉行数”微调框中设置首字下沉的行数。

(4) 在“距正文”微调框中设置首字距正文的位置。

图 3-24 “首字下沉”对话框

图 3-25 所示为首字下沉的效果。

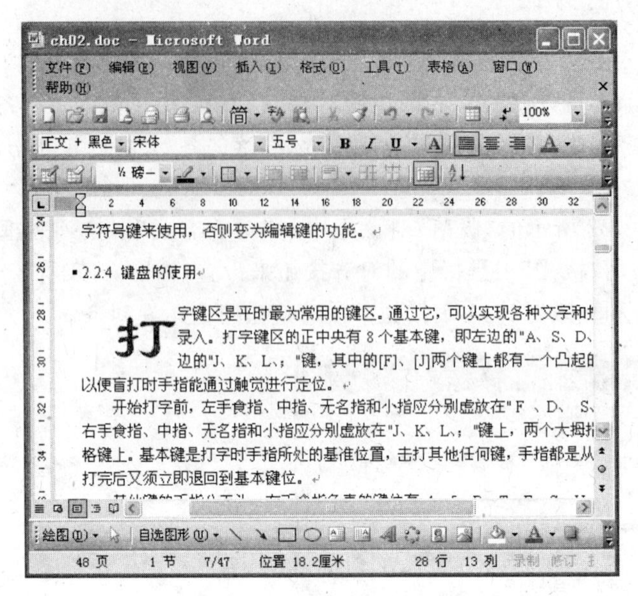

图 3-25　首字下沉的效果

3.2.13　边框和底纹

将光标定位在要设置的段落中，选择“格式”菜单中的“边框和底纹”命令，弹出如图 3-26 所示的“边框和底纹”对话框。

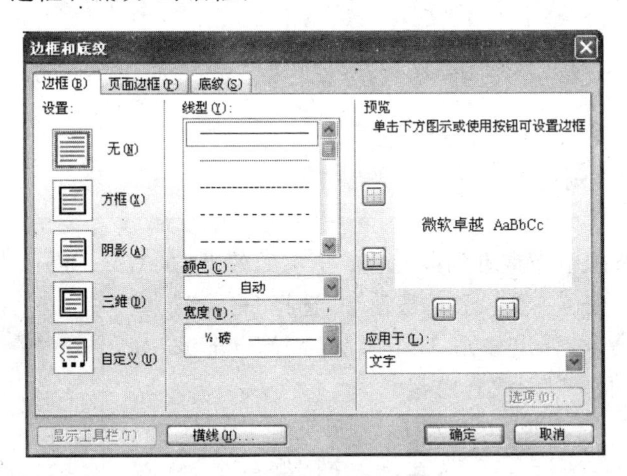

图 3-26　“边框和底纹”对话框(一)

1. 设置段落边框

(1) 在“边框和底纹”对话框中切换到“边框”选项卡，在“应用于”下拉列表框中选择“段落”选项。

(2) 在“设置”选项组中选择“方框”，在“线型”列表框中选择某一线型，如实线、虚线、双实线等，在“颜色”下拉列表框中选择某一种颜色，在“宽度”下拉列表框中选择线框的宽度。

(3) 通过单击“预览”选项组中的4个按钮可以设置或取消4个边中的任一边。

(4) 最后单击“确定”按钮即可。

注意：在“应用于”下拉列表框中选择“文字”，也可设置文字的边框和底纹，但在设置之前应选定这些文字。与段落边框不同的是，文字的4条边框只能同时添加或同时取消。

2. 设置段落底纹

(1) 在“边框和底纹”对话框中切换到“底纹”选项卡，如图3-27所示。

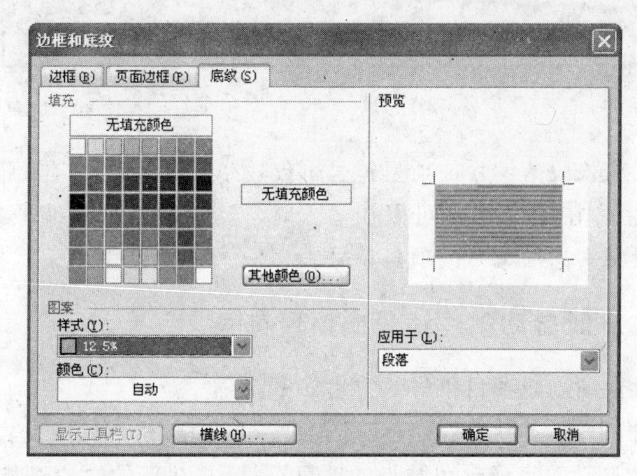

图3-27 “边框和底纹”对话框(二)

(2) 在“填充”或“其他颜色”中选择一种填充颜色。

(3) 在“样式”下拉列表框中选择一种显示在填充颜色“上方”的底纹图案，再在“颜色”下拉列表框中选择底纹图案中线条或点的颜色。若在“样式”下拉列表框中选择“清除”，则只显示填充颜色而不显示底纹图案颜色；若在“样式”下拉列表框中选择“纯色”，则只显示底纹图案颜色而不显示填充颜色。

(4) 在“应用于”下拉列表框中选择“段落”，单击“确定”按钮。

3. 页面的边框和底纹

在“边框和底纹”对话框中切换到“页面边框”选项卡可设置页面的边框，如图3-28所示。页面边框的设置与段落边框的设置相似，在“页面边框”选项卡中多了一个“艺术型”下拉列表框，在“艺术型”下拉列表框中可选择一种图案作为页面的边框图案。设置完毕后，在“应用于”下拉列表框中选择应用范围。

3.2.14 项目符号和段落编号

编排文档时，在某些段落前加上编号或某种特定的符号(称为项目符号)可以提高文

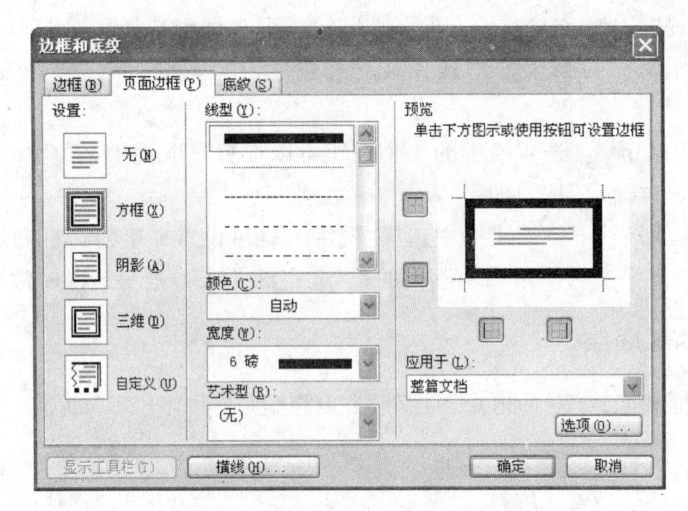

图 3-28 “边框和底纹”对话框(三)

档的可读性。手工输入段落编号或项目符号不仅效率不高,而且在增、删段落时还需修改编号顺序,容易出错。在 Word 中,可以在输入时自动给段落创建编号或项目符号,也可以给已输入的各段文本添加编号或项目符号。

1. 在输入文本时自动创建编号或项目符号

在输入文本时自动创建项目符号的方法如下。

在输入文本时,先输入一个星号“*”后面跟一个空格,然后输入文本。当输完一段按 Enter 键后,星号会自动改变成黑色圆点的项目符号,并在新的一段开始处自动添加同样的项目符号。这样,逐段输入,每一段前都有一个项目符号,最后新的一段(指未输入文本的一段)前也有一个项目符号。如果要结束自动添加项目符号,可以按 BackSpace 键删除插入点前的项目符号,或再按一次 Enter 键即可。

在输入文本时自动创建段落编号的方法如下。

在输入文本时,先输入如“1. ”、“(1)”、“一、”、“第一,”、“A. ”等格式的起始编号,然后输入文本。当按 Enter 键时,在新的一段开头处就会根据上一段的编号格式自动创建编号。重复上述步骤,可以对输入的各段建立按序排列的段落编号。如果要结束自动创建编号,可以按 BackSpace 键删除插入点前的编号,或再按一次 Enter 键即可。在这些建立了编号的段落中,删除或插入某一段落时,其余的段落编号会自动修改,不必人工干预。

2. 对已输入的段落添加编号或项目符号

1) 使用“格式”工具栏中的“编号”或“项目符号”按钮

其操作步骤如下。

(1) 选定要添加段落编号(或项目符号)的各段落。

(2) 单击“格式”工具栏中的“编号”按钮(或“项目符号”按钮)。

2) 使用“格式”菜单中的“项目符号和编号”命令

其具体步骤如下。

(1) 选定要添加编号(或项目符号)的各段落。

(2) 选择“格式”菜单中的“项目符号和编号”命令,打开“项目符号和编号”对话框。

(3) 在对话框的“项目符号”选项卡中,有7种项目符号,可以单击选定其中一种,再单击“确定”按钮。如果要添加编号的话,那么只要将操作改为:切换到对话框的“编号”选项卡,选择7种编号之一,再单击“确定”按钮。

提示:可以单击对话框中的“自定义”按钮,打开“自定义项目符号列表”对话框或“自定义编号列表”对话框定义新的项目符号或编号。

3.2.15 分栏

为了美化版面的布局,人们往往会将页面分成两栏或多栏。在 Word 2003 中先选定需分栏的文字,选择“格式”菜单中的“分栏”命令,弹出如图3-29所示的“分栏”对话框。

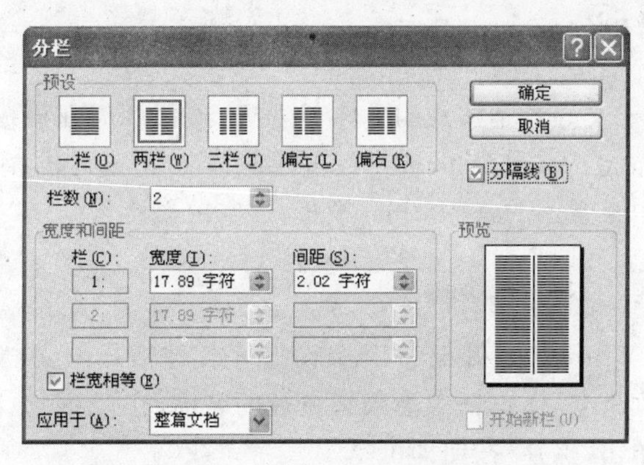

图3-29 “分栏”对话框

在“预设”选项组中可选择一栏、两栏、三栏、偏左、偏右,若需分成更多栏,可在“栏数”微调框中设定。当分成两栏或多栏时,若每一栏的栏宽相等,可选中“栏宽相等”复选框,否则取消选中该复选框。在“宽度和间距”选项组的微调框中可设置每一栏的栏宽和间距。在每一栏之间若需要分隔线,可选中“分隔线”复选框。

注意:在普通视图方式下不能显示出分栏排版的效果,只有在页面视图方式下才能显示出来。因此,在分栏排版时,最好先将视图切换到页面视图方式。

3.2.16 水印和背景

Word 2003 可以在文稿的背景上注上如“绝密”、“请勿带出”等水印。

选择“格式”菜单,指向其中的“背景”级联菜单,在弹出的子菜单中选择“水印”命令,出现如图3-30所示的“水印”对话框。选中“文字水印”单选按钮,选择或输入水印文本,设置字体、大小尺寸、颜色和版式。单击“确定”按钮后文稿的背景上就会出现用户设定的水印。

用户甚至还可将单位徽标或背景图片制作为水印。选中“图片水印”单选按钮，“选择图片”按钮被激活，单击“选择图片”按钮，找到图片所在位置，设置缩放和冲蚀效果，最后单击“确定”按钮。

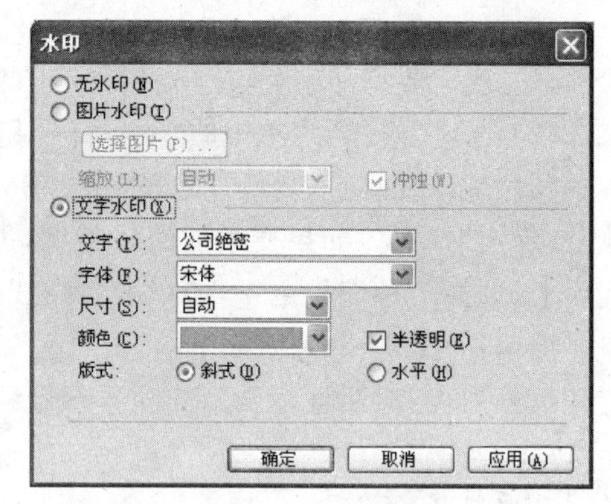

图 3-30 “水印”对话框

在 Web 版式视图中可设置背景，它使 Web 版式视图更加丰富多彩，但背景不可打印。

选择“格式”菜单，指向其中的“背景”级联菜单，可选择所需的颜色，或选择“其他颜色”命令选择其他可供选择的颜色。在“填充效果”命令中可选择一些特殊的效果，如渐变、纹理、图案、使用图片等。

3.2.17 应用模板

模板是一个预先定义好各种样式的文件，其扩展名是.dot，在模板上建立新的文档就可以直接使用这些样式。Word 2003 的模板包括备忘录、信函与传真、出版物、报告、英文模板等多种模板，其中最常用的是 Normal 模板，即空白文档。

1. 创建新模板

方法一：首先在 Word 2003 中建立一个设置好各种格式的文档，然后在保存时，在“另存为”对话框的“文件名”文本框中输入新模板的名称，在“保存类型”下拉列表框中选择“文档模板”，最后单击“保存”按钮即可。

方法二：选择“文件”菜单中的“新建”命令，在“新建文档”任务窗格中选择“本机上的模板...”，在“模板”对话框的右下角的单选按钮中选择“模板”，最后单击“确定”按钮，在空白的模板上设置好样式，保存并命名。

2. 修改模板

模板一般存放在 Microsoft \Templates 文件夹下，通过“打开”命令在该文件夹下打开需修改的模板文件，修改完毕后保存修改后的内容。

3. 利用模板创建文档

选择“文件”菜单中的“新建”命令，在“模板”对话框中选择一种模板，在右下角的单选按钮中选择“文档”，最后单击“确定”按钮。

3.2.18 格式刷的使用

在“常用”工具栏中有一个格式刷按钮，利用这个按钮可在不同文本之间复制格式。选择已设置好格式的文字或段落，单击“常用”工具栏中的格式刷按钮，提取这些文字或段落的格式，鼠标会变成插入点旁加一把刷子的模样，鼠标再选中其他文字或段落，就将格式复制到新选定的文字或段落中。这时格式刷只能使用一次。若双击格式刷按钮，则可使用多次，直到再次单击格式刷按钮或按 Esc 键。

3.3 页面设置与打印

3.3.1 添加页眉、页脚和页码

1. 添加页眉、页脚

页眉位于页面的顶端，页脚位于页面的底端，它们不占用正文的显示位置，而显示在正文与页边缘之间的空白区域。一般用来显示一些重要信息，如文章标题、作者、公司名称、日期等。

选择“视图”菜单中的“页眉和页脚”命令，弹出如图 3-31 所示的“页眉和页脚”工具栏，同时显示页眉和页脚区域，正文内容暗淡显示。利用“页眉和页脚”工具栏便可以在页眉和页脚处插入页码、日期、时间，在页眉和页脚间切换等。

图 3-31 “页眉和页脚”工具栏

2. 添加页码

在页眉和页脚中可以添加页码，但若只需要页码，而不需其他内容，可直接选择“插入”菜单中的“页码”命令，弹出如图 3-32(a)所示的“页码”对话框。在“位置”下拉列表框和“对齐方式”下拉列表框中可设置页码的显示位置，“首页显示页码”复选框可设置首页是否显示页码。单击“格式”按钮，弹出如图 3-32(b)所示的“页码格式”对话框，用来设置页码的格式。

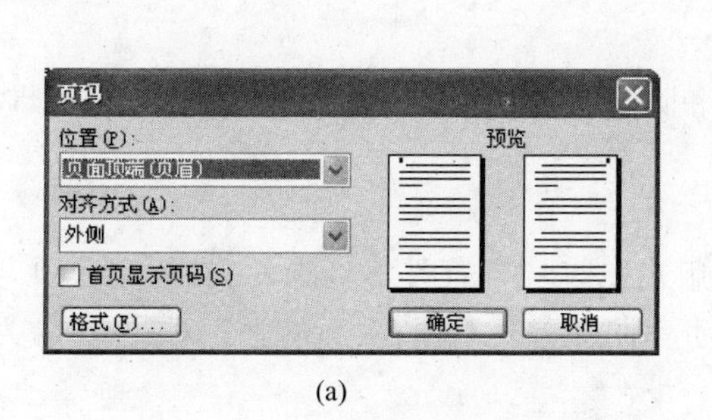

(a)

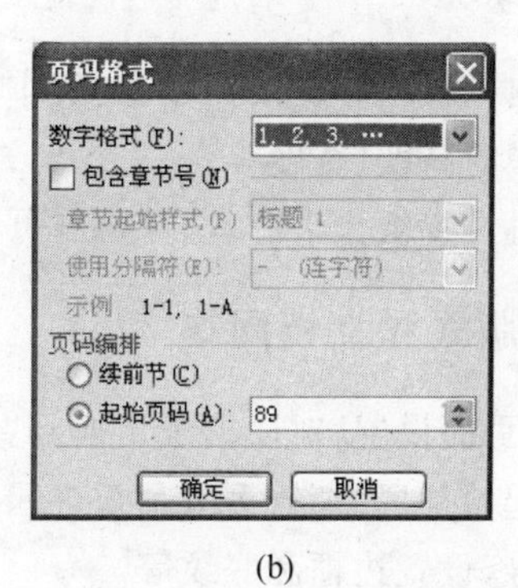

(b)

图 3-32 添加页码

3.3.2 页面设置

为了使文档的页面更加美观，增强其可读性，可合理地进行页面设置。选择“文件”菜单中的“页面设置”命令，弹出如图 3-33 所示的“页面设置”对话框。

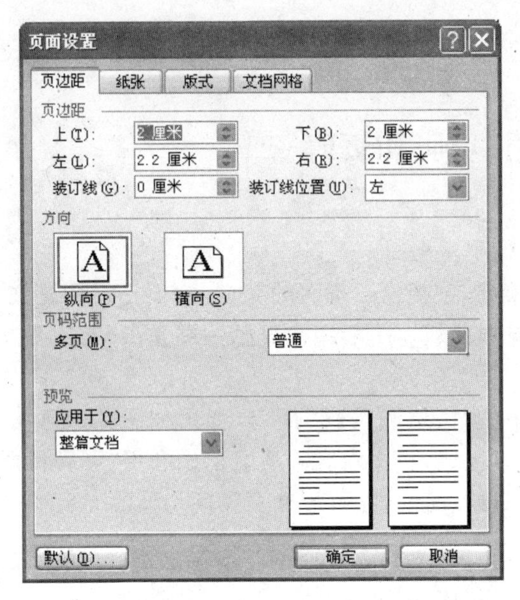

图 3-33 “页面设置”对话框中的“页边距”选项卡

1. 页边距

在“页面设置”对话框中切换到“页边距”选项卡，可设置：文档的上、下、左、右页边距，即正文文字距页面上、下、左、右边缘的位置；装订线的距离和位置；页面的纵横方向。在“应用于”下拉列表框中可选择设置是应用于整篇文档还是所选择文字，单击“默认”按钮可使当前设置作为默认设置保存下来。

2. 纸张

在“页面设置”对话框中切换到“纸张”选项卡，可设置纸张的型号(A4、16 开、32 开等)、纸张的高度、宽度等。

还可设置纸张来源，选择给首页和除首页之外的其他各页提供纸张的打印机纸盒。

3. 版式和文档网格

在“页面设置”对话框中切换到“版式”选项卡，如图 3-34 所示，在这个选项卡中可设置节的起始位置，页眉页脚是否奇偶页不同和首页不同，页面的垂直对齐方式，为选定行添加行号，设置边框和底纹等。

在“页面设置”对话框中切换到“文档网格”选项卡，如图 3-35 所示，在这个选项卡中可设置每页的行数、每行的字符数和文字的排列方向等。

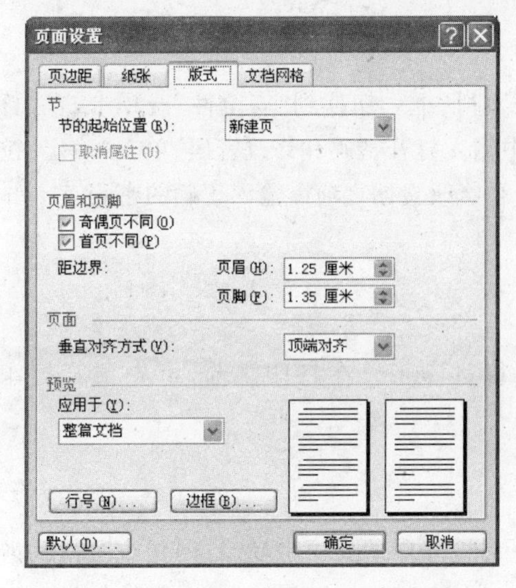

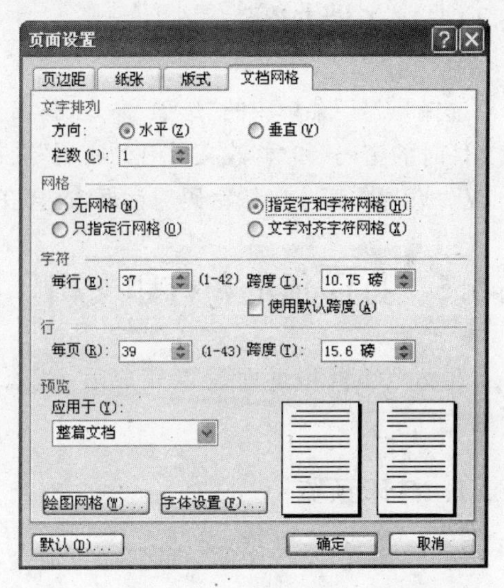

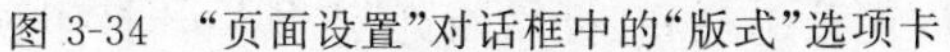
图 3-34 “页面设置”对话框中的“版式”选项卡　　图 3-35 “页面设置”对话框中的“文档网格”选项卡

3.3.3 文档的保护

若不想别人修改或使用文档内容,可选择“工具”菜单中的“保护文档”命令,窗口右侧出现如图 3-36 所示的“保护文档”任务窗格。

文档的保护分为“格式设置限制”和“编辑限制”,先选中相应的复选框,再进行具体设置。其中“编辑限制”又可分为 3 种方式。

(1) 修订:允许审阅者修改或使用文档内容,但所有修改将作为修订。

(2) 批注:允许审阅者添加批注,但不能修改文档内容。

(3) 填空窗体:审阅者无法修改或使用文档内容,工具栏上和菜单中的相关功能按钮及鼠标右键快捷菜单(复制、粘贴等)也不可用。只能在此区域中填写窗体。

注意:窗体多用于网页中,联机注册的页面就是最常见的窗体。

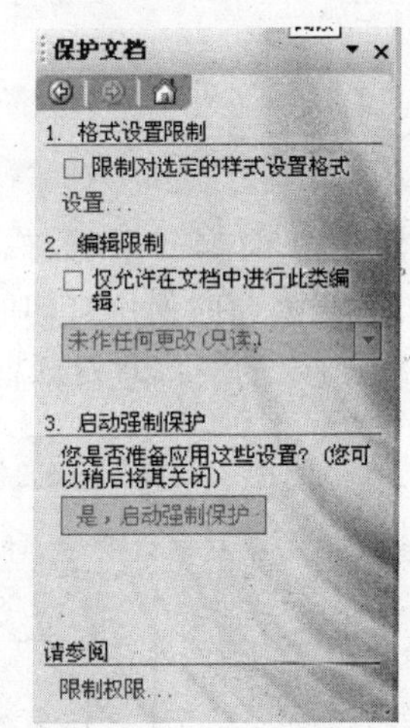

图 3-36 “保护文档”任务窗格

设置完毕后单击“是,启动强制保护”按钮,输入保护密码,以真正达到保护的目的。在“解除文档保护”时,需输入该密码,但密码只能用一次,即解除了文档保护后,该文档与普通文档一样了。

3.3.4 文档加密

选择“工具”菜单中的“选项”命令，弹出“选项”对话框。切换到“安全性”选项卡，在“打开文件时的密码”和“修改文件时的密码”文本框中输入打开密码和修改密码，单击“确定”按钮，又先后弹出两个确认密码对话框，这样在打开和修改文档之前需输入正确的密码。

3.3.5 打印预览和打印文档

在文档编辑和页面设置完成后，就可以进行打印了。在打印之前，可先预览打印效果。

1. 打印预览

选择“文件”菜单中的“打印预览”命令，或单击“常用”工具栏中的“打印预览”按钮，就可看到打印之后的整体效果。这时在窗口中只出现菜单栏和“打印预览”工具栏，“打印预览”工具栏如图 3-37 所示。在打印预览时也可以编辑文档，先单击“打印预览”工具栏中的“放大镜”按钮，使其弹起，这时鼠标变成插入点形式，文档中出现光标，就可以对文档进行编辑操作了。

图 3-37 “打印预览”工具栏

2. 打印文档

单击“打印预览”工具栏中的“打印”按钮，或单击“常用”工具栏中的“打印”按钮都可以打印文档，此时使用打印的默认设置。也可以选择“文件”菜单中的“打印”命令，弹出如图 3-38 所示的“打印”对话框，在该对话框中可设置打印的范围、内容、份数、缩放等。

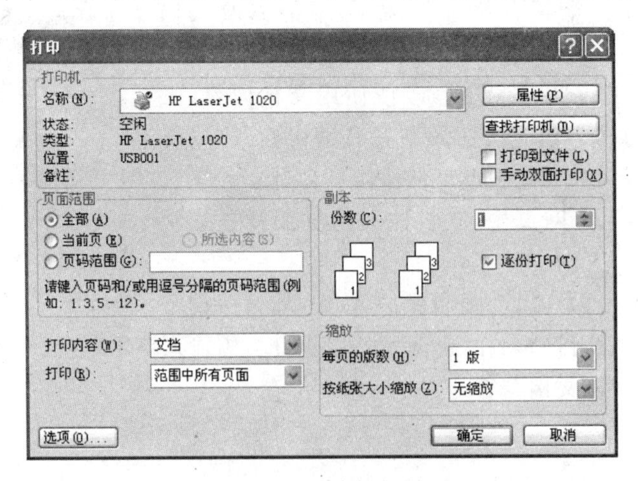

图 3-38 “打印”对话框

选择“工具”菜单中的“选项”命令，弹出“选项”对话框，在其中的“打印”选项卡中可设置有关打印的信息。

3.4 高级操作

3.4.1 绘制图形

选择“插入”菜单，指向其中的“图片”命令，在下一级子菜单中选择“自选图形”命令，弹出如图 3-39 所示的“自选图形”工具栏和“绘图”工具栏。

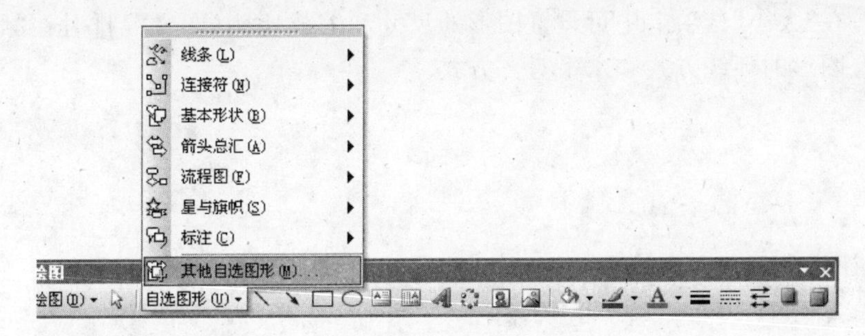

图 3-39 “自选图形”工具栏和“绘图”工具栏

(1) 调整图形大小：选择“自选图形”工具栏中的任一图形按钮并单击，Word 会在插入点之后自动插入“画布”，用户可在“画布”上绘制出各种图形。

注意：若想关闭画布，选择“工具”菜单中的“选项”命令，切换到“常规”选项卡，取消选中“插入‘自选图形’时自动创建绘图画布”复选框即可。

选择“自选图形”工具栏中的各个按钮可绘制出各种图形。选择绘制出的图形，该图形的周围会出现两个或 8 个白色控点、一个绿色旋转控点，有的图形还有一个黄色的调整控点，如图 3-40(a)所示，鼠标左键按住其中一个控点拖动，可调整图形的大小；将鼠标置于旋转控点上并拖动，可旋转任意角度；将鼠标定位于调整控点并拖动，可重调形状。一个图形被选中后右击，弹出其快捷菜单，在快捷菜单中包含了该图形的常用命令，如图 3-40(b)所示。

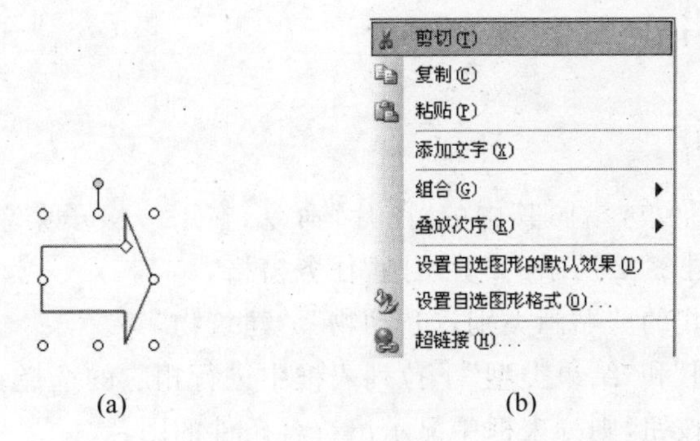

图 3-40 图形被选中后的状态及其快捷菜单

(2) 组合图形：绘制好多个图形后，可将它们组合成一个图形。先选择其中一个图形，然后按下 Shift 键不放，再分别单击其他图形，这样就选择了所有的图形，再右击，在弹出的快捷菜单中指向"组合"命令，在其下一级子菜单中选择"组合"命令，这些图形就组合成了一个图形。若要修改组合后的图形中的某一个图形，需选择组合图形后右击，在弹出的快捷菜单中指向"组合"命令，在其下一级子菜单中选择"取消组合"命令，分成多个独立图形后进行修改，修改后再组合成一个图形。

(3) 在绘制矩形和椭圆图形时，按住 Shift 键，则绘制出来的是正方形和圆。选择图形快捷菜单中的"添加文字"命令，可在图形上方添加文字。

(4) 选择图形快捷菜单中的"设置自选图形格式"命令，弹出如图 3-41 所示的"设置图片格式"对话框。在"颜色与线条"选项卡中可设置图形的填充颜色和线条的颜色、线型、虚实等；在"大小"选项卡中可设置图形的尺寸和缩放比例；图文混排时在"版式"选项卡中可设置图形的环绕方式和水平对齐方式。

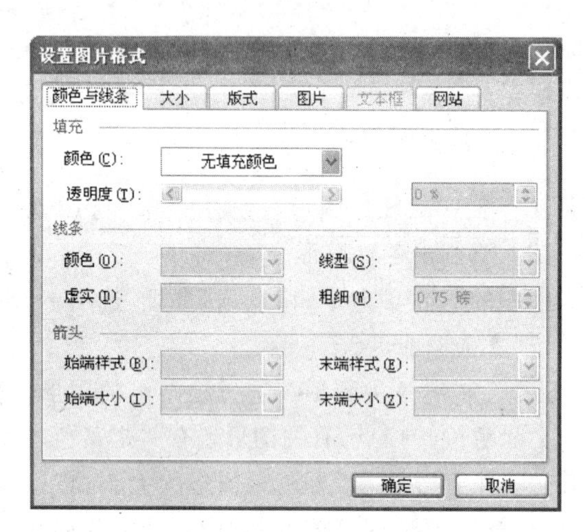

图 3-41 "设置图片格式"对话框

图 3-42 "剪贴画"任务窗格

3.4.2 插入图片

1. 插入剪贴画

(1) 选择"插入"菜单，指向其中的"图片"命令，在下一级子菜单中选择"剪贴画"命令，窗口右侧出现如图 3-42 所示的"剪贴画"任务窗格。

(2) 输入想要查找的剪贴画类别，如"动物"、"建筑物"等。

(3) 在"搜索范围"和"结果类型"下拉列表框中进行相应的选择。

(4) 单击"搜索"按钮，则列表框中显示出符合条件的图片。

(5) 将鼠标置于剪贴画上，单击向下的箭头，在弹出的下拉菜单中选择“插入”命令，或右击，在弹出的快捷菜单中选择“插入”命令，剪贴画就插入到当前文档光标处。

2. 插入图片

选择“插入”菜单，指向其中的“图片”命令，在下一级子菜单中选择“来自文件”命令，弹出“插入图片”对话框，选择需插入的图片，单击“插入”按钮。

选择剪贴画或图片，右击，注意其快捷菜单中相关功能的应用。

3.4.3 插入艺术字和文本框

1. 插入艺术字

(1) 选择“插入”菜单，指向其中的“图片”级联菜单，在下一级子菜单中选择“艺术字”命令，弹出如图 3-43(a)所示的“艺术字库”对话框，在该对话框中选择一种艺术字式样，单击“确定”按钮。

(2) 弹出如图 3-43(b)所示的“编辑‘艺术字’文字”对话框，在这里可输入艺术字内容及设置艺术字的字体、字号、粗体、斜体等格式。

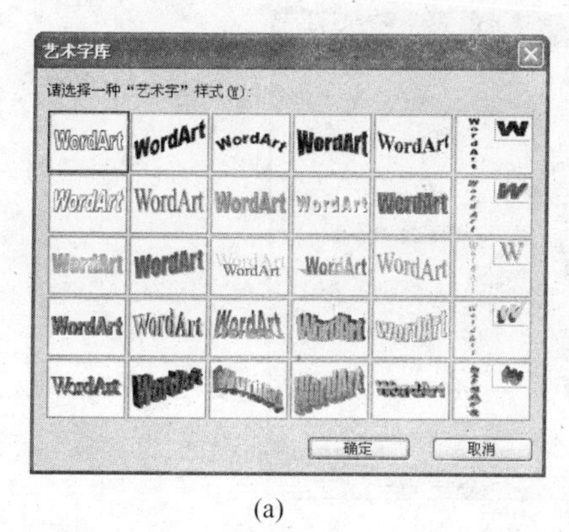

(a)

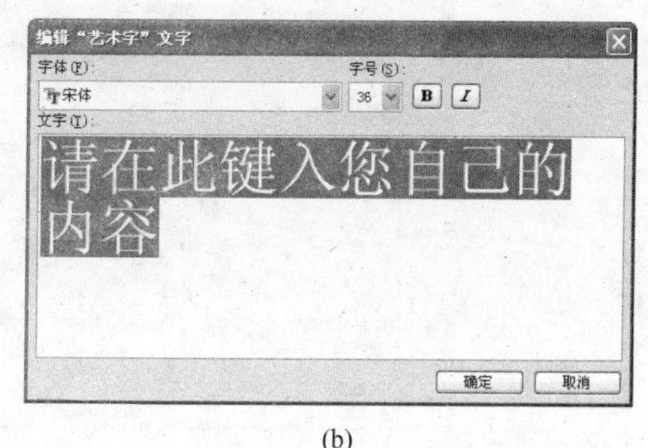

(b)

图 3-43 “编辑‘艺术字’文字”对话框

(3) 单击“确定”按钮，即在文档中插入了艺术字。

(4) 选择艺术字后，利用如图 3-44 所示的“艺术字”工具栏可对艺术字作进一步的编辑处理。

图 3-44 “艺术字”工具栏

2. 插入文本框

选择“插入”菜单，指向其中的“文本框”级联菜单，在下一级子菜单中选择“横排”或

“竖排”命令，鼠标变成“十”字形状同时在插入点处出现“画布”，按住鼠标左键拖出一矩形框，在矩形框中就可以输入文本了。在文本框中的操作和在普通文本中一样，可插入文本、图形、表格等，也可进行各种设置。

选择文本框后，拖动任一个控点可调整文本框的大小。选中文本框中的文字后，选择“格式”菜单中的“边框和底纹”命令，可为文本框中的文字设置边框和底纹。

选择文本框后，选择“格式”菜单中的“文本框”命令，或双击文本框，或右击，在弹出的快捷菜单中选择“设置文本框格式”命令，都会弹出“设置文本框格式”对话框。在该对话框中可设置文本框的颜色、线条、大小、图文混排时的环绕方式、内部边距等。

3.4.4 域

Word 2003 中的域是一组能够嵌入文档的指令，它能够根据需要更新当前的值。页码、目录、摘要其实都是域。

1. 域的插入

(1) 选择“插入”菜单中的“域”命令，弹出如图 3-45 所示的“域”对话框。

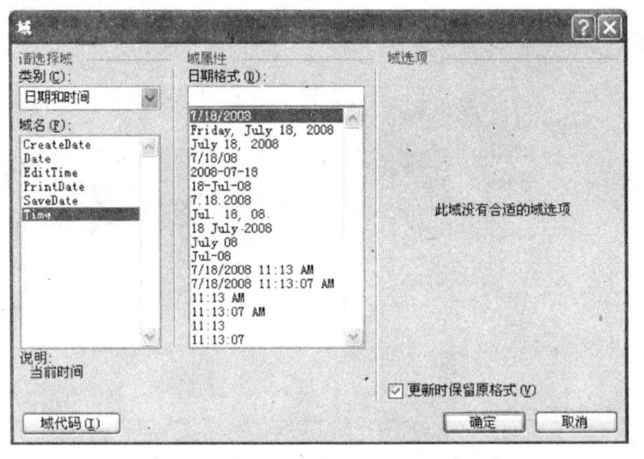

(a)

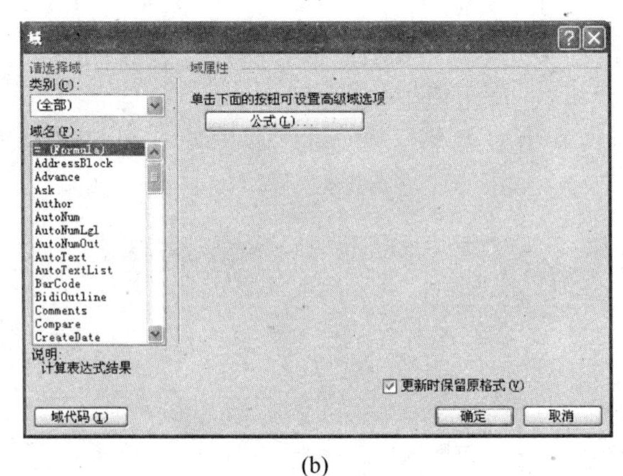

(b)

图 3-45 “域”对话框

(2) 在“类别”下拉列表框中选择某一类域，在“域名”列表框中选择该类域中的某一种域名。在“域属性”选项组中选择某种格式，有些域还可设置“域选项”，单击“确定”按钮，在文档中就出现了域的内容。如图 3-46 所示为“域选项”对话框。

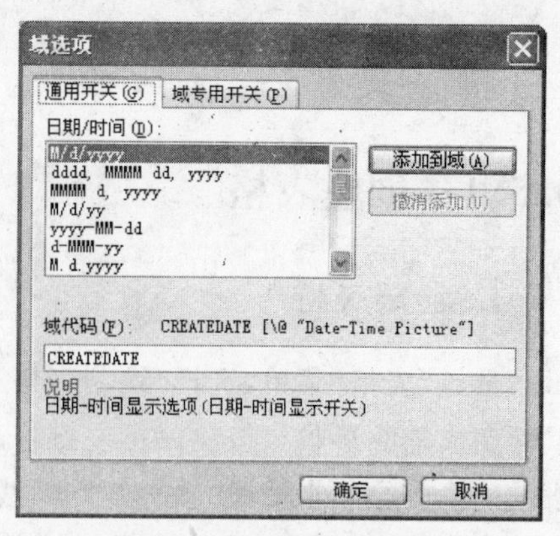

图 3-46 “域选项”对话框

2. 域底纹的设置

选择“工具”菜单中的“选项”命令，弹出“选项”对话框。切换到“视图”选项卡，在“域底纹”下拉列表框中可选择域底纹是否显示。

3. 域的切换

光标定位到域内容中，右击，在弹出的快捷菜单中选择“切换域代码”命令，则域内容会转变为大括号括起来的域代码。再次选择“切换域代码”命令，则又切换为域内容。

按 Shift+F9 组合键，也可以在域内容和域代码之间切换。按 Alt+F9 组合键，则整体切换所有的域代码和域内容。

4. 域的更新、锁定和删除

光标定位到域内容中，右击，在弹出的快捷菜单中选择“更新域”命令，可将域内容更新为最新内容。

光标定位到域内容中，按 Ctrl+F11 组合键，可将域锁定，不可以进行更新。按 Ctrl+Shift+F11 组合键，可解除域锁定。

选定整个域内容或域代码，按 Delete 键，可删除域。

3.4.5 录入公式

选择“插入”菜单中的“对象”命令，弹出“对象”对话框，在“新建”选项卡的“对象类型”列表框中选择“Microsoft 公式 3.0”，单击“确定”按钮，即进入公式录入状态，同时出现如图 3-47 所示的“公式”工具栏，利用工具栏中提供的符号和模板即可录入数学公式了。

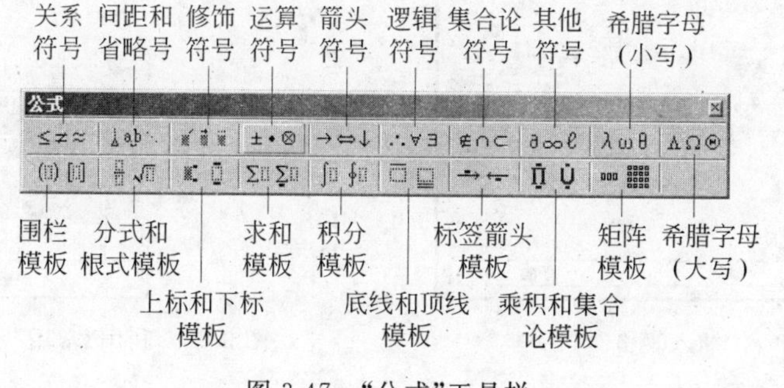

图 3-47 “公式”工具栏

3.5 表格处理

3.5.1 创建表格

1. 绘制表格

选择“表格”菜单，选择“绘制表格”命令，弹出如图 3-48 所示的“表格和边框”工具栏，鼠标变成笔的形状。按住鼠标左键拖动可拖出一个矩形框，这就是表格的外边框，可在表格的边框内绘制水平线、垂直线和斜线。

单击“常用”工具栏中的“表格和边框”按钮，可显示或隐藏“表格和边框”工具栏。

图 3-48 “表格和边框”工具栏

2. 利用菜单插入表格

选择“表格”菜单，指向其中的“插入”级联菜单，在下一级子菜单中选择“表格”命令，即弹出如图 3-49 所示的“插入表格”对话框。在“列数”和“行数”微调框中设置表格的列数和行数，单击“确定”按钮即插入了一个表格。

3. 利用工具栏按钮插入表格

在“常用”工具栏中单击“插入表格”按钮，弹出如图 3-50 所示的格子，鼠标在格子中拖过，在格子的下方显示表格的行数×列数，单击，即在文档中插入了相应的表格。

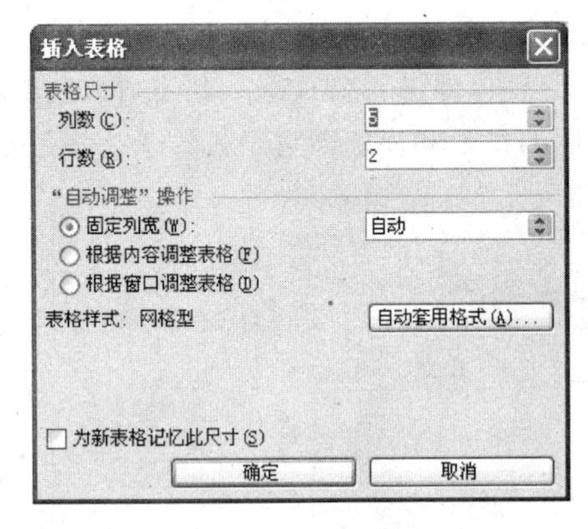

图 3-49 “插入表格”对话框

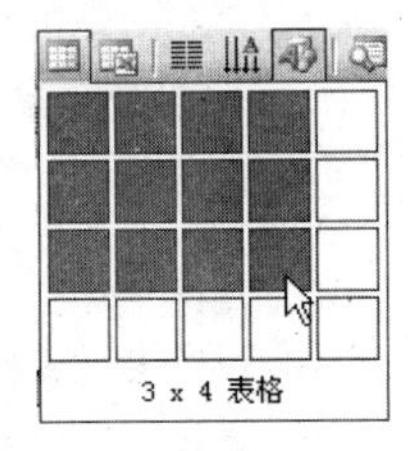

图 3-50 利用“常用”工具栏插入表格

3.5.2 编辑表格

1. 数据录入

表格中行和列交叉处的一个小方格称为单元格。将光标定位在单元格中,可输入数据,按 Tab 键或按键盘上的右方向键→,可将光标移到下一个单元格,继续输入其内容。

2. 行、列、单元格和表格的选择

将光标移到一行的最左边,鼠标变成指向右上角的箭头时,单击,即选定一行。

将光标移到一列的最上边,鼠标变成向下的黑色小箭头时,单击,即选定一列。

将光标移到一个单元格的最左边,鼠标变成指向右上角的黑色小箭头时,单击,即选定这个单元格。

当选定一行(列或单元格)时,按 Delete 键将删除行(列或单元格)中的数据,当前行(列或单元格)仍然存在。

鼠标指向表格,单击表格左上角的标记⊞,如图 3-51 所示,可选定整个表格。

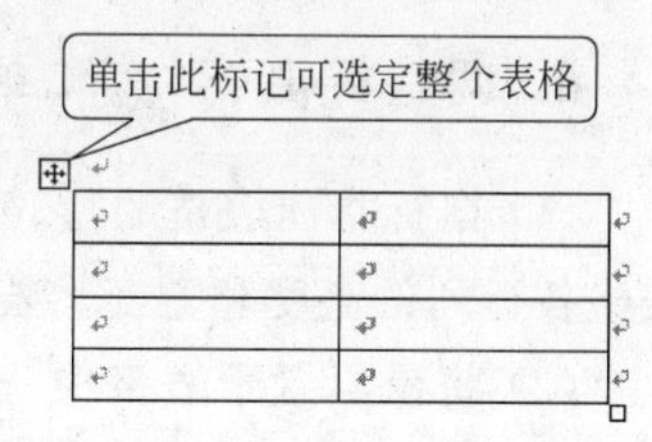

图 3-51 选定整个表格的方法

选择"表格"菜单中的"选择"命令也可选择行、列、单元格或整个表格。

3. 插入和删除行

(1) 将光标定位在某一行中,选择"表格"菜单,指向其中的"插入"级联菜单,在下一级子菜单中选择"行(在上方)"或"行(在下方)"命令,即可在当前行的上方或下方插入一新的行。

(2) 将光标定位在某一行中,选择"表格"菜单,指向其中的"删除"级联菜单,在下一级子菜单中选择"行"命令,即可删除当前行。

4. 插入和删除列

(1) 将光标定位在某一列中,选择"表格"菜单,指向其中的"插入"级联菜单,在下一级子菜单中选择"列(在左侧)"或"列(在右侧)"命令,即可在当前列的左侧或右侧插入一新的列。

(2) 将光标定位在某一列中,选择"表格"菜单,指向其中的"删除"级联菜单,在下一级子菜单中选择"列"命令,即可删除当前列。

5. 插入和删除单元格

(1) 将光标定位在某一单元格中,选择"表格"菜单,指向其中的"插入"级联菜单,在下一级子菜单中选择"单元格"命令,即弹出如图 3-52(a)所示的"插入单元格"对话框,在其中选择某种插入方式,单击"确定"按钮即可。

(2) 将光标定位在某一个单元格中，选择“表格”菜单，指向其中的“删除”级联菜单，在下一级子菜单中选择“单元格”命令，即弹出如图 3-52(b)所示的“删除单元格”对话框，在其中选择某种删除方式，单击“确定”按钮即可。

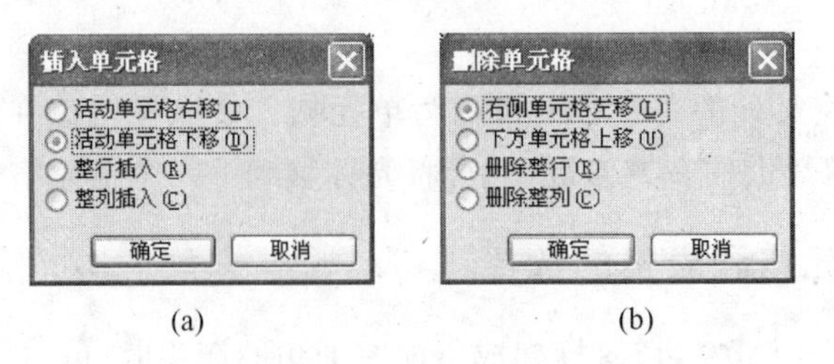

(a) (b)

图 3-52 “插入单元格”和“删除单元格”对话框

6. 调整行高、列宽和单元格宽度的方法

(1) 鼠标指向表格的行、列线上，鼠标变成双向箭头时，按住鼠标左键拖动，即可调整表格各行列的高度和宽度。若同时按住 Alt 键，则可精确调整。

(2) 将鼠标置于表格中，选择“表格”菜单，指向其中的“自动调整”级联菜单，在其子菜单中选择“根据内容调整表格”、“根据窗口调整表格”、“固定列宽”、“平均分布各行”、“平均分布各列”等命令可调整表格大小。

(3) 将光标定位在某一行，选择“表格”菜单中的“表格属性”命令，弹出“表格属性”对话框，在“行”选项卡和“列”选项卡中可调整每一行的行高和每一列的列宽。

7. 合并和拆分单元格

(1) 合并单元格：选定多个连续的单元格，选择“表格”菜单中的“合并单元格”命令，或单击“表格和边框”工具栏中的“合并单元格”按钮，则将多个单元格合并为一个单元格。

(2) 拆分单元格：将光标定位在某一个单元格中，选择“表格”菜单中的“拆分单元格”命令，弹出如图 3-53 所示的“拆分单元格”对话框，在“列数”和“行数”微调框中调整数值，单击“确定”按钮，或单击“表格和边框”工具栏中的“拆分单元格”按钮，可将一个单元格拆分成多个单元格。

图 3-53 “拆分单元格”对话框

8. 对齐方式

选定行、列、表格中的内容，或将光标定位在某个单元格中，单击“格式”工具栏中的对齐按钮，或选择“格式”菜单中的“段落”命令，设置其“缩进和间距”选项卡中的“对齐方式”，都可设置表格中数据的对齐方式。

若想要设置表格在文档中的对齐方式，必须先选定整张表格再操作。

9. 边框和底纹

选定行、列、表格,或将光标定位在某个单元格中,选择“格式”菜单中的“边框和底纹”命令,或在“表格和边框”工具栏中单击“线型”、“粗细”、“边框颜色”、“外部框线”和“底纹颜色”按钮,可设置单元格、行、列或表格的边框和底纹。

3.5.3 表格数据的排序、计算和转换

1. 数据排序的方法

(1) 将光标定位在表格中,选择“表格”菜单中的“排序”命令,弹出如图 3-54 所示的“排序”对话框。在排序依据(如主要关键字、次要关键字、第三关键字)下拉列表框中选择排序列,在“类型”下拉列表框中选择排序的方式,包括笔画、数字、日期、拼音,在其后的单选按钮中选中“升序”或“降序”。

在排序时最多可设置 3 个关键字,首先按照主要关键字升序或降序排列,当主要关键字列值相同时,若有次要关键字,则按照次要关键字排序,以此类推。

(2) 将鼠标定位在需排序的列中,单击“表格和边框”工具栏中的“升序”按钮或“降序”按钮,则表格中数据按照当前列的升序或降序排列。

2. 数据计算

(1) 将光标定位在需放置计算结果的单元格,选择“表格”菜单中的“公式”命令,弹出如图 3-55 所示的“公式”对话框。

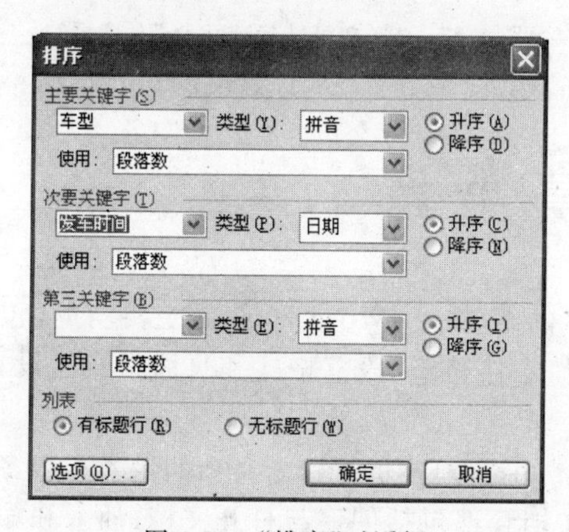

图 3-54 “排序”对话框

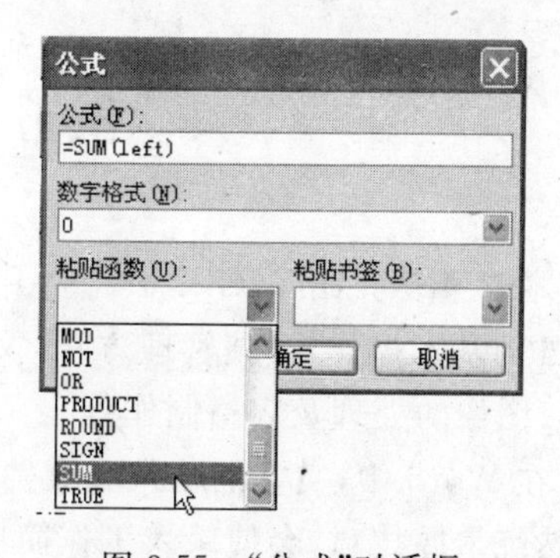

图 3-55 “公式”对话框

(2) 在“公式”文本框中以“=”开头,输入所需的公式。在“粘贴函数”下拉列表框中可选择所需的函数,如 SUM 表示求和,AVERAGE 表示求平均值,COUNT 表示求个数,MAX 表示求最大的值,MIN 表示求最小的值。在函数的括号中,LEFT 表示计算当前单元格左侧的数据,ABOVE 表示计算当前单元格上方的数据。

(3) 在“数字格式”下拉列表框中输入或选择显示计算结果的格式。

若仅求和,可单击“表格和边框”工具栏中的“自动求和”按钮 Σ。

3. 表格与文字之间的转换

(1) 表格转换为文字:将光标定位在表格中,单击“表格”菜单,指向其中的“转换”级联菜单,在其下一级子菜单中选择“表格转换成文本”命令,弹出如图 3-56 所示的“表格转换成文本”对话框,在“文字分隔符”选项组中选择文字之间的分隔符,单击“确定”按钮可将表格转换为文字。

(2) 文字转换为表格:首先输入一段用逗号、空格或段落标记等分隔的文字,选择这段文字,单击“表格”菜单,指向其中的“转换”级联菜单,在其下一级子菜单中选择“文字转换成表格”命令,弹出如图 3-57 所示的“将文字转换成表格”对话框,在“列数”微调框中输入表格的列数,在“文字分隔位置”选项组中选择文字之间的分隔符,单击“确定”按钮可将文字转换为表格。

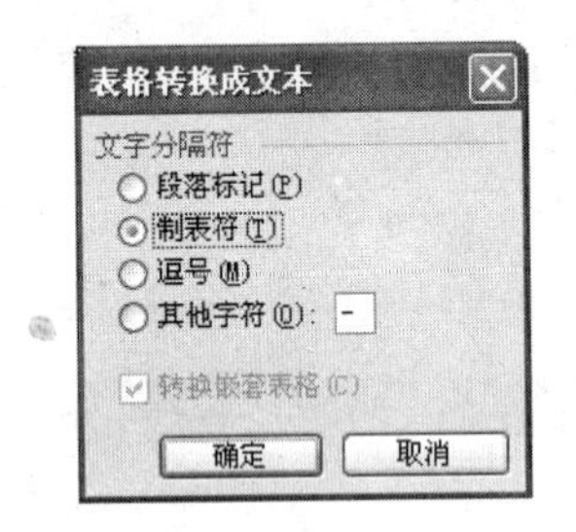

图 3-56 “表格转换成文本”对话框

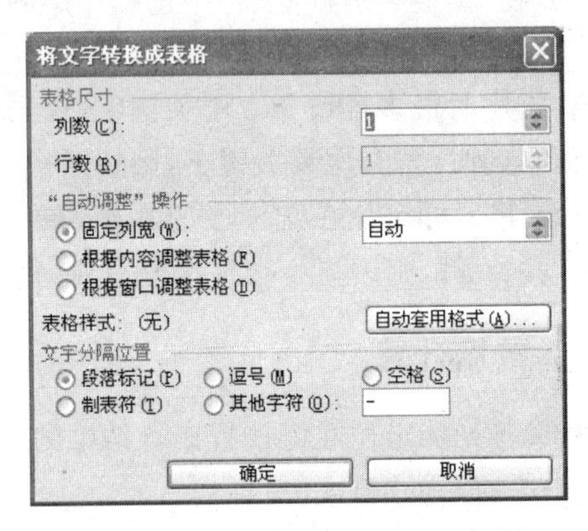

图 3-57 “将文字转换成表格”对话框

3.6 本章小结

本章主要介绍了 Office 2003 中使用最多的组件——Word 2003 的主要功能,包括 Word 的基本操作,文档管理方法,文档的编辑,字体格式、段落格式和页面格式的设置,图形、图像的处理及表格制作等。

在 Word 中,文字的输入和文档管理是最常用、最基本的操作。文档的录入有很多技巧,熟练掌握技巧,会使录入工作简单快捷。文档管理包括创建与打开文档、插入和输出文档、保存文档、关闭文档。读者应从文档管理开始练习,熟练掌握文档的基本操作。对文档内容的编辑处理是针对文档中的文本部分进行的。它主要包括选定文本,文本的移动、复制、删除、查找和替换。选定文本是编辑的基础,只有在选定文本的基础上才可以对文本进行移动、复制和删除。

在 Word 中,对文档的排版方法有字符格式化、段落格式化和对版面的整体设置。字符格式化包括设置字体,字型,字号,文字颜色,下划线,字符间距,字符之间的上、下位置及文字效果等。“字体”命令中集中了对字符进行格式化的所有操作。也可以在“格式”工具栏中进行字符格式化的设置。段落格式化包括对段落左右边界的定位、段落的对齐方式、缩进方式、行间距、段间距等。在“段落”命令中集中了对段落进行格式化的所有操作。也可以通过“格式”工具栏及水平标尺进行段落格式化的设置。在 Word 中，是以回车符作为段落结束标记的。文档中每出现一个回车符表明一个段落的结束。版面的整体设置内容比较琐碎，但能显著改善文档的排版效果。版面设置包括页面设置、页眉页脚、插入页码和分栏等。版面设计具有一定的技巧性和规范性，读者在学习版面设计时，应多观察实际生活中各种出版物的版面风格，以便设计出具有实用性的文档来。

图形与图像的使用，在修饰文档中有着极其重要的作用。用户可以从 Office 提供的“收藏集”中插入剪贴画，也可以从外部的图片文件中插入图片。可以通过“绘图”工具栏绘制出各种自选图形。在进行图文混排时，正确地设置图片的环绕方式，将使你能够随心所欲地美化文档。

表格操作包括创建表格、编辑表格、设置表格的属性、文本和表格的转换、公式的应用及表格排序。编辑表格分为两种：一是以表格为对象的编辑，如表格的移动、缩放、对齐；二是以单元格为对象的编辑，如选定单元格区域，单元格的插入、删除、移动和复制，单元格的合并和拆分等。设置表格的属性，包括改变表格的行高和列宽、单元格的对齐方式、设置表格的边框和底纹。在 Word 中文本和表格可以相互转换。表格计算可以快速地进行一些简单的求和、求平均值等的运算。表格的排序是将表格中的数据按照指定的列以某种方式进行排序，读者要特别注意它的使用方法及适用范围。

第4章 电子制表软件 Excel 2003

本章要点

- Excel 的基本概念，启动和退出，表格的创建、编辑和保存等基本操作
- 工作表中函数和表达式的应用
- 工作表格式的设置、页面的设置和打印
- Excel 图表的建立、编辑和修改
- 有关数据库的基本概念以及排序、筛选及分类汇总等数据库操作

Microsoft 公司的 Excel 2003 是 Windows 环境下的优秀电子表格系统。在 Excel 2003 中，电子表格软件功能的方便性、操作的简易性、系统的智能性都达到了一个新的境界。

Excel 2003 具有强有力的处理图表、图形功能，也有丰富的宏命令和函数以及支持 Internet 网络的开发功能。Excel 2003 除了可以制作常用的表格之外，在数据处理、图表分析及金融管理等方面都有出色的表现，因而备受广大用户的青睐。

4.1 Excel 2003 的基础知识

本节主要简介 Excel 2003 的基本操作，其中包括 Excel 的启动、窗口的组成、数据的输入、工作簿的保存及帮助的使用。

4.1.1 启动 Excel 2003

Excel 的启动方法有两种：一种方法是打开“开始”菜单，指向“程序”选项，菜单弹出后单击 Microsoft Office 中的 Microsoft Office Excel 2003 项；另一种方法是在桌面上建立 Excel 的快捷方式，双击 Excel 快捷方式图标即可。启动 Excel 后，屏幕上出现 Excel 2003 的窗口，如图 4-1 所示。

4.1.2 Excel 2003 窗口的组成

Excel 窗口的屏幕主要由 Excel 应用程序窗口和 Excel 工作簿窗口两大部分组成。

1. 应用程序窗口

Excel应用程序窗口的大部分组成元素与其他应用程序窗口的组成元素相同,均由用户图形界面中的标准元素构成,如菜单栏、工具栏和状态栏等。

(1) 程序标题栏:提示用户现在用的是什么工具软件。标题栏经常与文档标题栏共用一个栏,可以获得正在使用的工具软件的名称为Microsoft Excel和正在处理的工作簿名称为Book1。

(2) 菜单栏:以菜单形式将Excel的所有命令罗列出来。菜单中的命令何时可用,取决于当前的工作状况。在以后的使用中,将会发现只有经常使用的命令项才会出现在个性化菜单上,同时也可以很方便地展开菜单以显示全部命令。

(3) 程序控制按钮和工作簿控制按钮:位于标题栏上的程序控制按钮与菜单栏上的工作簿控制按钮,分别对Excel应用程序窗口和工作簿窗口进行最大化、最小化及关闭操作。

(4) 工具栏:Excel将经常使用的菜单命令图形化,每一个图形按钮对应一个操作,这些按钮按功能分别放在不同的工具栏上。

(5) Office助手:单击它会随时提供帮助。

(6) 编辑栏:用来显示编辑当前活动单元格中的数据内容或具体公式。

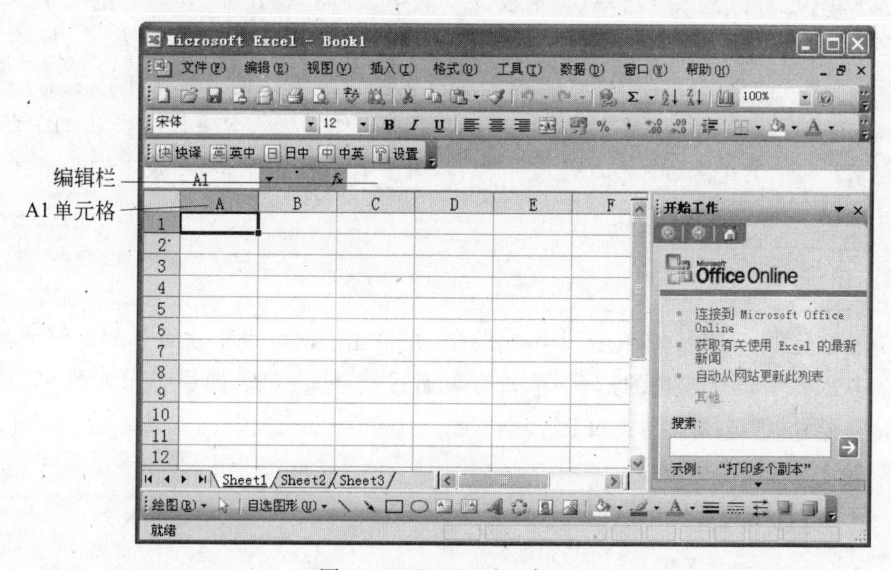

图4-1 Excel 2003窗口

2. 工作簿窗口

工作簿窗口由工作表区、工作表标签、标签滚动按钮、滚动条等组成。

(1) 工作表区:包括单元格、网格线、行号、列标、滚动条和工作表标签。

(2) 工作表标签:用于显示工作表的名称。单击工作表标签将激活相应的工作表,被激活的工作表称为当前工作表。

(3) 标签滚动按钮：单击箭头可显示其他的工作表标签。

(4) 滚动条：拖动滚动条内的滑块，或单击两端的箭头按钮，可将文档移至窗口无法显示的部分。

(5) 工作簿控制按钮：当工作簿为最小化或还原窗口时，位于文档标题栏上的工作簿控制按钮，实现对工作簿窗口进行最大化、最小化及关闭操作。

4.1.3 工作簿的组成

1. 工作簿

在 Excel 中一个文件即为一个工作簿，一个工作簿由一个或多个工作表组成。当启动 Excel 时，Excel 将自动产生一个新的工作簿 Book1。在默认情况下，Excel 为每个新建工作簿创建 3 张工作表，标签名分别为 Sheet1、Sheet2、Sheet3，可用来分别存放如学生名册、教师名册、学生成绩的相关信息。

2. 工作表

打开 Excel 2003 时，映入眼帘的工作画面就是工作表。工作表是 Excel 完成一项工作的基本单位，可以输入字符串(包括汉字)、数字、日期、公式、图表等丰富的信息。工作表由多个按行和列排列的单元格组成，工作簿窗口由工作表区、工作表标签、标签滚动按钮、滚动条组成。在工作表中输入内容之前首先要选定单元格。每张工作表有一个工作表标签与之对应(如 Sheet1)。用户可以直接单击工作表标签名来切换当前工作表。

提示：一个工作簿最多有 255 张工作表，至少有一张工作表，一张工作表最多可以有 65 536 行、256 列数据。

3. 单元格

单元格是 Excel 工作簿的最小组成单位，在单元格内可以存放简单的字符或数据，也可以是多达 32 000 个字符的信息，单元格可通过地址来标识，即一个单元格可以用列号(列标)和行号(行标)来标识，如 B2。

4.1.4 工作簿的简单操作

下面介绍 Excel 2003 的基本操作。以下操作将创建一个使用一张工作表的“价格表”工作簿，并保存到磁盘上。

1. 输入数据

在 Excel 的当前活动工作表(启动 Excel 之后，默认的活动工作表是 Sheet1)中，输入如图 4-2 所示的数据。

在工作表区中，移动鼠标至某一单元格再单击，该单元格即成为当前的活动单元格；

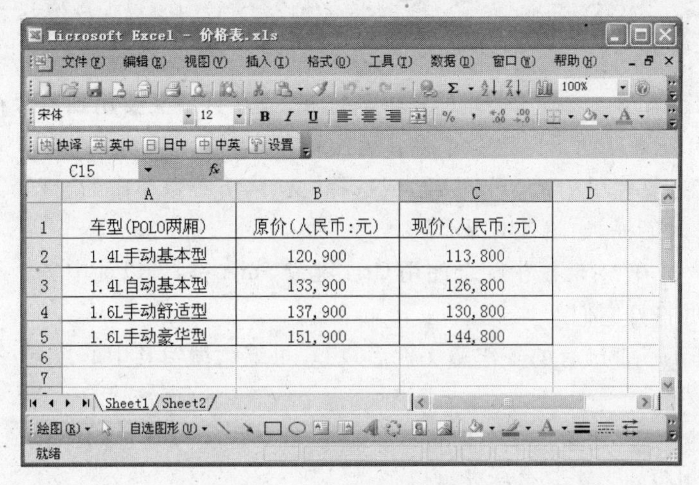

图 4-2 在工作表中输入数据

也可以利用键盘上的箭头键移动当前单元格。只有当前单元格成为活动单元格后才能输入数据。

输入错误时,单击错误单元格,直接输入正确内容。若是在原内容上修改,单击错误单元格,然后单击编辑栏(编辑栏显示的是当前单元格的内容)进行修正,以回车或单击编辑栏上的“输入”按钮,确认修改。

提示:双击单元格,可直接在单元格中进行修改。

2. 保存工作簿

数据输入完毕后,将这个工作簿以文件名为“价格表.xls”保存在 TEXT 文件夹中。

单击“文件”菜单,选择“保存”命令,屏幕上就会出现“另存为”对话框,如图 4-3 所示。

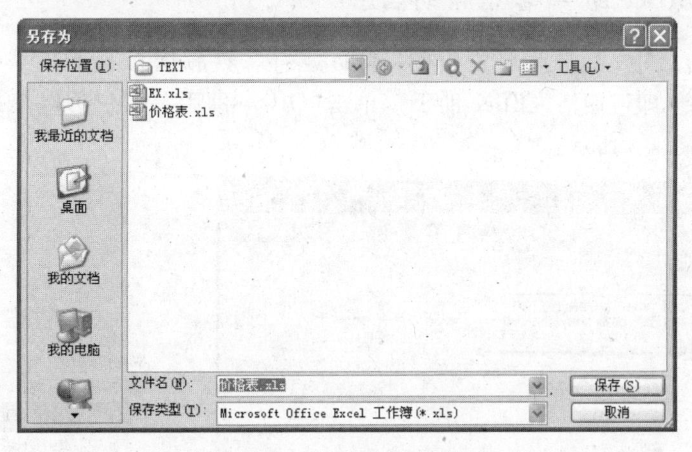

图 4-3 “另存为”对话框

在“另存为”对话框中,用户可在“保存位置”下拉列表框中选择欲保存工作簿的位置。选择好保存位置后,在“文件名”下拉列表框中输入工作簿名称“价格表”,在“保存类型”下拉列表框中选择“Microsoft Office Excel 工作簿”选项。然后,单击“保存”按钮。

3. 打开工作簿

在将工作簿保存并关闭之后，如果要将其打开，或在日后又要用到已保存过的工作簿文件，则可以使用 Excel 的“打开”命令将其再次打开。

单击“常用”工具栏中的“打开”按钮，或选择“文件”下拉菜单中的“打开”命令，屏幕上就会出现“打开”对话框，如图 4-4 所示。

提示：若在“打开”对话框中配合使用 Ctrl 键或 Shift 键，可以选中多个不连续或连续的工作簿文件，并打开它们。

在重新打开了一个已有的工作簿文件后，用户可继续编辑其中的数据，然后再将其保存起来。

技巧：“开始工作”任务窗格中会自动保留若干个曾经打开过的工作簿名称，再次打开时，直接单击相应的工作簿名称就可以了。

用户可以像退出其他 Windows 应用程序一样，单击关闭按钮退出 Excel 2003，如果在退出之前，用户没有保存工作簿，则 Excel 2003 会弹出一个提示信息框，询问用户是否要保存所修改的内容。

提示：如果要一次就关闭所有已经打开的工作簿，可以在按下 Shift 键的同时，选择“文件”菜单下的“全部关闭”命令。

4.1.5 联机帮助

在 Excel 2003 中，用户可通过 3 种方式获得联机帮助信息，即“帮助”菜单、“Office 助手”及 Web 站点。在这里介绍前两种方法。

1. 通过“Office 助手”获得帮助信息

在 Excel 窗口中，单击菜单栏中的“帮助”菜单，然后选择其下拉菜单中的“显示 Office 助手”命令，即可激活“Office 助手”，单击“Office 助手”，用户可以查找和检索所需的帮助信息，如图 4-5 所示。

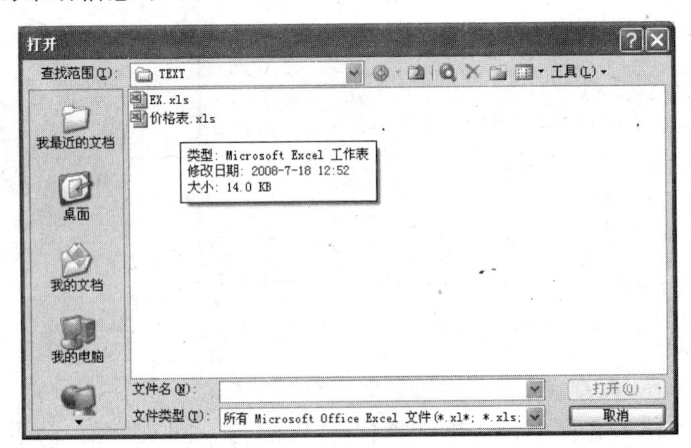

图 4-4 “打开”对话框

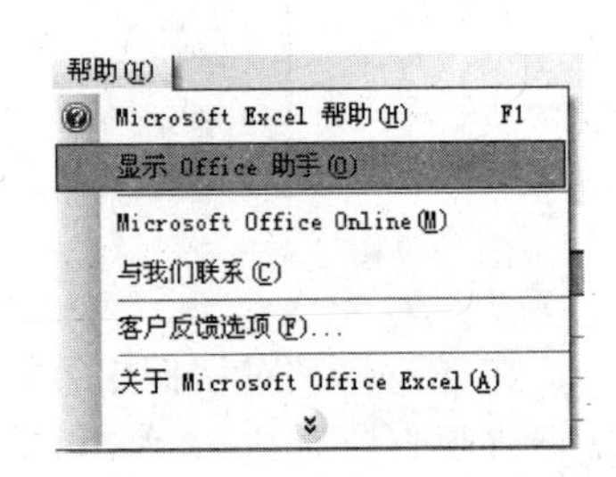

图 4-5 Office 助手

2. 通过“帮助”对话框获得帮助信息

按 F1 键或执行“帮助”菜单中的“Microsoft Excel 帮助”命令或将任务窗格切换至“帮助”即可。

4.2 Excel 2003 的基本操作

建立了工作表之后，用户往往需要通过 Excel 所提供的编辑功能，对工作表及其数据进行各种操作和处理，使其满足实际需要。本节将详细介绍工作表数据的编辑和工作表的基本操作。

4.2.1 编辑工作表数据

在 Excel 中大部分的操作都是围绕着单元格的操作来完成的。单元格可输入两种基本的数据类型，即常量和公式。常量指的是不以等号(=)开头的单元格数值，包括文本、数字及日期和时间(一种具有特殊意义的数字)。公式是基于用户输入的数值计算，如果改变公式计算时所涉及的单元格中的值，就会改变公式的计算结果。有关公式的使用在下面的章节中讨论。

1. 输入数据

1）输入数字

数字指的是仅包含下列字符的字符串，如 3、-5、367 等。

1,2,3,4,5,6,7,8,9,0,+,-,(,),/,$,%,. ,E,e

如果在输入的字符串中包含了上述字符之外的字符，Excel 就将其认为是一个文本，如 Hello、ab123 等。默认情况下，数字总是靠单元格的右侧对齐，而文本总是靠单元格的左侧对齐。

输入数字时，应先选择单元格，然后再输入数字。输入时，编辑栏将显示“取消”、“输入”按钮以及当前活动单元格的内容，“名称”框中则显示当前活动单元格的单元格引用。用户可单击“输入”按钮或按 Enter 键完成本次输入，也可单击“取消”按钮或按 Esc 键取消本次输入。如图 4-6 所示，输入以下数字：

(1) -150　　负数的输入

(2) 12.87　　小数的输入

(3) 0 5/8　　分数的输入，若直接输入 5/8，则表示 5 月 8 日

(4) 1E6　　科学记数法的输入

(5) (100)　　负数的输入

如果输入的数字太长，则 Excel 将采用科学记数法来显示该数字，而且只保留 15 位的数字精度。

2）输入文本

在工作表中输入文本的过程与输入数字相似：先选择单元格，然后再输入文本，在Excel 2003中，文本可以是数字、空格、汉字和非数字字符的组合，如输入“10XYZ109”、“12-567”、“566-888”和“计算机软件”。

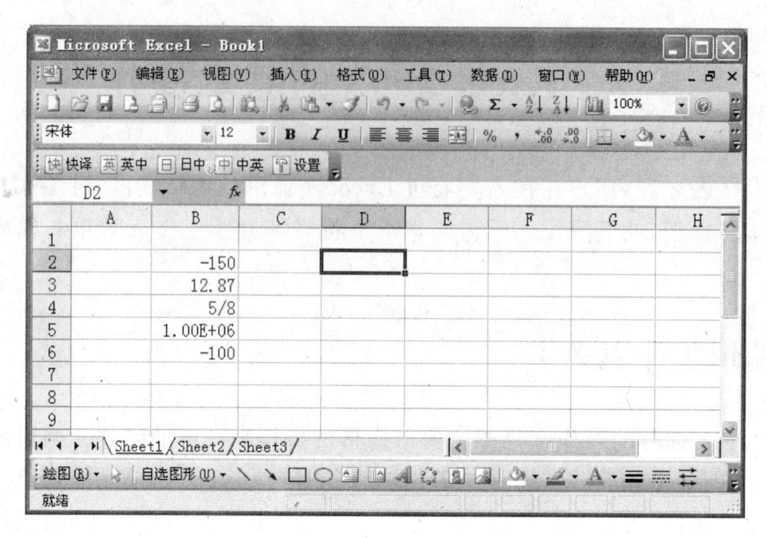

图 4-6 数据的输入

用户可以在一个单元格中输入多达32 000个半角字符。当输入的文本长宽大于单元格宽度时，文本将溢出到下一个单元格中显示(除非这些单元格中已包含数据)。如果下一个单元格中包含数据，Excel将截断输入文本的显示。注意，被截断的文本仍然存在，只是用户看不见而已。如果用户想看到完整的输入文本，就需要修改工作表的文本显示格式，关于这一点可参看下一节。

用户还可以将数字作为文本输入到工作表的单元格，如输入学号、电话号码，特别是首字符是零时，用户必须将其作为文本输入，否则前面的零会自动丢失。可以按以下方式输入：

'101037417800（前面加上半角单引号）

或 =101037417800（这是公式的简单应用）

提示：如果输完文本后不按Enter键(按Enter键，则活动单元格自动下移到下一个单元格)，而是按Tab键，则活动单元格自动右移到下一个单元格。

3）输入日期和时间

日期和时间的输入与数字和文本的输入不同，Excel规定了严格的输入格式，用户在输入时必须严格遵守。

Excel将日期和时间作为特殊类型的数字处理。工作表中的时间或日期的显示方式取决于所在单元格中的数字格式。在输入了Excel可以识别的日期或时间数据后，单元格格式会从“常规”数字格式改为内置的日期或时间格式。默认为日期和时间类型的数据在单元格中右对齐。如果Excel不能识别输入的日期或时间格式，则输入的内容将视作文本，并在单元格中左对齐。

输入以下日期和时间：

(1) 2001-6-10　　　　输入 2001 年 6 月 10 日

(2) 6/10　　　　　　输入当前年度 6 月 10 日

(3) December 1　　　输入当前年度 12 月 1 日

(4) 2001-6-10 13:55　输入 2001 年 6 月 10 日 13 时 55 分

注意：日期时间默认格式及默认的日期和时间符号，是在 Windows 操作系统的控制面板的区域设置中选定的。

2. 填充数据

在制作表格时，用户可能会经常遇到前、后单元格数据相关联的情况，如序数 1，2，3，…；连续的日期、月份等。这时，可使用填充操作完成此过程。

例如，用户想在 A1～A10 中输入数据 1，2，…，10，此时，可用填充操作避免一个个地输入，具体操作如下。

首先，在 A1 中输入 1，在 A2 中输入 2，选择 A1:A2(单击 A1 单元格，然后拖动鼠标至 A2，并释放鼠标)。最后，移动鼠标指针至 A2 右下角的填充柄上(注意鼠标指针形状的变化，鼠标指针由空心十字箭头变为实心十字箭头)，按住鼠标左键向下拖动至 A10 单元格处，释放鼠标按钮，即可完成填充操作，如图 4-7 所示。

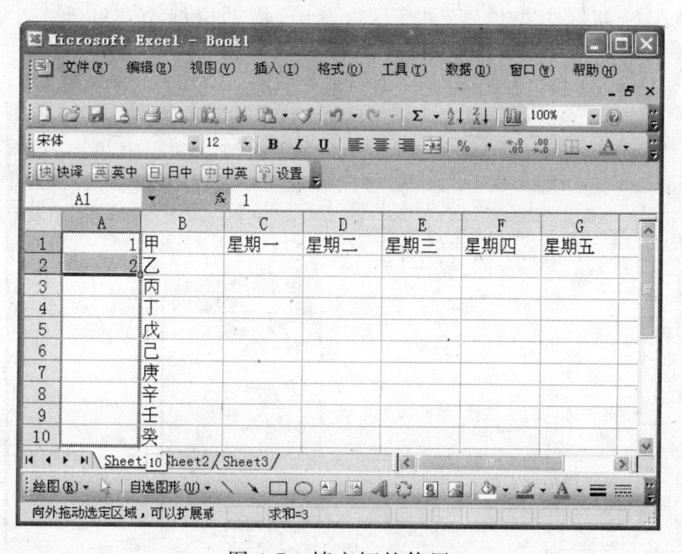

图 4-7　填充柄的使用

思考：若想输入 1，3，5，7，…或日期、月份、星期，该怎么操作呢？

注意：用户可通过“工具”菜单中的“选项”命令，打开“自定义序列”标签查看月份、星期等系统默认的序列数或自定义序列数。

4.2.2 编辑数据

本节将介绍如何利用 Excel 提供的工具迅速执行移动、复制、删除、修改单元格等工作,用以提高各种编辑操作的效率。

1. 单元格、单元格区域的选择

只要单击某一单元格,就选择了这个单元格,并可以对其操作。但在实际制表过程中,往往需要对多个单元格进行同时操作,那么如何选择多个单元格呢?下面给出几种常用的选择方法。

1) 连续单元格区域的选择

将鼠标移至连续单元格左上角单元格,然后按住鼠标拖动至右下角单元格,最后释放鼠标,如图 4-8 所示。

2) 不连续单元格区域的选择

不连续单元格区域的选择,要借助于键盘 Ctrl 键。操作方法是首先选择第一单元格区域(或单元格),按住 Ctrl 键不放,再选择下一单元格区域,如此重复,便可选择多个不连续区域。

3) 行、列的选择

将鼠标移至起始列标中央位置,如 E 列,然后,拖动鼠标至终止列标,如 F 列,则选择了 E 列至 F 列。而如果直接单击某列标,则只选择此列,如图 4-8 所示。

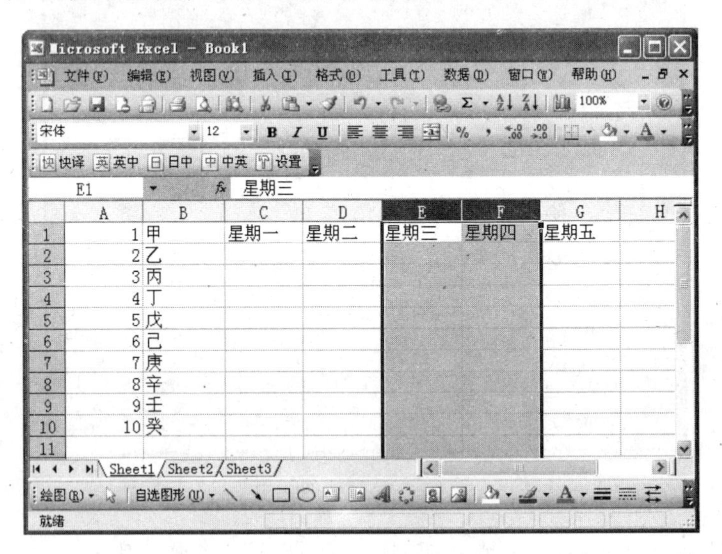

图 4-8 单元格区域的选择

选择行的操作与列的操作相似。

4) 选择整个表格

单击行号与列标相汇处,即"全选"按钮,便选择了工作表的所有单元格。

2. 数据的删除与撤销

选定欲删除其中数据的单元格或区域，然后按 Delete 键，即可删除单元格中的数据。也可在选定区域后右击，屏幕上将弹出如图 4-9 所示的快捷菜单，选择其中的“清除内容”命令，达到删除的目的。

若操作错误，可选择“编辑”下拉菜单中的“撤销”命令或单击“常用”工具栏中的“撤销”按钮取消先前的操作。

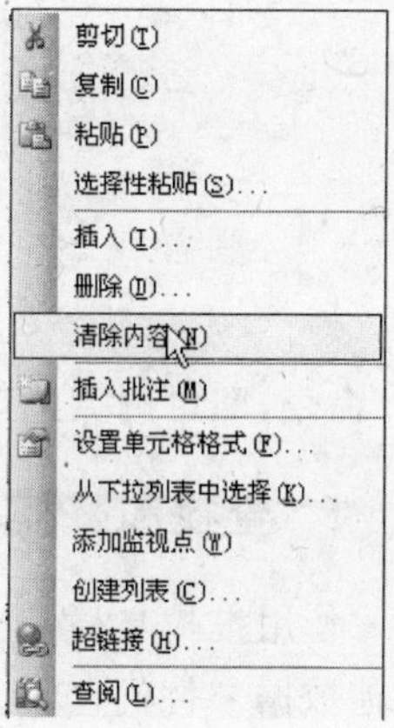

剪切(T)
复制(C)
粘贴(P)
选择性粘贴(S)...
插入(I)...
删除(D)...
清除内容(N)
插入批注(M)
设置单元格格式(F)...
从下拉列表中选择(K)...
添加监视点(W)
创建列表(C)...
超链接(H)...
查阅(L)...

图 4-9　快捷菜单

3. 单元格内容的移动和复制

实现单元格内容的移动和复制有两大类方法：一是利用剪贴板；二是利用鼠标拖动。Excel 2003 的剪贴板可以显示最近 24 次剪切或复制的内容。

(1) 利用剪贴板实现单元格内容的移动或复制的操作步骤如下。

① 选定被复制或移动的区域。

② 若是复制操作，单击“复制”按钮；若是移动操作，单击“剪切”按钮，此时可以看到选中区域的边框变为虚框。

③ 将鼠标移至要复制或移动的新位置，在单元格上单击鼠标。

④ 单击“粘贴”按钮或单击剪贴板列表框中最后一次剪贴内容的图标。

(2) 利用鼠标拖动实现单元格内容的移动和复制的操作步骤如下。

① 选定被复制或移动的区域。

② 移动鼠标至选定区域边框线上(鼠标形状变为四向箭头)。

③ 直接按住鼠标，拖动到目标区域，便实现了移动操作；若同时按住 Ctrl 键进行拖动(到了目标区域先释放鼠标)，则实现了复制操作。

4. 插入、删除单元格

在对工作表的编辑中，插入、删除单元格是经常的操作。插入单元格时，现有的单元格将发生移动，给新的单元格让出位置；删除单元格时，周围的单元格会移动来填充空格。

1) 插入、删除单元格(或区域)

首先选定要插入或删除的单元格(或区域)，然后执行“插入”菜单中的“单元格”命令，或“编辑”菜单中的“删除”命令，打开“插入”对话框或“删除”对话框，如图 4-10(a)、(b)所示，选中 4 个单选按钮之一，最后单击“确定”按钮，工作表将按选项中的要求插入或删除单元格。

2) 插入行或列

先选定要插入新行的下一行或新列的右一列，然后执行“插入”菜单中的“行”或“列”命令，或右键快捷菜单中的“插入”命令，即可在所选行的上方插入一行或所选列的左边插入一列。

3) 删除行或列

先选定要删除的行或列，然后执行“编辑”菜单中的“删除”命令，或快捷菜单中的“删

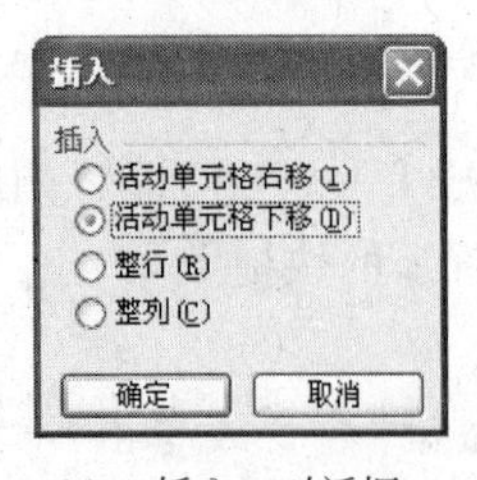

(a) “插入”对话框

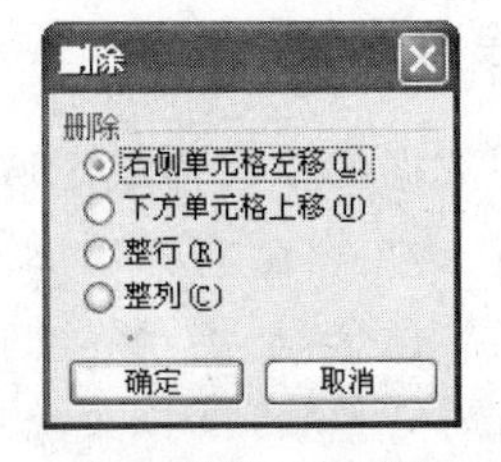

(b) “删除”对话框

图 4-10 插入或删除单元格

除”命令，即可删除选定的行或列。

5. 查找和替换单元格内容

使用查找与替换功能可以在工作表中快速定位用户要找的信息，并且能有选择地用其他数据来替代它们。

在进行查找、替换操作之前，首先要明确搜索范围。若选定一个单元格区域，则只在该区域内进行搜索，因此要对当前工作表进行搜索，就不要选择任何单元格区域。

1）查找功能

执行“编辑”菜单中的“查找”命令，显示“查找和替换”对话框，如图 4-11 所示。

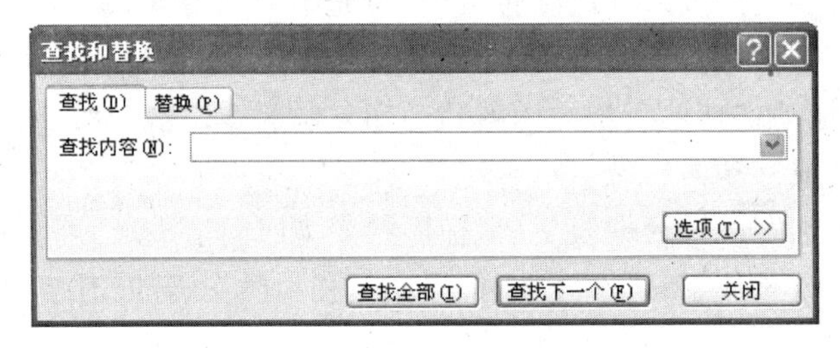

图 4-11 “查找”选项卡

输入查找内容，然后单击“查找下一个”按钮，当前单元格定位在第一个满足条件的单元格上，重复以上动作，可查找到所有满足条件的单元格。单击“查找全部”按钮，则在对话框下方自动生成一张列表，显示出所有满足条件的单元格。

2）替换

执行“编辑”菜单中的“替换”命令，显示的“查找和替换”对话框如图 4-12 所示。

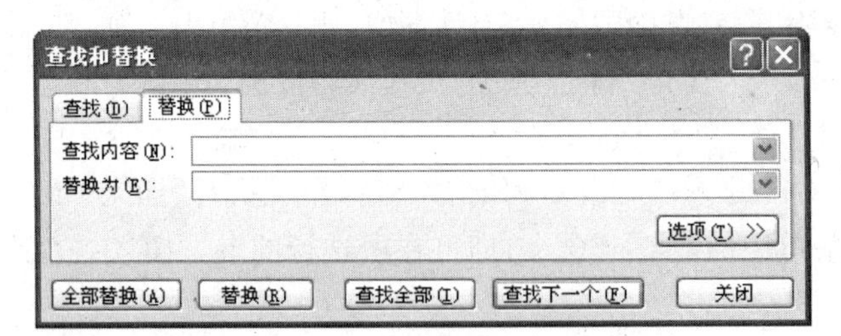

图 4-12 “替换”选项卡

输入查找内容以及替换值，单击“查找下一个”，找到满足查找条件的单元格后，若要替换则单击“替换”按钮，否则单击“查找下一个”按钮，如此重复，便可根据用户的需要，进行有选择地替换。单击“全部替换”按钮，则一次性地替换所有满足条件的单元格。

当用户需要进行查找或替换操作时，如果不能确定完整的查找数据，可以使用通配符问号(?)或者星号(*)来代替不确定部分的信息。问号只代表一个字符，而星号可代表一个或多个字符。如在查找内容输入“中*”，则能够查找到所有以“中”开头的数据。

4.2.3 工作表的操作

一个工作簿中最多可以包含255个工作表。本节将介绍工作表的操作。

1. 工作表的插入、删除、移动、复制和重命名

在对工作表进行操作时，首先单击工作表标签激活工作表，然后根据要求进行以下操作：

(1) 单击“插入”菜单，选择“工作表”命令，可以插入一个新的工作表。

(2) 单击“编辑”菜单，选择“删除工作表”命令，则删除当前工作表。

(3) 单击“编辑”菜单，选择“移动或复制工作表”命令，在弹出的“移动或复制工作表”对话框中选择要移动的工作簿和插入位置，单击“确定”按钮。用户如要复制工作表，只要在对话框中选中“建立副本”复选框即可。

(4) 单击工作表标签，选择当前工作表。然后，单击“格式”菜单中“工作表”子菜单的“重命名”命令，此时，工作表名称处于编辑状态，输入新工作表名称并按Enter键确认，即可实现工作表重命名；或双击打开工作表标签，文字呈反白显示时直接输入新的名称。

提示：可以通过Ctrl、Shift键结合鼠标，选择多个工作表，一次对多个表进行删除、移动和复制。也可以通过鼠标拖动操作实现工作表的移动和复制。

2. 工作表的拆分、冻结和窗口缩放

拆分工作表窗口和冻结工作表是两个非常相似的功能。

拆分工作表窗口是把工作表当前活动窗口拆分成窗格，并且在每个被拆分的窗格中都可通过滚动条来显示工作表的每一个部分。所以，拆分窗口是为了在一个文档窗口中查看、编辑工作表不同部分的内容。

冻结工作表是将活动工作表的上窗口、左窗口进行冻结，通常是冻结表格的行标题和列标题，这样不会因为当前单元格向下或向右移动时，而看不到行标题或列标题。

1) 拆分窗口

选定一单元格，单击“窗口”菜单，选择“拆分”命令，此时屏幕上将出现4个窗口；也可以双击或拖动垂直滚动条顶部或水平滚动条右侧的拆分按钮。

撤销拆分窗口只要选择“窗口”菜单中的“撤销拆分窗口”命令即可；也可以双击或拖动拆分条撤销拆分窗口。

2）冻结窗口

选定表格数据区（除行、列标题外）的左上角单元格，然后执行“窗口”菜单中的“冻结窗格”命令，此时在活动单元格上边出现一条水平实线，在左边出现一条垂直实线，水平线上方（列标题区）被冻结，不会受垂直滚动的影响，而垂直线左边（行标题区）也被冻结，不受水平滚动的影响，如图 4-13 所示。

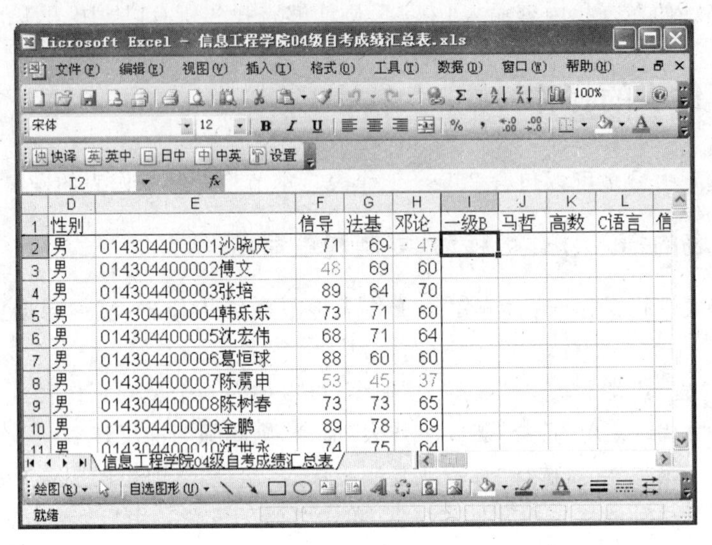

图 4-13　冻结窗口

3）缩放窗口

默认情况下，Excel 以 100％的比例显示工作表，用户可以改变显示比例，以满足不同需求。“常用”工具栏右边的“显示比例”为 100％，单击下拉箭头，选择所要求的比例，用户也可以直接输入一个百分数。

4.3　Excel 2003 公式和函数的使用

公式与函数作为 Excel 的重要组成部分，有着很强的计算功能，为用户分析与处理工作表中的数据提供了很大方便。公式是在工作表中对数据进行计算的式子，它可以对工作表数值进行加、减、乘、除等运算。对于一些特殊运算，无法直接利用公式来实现，可以使用 Excel 内置的函数来求解。

在利用公式函数进行计算时，经常用到单元格或单元格区域，本节主要讨论公式和常用函数的使用方法。

4.3.1　创建公式

在 Excel 公式中，运算符可以分为以下 4 种类型。

(1) 算术运算符：+(加)、-(减)、*(乘)、/(除)、%(百分比)、^(指数)。

(2) 比较运算符：=(等于)、>(大于)、<(小于)、>=(大于等于)、<=(小于等于)。

(3) 字符运算符：&(连接)。

(4) 引用运算符：:(冒号)、,(逗号)、空格。

要创建一个公式，首先需要选定一个单元格，输入一个等于号“=”，然后在其后输入公式的内容，按 Enter 键就可以按公式计算得出结果。

例 4-1 如图 4-14 所示，统计生产进度情况，操作步骤如下。

(1) 选定单元格 B7。

(2) 输入“=”。

(3) 输入公式“B3+B4+B5+B6”。

(4) 按 Enter 键。

计算结果显示在单元格 B7 中，而公式显示在编辑栏上。若需修改公式，可在编辑栏中进行，方法同编辑字符串。

(5) 选定单元格 B7。

(6) 将填充柄拖至 E7 单元格并释放。

此时 B7 的公式填入 C7～E7 单元格。注意 C7～E7 单元格的公式并不相同，如 C7 单元格的公式为 C3+C4+C5+C6。

用同样的方法可以实现按行求和。

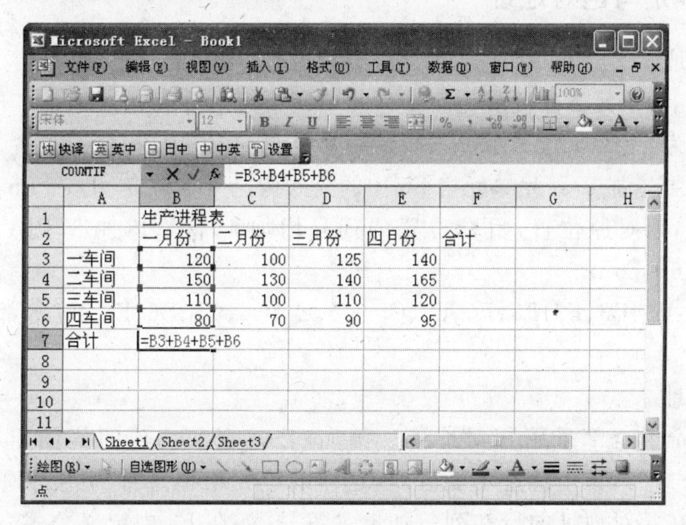

图 4-14 生产进度表

4.3.2 单元格的引用

单元格引用就是标识工作表上的单元格或单元格区域，指明公式中所使用的数据的位置。在 Excel 中，可以引用同一工作表不同部分的数据、同一工作簿不同工作表的数据，甚至不同工作簿的单元格数据。

1. 3个引用运算符

(1) :(冒号)——区域运算符，如B2:F5表示B2单元格到F5单元格矩形区域内的所有单元格。

(2) ,(逗号)——联合运算符，将多个引用合并为一个引用，如SUM(B5:B15,D4:D12)，表示B5～B15以及D4～D12所有单元格求和(SUM是求和函数)。

(3) 空格——交叉运算符，如SUM(B5:B15 A7:D7)两区域交叉单元格之和，即B7。

2. 单元格或单元格区域引用一般式

单元格或单元格区域引用的一般式如下：

工作表名! 单元格引用 或 [工作簿名]工作表名! 单元格引用

在引用同一工作簿单元格时，工作簿可以省略；在引用同一工作表时，工作表可以省略。

例 4-2　=E12+5

——引用了同一工作表的E12单元格

=Sheet2!A2+Sheet3!A2

——引用了工作表Sheet2的A2单元格和工作表Sheet3的A2单元格

3. 相对地址与绝对地址

1) 相对地址

随公式复制的单元格位置变化而变化的单元格地址称为相对地址。例如，在单元格F3中定义公式为"=B3+C3+D3+E3"，将F3复制到F5中，相对原位置，目标位置的列号不变，而行号要增加2，因此单元格F5中的公式为"=B5+C5+D5+E5"；若把F3中的公式复制到G6，相对原位置，目标位置的列号增加1，行号增加3，则G6中的公式为"=C6+D6+E6+F6"。

上例中B3、C3、D3、E3、F3、F5、B5、C5、D5、E5、G6、C6、D6、E6、F6等都是相对地址的引用。

2) 绝对地址

有时并不希望全部采用相对地址。例如，公式中某一项的值固定存放在某单元格中，在复制公式时，该项地址不能改变，这样的单元格地址称为绝对地址。绝对地址的表示方式是在相对地址的行和列前加上$符号，如在F3中定义公式"=$B$3+$C$3+$D$3+$E$3"，然后将F3中的公式复制到F5单元格，则F5单元格的值与F3相同，原因是绝对地址在公式复制时，不会随单元格的不同而变化，这一点与相对地址截然不同。

3) 混合地址

如仅在列号前加$符号或仅在行号前加$符号，表示混合地址。若单元格F4中的公式为"=$C$4+D$4+$E4"，复制到G5，则G5中公式为"=$C$4+E$4+$E5"。公式中,C4 不变,D4 变成 E4(列号变化),E4 变成 E5(行号变化)。

4.3.3 函数

在 Excel 中函数是预定义的内置公式,它使用被称为参数的特定数值,按照语法所列的特定顺序进行计算。Excel 提供了大量的函数,可以实现数值统计、逻辑判断、财务计算、工程分析、数字计算等功能。

Excel 函数的使用非常简单,下面介绍行、列数据自动求和与粘贴函数的使用方法。

1. 行和列数据自动求和

在 Excel 中经常进行的工作是合计行和列中的数据,虽然可按前面例子中的方法求和,但 Excel 提供了一条更方便的途径,即“常用”工具栏中的“自动求和”按钮 Σ,利用自动求和按钮求和的方法是:选定求和区域并在下方或右方留有一空行或空列,然后单击“自动求和”按钮,便会在空行或空列上求出对应列或行的合计值。

在如图 4-14 所示的例子中,可以首先选择区域 B3:B6,然后单击自动求和按钮。检查一下可发现合计单元格中自动生成了公式,如 B7 单元格为“=SUM(B3:B6)”。

2. 粘贴函数

首先选定要生成函数的单元格,然后单击编辑栏左侧的“插入函数”按钮 f_x,打开“插入函数”对话框,如图 4-15 所示。

选择函数(如 AVERAGE)后,打开“函数参数”对话框,如图 4-16 所示,在 Number1、Number2 文本框中输入单元格区域或单击“拾取”按钮选择单元格区域(再次单击“拾取”按钮返回“函数参数”对话框),最后单击“确定”按钮即可。

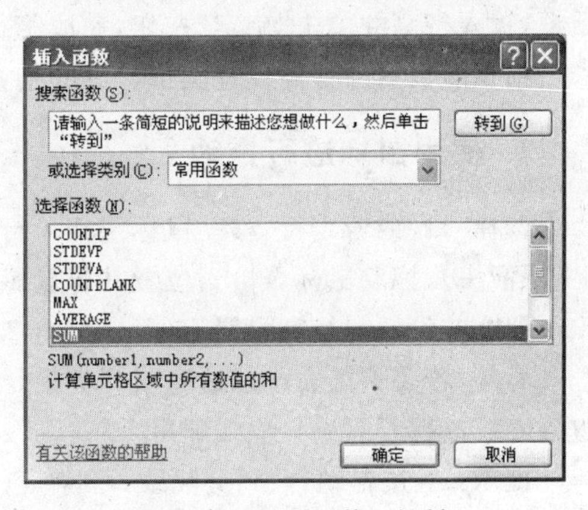

图 4-15 “插入函数”对话框

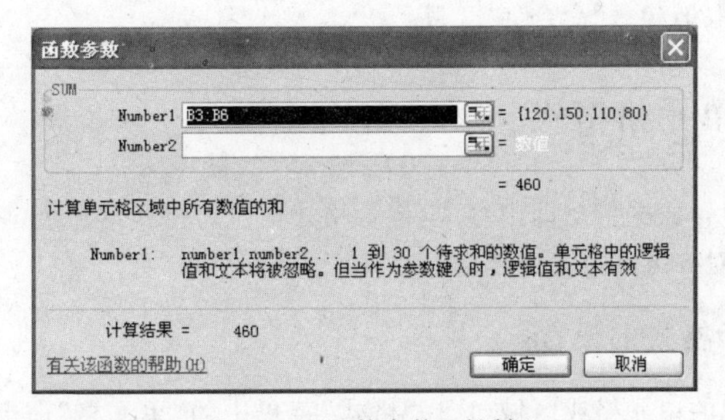

图 4-16 “函数参数”对话框

4.4 Excel 2003 工作表格式化

建立了工作表不等于完成了所有的工作，用户必须对工作表布局进行调整，对数据进行格式化，才能形成一张清晰、美观的表格。本节介绍如何对工作表中的数据进行格式化以及设置工作表的列宽、行高，自动套用格式等操作。

4.4.1 设置工作表列宽和行高

Excel 单元格大小默认值是行高为 14.25、列宽为 8.38，当输入的文字或数字超过行高、列宽时，单元格就不能完整地显示单元格内容，有时甚至会显示"######"以示内容已超过宽度。这时就需要调整单元格的行高和列宽。

1. 通过菜单命令设置行高和列宽

选定一行或若干行，选择"格式"菜单中的"行"命令，从中选择"行高"，显示"行高"对话框，输入行高并单击"确定"按钮，完成了行高的设置。

列宽的设置与行高设置类似，选择"格式"菜单中的"列"命令，从中选择"列宽"设置。

2. 使用鼠标进行拖动

选择一行或若干行，移动鼠标至任一行号下方的分隔线上(此时鼠标指针形状改变成上、下箭头)，拖动鼠标至恰当位置并释放鼠标，则选定的行都以此设定的高度为准。

列宽的设置与行高设置相似。

另外，若要调整大小以适合该列中最长输入项或该行中最大号字体高度，双击列标右边分隔线或行号下方分隔线即可。

提示：通过拖动行、列分隔线，可隐藏行或列，这样就不会打印出被隐藏的行或列的内容。事后选择被隐藏行(列)的上、下两行(左右两行)，在"格式"菜单中选择"行"命令("列"命令)中的"取消隐藏"命令。

4.4.2 设置单元格格式

单元格不仅包含数据信息即内容，也包含格式信息。格式信息决定着显示的方式，如字体、大小、颜色、对齐方式等。

1. 数字显示格式的设置

选定要格式化的单元格或区域，选择"格式"菜单中的"单元格"命令，屏幕上显示"单元格格式"对话框，切换到"数字"选项卡，此时屏幕如图 4-17 所示。

在"分类"列表框中，选择所需要的格式类型，最后单击"确定"按钮。

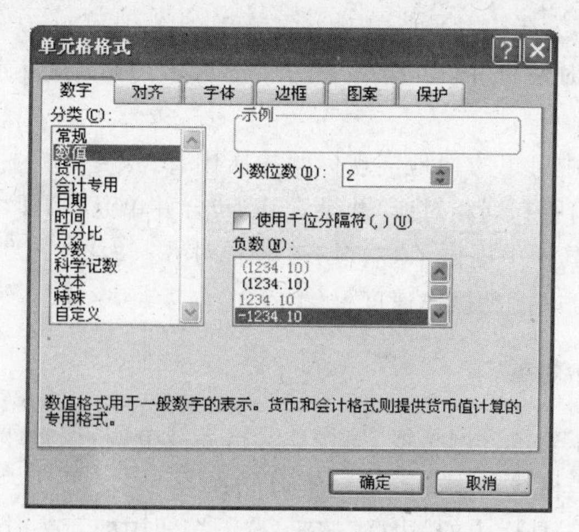

图 4-17 “单元格格式”对话框

在工作表中，如果不显示“0”值，使表格看起来较清洁，可以选择“工具”菜单中的“选项”命令。打开“选项”对话框，切换到“视图”选项卡，如图 4-18 所示。不选“零值”选项，则单元格数值为“0”时不显示。

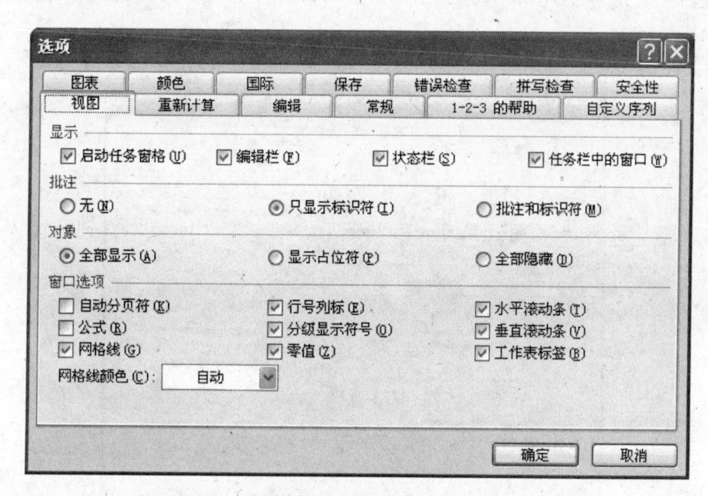

图 4-18 “选项”对话框中的“视图”选项卡

注意：日期时间是作序数看待的，所以日期时间格式在“数字”选项卡中设置。

2. 字体、大小、颜色、修饰的调整

在“单元格格式”对话框中，切换到“字体”选项卡，可以设定选定单元格或区域的字体、字号、颜色等特性(“格式”工具栏也可设定字体、字号等)。

切换到“图案”选项卡，可以设定单元格底纹和图案。

3. 对齐方式的设置

默认情况下，在单元格中，数字是右对齐，而文字是左对齐。在制表时，往往要改变这

一默认格式，如设置其为居中、跨列居中等。

在“单元格格式”对话框中，切换到“对齐”选项卡，可以设置水平对齐、垂直对齐方式等。

合并单元格并居中可以方便地实现标题的居中，方法是选定标题所在行的连续单元格（应与表格所占用的所有列相对应）并设置其为“合并单元格”即可。

注意：“格式”工具栏中提供了“左对齐”、“右对齐”、“居中”、“合并及居中”4 个常用工具按钮，使用按钮可以提高操作速度。

4. 表格边框的设置

默认情况下，工作表包含网格线，使得单元格界线分明，但打印工作表时，网格线并不打印出来，要想打印表格线必须为表格设置边框。

(1) 使用“格式”工具栏中的“边框”按钮，按下按钮中的箭头时，将出现多种边框格式供选择。

(2) 打开“单元格格式”对话框，切换到“边框”选项卡，如图 4-19 所示，此时可以选择不同的线条和颜色及左、右、上、下边框和外边框。

提示：外边框是指单元格区域的边框，左、右、上、下边框可单独设置指定的单元格或单元格区域的边框属性。

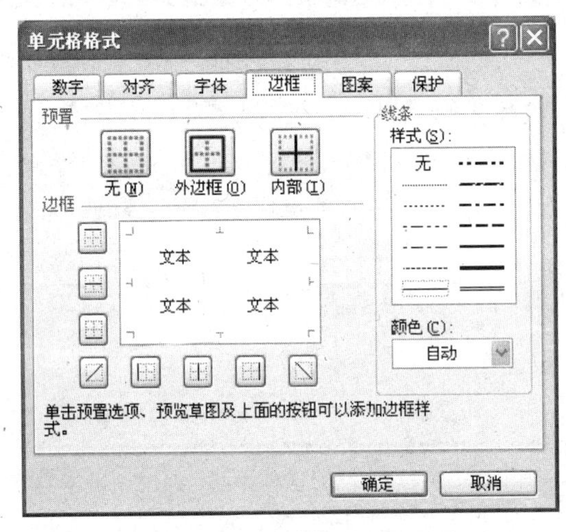

图 4-19 单元格边框设置

5. 格式的复制与删除

1) 格式的复制

把工作表中单元格或区域的格式复制到另一单元格或区域，可使用“常用”工具栏中的“格式刷”按钮。首先选定格式样式单元格或区域，单击“格式刷”按钮，然后选取目标单元格或区域即可。复制格式也可利用“编辑”菜单下的“复制”子菜单中的“选择性粘贴”命令来完成。

2）格式的删除

格式的删除可用“编辑”菜单中的“清除”子菜单中的“格式”命令完成。格式被删除后，实际上仍然保留着数据的默认格式——文字左对齐、数字右对齐的方式。

注意：日期型格式被消除格式后，成为数字。

4.4.3 自动套用表格格式

Excel 提供了许多的表格样式，用户可用其格式化自己的表格，从而提高工作效率。

操作方法是选择“格式”菜单中的“自动套用格式”命令，在打开的“自动套用格式”对话框中(见图 4-20)选择满意的样式，然后单击“确定”按钮。

提示：可单击“选项”按钮，打开“要应用的格式”框，有选择地套用格式，如只套用数字、字体、边框格式而不套用图案、对齐方式等。

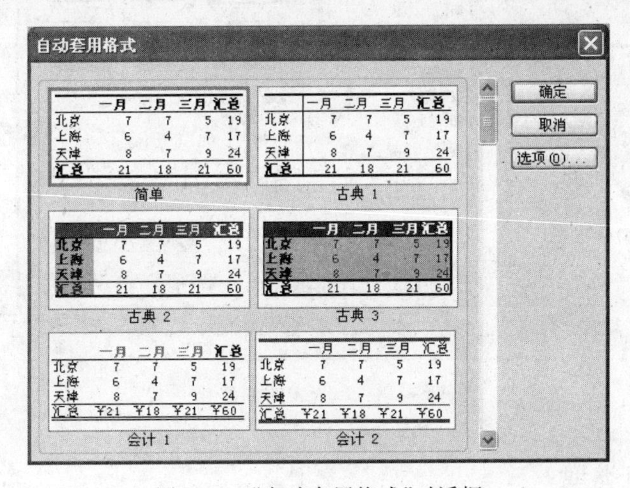

图 4-20 “自动套用格式”对话框

4.5 Excel 2003 数据的图表化

在处理电子表格时，要对大量烦琐的数据进行分析和研究，有时需要利用图形方式再现数据变动和发展趋势。Excel 提供了强有力的图表处理功能，使得用户很快就可得到所要的图表。本节将介绍如何创建图表以及对图表的修改。

4.5.1 创建图表

创建图表可以使用“插入”菜单中的“图表”命令，或单击“常用”工具栏中的“图表向导”按钮，下面介绍创建图表的步骤(以图 4-14 所示的“生产进度表”为例)。

1. 在工作表上选取图表的数据区

可以选取一行或一列数据，也可选取连续或不连续的数据区域，但一般包括列标题和行标题，以便文字标注在图表上。本例中，选取 A2:E6 区域。

2. 启动图表向导

单击工具栏上的“图表向导”按钮，如图 4-21 所示。

图 4-21　图表的创建

3. 选择图表类型

在“图表向导-4 步骤之 1-图表类型”对话框中，选择“图表类型”及“子图表类型”，本例中选择“柱形图”中的“簇状柱形图”，然后单击“下一步”按钮。

4. 确认数据源

在“图表向导-4 步骤之 2”对话框中，可重新选择数据源并可设定系列产生在列上还是行上。本例中只需单击“下一步”按钮，不进行任何修改。

5. 设置图表选项

在“图表向导-4 步骤之 3”对话框中，可设置图表标题、X 轴标题、Y 轴标题及图例位置等。本例中只要单击“下一步”按钮即可。

6. 选择工作表类型

在“图表向导-4 步骤之 4”对话框中，可选择作为新工作表插入工作簿，或是嵌入现有工作表中,本例中选择后者,并单击“完成”按钮,这样就创建了图表,如图 4-22 所示。

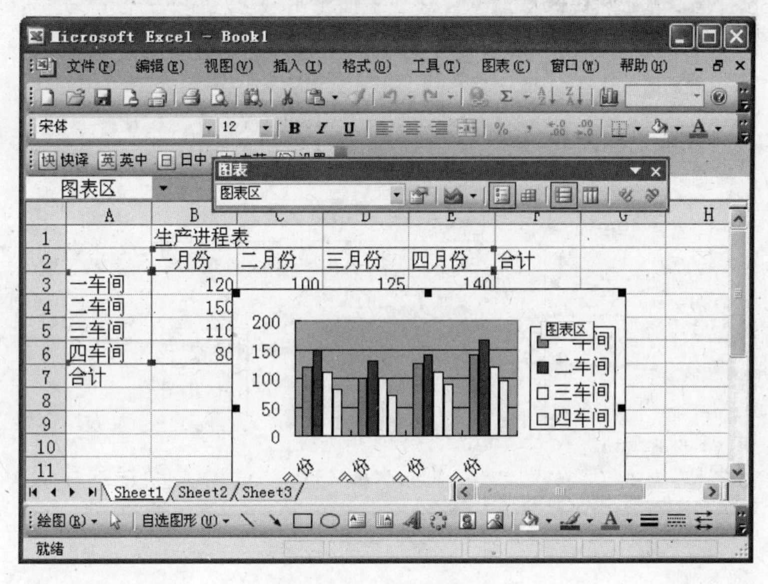

图 4-22　图表示例

4.5.2　图表的修改

在 Excel 中,图表可以看做一个完整对象,因此可以对它进行移动、复制和删除等操作。同时,图表又是由图表区、图形区、数字系列、坐标轴、分类标记、标题、数据标记、网格线、图例、箭头和趋势线等图标选项组成,每一个图标选项都可以进行编辑,从而完成对图表的修改。另外,图表与对应的表格数据是互动的,即表格的值变了,图表自动改变,反之亦然。

1. 图表的缩放、移动、复制和删除

对于嵌入式图表,首先单击图表空白区域,这时图表边界四周出现 8 个控点表示已选定。拖曳控点,可使图表缩小或放大;拖曳图表的任一部分,可使图表在工作表中移动;使用剪贴板可以复制图表;按 Del 键可删除图表。

对于独立图表的移动和删除实际就是移动和删除图表所在的工作表。

2. 图表类型的修改

一般在建立图表时,就选择了图表的类型,但是,如果该类型的图表不能很好地表示工作表中的数据,即可对其进行修改。下面用一个具体的例子来说明怎样修改图表类型。将图 4-22 所示的柱形图改为图 4-23 所示的饼图,操作步骤如下。

(1) 选择图表。

(2) 执行“图表”菜单中的“图表类型”命令,显示类似图 4-21 所示的选择图表类

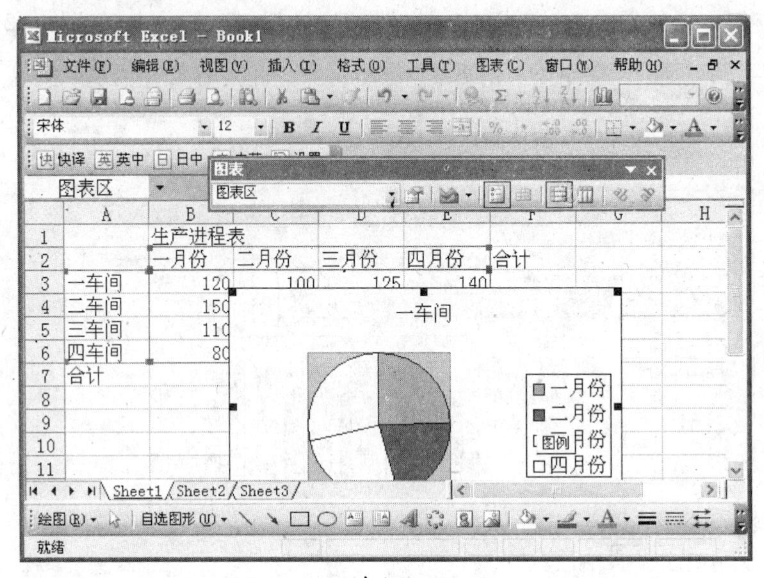

图 4-23 饼图示例

型对话框,在“图表类型”中选择饼图,在“子图表类型”中选择三维饼图,并单击“确定”按钮。

注意:只有选择了图表,菜单中才会出现“图表”菜单。用户也可以用快捷菜单、图表工具栏来修改图表类型。

(3) 添加或删除图表中的数据序列。一种方法是直接在图表上进行鼠标操作。如图 4-22 所示,删除“四车间”数据,操作方法是单击任一月份四车间柱形条,这时“四车间”每月柱形条上都显示一个方块,表示已选定,按 Del 键,便可删除“四车间”数据序列。反之,选定单元格区域 A6:E6,然后拖放到图表区域,便恢复成原来图表样式即增加了“四车间”数据序列。另一种方法是执行“图表”菜单中的“源数据”命令,在打开的“源数据”对话框中,切换到“系列”选项卡,进行添加和删除数据序列。

(4) 图标选项的加入与编辑。在图表中可以加入标题、坐标名称、网格线、趋势线等,对已有的图标选项进行编辑,只要选中图标选项就可以进行移动、修改和删除。对于文字信息还可以进行字体、字大小、颜色等设置。

例 4-3 给如图 4-22 所示的图表加标题“生产进程表”,设置其字体为黑体,大小为 14 号字。

操作步骤如下。

(1) 选中图表。

(2) 执行“图表”菜单中的“图表选项”命令。

(3) 在“标题”选项卡中的“图表标题”位置上输入“生产进程表”。

(4) 选中标题,右击,在弹出的快捷菜单中执行“图表标题格式”命令。

(5) 在如图 4-24 所示的“图表标题格式”对话框中,选取黑体 14 号字。

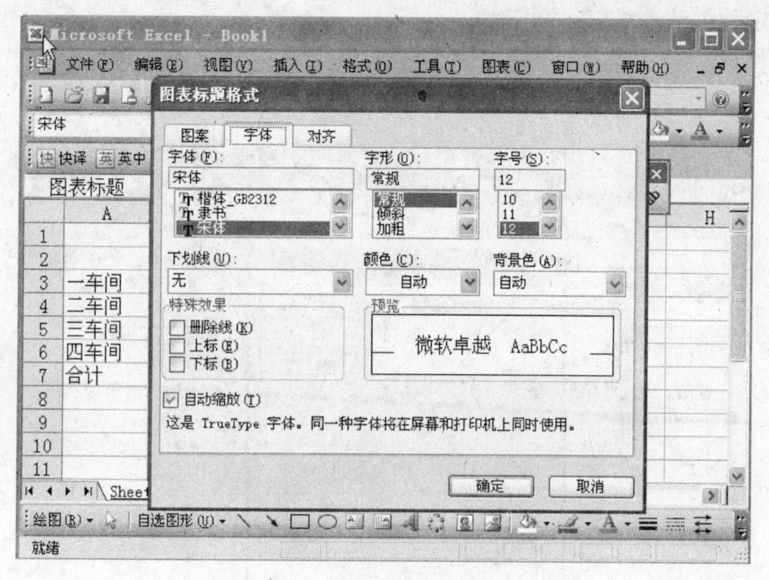

图 4-24 “图表标题格式”对话框

4.6 Excel 2003 的数据管理与分析

Excel 不仅提供了制表、制图、计算功能，还提供了数据管理功能，如排序、筛选、汇总方面的功能，特别是提供了数据透视和数据分析功能。

4.6.1 数据清单

为了实现数据管理与分析，Excel 要求数据必须按数据清单格式来组织，图 4-25 是一个典型的数据清单，它满足以下数据清单的准则。

(1) 每列应包含相同类型的数据，列表首行或首两行由字符串组成，而且每一列均不相同，称之为字段名。

(2) 每行应包含一组相关的数据，称为记录。

(3) 列表中不允许出现空行、空列(空行、空列用于区分数据清单区与其他数据区)。

(4) 单元格内容开头不要加无意义的空格。

(5) 每个数据清单最好占一张工作表。

4.6.2 数据清单的编辑

数据清单可以像普通表格一样进行增加、删除、修改记录操作。也可以利用“数据”菜单中的“记录单”命令进行维护。

增加记录的操作步骤如下。

(1) 选定数据清单中任一单元格。

(2) 选择“数据”菜单中的“记录单”命令,屏幕上会显示如图 4-25 所示的“题目”对话框。

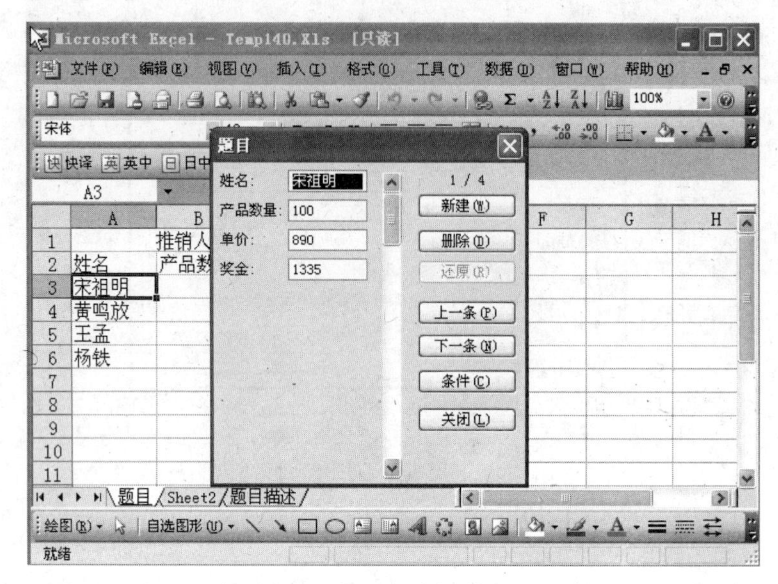

图 4-25 数据清单及“题目”对话框

(3) 单击“新建”按钮,即可实现增加记录的功能。

同样,单击“删除”按钮,可以删除当前显示在对话框中的记录。也可以单击“上一条”、“下一条”或“条件”按钮,定位其他记录。

4.6.3 数据排序

排序是将数据清单中的记录按某些值的大小重新排列记录次序,一次排序最多可以选择 3 个关键字:“主要关键字”、“次要关键字”、“第三关键字”。它们的含义是:首先按“主要关键字”排序,当“主要关键字”相等时,检查“次要关键字”大小,若“次要关键字”相等,则检查“第三关键字”大小,从而决定记录的排序次序。另外,每种关键字都可以选择是按“升序”或“降序”排列。下面是将图 4-25 所示数据清单按“姓名”递增,“产品数量”、“单价”递减排序为例说明排序的操作步骤。

(1) 选定数据清单中任一单元格。

(2) 执行“数据”菜单中的“排序”命令,出现如图 4-26 所示的对话框。

对数据排序,除了使用“排序”命令外,还可以利用工具栏上的两个排序按钮:“升序”或“降序”按钮。

没有命令能恢复数据清单原来的次序,要想恢复可以在排序前复制一个工作表副本,以便日后恢复(当然在排序时,可以撤销排序,恢复原有次序)。

图 4-26 “排序”对话框

4.6.4 数据筛选

筛选功能可以只显示当数据清单中符合筛选条件的行，而隐藏其他行。下面以实例来说明数据筛选的操作方法。在如图 4-25 所示的数据清单中显示产品数量在 80 以上，奖金在 2000 元以上的记录。

操作步骤如下。

(1) 选定数据清单中任一单元格。

(2) 执行“数据”菜单的“筛选”子菜单中的“自动筛选”命令。此时，数据列表的每一字段名右边显示出下拉按钮。

(3) 单击“产品数量”右边下拉按钮，显示出下拉列表框，从中选择“自定义”项，显示如图 4-27 所示的对话框。在“产品数量”选项组中左边下拉列表框中选择“大于或等于”项，在右边框中直接输入 80，单击“确定”按钮。

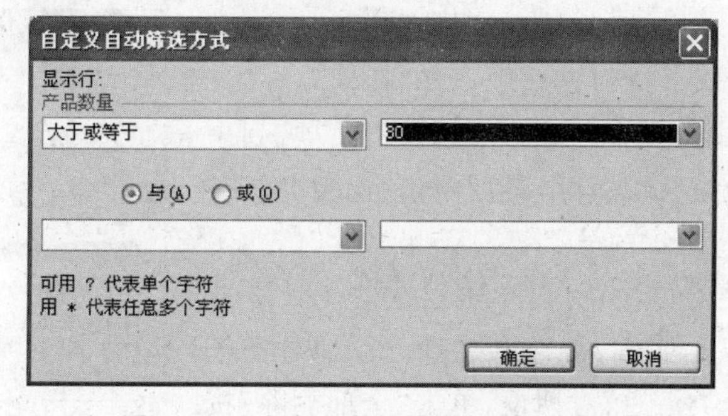

图 4-27 “自定义自动筛选方式”对话框

(4) 以同样的方法，筛选奖金在 2000 元以上的记录。

在多个字段上加上筛选条件，显示的筛选结果是同时满足这些字段的筛选条件的记录，如图 4-28 所示的筛选结果就是产品数量在 80 以上，同时奖金在 2000 元以上的记录。

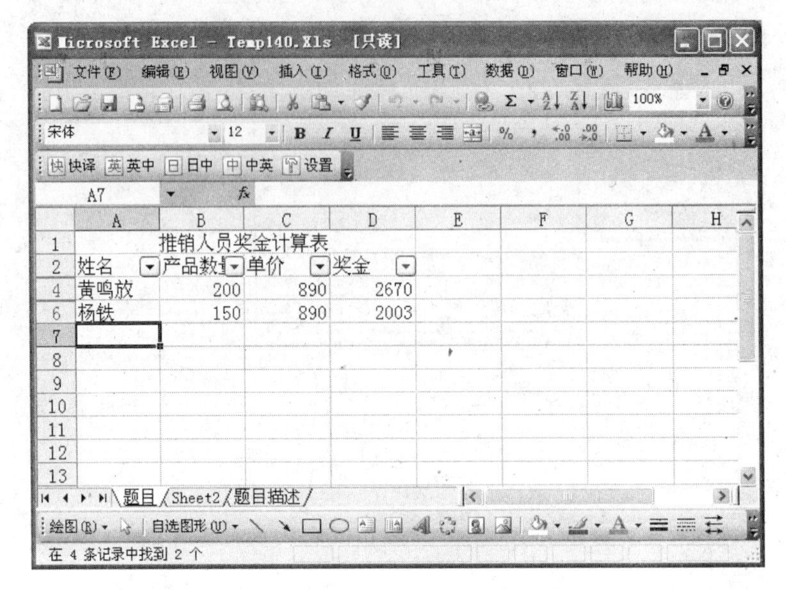

图 4-28　筛选结果

要取消筛选，只要执行“数据”菜单的“筛选”子菜单中的“自动筛选”命令(去除“自动筛选”菜单的√)即可。

4.6.5　数据的分类汇总

对数据进行分类汇总，是 Excel 提供的基本数据分析方法，下面介绍分类汇总的使用方法。

按商品名称分类汇总“单价”、“数量”、“总计”情况，操作步骤如下。

(1) 首先，要对“商品名称”进行排序(要以“商品名称”进行分类汇总)。

(2) 选定数据清单中任一单元格后，执行“数据”菜单中的“分类汇总”命令，屏幕上显示出如图 4-29 所示的对话框。

(3) 在“分类字段”下拉列表框中选择“地区”，在“汇总方式”下拉列表框中选择“求和”，在“选定汇总项”列表框中选择“单价”、“数量”、“总计”，最后单击“确定”按钮，就可以看到如图 4-30 所示的分类汇总结果。此时，在工作表左边出现了分类的层次，可以单击层次号 1、2、3 或单击“－”、“＋”，以显示明细、汇总和总计。取消分类汇总，只要再次进入“分类汇总”对话框，单击“全部删除”按钮即可。

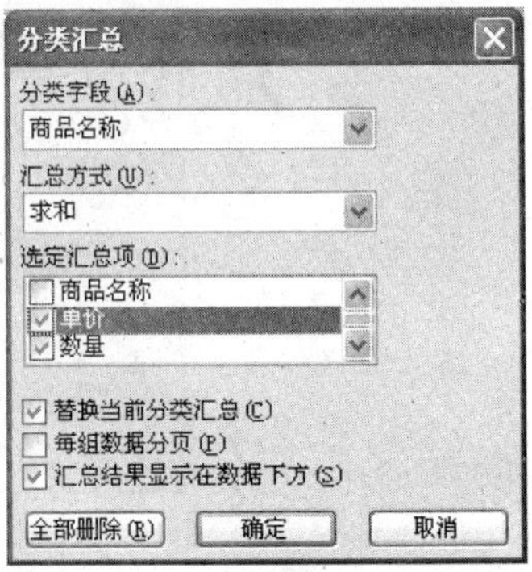

图 4-29　“分类汇总”对话框

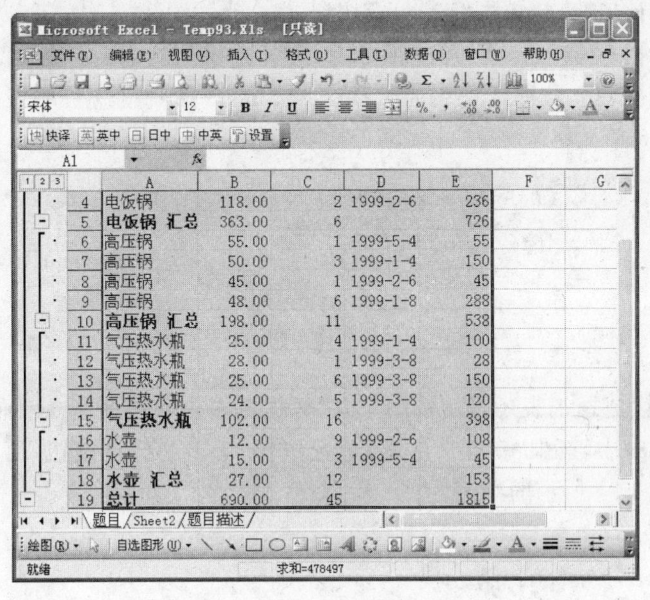

	A	B	C	D	E
4	电饭锅	118.00	2	1999-2-6	236
5	电饭锅 汇总	363.00	6		726
6	高压锅	55.00	1	1999-5-4	55
7	高压锅	50.00	3	1999-1-4	150
8	高压锅	45.00	1	1999-2-6	45
9	高压锅	48.00	6	1999-1-8	288
10	高压锅 汇总	198.00	11		538
11	气压热水瓶	25.00	4	1999-1-4	100
12	气压热水瓶	28.00	1	1999-3-8	28
13	气压热水瓶	25.00	6	1999-3-8	150
14	气压热水瓶	24.00	5	1999-3-8	120
15	气压热水瓶	102.00	16		398
16	水壶	12.00	9	1999-2-6	108
17	水壶	15.00	3	1999-5-4	45
18	水壶 汇总	27.00	12		153
19	总计	690.00	45		1815

图 4-30 “分类汇总”结果

4.6.6 数据透视

Excel 除了提供分类汇总数据统计功能外，还提供了强有力的数据透视功能。数据透视是依据用户的需要，从不同的角度在列表中提取数据，重新拆装组成新的表。它不是简单的数据提取，而是伴随着数据的统计处理。

1. 数据透视表的建立

创建数据透视表，可利用“数据”菜单中的“数据透视表和数据透视图”命令，执行该命令，便可按向导的方式，帮助用户一步步地完成透视表。下面以图 4-25 所示的数据清单为例，建立一张各部门在各地区的销售汇总情况。操作步骤如下。

(1) 执行“数据”菜单中的“数据透视表和数据透视图”命令，显示出如图 4-31 所示的

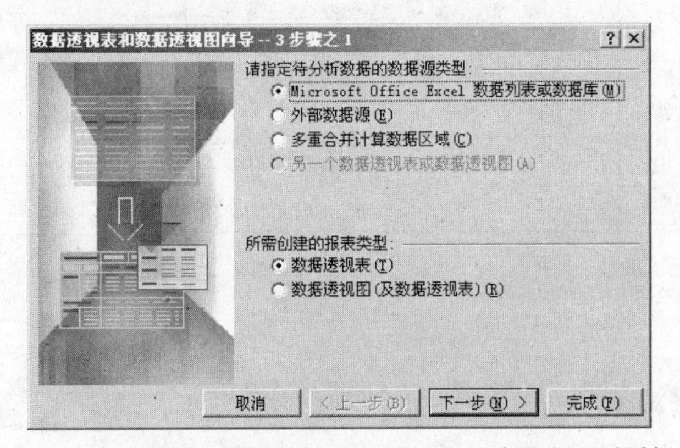

图 4-31 “数据透视表和数据透视图向导--3 步骤之 1”对话框

对话框。采用默认值，直接单击“下一步”按钮。

(2) 确定数据区域，在“数据透视表和数据透视图向导--3 步骤之 2”对话框（见图 4-32）中，输入要建立数据透视表的数据区域 Sheet1!$B$1:$F$15，或在工作表中拖动鼠标选取 B1:F15 单元格区域，单击“下一步”按钮。

图 4-32 “数据透视表和数据透视图向导--3 步骤之 2”对话框

(3) 确定是生成透视表还是透视图。在“数据透视表和数据透视图向导--3 步骤之 3”对话框（见图 4-33）中，选中“新建工作表”单选按钮，单击“完成”按钮，便在新的一张工作表上显示出如图 4-34 所示的画面。

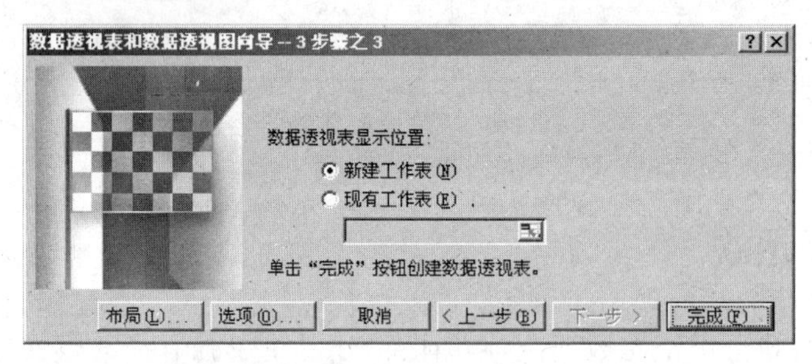

图 4-33 “数据透视表和数据透视图向导--3 步骤之 3”对话框

图 4-34 显示所需透视表

（4）数据透视表工具栏中，将“部门”拖至行字段区，地区拖至列字段区，销售拖至数据区，屏幕上显示出所需要的透视表。

2. 数据透视表和编辑

数据透视表建立后，屏幕自动显示“数据透视表”工具栏，利用该工具栏，可方便地修改数据透视表。

1）字段的调整

从前面操作过程可以看出，数据透视表由行字段区、列字段区、数据字段区和页字段区组成。可以很容易将数据源中的字段拖至不同的区域，从而形成数据透视表。若需修改数据透视表，只需拖动字段到新的位置即可，如将“地区”拖至行字段区，然后再将“部门”拖至列字段区，便形成了如图 4-35 所示的透视表。在页字段“部门”列表框中选择“销售一部”便显示出销售一部在各地区的销售情况。若要删除某字段，只要将该字段拖出表格区任何位置即可。

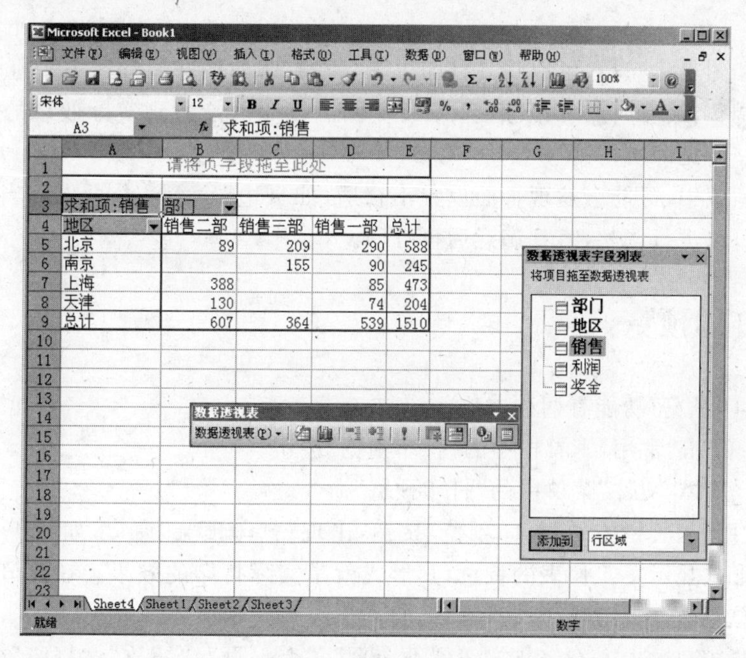

图 4-35　数据透视表

2）数据区字段汇总方式的修改

数据透视不仅可以对字段进行求和，而且可以对其进行计数，求平均值、最大值等。

选择数据区单元格，单击“数据透视表”工具栏上的“字段设置”按钮，显示出如图 4-36 所示的对话框，选择汇总方式并单击“确定”按钮即可。

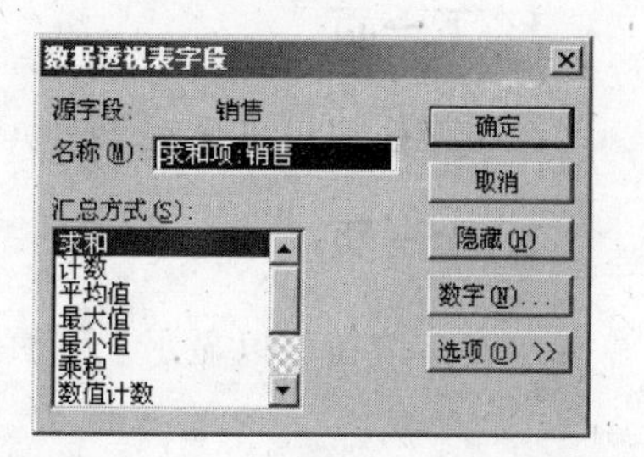

图 4-36　“数据透视表字段”对话框

3）删除数据透视表

删除数据透视表不会影响原数据表，删除数据透视表的方法同删除普通工作表一样。

数据透视表的数据值依赖于数据源的值，但对数据源值进行修改时，数据透视表并不会自动更新，必须执行“数据”菜单中的“刷新数据”命令或单击工具栏上的“刷新数据”按钮 ! 。

提示：数据透视表是用于快速汇总大量数据的交互式数据分析报表，也称为三维表，通常是汇总较多的数据，且对这些数据进行多种比较时使用。在使用中，可以根据不同的汇总要求，将行和列互相交换，以查看对源数据的不同汇总，还可以通过显示不同的页来筛选数据，或者查看所关心的明细数据。

基于数据清单生成数据透视表，数据清单中不能含有分类汇总数据，如果有分类汇总，必须清除分类汇总。

4.7　页面设置和打印操作

工作表和图表建立后，可以将其打印出来。在打印前最好能看到实际的打印效果，以免多次打印调整，浪费时间和纸张。Excel 提供了打印前能看到实际效果的“打印预览”功能，实现了“所见即所得”。

在打印预览中，可能会发现页面设置不合适，如页边距太小、分页不适当等问题。在预览模式下可以进行调整，直到满意后再打印。

4.7.1　打印预览

调用“打印预览”功能有两种方法。

方法一：单击“常用”工具栏中的“打印预览”按钮。

方法二：选择“文件”菜单中的“打印预览”命令。

单击“常用”工具栏中的“打印预览”按钮，出现“打印预览”窗口，如图 4-37 所示。窗口中以整页形式显示了工作表的首页，其形式就是实际打印的效果。在窗口下方显示了当前页号和总页数。

打印预览窗口的上方有一排按钮（“下一页”、“上一页”、“缩放”、“打印”、“设置”、“页边距”、“分页预览/普通视图”及“关闭”），它们的功能分别如下。

1. 下一页

单击该按钮可以显示下一页，若无下一页，则该按钮呈灰色，表示不能使用。

2. 上一页

单击该按钮可以显示上一页，若无上一页，则该按钮呈灰色，表示不能使用。

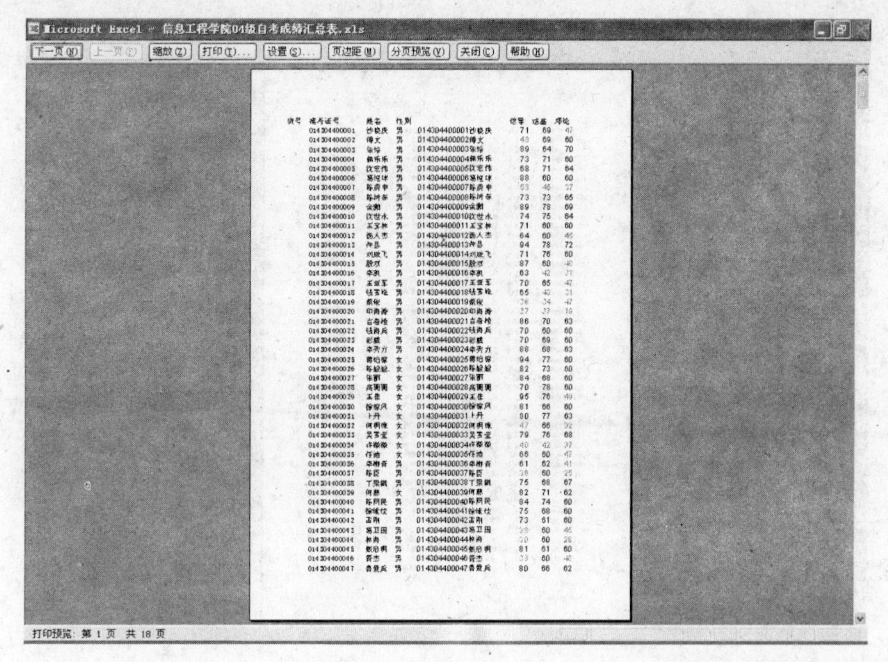

图 4-37 “打印预览”窗口

3. 缩放

窗口中显示工作表整页，因此，其中的细节不清楚。为了观察工作表的细节，可以单击“缩放”按钮，鼠标指针呈放大镜状，将鼠标指针移到预览页面并单击，预览页被放大，通过滚动条可以看到整个预览页的细节。再次单击，又恢复原来的大小。

4. 设置

通过预览窗口的预览页，可能发现页边距不合适，或者需要增加页眉/页脚等问题。此时，可以单击该按钮，在出现的“页面设置”对话框中可以改变页边距，增加/删除页眉/页脚，指定打印纸的规格等。

5. 页边距

单击“页边距”按钮，在页面上出现一些虚线条，它们分别表示左、右、上、下页边位置，如图 4-38 所示。

1) 调整页边距

把光标移到代表页边虚线两端的小黑块(或虚线)上，指针呈双向箭头，沿着箭头方向拖动黑块(或虚线)时相应的虚线就会随之移动，从而达到调整页边距的目的。在页面上端还有一些小黑块，它们表示各列的分界线，拖动它们可以调整各列的打印宽度。

2) 调整页眉/页脚的显示区域的大小

在预览页面的上(下)方有 4 条虚线围起的矩形区域，该区域为页眉/页脚的显示位置。鼠标指针移到该区域边界，拖动时该区域的大小就会随之变化。

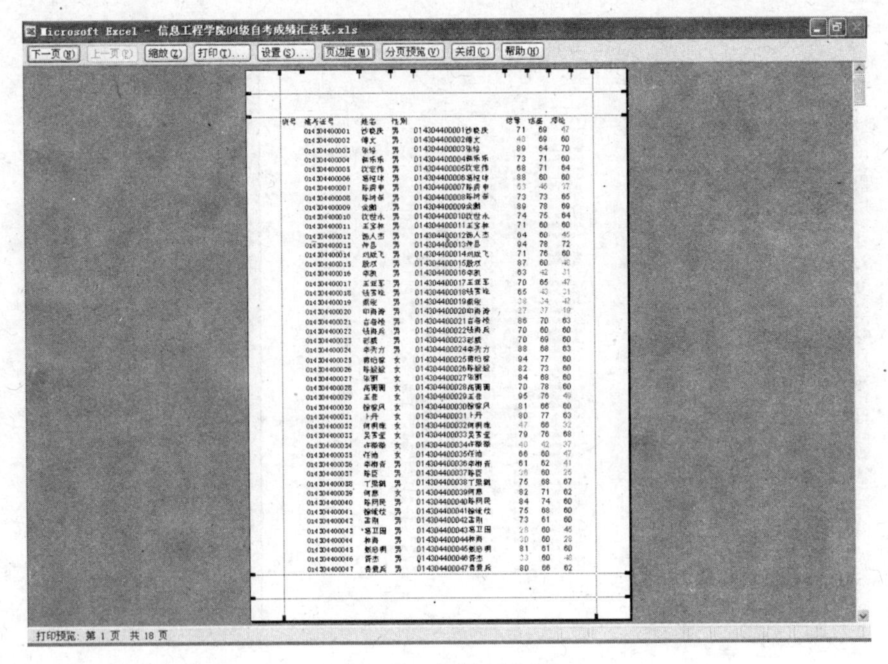

图 4-38 调整页边距

6. 分页预览

"分页预览"功能使工作表的分页变得十分容易。进入分页预览模式后,工作表中分页处用蓝色线条表示,称为分页符。若未设置过分页符,则分页符用虚线表示,否则用实线表示。每页均有"第 X 页"的水印,不仅有水平分页符,还有垂直分页符。

1) 改变分页位置

(1) 单击"分页预览"按钮(或选择"视图"菜单中的"分页预览"命令)进入分页预览模式,如图 4-39 所示。

(2) 鼠标指针移到分页符,指针呈双向箭头,拖动分页符到目标位置,则按新位置分页。

2) 插入分页符

若工作表内容不止一页,系统会自动在其中插入分页符,工作表按此分页打印。有时某些内容需要打印在一页中,例如,一个表格按系统分页将分在两页打印,为了使该表格在一页中打印,可以在该表格开始插入水平分页符,在表格后面也插入水平分页符,这样,表格独占一页。如果插入垂直分页符,则可以控制打印的列数。

(1) 单击分页符插入位置(新页左上角的单元格)。

(2) 选择"插入"菜单中的"分页符"命令。

3) 删除分页符

(1) 单击分页符下的第一行的单元格。

(2) 选择"插入"菜单中的"删除分页符"命令。

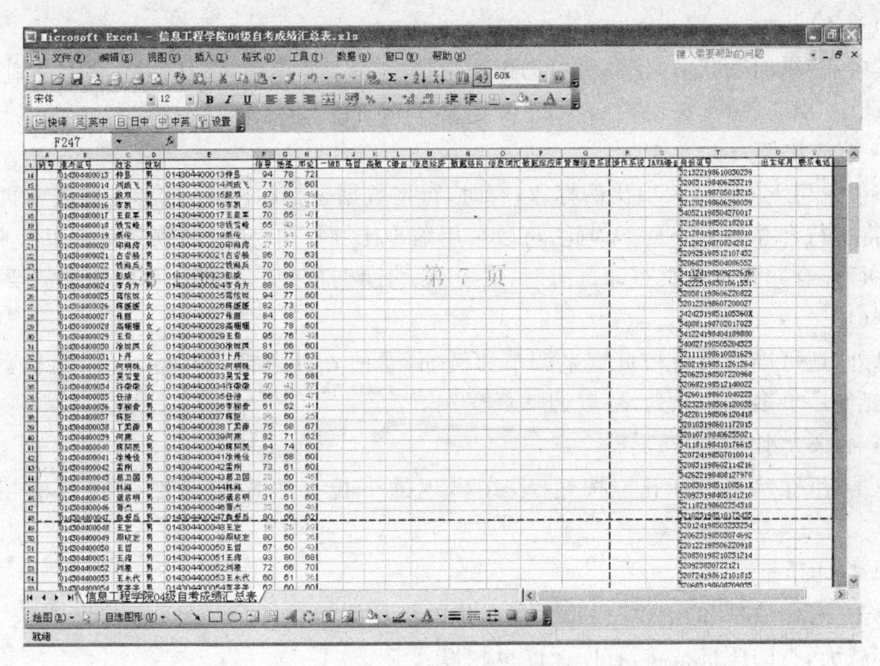

图 4-39 “分页预览”模式

4.7.2 页面设置

在打印预览窗口上方有一“设置”按钮，单击它(或选择“文件”菜单中的“页面设置”命令)，会出现“页面设置”对话框，其中有 4 个选项卡，如图 4-40 所示。

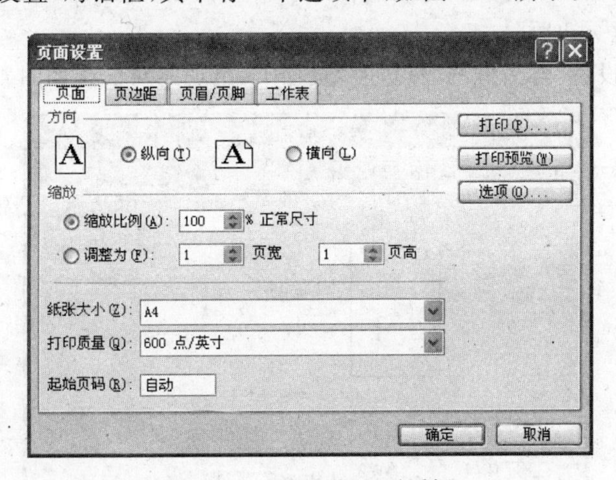

图 4-40 “页面设置”对话框

1. 设置打印格式

切换到“页面”选项卡，如图 4-40 所示。其中各项的含义如下。

1）方向

其中有“纵向”和“横向”两个单选按钮。选中“纵向”单选按钮时，表示从左到右按行打印；选中“横向”单选按钮时，表示将数据旋转90°打印。

2）缩放比例

一般采用100％(1∶1)比例打印，有时，行尾数据未打印出来，或者工作表末页只有1行，应将这行合并到上一页。为此，可以采用缩小比例打印，使行尾数据能打印出来，或使末页一行能合并到上一页打印。有时，需要放大比例打印。在这里，可以根据需要指定缩放比例(10％～400％)。

另外，还可以用页高和页宽来调节。例如，要使一页多打印几行，可以调整页高(如1.1)；要使一页多打印几列，可以调整页宽。

3）纸张大小

单击“纸张大小”的下拉按钮，在出现的下拉列表中选择纸张的规格(如A4、B5等)。

4）打印质量

单击“打印质量”的下拉按钮，在出现的下拉列表中选择一种，如300点/英寸。这个数字越大，打印质量越高，打印速度也越慢。

5）起始页码

确定工作表的起始页码，在“起始页码”栏为“自动”时，起始页码为1，否则输入一个数字，如输入5，则工作表的第一页页码将为5。

2. 设置页边距

单击打印预览窗口的“页边距”按钮，可以用拖动页边界线的方法调整页边距。这里可以更细致地设置页边距。

切换到“页面设置”对话框的“页边距”选项卡，出现的对话框如图4-41所示。

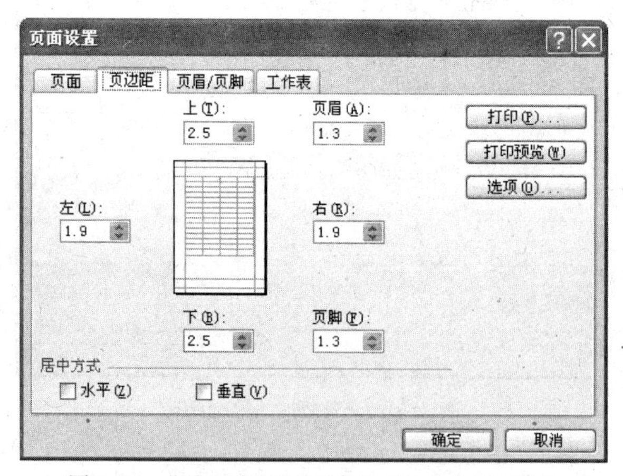

图4-41 “页面设置”对话框的“页边距”选项卡

1）设置页边距

在“上”、“下”、“左”、“右”微调框中分别输入相应的页边距。

2）设置页眉/页脚与纸边的距离

在“页眉”和“页脚”数字框中分别输入相应的数字。

3）设置居中方式

该处设置打印位置，一般按“靠上左对齐”方式打印，也可以选择“水平居中”或“垂直居中”。在对话框中可以预览设置的效果。

3. 设置页眉/页脚

页眉是指打印页顶部出现的文字，而页脚则是打印页底部出现的文字。通常，把工作簿名称作为页眉，页脚则为页号。页眉/页脚一般居中打印。实际上，页眉/页脚的内容也可以变化。

切换到“页面设置”对话框的“页眉/页脚”选项卡，出现的对话框如图 4-42 所示。

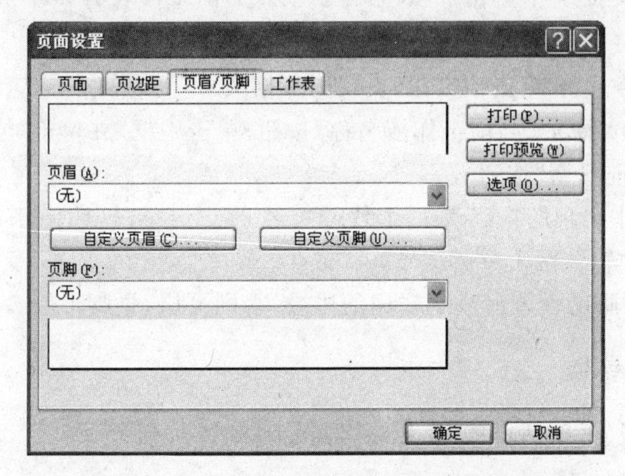

图 4-42 “页面设置”对话框的“页眉/页脚”选项卡

单击“页眉”下拉列表框右侧的下拉按钮，在出现的下拉列表中选择页眉（如工作簿名称：销售统计表）；单击“页脚”下拉列表框右侧的下拉按钮，在出现的下拉列表中选择页脚。

有时，系统提供的页眉、页脚不满意，也可以自定义。方法如下（以自定义页眉为例）。

（1）在如图 4-42 所示的对话框中，单击“自定义页眉”按钮，出现“页眉”对话框，如图 4-43 所示。在“左”、“中”、“右”列表框中设置页眉。它们将出现在页眉行的左、中、右

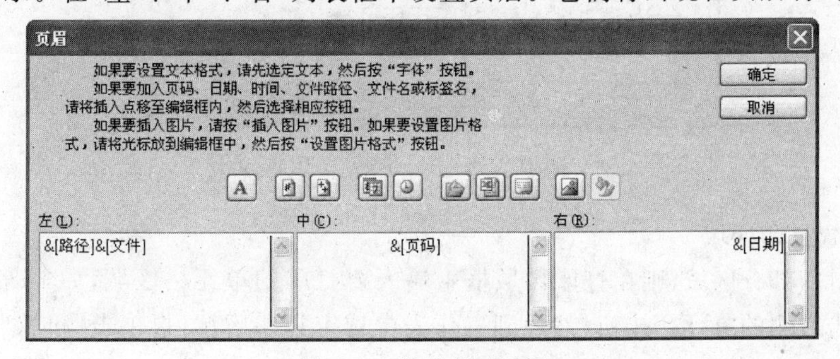

图 4-43 “页眉”对话框

位置，其内容可以是文字、页码、工作簿名称、时间、日期等。文字需要输入，其余均可单击中间相应的按钮。

中间的按钮含义如下。

(字体)：输入页眉文字后，单击该按钮，设置字体、字型和字号等。

(当前页码)：单击该按钮，自动输入当前页码。

(总页数)：单击该按钮，自动输入总页数。

(当前日期)：单击该按钮，自动输入当前日期。

(当前时间)：单击该按钮，自动输入当前时间。

(文件路径)：单击该按钮，确定路径。

(当前工作簿名称)：单击该按钮，自动输入当前工作簿名称。

(当前工作表名称)：单击该按钮，自动输入当前工作表名称。

(插入图片)：单击该按钮，插入图片。

(设置图片格式)：单击该按钮，设置图片格式。

(2) 单击左框，并单击“当前工作簿名称”按钮；单击中框，并单击“当前页码”按钮；单击右框，并单击“当前日期”按钮。

注意：文本框中出现的“&”是一个代码符号，它不会被打印出来，如要将它打印出来，则应在列表框中输入两个“&”符号。

注意：页眉、页脚的设置应小于对应的边缘，否则页眉、页脚可能会覆盖文档的内容。

4. 设置打印参数

切换到“页面设置”对话框的“工作表”选项卡，如图 4-44 所示。

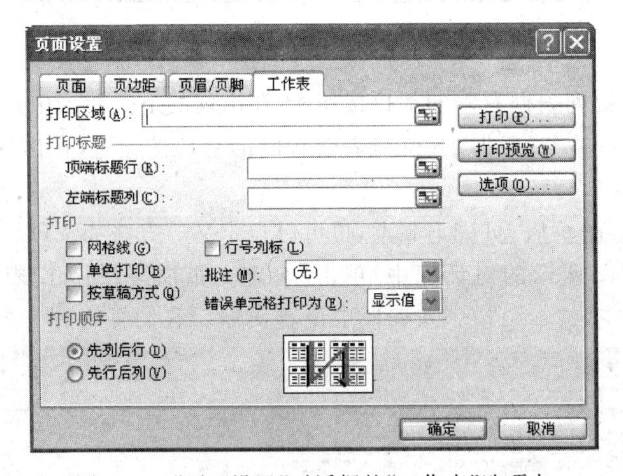

图 4-44 “页面设置”对话框的“工作表”选项卡

1) 设置打印区域

若只打印部分区域，则在打印区域框中输入要打印的单元格区域，如$A$1:$G$13。也可以单击右侧的“拾取”按钮，然后到工作表中选定打印区域，再单击“拾取”按钮恢复原状。

2）每页打印表头

若工作表有多页，要求每页均打印表头（顶标题或左侧标题），则在“顶端标题行”或“左端标题行”栏输入相应的单元格地址，如$A$1:$G$1。也可以直接到工作表中选定表头区域。

3）打印顺序

若表格太大，一页容纳不下，系统会自动分页。如要打印一个 80 行 40 列的表格，而打印纸只能打印 40 行 20 列，则该表格被分成 4 页。打印顺序指的是这 4 页的打印顺序。

先列后行：先打印前 40 行前 20 列，再打印后 40 行前 20 列，然后打印前 40 行后 20 列，最后打印后 40 行后 20 列。

先行后列：先打印前 40 行前 20 列，再打印前 40 行后 20 列，然后打印后 40 行前 20 列，最后打印后 40 行后 20 列。

4）打印网格线

在“打印”选项组中可以决定是否打印网格线、行号列标等。

4.7.3 打印

通过打印预览感到满意后就可以正式打印了。

单击“打印预览”窗口的“打印”按钮（或选择“文件”菜单中的“打印”命令），出现“打印内容”对话框，如图 4-45 所示。

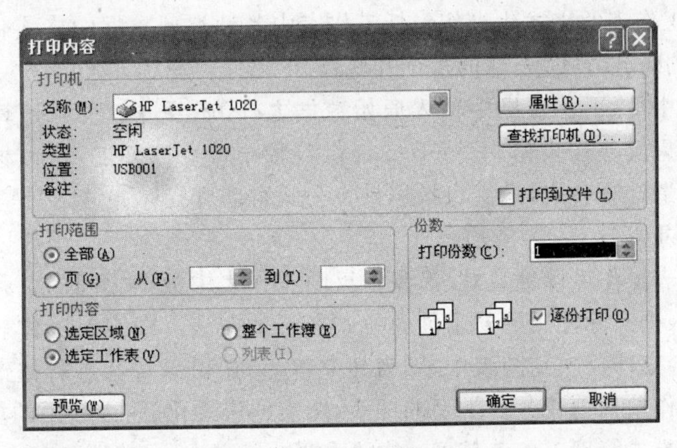

图 4-45 “打印内容”对话框

1. 设置打印机

若配备多台打印机，单击“名称”下拉列表框右侧的下拉按钮，在出现的下拉列表中而选择一台打印机。

2. 设置打印范围

在“打印范围”选项组中有两个单选按钮，选中“全部”单选按钮表示打印全部内容；而选中“页”单选按钮则表示打印部分页，此时应在“从”和“到”微调框中分别输入起始页号和终止页号。若仅打印一页，如第3页，则起始页号和终止页号均输入3。

在“打印内容”选项组中的4个单选按钮分别表示打印当前工作表的选定区域、当前工作表和当前工作簿或选定的列表。

3. 设置打印份数

在“份数”选项组中输入打印份数，若打印2份以上，还可以选中“逐份打印”复选框。一般顺序是1页，2页，……，1页，2页，……；而逐页打印顺序是：1页，1页，2页，2页，……。

4.8 本章小结

本章主要介绍了Excel的主要功能，包括Excel的基本输入方法、工作簿和工作表的编辑、工作表的格式化、公式和函数的使用、图表处理以及工作表中数据的数据库基本操作等。

在Excel中，数据的输入和工作簿、工作表的管理是最常用和最基本的操作。Excel中数据的输入有很多加速输入的技巧。工作簿和工作表的管理包括在工作簿中插入和删除工作表、重命名工作表、移动和复制工作表，以及工作表和工作簿的保护操作等。

Excel中对工作表的格式化操作包括工作表中各种类型数据的格式化、字体格式、行高和列宽、数据的对齐方式、表格的边框和底纹。

在实际工作中，除了在表格中输入原始数据之外，还要进行统计计算（如合计、平均等），并将计算结果反映在表格中。Excel提供各种统计计算功能，可以根据系统提供的运算符和函数构造计算公式，系统将根据计算公式自动进行计算，特别是当有关数据修改后，Excel会自动重新计算。

工作表的图表操作可以更直观、形象地反映工作表中数据之间的各种相关性及发展趋势，用户可以根据实际使用的要求创建各式各样的图表。图表以工作表中的数据为依据，数据的变化会立即反映到图表中，图表建立以后，还可以对其进行修饰，使其更美观。对图表的主要操作包括创建各种类型的图表、图表的格式化、图表数据的更新等。

按照数据库方式管理工作表是Excel的重要功能之一，在数据管理方面提供了排序、检索、数据筛选、分类汇总等数据库管理功能。可以对工作表中的数据依据某些关键字以递增或递减的次序进行排序，从而得到有用的信息。检索是从工作表的数据清单中查找出满足条件的记录。数据筛选是将满足条件的记录筛选出来作为操作对象，而将不满足条件的记录隐藏起来，使之不参加操作，从而减小查找范围，提高操作速度。对数据进行分类汇总是分析数据清单的常用方法，为分析数据清单提供了很大的方便。

第5章 演示文稿软件 PowerPoint 2003

本章要点

- PowerPoint 的功能、启动和退出等基本操作
- 演示文稿的创建、打开和保存
- 演示文稿视图的使用及幻灯片的编辑
- 幻灯片的格式设置,幻灯片放映效果的设置
- 多媒体对象的插入,演示文稿的打包和打印

5.1 PowerPoint 2003 概述

5.1.1 PowerPoint 2003 的主要特点

利用 PowerPoint 2003 可以快速制作演示文稿,广泛应用于学术报告、论文答辩、辅助教学、产品展示、工作汇报等场合下的多媒体演示。演示文稿主要由若干张幻灯片组成,在幻灯片中可以很方便地插入图形、图像、艺术字、图表、表格、组织结构图、音频及视频剪辑,也可以加入动画或者设置播放时幻灯片中各种对象的动画效果。PowerPoint 2003 允许用户将演示文稿保存为 HTML 格式,在基于 Web 的工作环境下发布和共享,在 Internet 上召开网络演示会议。

5.1.2 PowerPoint 2003 的启动

单击 Windows 2003 任务栏上的“开始”按钮,打开“开始”菜单,将鼠标指针指向其中的“程序”菜单项,屏幕随即弹出其下一级菜单,单击 Microsoft Office 中的 Microsoft Office PowerPoint 2003 项,进入 PowerPoint 的启动界面。

用户也可以在桌面上建立 PowerPoint 的快捷方式,通过单击 PowerPoint 快捷方式启动 PowerPoint。如果系统中安装并启动了 Office 快捷工具栏,则单击其中的 PowerPoint 图标,同样可以启动 PowerPoint。

5.1.3 启动对话框

启动 PowerPoint 后,在窗口右侧出现“开始工作”任务窗格,单击最后一项“新建演示

文稿”,任务窗格切换为“新建演示文稿”,如图 5-1 所示。

在“新建演示文稿”任务窗格中,有 4 个选项:“空演示文稿”、“根据设计模板”、“根据内容提示向导”和“根据现有演示文稿”。其中前 3 个选项用于建立新的演示文稿,第 4 个选项用于打开指定目录下已经存在的演示文稿。

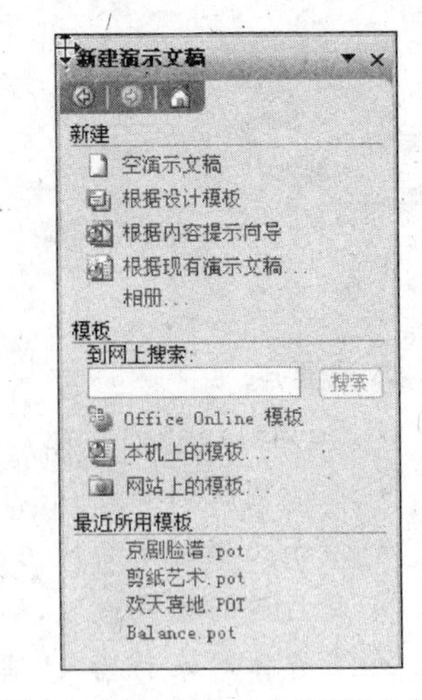

图 5-1 “新建演示文稿”任务窗格

(1) 空演示文稿:直接生成无任何预定义的空白“标题幻灯片”。

(2) 根据设计模板:模板是由系统预先定义好了幻灯片背景色彩、文本格式、内容布局等的空白演示文稿,在其中加入自己需要的适当内容,即可快速生成一份基本符合自己要求的演示文稿。

(3) 根据内容提示向导:根据向导的提示进行操作,生成不同专业风格的演示文稿的基本框架,再对其内容作进一步的编辑修改。

(4) 根据现有演示文稿:系统列出了在 PowerPoint 指定的文件夹下已经存在的演示文稿,使用户可以快捷地对其进行编辑、浏览或放映等操作。

5.1.4 PowerPoint 2003 的界面

进入演示文稿的设计或编辑状态之后,在屏幕上将看到 PowerPoint 的主窗口,如图 5-2 所示。

图 5-2 PowerPoint 主窗口

1. 标题栏

一般为深蓝色横条,位于窗口顶端。标题栏左边显示当前窗口编辑的演示文稿的文件名。

2. 菜单栏

共有“文件”、“编辑”、“视图”、“插入”、“格式”、“工具”、“幻灯片放映”、“窗口”、“帮助”9个菜单项,提供了对演示文稿的各种操作。当单击某个菜单项时,系统将弹出相应的子菜单列表,其中显示默认的常用子菜单项。单击或鼠标指针在子菜单底部箭头稍作停顿,系统将展开完整的子菜单列表。如果选择了其中某个不常用的子菜单项,则下次运行PowerPoint时系统将其视作常用子菜单项而直接显示出来。

3. 工具栏

PowerPoint 2003提供了14种工具栏,分别为“常用”、“格式”、Visual Basic、Web、“表格和边框”、“大纲”、“绘图”、“控件工具箱”、“任务窗格”、“审阅”、“图片”、“修订”、“艺术字”、“符号栏”。还允许用户自定义工具栏。其中最常见的有以下3种工具栏。

(1)“常用”工具栏(见图5-3):提供了编辑演示文稿时的最常用的功能。

图5-3 “常用”工具栏

(2)“格式”工具栏(见图5-4):用于设置文本的排版格式。

图5-4 “格式”工具栏

(3)“绘图”工具栏(见图5-5):用于绘制各种图形。

图5-5 “绘图”工具栏

4. 视图与视图工具栏

在编辑演示文稿时,可采用下列4种视图方式之一。

(1) 普通视图:这是PowerPoint默认的视图方式,由大纲、幻灯片选项卡、幻灯片窗格和备注窗格组成,对当前幻灯片的大纲、详细内容、备注均可进行编辑。

(2) 幻灯片浏览视图:以缩略图形式显示幻灯片,便于调整幻灯片次序,添加、删除或复制幻灯片,预览动画效果,但不可以修改幻灯片的内容。

(3) 幻灯片放映视图:进入当前幻灯片的全屏放映状态,查看其放映效果。

(4) 备注页视图：显示了小版本的幻灯片和备注。

在演示文稿编辑区域的左下方，有3个图标按钮，分别对应前3种视图模式，单击这些按钮即可进入相应的视图模式，如图5-6所示。

图 5-6 视图切换按钮

5. 状态栏

在PowerPoint窗口的底部是系统的状态栏，显示出当前编辑的幻灯片的序号、总的幻灯片数目、演示文稿所用模板的名称等信息。在不同的视图模式下，状态栏显示的内容也不尽相同，而在幻灯片的放映视图下将没有状态栏。

如果双击状态栏中当前演示文稿所用模板的名称，则右侧的任务窗格切换为"幻灯片设计"，可以重新为当前演示文稿选择新的模板。

5.1.5 PowerPoint 2003 的退出

PowerPoint的退出方式与其他Windows应用程序一样，有下列几种。

(1) 单击"文件"菜单，选择"关闭"命令关闭当前窗口。

(2) 单击窗口右上角的"关闭"按钮。

(3) 单击标题栏左侧的控制菜单，选择"关闭"命令。

(4) 双击控制菜单。

(5) 右击任务栏上的PowerPoint窗口，选择"关闭"命令。

(6) 按Alt+F4组合键，关闭当前PowerPoint窗口。

5.2 制作演示文稿

5.2.1 新建演示文稿

在启动PowerPoint时，系统弹出启动对话框，其中给出了3种新建演示文稿的方法："根据内容提示向导"、"根据设计模板"、"空演示文稿"。此外，如果已经打开了PowerPoint，没有通过启动对话框来新建演示文稿，或者没有显示启动对话框，或者正在新建一个演示文稿但需要再创建另一个新的演示文稿时，可以通过"文件"菜单中的"新建"命令来建立新的演示文稿。

1. "根据内容提示向导"方式

在PowerPoint的内容提示向导中自带了几十种演示文稿模型，用户可以在这些针对各种不同场合、不同用途而精心设计的演示文稿中选择适合自己需要的模型，再加以适当修改，填入具体内容，就可以快速地生成一份比较精致的演示文稿。

2. “根据设计模板”方式

使用设计模板将使得演示文稿中的每一张幻灯片都具有统一的设计风格，包括其中的背景、布局、文本格式等。系统提供了近60种左右不同风格的模板，在用户确定模板之后，还需要进一步选择幻灯片的版式，然后逐个设计每一张幻灯片的内容。

3. “空演示文稿”方式

在“根据设计模板”方式中，可以由用户选择模板；而“空演示文稿”方式自动采用“默认设计模板”，模板上是空白的，且背景色为白色。实际上，对于无论采用何种方式建立起来的演示文稿，它们的模板均可以重新指定。在幻灯片的设计方面，两种方式没有区别。

4. “新建”命令方式

(1) “文件”菜单：选择“文件”菜单中的“新建”命令后，屏幕将显示“新建演示文稿”任务窗格。用户可以选择前3种方式中的任何一种方式创建新的演示文稿。

(2) “常用”工具栏：单击“常用”工具栏中的“新建”按钮，系统将建立空演示文稿。与第一种“空演示文稿”方式相同。

(3) Ctrl+N组合键：按下这一组合键后，屏幕显示空白幻灯片。与单击“常用”工具栏的“新建”按钮的功能一致。

5.2.2 打开演示文稿

当用户需要对一个已经存在的演示文稿进行浏览、编辑、打印等操作时，首先需要打开文件。演示文稿的打开途径主要有下列几种。

(1) PowerPoint启动后，在“开始工作”任务窗格中，列出最近使用的4个演示文稿，单击演示文稿的文件名打开，或选择“其他”选项，在“打开”对话框中，再选择所需打开的演示文稿，单击“确定”按钮。

(2) 在PowerPoint中，选择“文件”菜单中的“打开”命令，屏幕显示“打开”对话框，选择需打开的演示文稿的位置、文件类型、文件名，单击“打开”按钮即可。

单击“常用”工具栏中的“打开”按钮，或者按Ctrl+O组合键，或者按Alt+F+O组合键，均可在屏幕上显示“打开”对话框。

(3) 在PowerPoint的“文件”菜单中，默认情况下会有最近使用的4个演示文稿，单击其文件名即可打开。

通过“工具”菜单中的“选项”命令，打开“选项”对话框，切换到“常规”选项卡，选中“最近使用的文件列表”，可以修改“文件”菜单中所显示的最近使用的文件数目。

(4) 单击“任务栏”上的“开始”按钮，鼠标指向“文档”菜单，屏幕显示最近使用过的20个文件，单击需要打开的演示文稿的文件名。

(5) 单击“任务栏”上的“开始”按钮，再选择“运行”命令，输入演示文稿的文件名(包含扩展名)，或者通过“浏览”按钮找到需要打开的演示文稿，单击“确定”按钮。

(6) 在“我的电脑”或“资源管理器”中，双击所要打开的演示文稿的文件名。

也可以先选中多个需要打开的演示文稿的文件名，单击“文件”菜单或者右击弹出快捷菜单，选择“打开”命令，这样可以一次性地打开多个演示文稿。

5.2.3 保存演示文稿

1. 保存新建演示文稿

在新建演示文稿时，PowerPoint 会依次将其命名为“演示文稿 1”、“演示文稿 2”、……，用户需要及时对演示文稿命名保存。操作步骤如下。

(1) 打开“另存为”对话框，如图 5-7 所示。

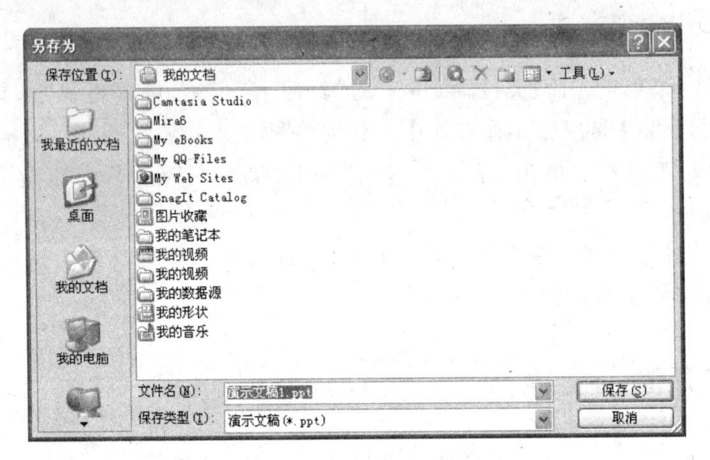

图 5-7 “另存为”对话框

方法 1：选择“文件”菜单中的“保存”命令(组合键为 Alt+F+S)；

方法 2：选择“文件”菜单中的“另存为”命令(组合键为 Alt+F+A)；

方法 3：单击“常用”工具栏中的“保存”按钮；

方法 4：按 Ctrl+S 组合键或者按 F12 键。

(2) 在“另存为”对话框中，用户选择“保存位置”、“文件名”和“保存类型”。除了保存为默认类型“演示文稿”以外，用户还可以保存为“网页”、“演示文稿设计模板”、更低版本下的演示文稿及几种图片格式。

(3) 单击“保存”按钮。

2. 重新保存演示文稿

如果需要将当前打开、处于编辑状态的演示文稿的“保存位置”、“文件名”、“文件类型”三者之中的任何一个改变时，均可通过执行“文件”菜单中的“另存为”命令，打开“另存为”对话框来实现。

如果要保存为“网页”，还可以通过执行“文件”菜单中的“另存为网页”命令来实现。

3. 自动保存演示文稿

在编辑修改演示文稿时，为了防止因停电、死机等意外事件导致编辑成果丢失，用户应随时进行存盘操作。方法是：选择“文件”菜单中的“保存”命令，或者单击“常用”工具栏中的“保存”按钮，或者按 Ctrl＋S 组合键，将当前编辑的演示文稿存盘。用户也可以使用系统提供的自动保存功能，每隔一段时间就由系统自动保存正在编辑的演示文稿。在遇到意外事件而未保存演示文稿时，重新打开 PowerPoint 时，系统自动打开没有存盘的演示文稿。

设置自动保存演示文稿的方法如下。

(1) 选择“工具”菜单中的“选项”命令。

(2) 在“选项”对话框中，切换到“保存”选项卡。

(3) 选中“保存自动恢复信息，每隔”选项，在其右边的微调框中输入所需的自动保存时间间隔，单击“确定”按钮。

4. 快速保存演示文稿

如果用户编辑的演示文稿比较大，每次保存的时间就比较长。为了节省保存时间，可以让系统只保存已作修改的部分，从而加快保存的速度。

设置快速保存演示文稿的方法如下。

(1) 执行“工具”菜单中的“选项”命令。

(2) 在“选项”对话框中切换到“保存”选项卡，选中“允许快速保存”复选框。

快速保存演示文稿时，每次保存都会记录演示文稿的内容以及相关修改信息，这些修改信息会使得演示文稿占用的磁盘空间增大，所以在最后一次保存之前，应取消选中“允许快速保存”复选框。

5.2.4 幻灯片的基本操作

1. 幻灯片的外观设计

对于演示文稿，可以通过使用设计模板、修改母版和调整配色方案 3 种方法来控制幻灯片的外观，可以使所有幻灯片具有统一的风格。同时通过背景设计，可以修改幻灯片的背景颜色及其填充效果。

1) 设计模板

设计模板以文件形式出现，其扩展名为. pot，其中定义了配色方案、标题母版、幻灯片母版以及一组精心设计的背景对象，还包括各种插入对象的默认格式。

(1) 若用户想要修改当前演示文稿的模板，方法如下。

① 选择“格式”菜单中的“幻灯片设计”命令，切换至“幻灯片设计”任务窗格，如图 5-8 所示。

② 在模板列表框中选择所需的设计模板并单击即可。

(2) 若用户想将当前演示文稿保存为模板,供以后创建新的演示文稿时使用,方法如下。

① 选择"文件"菜单中的"另存为"命令。

② 在"另存为"对话框中选择"保存类型"为"演示文稿设计模板"即可。

2) 母版

母版是一种特殊形式的幻灯片,用于统一演示文稿中幻灯片的外观,控制幻灯片的格式。PowerPoint 提供的母版分为 3 种:幻灯片母版、讲义母版和备注母版,分别用来控制幻灯片、标题幻灯片、讲义和备注的格式。一旦用户对母版作了追加一些内容的修改,即使用户更改设计模板,这种变化在新模板所定义的母版中仍将保留下来。

幻灯片母版分别定义了幻灯片的布局信息,包括设置标题文本和段落文本的字体、字号、颜色等基本特征,插入日期和时间、幻灯片编号及页脚,设定幻灯片的背景色和一些特殊效果。

标题幻灯片的样式(包括标题与副标题的格式)和讲义母版用于控制在打印演示文稿讲义时的外观,设置页眉和页脚、日期和时间、幻灯片编号以及每页所打印的幻灯片的个数。

备注母版主要设定幻灯片及其备注文本的位置,影响备注页的外观。

修改母版的方法如下。

(1) 在"视图"菜单中选择"母版"子菜单,如图 5-9 所示。

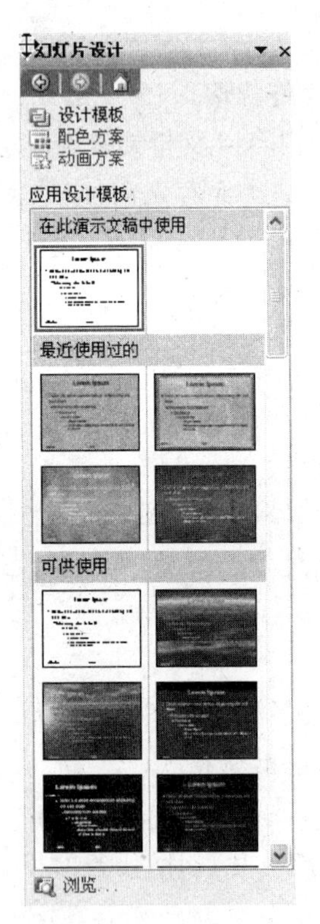

图 5-8 "幻灯片设计"任务窗格

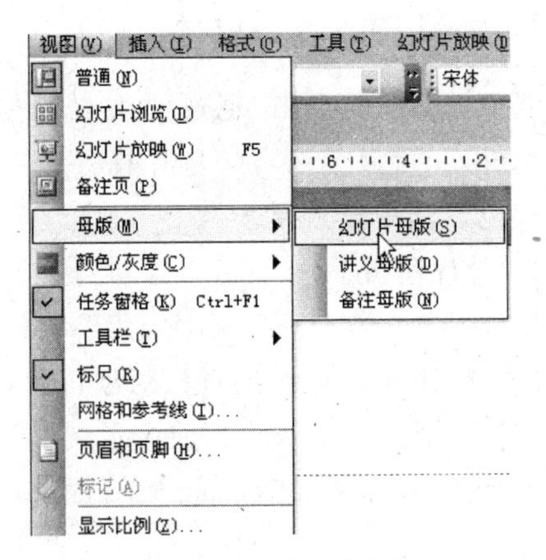

图 5-9 "母版"子菜单

(2) 分别选择“幻灯片母版”、“讲义母版”及“备注母版”。

(3) 在对母版修改完成之后，单击“母版”工具栏上的“关闭”按钮，返回演示文稿原先的编辑状态。

注意：幻灯片母版中的图片有可能已经与其他对象或图片进行了组合，在更改时必须先取消，才能选中图片。

提示：并不是所有的幻灯片在每个细节都必须与幻灯片母版相同，如可能需要使某张幻灯片的标题与别的幻灯片的格式不同。这时就可以通过更改一张幻灯片布局的方法对需要修改的幻灯片进行修改，这种修改不会影响其他幻灯片或母版。

3) 配色方案

在设计模板和母版中，幻灯片的颜色是通过一套配色方案来设置的。既可对演示文稿中的所有幻灯片设置一种配色方案，也可以对单张幻灯片独立设置一种配色方案。配色方案由 8 种颜色组成，包括一种背景颜色和用于显示特定对象的 7 种颜色。

(1) 查看和选择标准配色方案。

① 在打开演示文稿后，选择“格式”菜单中的“幻灯片设计”命令，在“幻灯片设计”任务窗格中单击“配色方案”，如图 5-10 所示。

② 在“配色方案”列表中将鼠标置于要选择的配色方案上，如图 5-11 所示。

③ 单击右侧出现的向下箭头，弹出下拉菜单，单击“应用于所有幻灯片”按钮，则演示文稿中所有幻灯片均采用当前所选的配色方案；单击“应用于所选幻灯片”按钮，则仅当前幻灯片采用所选配色方案。

(2) 自定义配色方案。

① 在“配色方案”列表底部，单击“编辑配色方案”按钮，在弹出的“编辑配色方案”对话框中，切换到“自定义”选项卡，如图 5-12 所示。

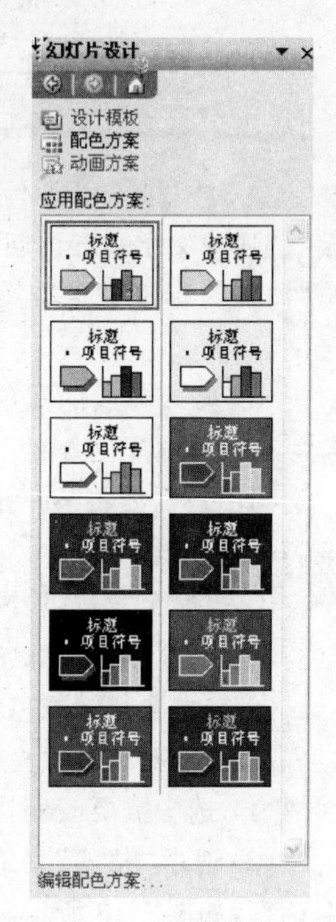

图 5-10 “格式”菜单

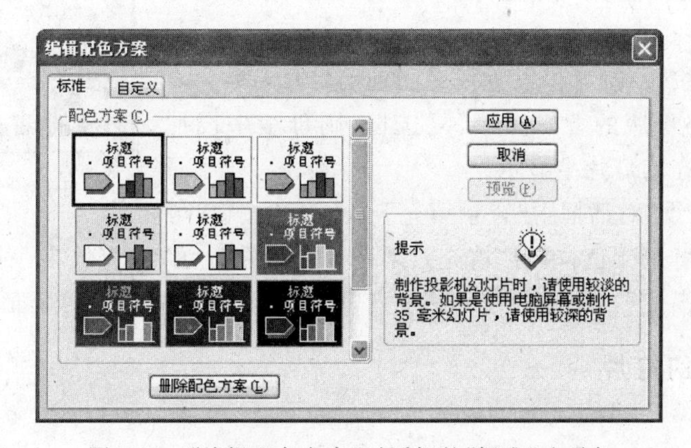

图 5-11 “编辑配色方案”对话框的“标准”选项卡

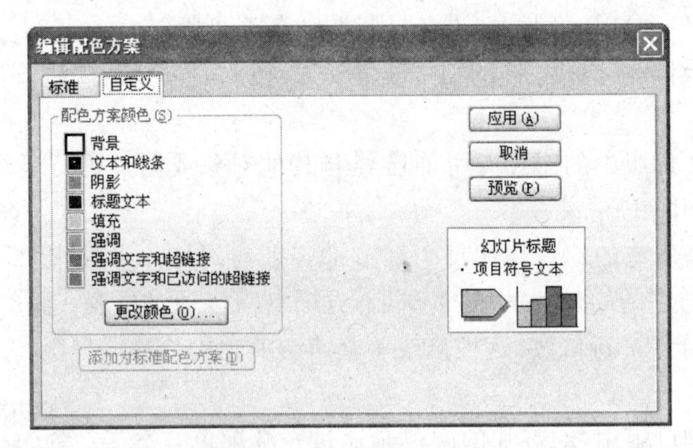

图 5-12 “编辑配色方案”对话框的“自定义”选项卡

② 对“背景”、“文本和线条”、“阴影”、“标题文本”、“填充”、“强调”、“强调文字和超链接”、“强调文字和已访问的超链接”等 8 种颜色进行设置。修改任一对象的颜色后，可单击“添加为标准配色方案”按钮，将当前的颜色配置保存为标准的配色方案，供用户以后选用。

(3) 修改母版的配色方案同上。

(4) 复制配色方案。

当用户需要将某一张幻灯片的配色方案应用到另一些幻灯片上时，可以复制配色方案，其操作步骤如下。

① 切换至“幻灯片浏览”视图，选中已设定好配色方案的那一张幻灯片。

② 双击“常用”工具栏上的“格式刷”按钮。

③ 在需要复制配色方案的幻灯片上单击鼠标。

4) 背景颜色和填充效果

(1) 选中需要改变背景颜色的幻灯片。

(2) 选择“格式”菜单中的“背景”命令，屏幕显示“背景”对话框，如图 5-13 所示。

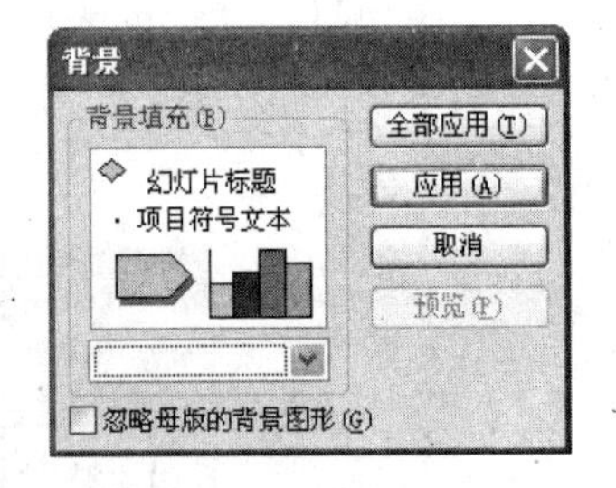

图 5-13 “背景”对话框

(3) 单击“全部应用”按钮，则背景修改适用所有幻灯片。

单击“应用”按钮，则背景设置仅对当前幻灯片有效。

若选中“忽略母版的背景图形”复选框，则母版中设计的背景图形将不在幻灯片中显示。

(4) 单击“背景”对话框中“背景填充”项的下拉按钮，可在其中选择其他背景颜色；单击“填充效果”选项，屏幕显示“填充效果”对话框，如图 5-14 所示，可切换到“渐变”、“纹理”、“图案”或者“图片”选项卡，对背景的填充效果进行设定。

2. 创建新幻灯片

方法一：

(1) 将光标定位在要添加幻灯片的位置之前(例如，用户希望在当前第 3 张与第 4 张

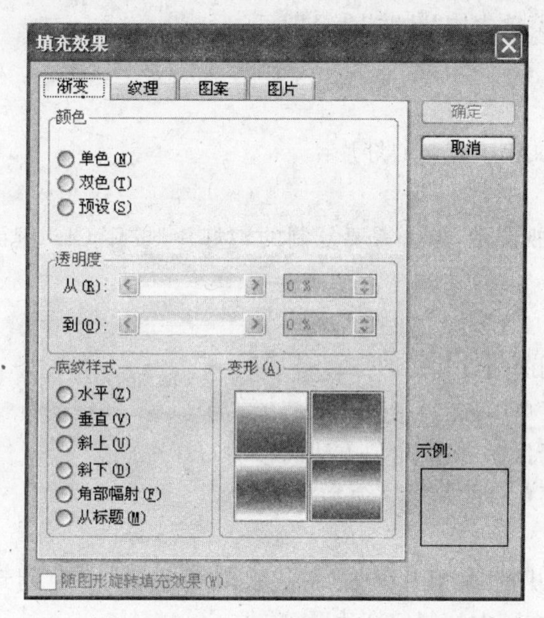

图 5-14 “填充效果”对话框

幻灯片之间插入一张新的幻灯片，则应将光标定位于第 3 张幻灯片)。

(2) 单击“常用”工具栏上的“新幻灯片”按钮或者选择“插入”菜单中的“新幻灯片”命令。

(3) 在右侧的“幻灯片版式”窗格中，选择幻灯片版式后单击，将在当前幻灯片之后插入一张空白的新幻灯片。

方法二：

(1) 一般在“普通”视图的“大纲”选项中，将光标定位于幻灯片图标之后、幻灯片标题之前，按 Enter 键后，将直接在当前幻灯片之前插入一张空白的新幻灯片。

(2) 若将光标定位于幻灯片标题之后，如3 第三章|，或者幻灯片没有标题时而将光标定位于幻灯片图标之后，如4 |，按 Enter 键之后，将在当前幻灯片之后插入一张空白的新幻灯片。

3. 移动幻灯片

在演示文稿中，若需要调整幻灯片的位置，可移动幻灯片。

方法一：

将鼠标指针指向幻灯片图标，按下鼠标左键，将其直接拖放到目标位置。

方法二：

(1) 单击需要移动的幻灯片。

(2) 执行“编辑”菜单中的“剪切”命令。

(3) 将光标定位于目标位置(例如，要将某一张幻灯片移动到当前第一张幻灯片与第二张幻灯片之间，则可将光标定位于第一张幻灯片的标题之后或者第二张幻灯片的图标之后标题之前)。

(4) 选择“编辑”菜单中的“粘贴”命令即可。

4. 复制幻灯片

(1) 在同一演示文稿中复制幻灯片：

方法一：

在“幻灯片浏览”视图中，单击需要复制的幻灯片，按住 Ctrl 键的同时用鼠标左键将其拖放至目标位置。

方法二：

① 单击需要复制的幻灯片的图标▩。

② 执行“编辑”菜单中的“复制”命令。

③ 将光标定位于目标位置(定位方法同移动幻灯片)。

④ 选择“编辑”菜单中的“粘贴”命令。

方法三：

选择“插入”菜单中的“幻灯片副本”命令，则将当前幻灯片复制到当前幻灯片之后。

(2) 从其他演示文稿中复制幻灯片。

① 选择“插入”菜单中的“幻灯片(从文件)”命令。

② 屏幕将出现“幻灯片搜索器”对话框，单击“浏览”按钮找到所需演示文稿。

③ 在“选定幻灯片”栏中通过鼠标单击来选定需要复制的幻灯片(单击已选定的幻灯片，将取消对该幻灯片的选定)。

④ 单击“插入”按钮；或者直接双击需要复制的幻灯片，将在当前演示文稿的当前幻灯片之后插入该幻灯片。

若单击“幻灯片搜索器”对话框中的“全部插入”按钮，则在当前幻灯片之后插入指定演示文稿中的全部幻灯片。

注意：只有在“幻灯片浏览”视图或“普通”视图下的“大纲”选项卡或“幻灯片”选项卡中才能使用复制和粘贴的方法。

5. 删除幻灯片

若在“幻灯片浏览”视图中，则选定要被删除的幻灯片，按 Del 键即可。

若在其他视图中，则单击即将被删除的幻灯片图标，再按 Del 键或者执行“编辑”菜单中的“删除幻灯片”命令。

5.2.5 文本处理

1. 文本输入

1) 利用占位符直接输入文本

在新建幻灯片时，除了“空白”、“内容”等幻灯片版式以外，其余多数幻灯片版式均含有文本占位符，如“标题”幻灯片版式中含有两个文本占位符。单击虚线围成的文本框，光标将出现在文本占位符位置，用户即可输入文本。

2）利用文本框输入文本

文本框分为水平文本框和垂直文本框两种，而文本框中的文本也分为两种：标题文本和段落文本。其中标题文本不会自动换行，文本框的长度与大小随其中文本的长度与大小自动调整，用户可用 Enter 键实现换行；段落文本会自动随文本框的长度自动换行，文本框的长度不会自动调整，但文本框的高度会自动调整。

利用文本框输入文本的步骤如下。

(1) 单击“绘图”工具栏中的文本框按钮或竖排文本框按钮，或者单击“插入”菜单中的“文本框”子菜单，选择“水平”文本框或“垂直”文本框，如图 5-15 所示。

(2) 将光标定位于幻灯片中需要插入文本框的位置。

(3) 单击鼠标，则在光标所在处插入一个文本框，所输入的文本成为不能自动换行的标题文本。如果按下左键并向其他位置拖曳，当文本框大小合适时，释放鼠标左键，在文本框中输入的文本将成为段落文本，可以自动换行。

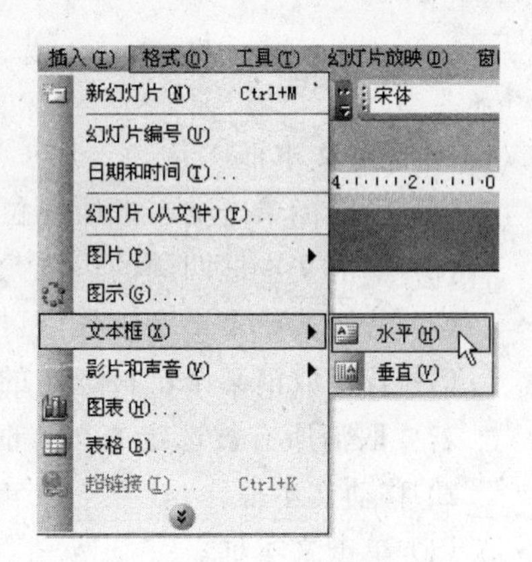

图 5-15　插入文本框

3）在图形中输入文本

(1) 右击图形后，在弹出的快捷菜单中选择“添加文本”命令，如图 5-16(a)所示。

(2) 在光标所在处输入相应文本，如图 5-16(b)所示。

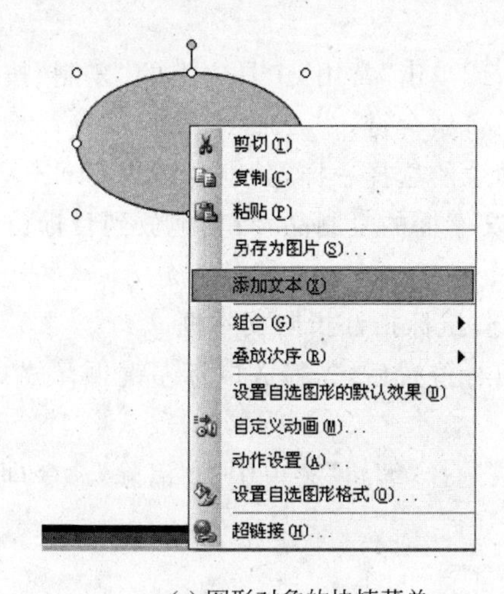

(a) 图形对象的快捷菜单

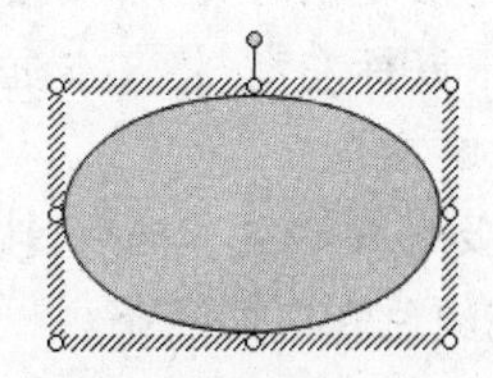
(b) 在图形中输入文本

图 5-16　在图形中输入文本

2. 文本编辑

文本的编辑操作包括文本的删除、移动与复制等操作，其操作方法同 Word 等文字处理软件一样，均为先选定相应文本，再通过“编辑”菜单或“常用”工具栏或组合键执行相应操作。

3. 文本格式

文本的格式设置内容主要包括字体、字号、字型、颜色、效果、对齐方式、行距等，在选定文本后，设置这些格式的主要方法有使用“格式”菜单中的命令、“格式”工具栏、快捷菜单、组合键。

4. 文本框

1）选定文本框

(1) 用鼠标单击文本框所在位置，此时文本框处于文本编辑状态。

(2) 单击文本框四周的边线，文本框即被选定。

(3) 若要选定多个文本框，可按住 Shift 键，再依次单击需要选定的文本框即可。

(4) 若要取消某个已被选定的文本框，可按住 Shift 键，单击该文本框。

若要取消所有被选定的文本框，只要在文本框之外的任何位置单击鼠标即可。

2）移动文本框

(1) 单击文本框。

(2) 将鼠标指向文本框的边框上(控点除外)，按下鼠标左键。

(3) 将文本框拖放至目标位置，释放鼠标。

3）复制文本框

方法一：

(1) 选定被复制的文本框。

(2) 选择“编辑”菜单中的“复制”命令；或单击“常用”工具栏上的“复制”按钮；或右击选择快捷菜单中的“复制”命令；或按 Ctrl＋C 组合键。

(3) 执行“粘贴”命令(方法同“复制”命令的选择一样，其组合键为 Ctrl＋V)。

(4) 在当前文本框的右下方将出现该文本框的复制品，将其拖放到目标位置。

方法二：

(1) 选定被复制的文本框，按住 Ctrl 键，鼠标指针指向文本框。

(2) 按下鼠标左键，将文本框拖放至目标位置后，先释放鼠标左键再释放 Ctrl 键。

4）删除文本框

选定需要删除的文本框后，按 Del 键或选择“编辑”菜单中的“清除”命令即可。

5）填充颜色和边框线条

方法一：利用“绘图”工具栏

(1) 在“视图”菜单的“工具栏”子菜单中选中“绘图”工具栏。

(2) 选定文本框后，单击“绘图”工具栏中“填充颜色”按钮右侧的下拉按钮，选择所需填充的颜色，同时可设置填充效果。

(3) 单击“绘图”工具栏中“线条颜色”按钮右侧的下拉按钮，为文本框的边框设置颜色。

方法二：利用“设置文本框格式”对话框

(1) 选定文本框。

(2) 选择“格式”菜单中的“文本框”命令；或者右击，在弹出的快捷菜单中选择“设置文本框格式”命令。打开“设置文本框格式”对话框，如图5-17所示。

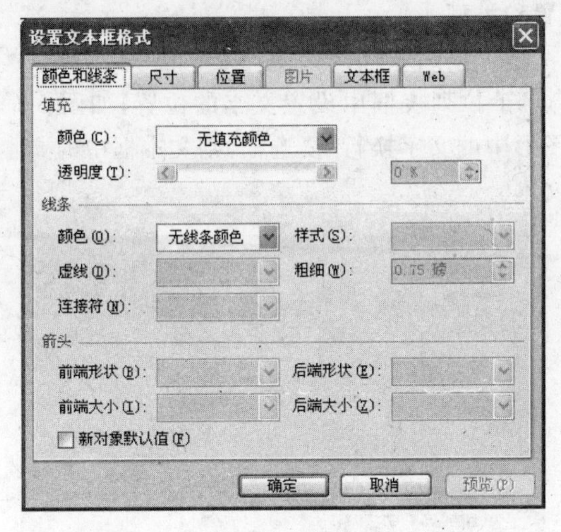

图5-17 “设置文本框格式”对话框

(3) 在“颜色和线条”选项卡下，可设置“填充颜色”及“线条颜色”。

6) 调整文本框的大小

方法一：

(1) 打开“设置文本框格式”对话框(见图5-17)后，切换到“尺寸”选项卡。

(2) 分别设置文本框的高度、宽度、缩放及旋转角度，如图5-18所示。

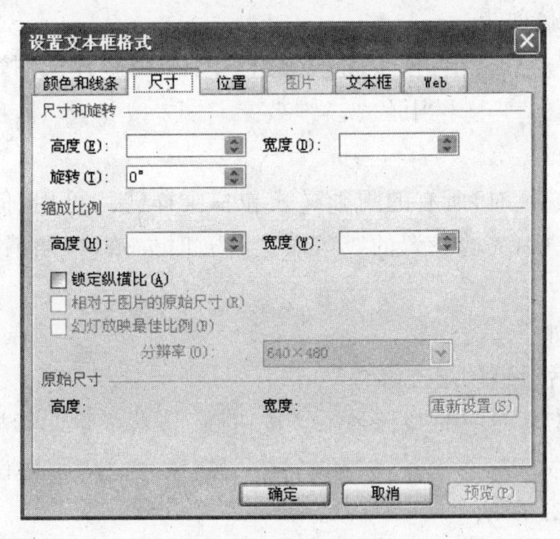

图5-18 “尺寸”选项卡

方法二：

(1) 打开“设置文本框格式”对话框后，切换到“文本框”选项卡。

(2) 取消选中“调整自选图形尺寸以适应文字”复选框并单击“确定”按钮，如图 5-19 所示。

(3) 将鼠标指针指向文本框的控制点，鼠标指针变成双箭头后，按下鼠标左键进行拖曳，在文本框大小合适时释放鼠标。

7) 调整文本的位置和类型

(1) 切换到“设置文本框格式”对话框中的“文本框”选项卡。

(2) 在“文本锁定点”下拉列表框中设置文本的位置，如图 5-19 所示。若选中“文本框”选项卡中的“自选图形中的文字换行”复选框，则文本框中的文本为段落文本；否则，文本框中的文本为标题文本。

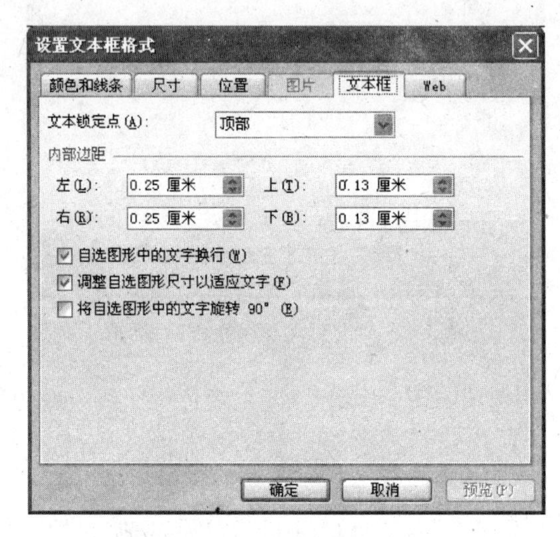

图 5-19 “文本框”选项卡

8) 阴影与三维立体效果

当文本框无填充颜色时，单击“绘图”工具栏中的“阴影样式”按钮时，只有少量阴影样式可用，单击“绘图”工具栏中的“三维效果样式”按钮时，所有的三维样式均不可用。

当文本框有填充颜色时，所有的阴影样式和三维样式均可用，但两者不能同时生效。此外，在设置三维样式后，先前设置的线条颜色将暂时失效，在取消三维样式后自动恢复原先的线条颜色。

阴影的设置方法如下。

(1) 选定文本框后，设置“填充颜色”。

(2) 单击“绘图”工具栏中的“阴影样式”按钮，屏幕显示阴影样式如图 5-20 所示。

(3) 选择“阴影样式 2”，再次单击“阴影样式”按钮，选择“阴影设置”命令，弹出“阴影设置”工具栏，如图 5-21 所示。

(4) 单击“阴影设置”工具栏中的“略向上移”按钮，调整阴影大小，带阴影的文本框如图 5-22 所示。

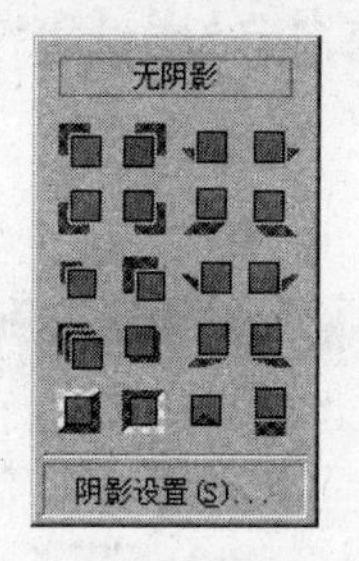

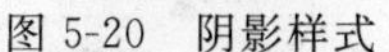

图 5-20　阴影样式

图 5-21　“阴影设置”工具栏

图 5-22　带阴影的文本框

三维效果的设置方法如下。

(1) 选定有“填充颜色”的文本框。

(2) 单击“绘图”工具栏中的“三维效果样式”按钮，如图 5-23 所示。

(3) 选择“三维样式 1”，再次单击“三维效果样式”按钮，选择“三维设置”命令，弹出“三维设置”工具栏，如图 5-24 所示。

(4) 单击其中的“深度”按钮，选择“144 磅”，三维立体文本框如图 5-25 所示。

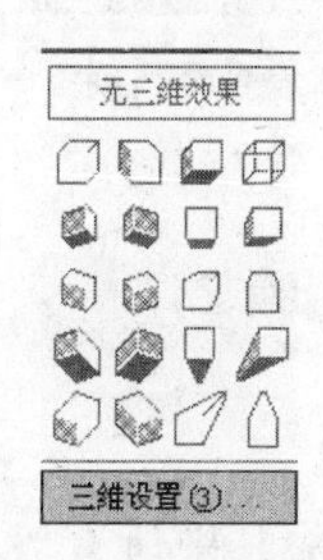

图 5-23　三维效果样式按钮

图 5-24　“三维设置”工具栏

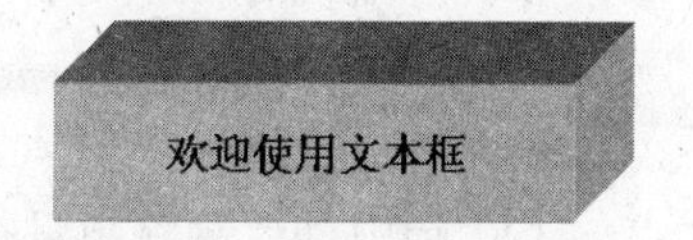

图 5-25　三维立体文本框

5.2.6　项目符号与编号

在幻灯片中，通常在同类的内容前加上一些项目符号或者编号，以突出重点，提高其可读性。项目符号可以采用系统预设的符号，也可以采用图片或其他字符。编号则通常是连续的。

1. 项目符号

1) 添加项目符号

具体步骤如下。

(1) 将光标定位于需要添加项目符号的段落，或者选定所有需要添加项目符号的段落；若所有段落均要添加项目符号，则选中文本框。

(2) 选择“格式”菜单中的“项目符号和编号”命令，如图 5-26 所示，屏幕显示“项目符号和编号”对话框，如图 5-27 所示。

(3) 在“项目符号”选项卡下，单击所需的一种项目符号。如果需要用图片或字符作为项目符号,可单击“图片”按钮或“自定义”按钮,在打开的“图片项目符号”窗口或“项目符号”对话框中,选择相应的图片或字符作为项目符号。

(4) 单击“确定”按钮。

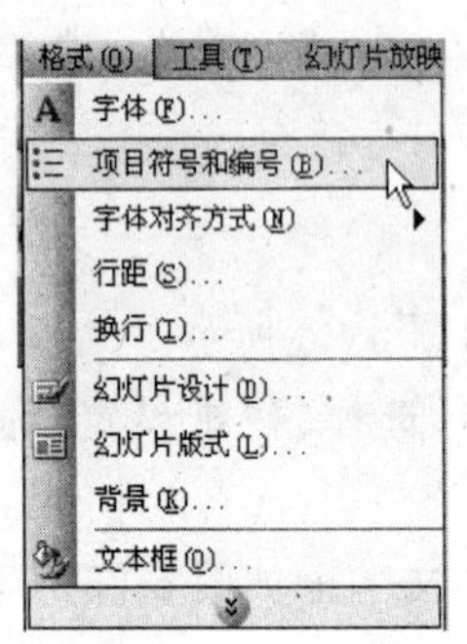

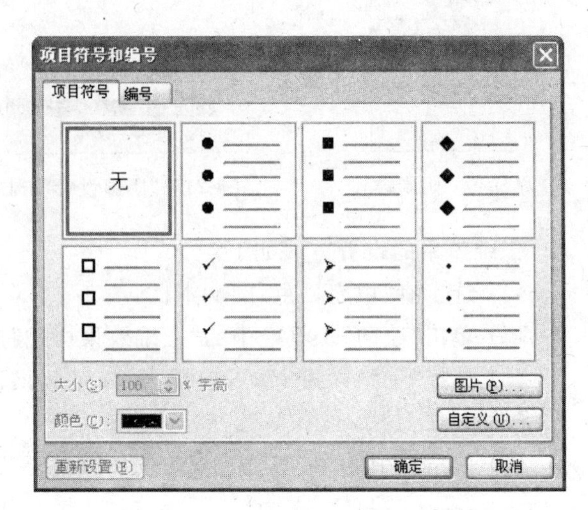

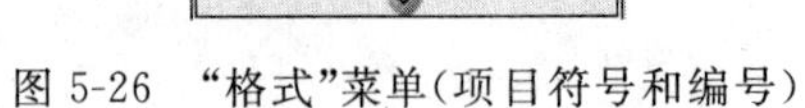

图 5-26 “格式”菜单(项目符号和编号)　　图 5-27 “项目符号和编号”对话框

2) 修改项目符号

操作步骤与添加项目符号相同,只是选择另一种不同的项目符号而已。

3) 删除项目符号

方法一:

(1) 选中需要删除项目符号的段落。若是选中文本框,则将删除其中所有段落的项目符号。

(2) 选择“格式”菜单中的“项目符号和编号”命令。

(3) 在“项目符号和编号”对话框中,切换到“项目符号”选项卡,并选择“无”项。

(4) 单击“确定”按钮。

方法二:

(1) 选定需要删除项目符号的段落。

(2) 单击“格式”工具栏上的“项目符号”按钮☰。

方法三:

将光标定位于项目符号后面,按 BackSpace 键即可。

2. 编号

1) 添加编号

具体步骤如下。

(1) 选定需要添加编号的段落。

(2) 在“格式”菜单中选择“项目符号和编号”命令,打开“项目符号和编号”对话框。

(3) 切换到“编号”选项卡,如图 5-28 所示。

(4) 选择编号类型后,可在“开始于”微调框中选择或输入起始编号。

(5) 单击“确定”按钮。

2) 修改编号

修改编号的步骤和添加编号一样,重新选择新的编号即可。

3) 删除编号

删除部分编号如下。

(1) 选择需要删除编号的段落。

(2) 选择“格式”菜单中的“项目符号和编号”命令,在“编号”选项卡下选择“无”,再单击“确定”按钮;或者单击“格式”工具栏中的“编号”按钮☰。

(3) 此时后面段落的编号将重新排列,将光标定位于其中的第一个段落,选择“格式”菜单中的“项目符号和编号”命令,在“编号”选项卡下的“开始于”微调框中选择起始编号,使之与前面的编号相连。

删除全部编号如下。

(1) 选定文本框,或者选择所有段落。

(2) 选择“格式”菜单中的“项目符号和编号”命令,在“编号”选项卡中选择“无”,单击“确定”按钮;或者单击“格式”工具栏的“编号”按钮☰。

图 5-28 “编号”选项卡

3. 项目符号与编号的互换

“项目符号”与“编号”不可同时设置,在设置“编号”后,原先设置的“项目符号”将自动消失;反之,若设置了“项目符号”,则原先设置的“编号”将自动失效。

5.2.7 加入批注和备注

1. 批注

1) 插入批注

具体步骤如下。

(1) 选择需要加入批注的幻灯片。

(2) 单击“视图”菜单中的“工具栏”子菜单或右击已打开的工具栏，选择“审阅”命令，打开“审阅”工具栏。

(3) 单击“审阅”工具栏中的“插入批注”按钮，如图 5-29 所示；或者选择“插入”菜单中的“批注”命令，如图 5-30 所示。

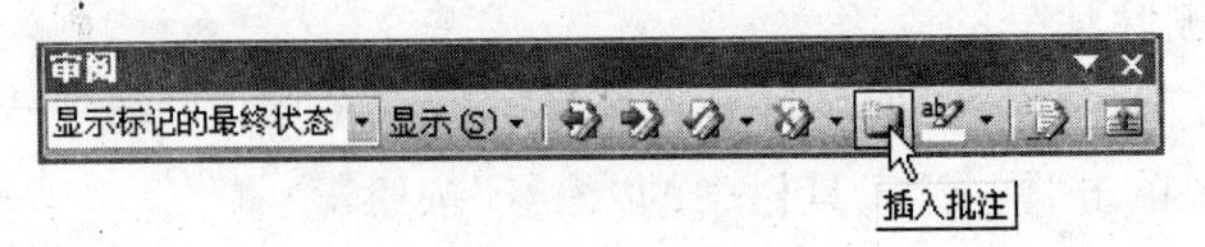

图 5-29 “审阅”工具栏

(4) 在批注框中输入批注内容。

2) 浏览批注

具体步骤如下。

(1) 单击“审阅”工具栏上的“前一项”按钮，可查看上一条批注。

(2) 单击“审阅”工具栏上的“下一项”按钮，可查看下一条批注。

3) 显示/隐藏批注

具体步骤如下。

(1) 单击“审阅”工具栏上的“显示/隐藏批注”按钮，可使批注处于显示状态。

(2) 再单击“审阅”工具栏上的“显示/隐藏批注”按钮，可使批注处于隐藏状态。

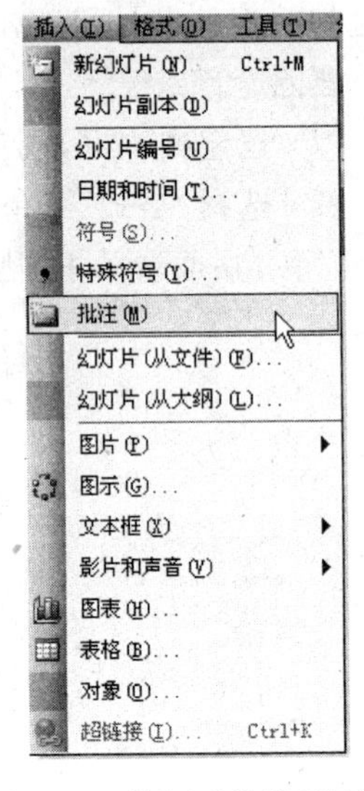

图 5-30 “插入”菜单(批注)

4) 删除批注

具体步骤如下。

(1) 选定要删除的批注。

(2) 单击“审阅”工具栏上的“删除批注”按钮，或者按 Del 键；或单击按钮旁的向下箭头，根据需要选择相应命令。

2. 备注

具体步骤如下。

(1) 利用“视图”菜单中的“备注页”命令，进入“备注页”视图，单击预留区的“单击此处添加文本”。在“普通”视图下，单击预留区的“单击此处添加备注”。

(2) 在光标处输入备注内容。

注意：可将备注打印成备注页，但在播放幻灯片时将隐藏。

5.3 图　　像

5.3.1 插入剪贴画

剪贴画是用计算机软件绘制的,系统的剪辑图库提供了1000多种各式各样的剪贴画,供用户挑选使用。

具体步骤如下。

(1) 选择“插入”菜单中的“图片”子菜单,选择“剪贴画”命令。

(2) 在“剪贴画”任务窗格(图5-31(a))中,单击“搜索”按钮。

(3) 在“剪贴画”任务窗格下方空白处显示出搜索到的图片,选中其中一张图片,右击,在弹出的插入剪贴画菜单中选择“插入”命令即可插入剪贴画;或双击图片也可插入剪贴画,如图5-31(b)所示。

(4) 关闭“剪贴画”任务窗格。

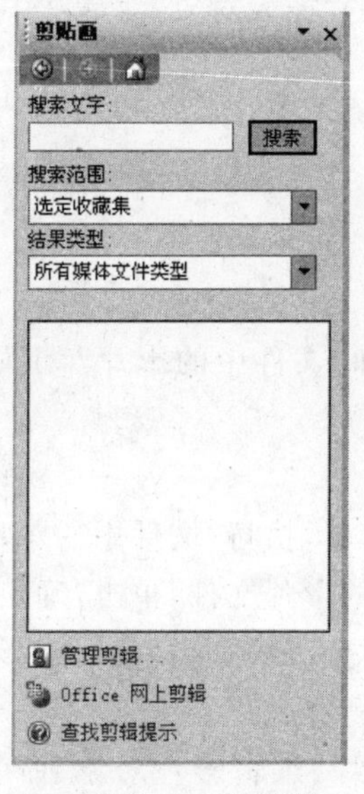

(a) “剪贴画”任务窗格

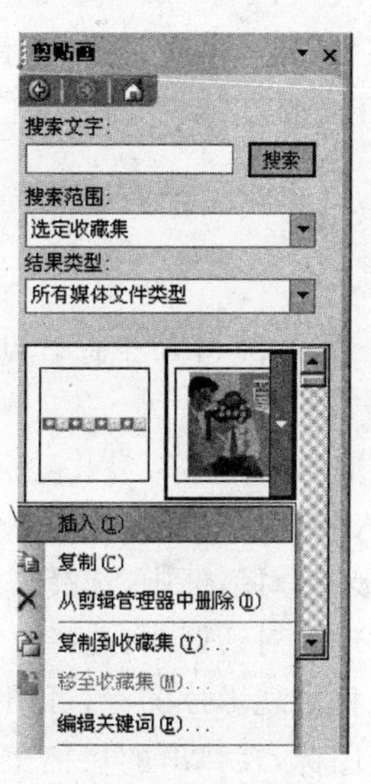

(b) 插入剪贴画菜单

图5-31　插入剪贴画

5.3.2 插入图像文件

对于已有的图像文件,用户可以直接将其插入到幻灯片中。

具体步骤如下。

(1) 选择“插入”菜单中的“图片”子菜单,选择“来自文件”命令。

(2) 在打开的“插入图片”对话框中，选中图片文件后，单击“插入”按钮即可。

5.4 声音与影片

5.4.1 插入声音

在 PowerPoint 的幻灯片中可以插入 4 种类型的声音，它们是“剪辑管理器中的声音”、“文件中的声音”、“播放 CD 乐曲”和“录制声音”。在播放幻灯片时，这些插入的声音将一同播放。

在安装 Office 时，若安装了附加剪辑，则可在幻灯片中插入“剪辑管理器中的声音”。若已有声音文件，可在幻灯片中插入“文件中的声音”。若要插入 CD 音乐，需要将 CD 光盘放入光驱，并设置 CD 乐曲的序号。

插入录音的途径有 3 种：

(1) 选择“插入”→“影片和声音”→“录制声音”菜单命令。

(2) 选择“插入”→“对象”菜单命令，在弹出的“插入对象”对话框中，选中“新建”单选按钮，再在“对象类型”列表框中选择“声音”。

(3) 选择“幻灯片放映”→“录制旁白”菜单命令。

5.4.2 插入影片

在幻灯片中可插入“剪辑管理器中的影片”和“文件中的影片”，下面是在幻灯片中插入影片的操作步骤。

(1) 选择需要插入影片的幻灯片。

(2) 选择“插入”菜单中的“影片和声音”子菜单，执行“文件中的影片”命令。

(3) 在“插入影片”对话框中，选择需要插入的影片文件，单击“确定”按钮。

(4) 在随后出现的对话框中，选择是否在幻灯片放映时自动播放影片。

(5) 幻灯片中将出现影片图标，可调整其位置和大小。

(6) 右击影片图标，在弹出的快捷菜单中选择“编辑影片对象”命令，屏幕显示“影片选项”对话框，可设置“播放选项”。

5.5 超级链接

幻灯片的默认放映顺序是幻灯片的排列次序，如果需要改变其线性的放映次序，可以通过建立超级链接的方式来实现。

5.5.1 文字链接

文字链接的步骤如下。

(1) 选中需要创建超级链接的文字。

(2) 选择“插入”菜单中的“超链接”命令;或者右击,在弹出的快捷菜单中选择“超链接”命令;或者单击“常用”工具栏上的“插入超链接”按钮。

(3) 在“插入超链接”对话框中,如图 5-32 所示,在“链接到:”下方选中“本文档中的位置”。

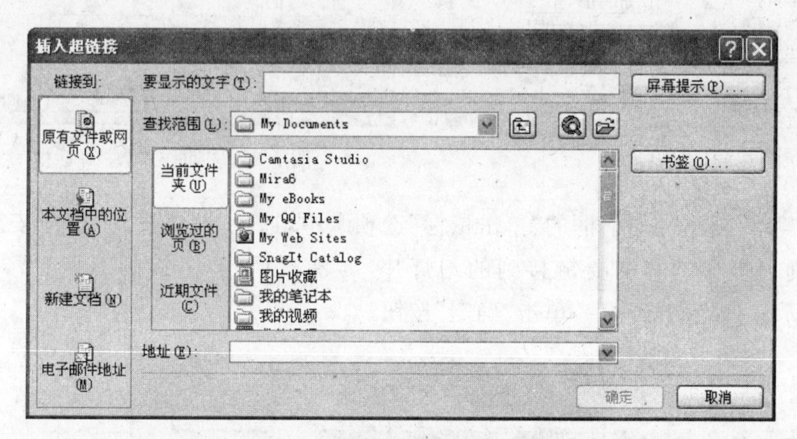

图 5-32 “插入超链接”对话框

(4) 在“请选择文档中的位置”列表框中,选择需要链接到的幻灯片,单击“确定”按钮。此时,被链接文字的下方将带有下划线,同时文字的颜色也发生了变化。如果要改变超级链接文字的颜色,可执行“格式”菜单中的“幻灯片设计”命令,在其任务窗格底部单击“编辑配色方案”按钮,在弹出的对话框中切换到“自定义”选项卡,设置“强调文字和超链接”的颜色,单击“应用”按钮。如果建立超级链接时选中的是文本框而不是文字,则将为文本框建立超级链接,文字下方不会有下划线,而且颜色也不会发生改变。

5.5.2 动作按钮链接

PowerPoint 中内置了 12 个三维按钮,分别为“自定义”、“第一张”、“帮助”、“信息”、“后退或前一页”、“前进或下一项”、“开始”、“结束”、“上一张”、“文档”、“声音”和“影片”。

动作按钮链接的具体步骤如下。

(1) 选择“幻灯片放映”菜单中的“动作按钮”子菜单,选择所需的动作按钮,如图 5-33 所示。

(2) 在幻灯片上放置动作按钮的位置拖曳,释放鼠标后将出现“动作设置”对话框,如图 5-34 所示。

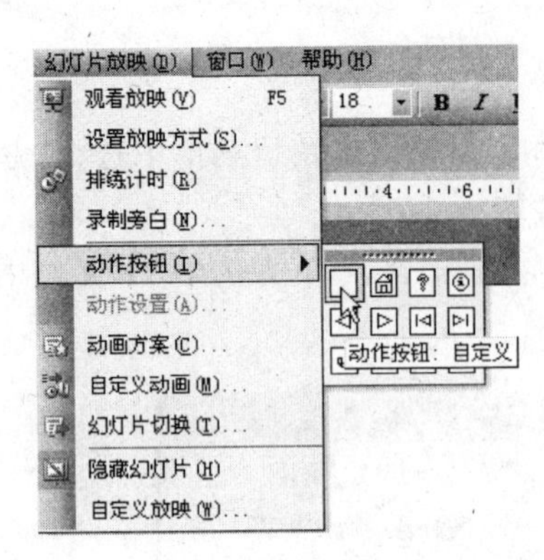

图 5-33 动作按钮

图 5-34 "动作设置"对话框

(3) 在"动作设置"对话框的"单击鼠标"选项卡中，选中"超链接到"单选按钮，在其下方的下拉列表框中选择需要链接到的幻灯片，屏幕显示"超链接到幻灯片"对话框，如图 5-35 所示。选定幻灯片后，单击"确定"按钮。

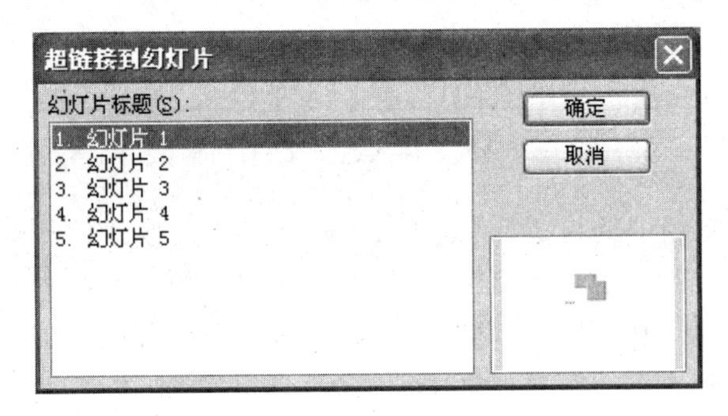

图 5-35 "超链接到幻灯片"对话框

(4) 在选中动作按钮后，可通过执行"幻灯片放映"菜单或右击在弹出的快捷菜单中选择"动作设置"命令来重新设置其超级链接的对象。也可以执行快捷菜单中的"添加文本"命令，在动作按钮上添加文字。

提示：所选择的动作按钮上都有着不同的标记，自定义的动作按钮上没有任何标记，但是可以使用文本框在按钮上添加文字说明。

5.5.3 图形、图像链接

对于图形、图像等对象，同样可以设置其超级链接，设置方法与文本、动作按钮的一样。

5.6 播放演示文稿

5.6.1 设置演示文稿的播放方式

1. 设置放映方式

具体步骤如下。

(1) 打开演示文稿后,选择“幻灯片放映”菜单中的“设置放映方式”命令。

(2) 在“设置放映方式”对话框(如图 5-36 所示)中,可供设置的“放映类型”有 3 种:“演讲者放映”、“观众自行浏览”和“在展台浏览”。同时可设置放映时是否循环放映、是否加旁白或是否加动画、在观众自行浏览时是否显示状态栏等一些选项。

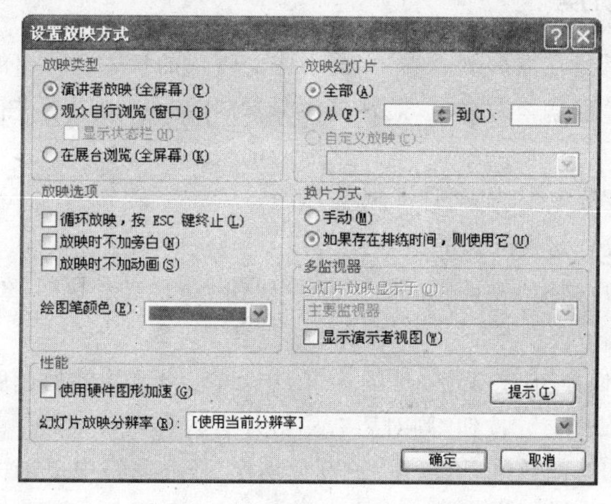

图 5-36 “设置放映方式”对话框

(3) 幻灯片的播放范围默认为“全部”,也可指定为连续的一组幻灯片,或者某个自定义放映中指定的幻灯片。

(4) 换片方式可以设定为“手动”或者使用排练时间自动换片。

2. 自定义放映

具体步骤如下。

(1) 选择“幻灯片放映”菜单中的“自定义放映”命令,打开“自定义放映”对话框,如图 5-37 所示。

(2) 单击“新建”按钮,屏幕显示“定义自定义放映”对话框,如图 5-38 所示。

(3) 在“在演示文稿中的幻灯片”列表框中,选择需要放映的幻灯片,单击“添加”按钮,将其放入“在自定义放映中的幻灯片”列表框中。

(4) 单击“确定”按钮。

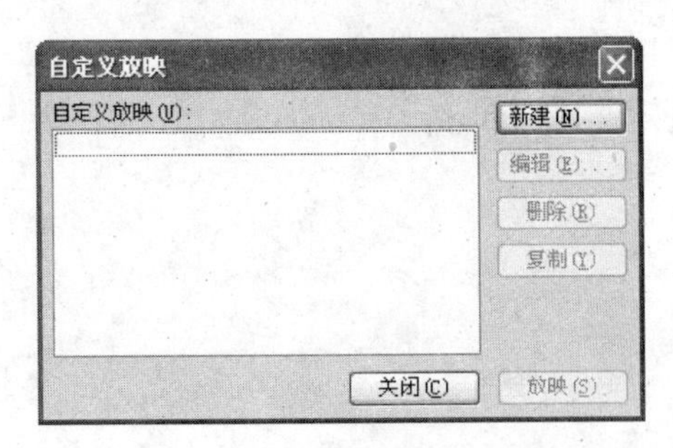

图 5-37 “自定义放映”对话框

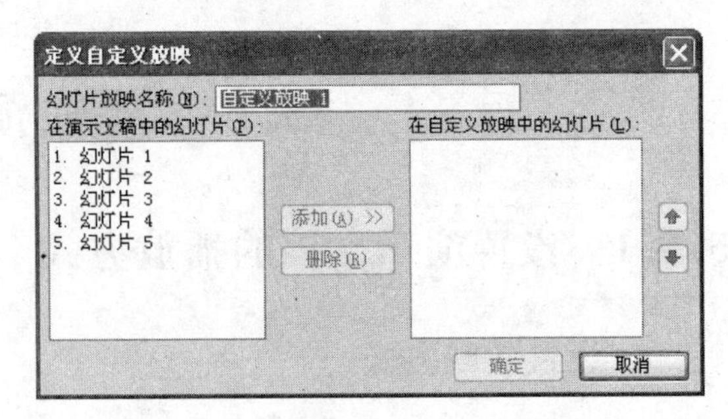

图 5-38 “定义自定义放映”对话框

5.6.2 设置幻灯片的放映效果

1. 幻灯片的切换

幻灯片的切换是指在播放演示文稿时，一张幻灯片的移入和移出的方式，也称为片间动画。在设置幻灯片的切换方式时，最好是在“幻灯片浏览”视图下进行。

具体步骤如下。

(1) 选择“视图”菜单中的“幻灯片浏览”命令。

(2) 选中需要设置切换方式的幻灯片。

(3) 单击“幻灯片浏览”工具栏上的“切换”按钮。或者执行“幻灯片放映”菜单中的“幻灯片切换”命令。

(4) 在“幻灯片切换”任务窗格(见图 5-39)中，可以设置切换的速度、换片方式、音效。若单击“应用于所有幻灯片”按钮，则对所有幻灯片有效。

(5) 若想预览切换的效果，可以在“幻灯片切换”任务窗格中单击“播放”按钮。

2. 动画设置

1) 预设动画

预设动画适用于幻灯片中各种文本，其设置步骤如下。

(1) 选中“文本”或文本所在的对象。

(2) 选择“幻灯片放映”菜单中的“动画方案”命令，右侧的任务窗格切换为“幻灯片设计”的“动画方案”选项。

(3) 选择所需的动画效果。

2) 自定义动画

自定义动画可以用于文本、图形、图像、图表等各种对象，是实际制作演示文稿时使用最多的一种动画方式。与预设动画方式不同，自定义动画在“幻灯片浏览视图”下不能使用。

具体步骤如下。

(1) 选择“幻灯片放映”菜单中的“自定义动画”命令；或者选中对象，右击，在弹出的快捷菜单中选择“自定义动画”命令，打开“自定义动画”任务窗格，如图 5-40 所示。

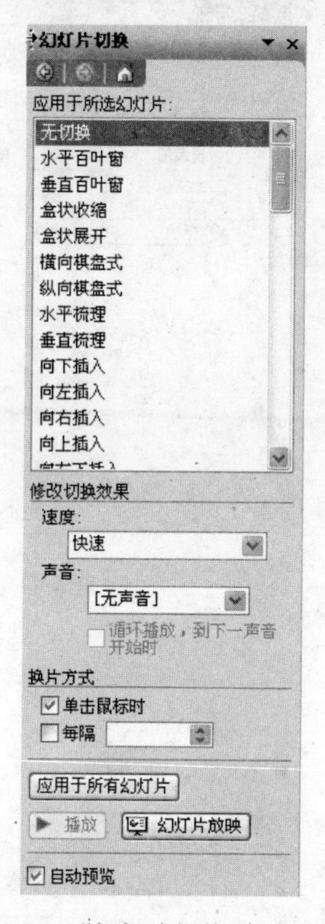

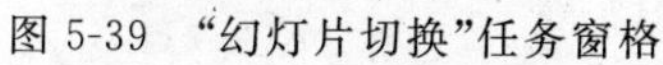
图 5-39 “幻灯片切换”任务窗格

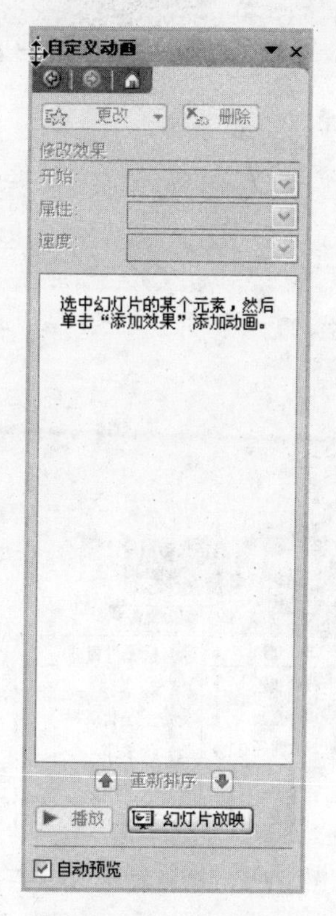

图 5-40 “自定义动画”任务窗格

(2) 选择动画设置对象，在“动画效果”工具栏中设置动画效果，如图 5-41 所示。

(3) 根据需要分别设置动画开始的时间、方向和速度等，如图 5-42 所示。

(4) 单击“播放”按钮，可看到当前动画设置的效果。

5.6.3 放映演示文稿

1. 放映全部幻灯片

具体步骤如下。

(1) 在 PowerPoint 中打开要放映的演示文稿。

(2) 选择“幻灯片放映”菜单中的“观看放映”命令；或者单击“视图”菜单，选择“幻灯片放映”视图；或直接按 F5 键。

(3) 系统将放映全部幻灯片，按 Esc 键可中止放映。

2. 放映部分幻灯片

具体步骤如下。

(1) 选中要开始放映的幻灯片。

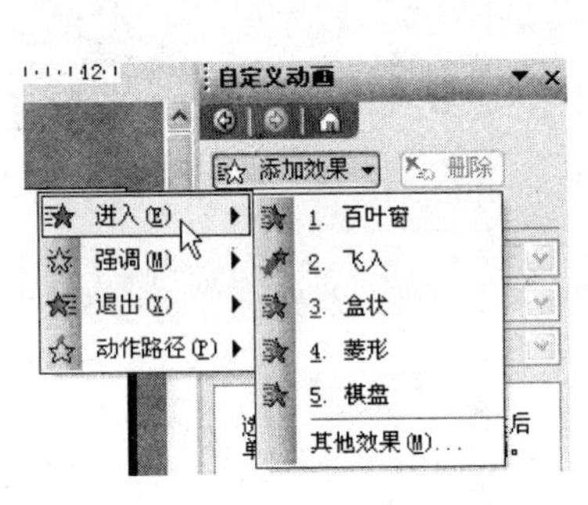

图 5-41 “动画效果”工具栏

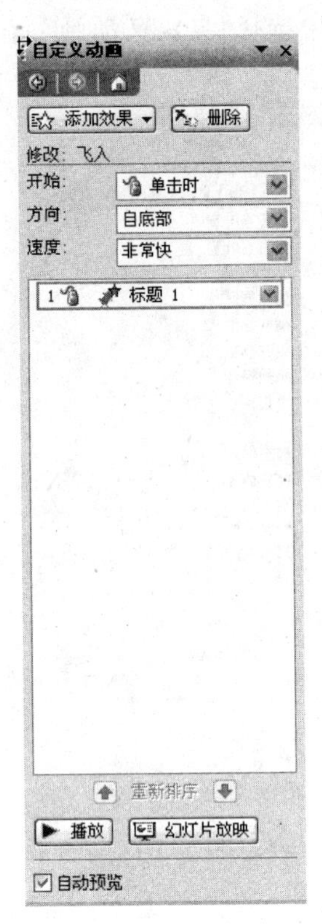

图 5-42 “自定义动画”任务窗格

(2) 单击窗口左下角的“幻灯片放映”按钮。

(3) 系统将从选定的幻灯片开始放映。

3. 隐藏幻灯片

在“幻灯片浏览”视图中，也可将不需要放映的幻灯片隐藏起来。隐藏方法如下。

(1) 选定将被隐藏的幻灯片。

(2) 右击，在弹出的快捷菜单中选择“隐藏幻灯片”命令，如图 5-43 所示。

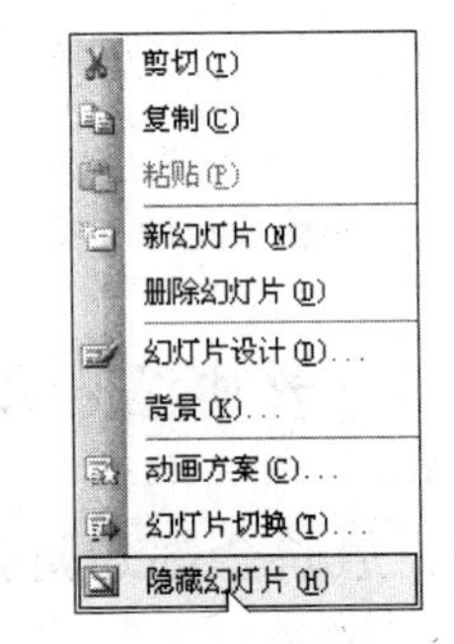

图 5-43 在快捷菜单中选择“隐藏幻灯片”命令

(3) 幻灯片的序号上将显示隐藏标记，这些幻灯片在演示文稿播放时将不显示。

提示：键盘上的方向键、PageUp 键及 PageDown 键都可控制幻灯片的播放。

5.7 本章小结

本章主要介绍了 PowerPoint 的主要功能，包括幻灯片的制作、编辑和放映，让读者能够掌握幻灯片制作与演示的全过程。具体内容包括幻灯片的基本操作、插入各种版式的幻灯片、编辑幻灯片上的各种对象、对演示文稿进行美化等内容。在幻灯片上插入和编辑各种对象(文本、图片、图表等)的操作类似前面 Word 中的操作，读者可以将前面所学的方法应用到 PowerPoint 中。控制幻灯片外观的方法有 3 种：母版、配色方案、设计模板。但如果要修饰个别幻灯片的外观，只有使用配色方案或设计模板；另外通过设置背景，也可以起到美化幻灯片的作用。

但是要想真正体现出 PowerPoint 的特点和优势，还在于演示文稿的动态效果制作，包括在幻灯片内设置动画效果(预设动画和自定义动画)、在幻灯片之间设置切换效果(手动切换和自动切换)及设置演示文稿的放映方式等。这些功能使幻灯片充满了生机和活力。另外，为了增加放映操作的灵活性，还介绍了通过"动作设置"和"超级链接"创建交互式演示文稿的方法。

掌握了 PowerPoint 的使用技能，读者便可以通过演示文稿在公共场所全面地展示自我和表现自我。

第6章 网页制作软件 FrontPage 2003

本章要点

- FrontPage 的窗口、视图方式、创建站点和网页、创建和管理任务等
- 编辑网页、编辑表格、编辑图像、编辑框架、编辑表单、插入媒体和动态特效
- 维护与发布站点

中文版 FrontPage 2003 是 Microsoft 公司最新推出的网页制作工具，它具有功能强大、操作方便等特点，是目前最为流行的网页制作与站点管理工具之一。它采用图形化的界面编辑网页，不仅提高了专业网页制作人员的工作效率，同时还可以使广大非专业人员制作出具有专业级水平的网页。

中文版 FrontPage 2003 是迄今为止最新的、功能最强的 FrontPage 版本，中文版 FrontPage 2003 在中文版 FrontPage 2002 的基础上新增和改进了许多功能，如新增了“访问状况分析报表”、“数据库接口向导”、“智能标记”、“发布单一页面”、“SharPoint 团队服务功能”等。除了上述功能外，中文版 FrontPage 2003 还增加了语音和手写识别、动态在线调查和超级链接格式的设定等功能，并通过划分权限来提高站点的安全性。

本章将介绍中文版 FrontPage 2003 的基本网页、框架和组件、创建超级链接、插入各种对象、表单、发布站点等编辑技术。

6.1 初识 FrontPage 2003

选择“开始”→“所有程序”→Microsoft Office → Microsoft Office FrontPage 2003 命令，启动中文版 FrontPage 2003，其工作窗口如图 6-1 所示。

中文版 FrontPage 2003 的工作窗口主要由标题栏、菜单栏、工具栏、视图栏、标记栏、工作区和状态栏组成。下面分别介绍各组成部分的功能。

1. 标题栏

标题栏位于 FrontPage 2003 工作窗口最上面，它是由控制按钮、窗口标题与窗口按钮三部分组成。拖动标题栏可移动整个窗口，双击标题栏可在窗口最大化和恢复原有大小之间切换。

单击标题栏左侧的“控制”按钮，将弹出 FrontPage 2003 工作窗口的“控制”菜单，如图 6-2 所示。

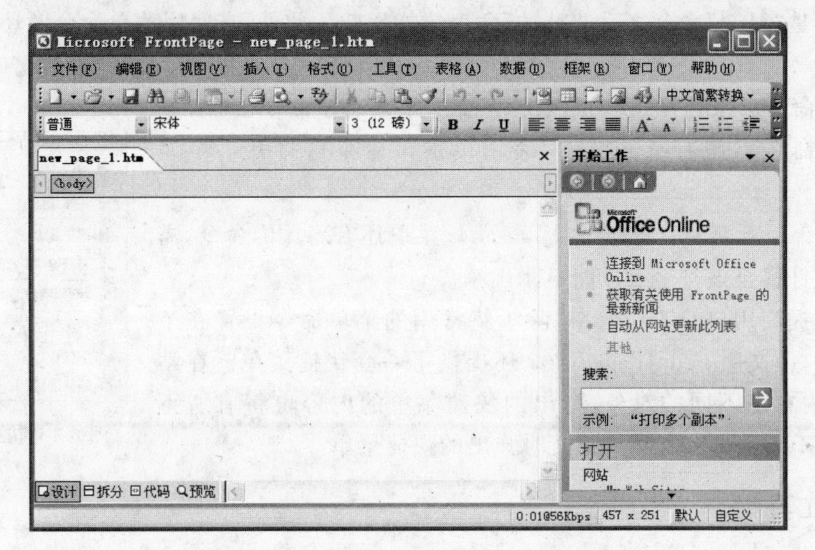

图 6-1　中文版 FrontPage 2003 工作窗口

图 6-2　“控制”菜单

在该菜单中，通过单击各命令可以执行移动窗口、调整窗口大小、最大化窗口、最小化窗口和关闭窗口等操作。菜单内禁止使用的命令显示为灰色，表明在当前状态下该命令无效。

在“控制”菜单的右侧，显示正在使用的是 Microsoft FrontPage，如果目前已打开了 Web 站点，则还将显示正在编辑的站点名称。

2. 菜单栏

菜单栏位于标题栏的下方，它以菜单命令的形式为用户提供各种编辑网页和管理网页的功能，其中包括“文件”、“编辑”、“视图”、“插入”、“格式”、“工具”、“表格”、“数据”、“框架”、“窗口”和“帮助”11 个菜单，涵盖了 Web 站点管理、网页制作的所有菜单命令。与 Office 家族的其他软件相比，其中的“框架”和“数据”菜单项主要是为基于 SharePoint 站点的网页加入数据视图而设置的。

图 6-3　“文件”菜单

将鼠标指针移动到菜单名称处，鼠标指针下的菜单将突出显示，单击即可打开该菜单，每个菜单包含着数量不等的命令，选择某个命令即可执行相应的功能，而单击菜单外的任何地方，或者按 Esc 键将关闭打开的菜单。

如果菜单名称右侧有带下划线的英文字母，表示按下 Alt 键的同时，再按下这个字母键，可以打开相应的菜单或其子菜单。例如，按 Alt＋F 组合键，将会打开“文件”菜单，如图 6-3 所示。

如果菜单的命令呈浅灰色，说明当前状态下此命令无效，或者执行了其他的操作之后此命令才能生效。例如，只有当用户选择了

“剪切”或是“复制”命令之后，“粘贴”命令才能生效。此外，在使用菜单命令时还需注意以下几点。

(1) 命令后跟有符号“ ▸ ”，表示该命令下还有子命令。

(2) 命令后跟有符号“…”，表示单击该命令可打开一个对话框。

(3) 命令下面如有符号“ ⌄ ”，表示该菜单还有隐藏的命令，需将鼠标指针移至该符号上才能显示出来。

为了提高用户的工作效率，除了将常用的菜单命令设置在工具栏之外，中文版 FrontPage 2003 还提供了一套快捷菜单。在站点、网页内右击不同的对象，弹出的快捷菜单的内容也将有所不同。图 6-4 所示为右击网页正文时弹出的快捷菜单。

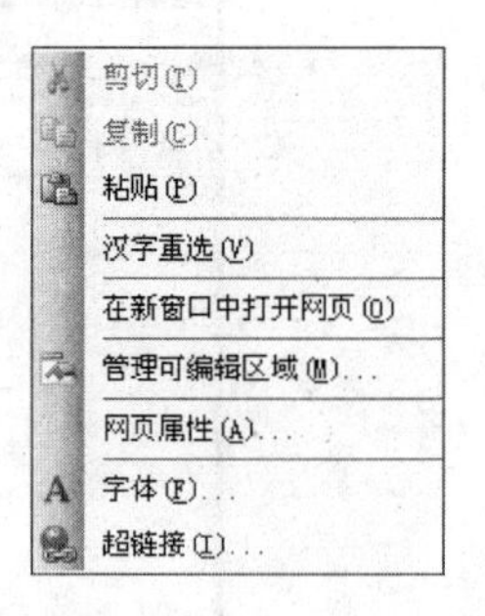

图 6-4　快捷菜单

3. 工具栏

工具栏位于菜单栏的下方，它以工具按钮的形式为用户提供主要的编辑和管理功能。最初启动中文版 FrontPage 2003 时有两个工具栏，即“常用”工具栏和“格式”工具栏，它们是中文版 FrontPage 2003 最主要的两个工具栏，下面分别介绍这两个工具栏中各按钮的相关功能。

1) “常用”工具栏

“常用”工具栏主要由一些常用的按钮组成，如图 6-5 所示，它将 Web 站点维护、网页制作的常用命令都放置其中以方便使用。

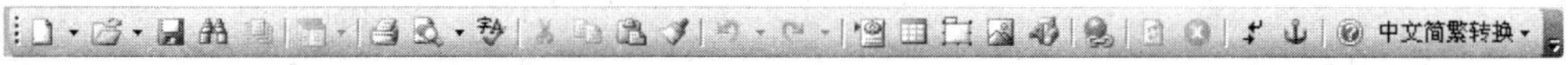

图 6-5　“常用”工具栏

“常用”工具栏中各按钮的具体功能如下。

(1) “新建普通网页”按钮：组合键为 Ctrl＋N，主要用于新建 Web 站点、网页文件夹、网页文件与操作任务。

(2) “打开”按钮：组合键为 Ctrl＋O，主要用于在当前窗口中打开 Web、局域网或本地计算机上的站点与网页文件。

(3) “保存”按钮：组合键为 Ctrl＋S，主要用于对当前窗口的网页文件执行存盘操作。

(4) “查找”按钮：组合键为 Ctrl＋F，主要用于查找网页中的字符并可以在打开的对话框中替换它。

(5) “发布网站”按钮：主要用于发布当前建立的网站到 Internet 上。

(6) “切换窗格”按钮：主要用于在不同窗格之间进行切换。

(7) “打印”按钮：组合键为 Ctrl＋P，主要用于将当前网页发送至打印机并输出。

(8) “Microsoft Internet Explorer 6.0 中的预览”按钮：组合键为 F12，主要用于将当前网页发送到浏览器中进行预览。

(9) “拼写检查”按钮：主要用于对当前网页的内容进行拼写检查。

(10)“剪切”、“复制”、“粘贴”按钮：组合键分别为Ctrl＋X、Ctrl＋C和Ctrl＋V，它们主要用于移动、复制所选择的网页文件夹、网页文件及网页中的内容。

(11)“格式刷”按钮：组合键为Ctrl＋Shift＋C，主要用于复制所选择的网页文本的格式，并将复制的格式应用于不同的网页或相同网页内其他的文本。

(12)“撤销”、“恢复”按钮：组合键分别为Ctrl＋Z和Ctrl＋Y，其主要作用是分别对用户进行的操作进行撤销和恢复。

(13)“Web组件”按钮：主要用于在当前网页中插入一个Web组件。

(14)“插入表格”按钮：主要用于在当前网页中插入一个设定好行、列数的表格。

(15)“插入层”按钮：主要用于在当前网页中插入一个层。

(16)“插入文件中的图片”按钮：主要用于在当前网页中插入一个图片文件。

(17)“绘图”按钮：主要用于打开“绘图”工具栏，然后通过单击“绘图”工具栏中的按钮进行相应的绘图操作。

(18)“插入超链接”按钮：组合键为Ctrl＋K，主要用于创建网页与Web站点、网页与局域网、网页与网页之间的超链接。

(19)“刷新”按钮：组合键为F5，主要用于对当前网页显示的结果进行刷新。

(20)“停止”按钮：主要用于强制停止导入站点、打开站点等操作。

(21)“全部显示”按钮：组合键为Ctrl＋*，主要用于显示网页中的隐藏符号。

(22)“显示层定位标记”按钮：主要用于显示层的定位标记。

(23)“Microsoft Office FrontPage帮助”按钮：组合键为F11，用于提供来自Microsoft的帮助信息。

(24)“中文简繁转换”按钮：主要用于对当前网页中的内容进行中文繁体与简体之间的转换。

2)“格式”工具栏

“格式”工具栏如图6-6所示，主要集成了一些用于设置网页格式的按钮和选项，如设置文本的字体、字号、对齐方式、缩进量等。

图6-6 “格式”工具栏

“格式”工具栏中各按钮及选项的具体功能如下。

(1)“样式”下拉列表框：组合键为Ctrl＋Shift＋S，主要用于设置段落的样式、网页的标题等。

(2)“字体”下拉列表框：组合键为Ctrl＋Shift＋F，用于设置网页文本的字体类型。

(3)“字号”下拉列表框：组合键为Ctrl＋Shift＋P，用于设置网页文本的字号大小。

(4)“加粗”、“倾斜”、“下划线”按钮：组合键分别为Ctrl＋B、Ctrl＋I和Ctrl＋U，分别用于设置网页文本的常用字型。

(5)“左对齐”、“居中”、“右对齐”、“两端对齐”按钮：其中前3个按钮的组合键分别为

Ctrl＋L、Ctrl＋E 和 Ctrl＋R，它们主要用于设置网页文本、对象的对齐方式。

(6) “增大字体”、“缩小字体”按钮：分别用于设置选定文本的字号。

(7) “编号”、“项目符号”按钮：分别用于设置网页文本的列表方式，具有并列关系的内容可用项目符号，而具有逻辑关系的内容则需要用编号。

(8) “减少缩进量”、“增加缩进量”按钮：组合键分别为 Ctrl＋Shift＋M 和 Ctrl＋M 键，分别用于控制网页内左、右边距之间文本的长度。

(9) “外侧框架”按钮：主要用于设置表格中的框架。

(10) “突出显示”按钮：主要用于使用特殊的颜色修饰文本，可突出网页内需要强调的内容。

(11) “字体颜色”按钮：主要用于设置网页文本的颜色，可直接从颜色列表中选取，也可以自定义颜色。

4. 视图栏

视图栏位于窗口的下方，当选择一个网页时，显示“设计”、“拆分”、“代码”、“预览”等视图模式。而当选择网站时，则显示“文件夹”、“远程网站”、“报表”、“导航”、“超链接”、“任务”等视图模式。不同的模式对应着不同的工作方式。

5. 标记栏

标记栏是中文版 FrontPage 2003 新增的窗口元素，如图 6-7 所示。当选择了网页中的某个对象时，在该栏中自动显示出相关的 HTML 标记，如果用户对 HTML 比较了解的话，还可以直接在该栏中修改 HTML 标记。

图 6-7　HTML 标记栏

6. 工作区

工作区位于标记栏的下方，它是管理站点、编辑网页的主要场所。用户在视图栏中选择不同的视图模式，则可以使用不同的工作方式。例如，在网页编辑中，选择“设计”视图模式，可以在工作区中直接输入文本或插入对象；而选择“代码”视图模式，则在工作区中只能进行 HTML 代码的编写。

7. 状态栏

状态栏位于窗口的最底端，用于显示 FrontPage 2003 当前所处的各种状态。

用户在单击工具栏中的工具按钮或者打开菜单，并将鼠标指针指向其中的命令时，状态栏中将给出该工具按钮或者菜单命令的功能说明，有时还能够指导用户下一步应该进行的操作。

6.2 制作网页

6.2.1 创建站点

在制作网页之前，用户需要先创建站点，这是网页制作的前提。

中文版 FrontPage 2003 不仅是网页编辑器，同时也是创建、管理、发布站点的得力工具。利用中文版 FrontPage 2003 提供的多种站点模板和向导，可以帮助用户轻松、快速地创建具有个人特色的站点，然后编辑、修改网页，或使用网页模板创建新的网页，最后将创建的站点发布到 Internet 上。

1. 使用模板创建站点

模板是一站点现成的框架，利用模板，用户可以完成站点框架的构建，并生成相互链接、包含常规文本的一系列网页，通过对其中的内容和格式加以修改和充实，即可快速地创建一个站点。

中文版 FrontPage 2003 为用户提供了以下 3 种典型的站点模板。

1）客户支持站点

该模板是为公司和企业所设计的模板，应用对象是从事商业贸易的公司机构。利用这个模板可创建一个客户服务站点，包括介绍公司的最新动态、商务活动、技术应用、产品销售等方面的信息，通过反馈表单，可以收集客户信息，解决客户的问题。

2）个人站点

利用该模板可以创建一个个人站点，包括个人的兴趣爱好、工作经历、个人要求、照片资料等信息。再经过对内容的充实，就可最大限度地体现个人特色。

3）项目站点

该模板创建的站点可用于管理工程项目、课题进度、工程规划，工作人员可把项目报告、计划列表、技术档案等提供到站点内，站点的主页将显示提交内容的标题。

下面以创建“个人网站”为例，介绍如何使用模板创建站点。

操作步骤如下。

（1）选择“文件”→“新建”命令，弹出“新建”任务窗格，在“新建网站”选项组中单击“其他网站模板”超链接，如图 6-8 所示。

（2）在弹出的“网站模板”对话框的“常规”选项卡中选择“个人网站”模板，并在“选项”选项组中指定新网站的位置，如图 6-9 所示。

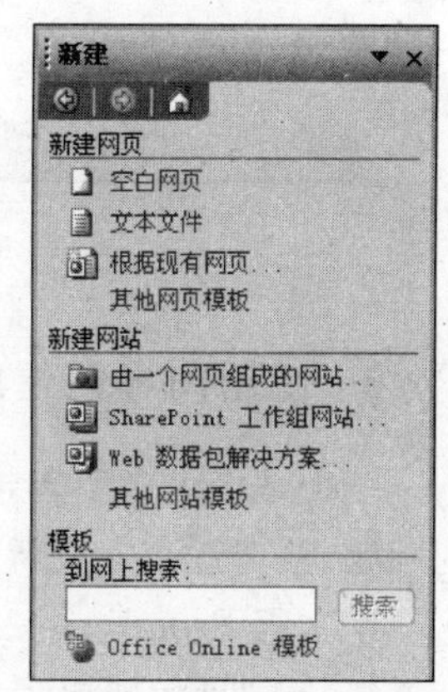

图 6-8 “新建”任务窗格

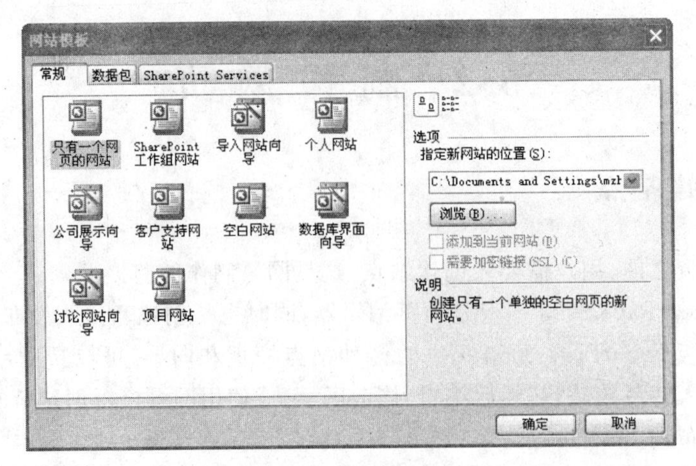

图 6-9　“网站模板”对话框

(3) 单击“确定”按钮,使用模板创建的个人站点如图 6-10 所示(在“导航”视图模式下)。

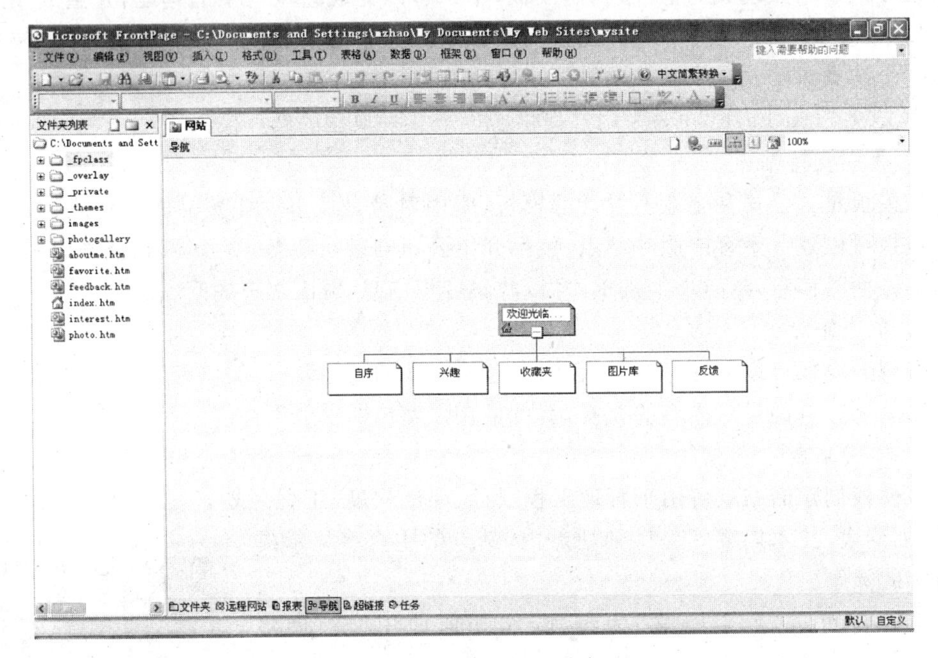

图 6-10　新建的个人站点

2. 使用向导创建站点

一个站点由多个向导对话框组成,用户只需在对话框内回答与创建站点有关的一系列问题,就可逐步完成新站点的创建操作。

中文版 FrontPage 2003 为用户提供了以下 3 种类型的站点向导。

1) 公司展示向导

利用该向导可以建立公司或企业的站点,用户可以设置新闻、产品、服务、内容目录、意见反馈、搜索表单等内容,从而对公司机构的概况、任务、联系信息等内容进行描述。

2）讨论网站向导

该向导可以帮助用户建立一个交互式的讨论网站,浏览者可以在讨论组内就某个专题发表个人的看法,也可以查阅、浏览其他人提交的文章。

3）数据库界面向导

利用该向导创建的站点可连接到数据库,以便对数据库进行查看、更新、添加或删除记录等操作。

6.2.2 站点基本操作

启动中文版 FrontPage 2003 后,可以创建新的站点,也可打开已有站点,从而对站点进行编辑。可以同时打开多个站点,以参考其他站点的内容。对不再需要的站点应删除,以节省磁盘空间。

1. 打开站点

对已有站点进行编辑、修改时,首先需要打开站点。

2. 添加网页

在创建的站点内随时可以添加网页,以充实站点的内容,满足个人的要求。添加网页的方式与当前站点的视图模式有关,在"网页"视图模式下,可使用"向导"或"模板"创建新网页,在"文件夹"视图模式下只能创建空白网页。

3. 修改站点

站点创建以后,为了使它更符合用户的要求,应该对站点进行修改,主要包括以下几个方面。

1）对站点重命名

站点的名称是指向站点服务器或文件系统的目录名,站点的名称最好能够与站点的内容相吻合,并且要简洁、直观,这样网络浏览者看到站点的名称时,就能够猜出站点的大致内容,体会出站点设计人员的责任感,有利于增强站点的吸引力。不仅可以对站点使用英文名称,同时也可以使用中文名称。

2）修改站点的结构

为了使站点的结构更加美观和实用,用户可以对站点的结构进行适当的修改。在"导航"视图模式下用鼠标拖动网页到适当的位置,即可改变站点的结构。

4. 删除站点

删除站点也是对站点的常用操作。对于那些不需要的站点,用户完全可以将它们删除,以便为硬盘、Web 服务器腾出更多的可用空间。打开准备删除的网站之后,即可对它进行删除操作。这种删除操作具有永久性的特点,已删除的内容很难再恢复,因此用户需慎重对待。

删除一个文件夹或网页文件的操作方法为：选中要删除的文件夹或网页文件，选择“编辑”菜单中的“删除”命令，弹出“确认删除”对话框，单击“是”按钮即可删除所选文件夹或网页文件。

若要删除整个站点，可先选中该站点，再选择“编辑”菜单中的“删除”命令，或右击该站点，在弹出的快捷菜单中选择“删除”命令，然后在弹出的“确认删除”对话框中单击“是”按钮。

6.2.3 网页基本操作

1. 创建网页

在站点中创建新网页有多种方法，最简单的方法是直接单击“常用”工具栏中“新建”按钮旁边的下拉按钮，在弹出的下拉菜单中选择“网页”选项，创建一个新网页；使用“新建”任务窗格创建网页则有更多的选择。

使用 FrontPage 2003 提供的模板，可以快速地创建已经具有一定格式的网页，从而免去一些较为复杂的格式设置。使用向导可以交互式地创建一些具有特殊功能的网页。

2. 修改网页属性

网页属性是有关网页的参数，包括网页的标题、位置、背景音乐等，它显示了网页的特征，可通过修改网页的属性来满足用户的要求。

操作步骤如下。

(1) 选择“文件”菜单中的“属性”命令，弹出“网页属性”对话框，如图 6-11 所示。

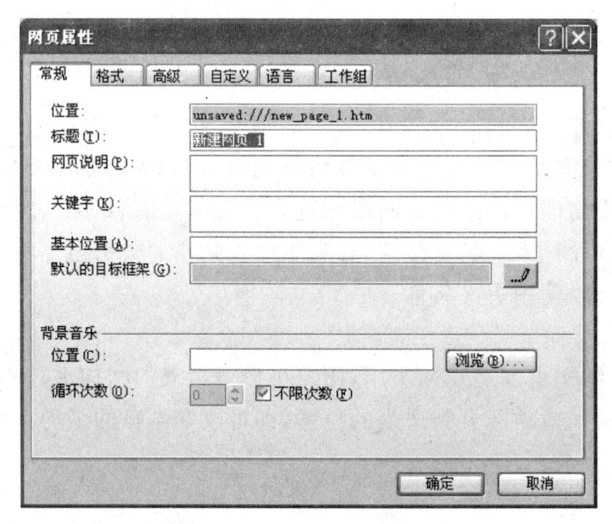

图 6-11 “网页属性”对话框

(2) 在“常规”选项卡的“标题”文本框中输入网页的标题，在“基本位置”文本框中输入网页的基本位置，在“背景音乐”选项组中输入 MID 音乐文件或 WAV 音乐文件的位置及文件名，设置打开该网页时自动循环播放音乐的次数；在“格式”选项卡中设置网页的背景和颜色等项目；在“语言”选项卡中设置网页的语言等项目。

(3) 设置完成后，单击“确定”按钮，保存所做的设置即可。

3. 打开网页

创建了一个新的网页后，该网页会自动处于打开状态，对已有网页必须先打开，才能对它编辑、修饰。在编辑过程中可以预览网页的显示效果，编辑结束后应对所做的编辑进行保存。

打开网页的方法有很多，最简单的方法就是在网站“文件夹”视图中直接双击要打开的网页文件。例如，要编辑主页，只要双击名为 index. htm 的文件，就可在 FrontPage 2003 的编辑窗口中编辑此页面了。

网页文件默认的编辑器是 FrontPage 2003，所以双击一个网页文件会自动在 FrontPage 2003 的窗口中打开该网页文件。实际上站点内的图像文件、文本文件、数据库文件等都与特定的编辑器建立着关联，双击这些文件时，会自动在相应的编辑器中打开这些文件。

4. 预览网页

在网页制作过程中，用户可以随时观看网页浏览的实际效果。FrontPage 2003 提供了两种预览网页的方式，即“预览”方式和浏览器方式。

在 FrontPage 2003 的工作窗口中，单击下面的“预览”按钮，则将编辑器窗口转换成浏览器窗口，正在编辑的网页将显示实际浏览效果。

用户也可以用浏览器预览正在编辑的网页。选择“文件”菜单中的“在浏览器中预览”命令，弹出“在浏览器中预览”子菜单，用户在其中选择合适的浏览器即可。

5. 保存网页

在网页制作完成后，需要对所做的工作进行保存或发布。FrontPage 2003 可以把网页直接保存在本地磁盘或局域网中的某个位置，也可以保存到 FTP 站点或是一个使用 HTTP 协议的 Web 文件夹中，还可以把网页保存为模板或预先处理的 HTML 文件。

6.3 框架和组件

框架是网页中一种非常实用的工具，它可以将浏览器窗口分割成几个不同的小窗口，各个窗口包含不同的网页，并且在替换窗口中的网页文件时不会影响其他窗口中的网页。用户可以利用它来创建一个专门存放导航条的窗口，再另外创建一个专门显示网页内容的主窗口，这样浏览者只需在导航条窗口中选择不同的超链接，便可以在主窗口中看到不同的网页内容。

每个框架不仅可以显示不同的网页，而且都是独立的、可以滚动的网页，都有自己的名称，还可以在同一屏幕上的各窗口之间设置超链接。框架网页通常用于目录、文章列表或其他种类的网页上，单击一个框架内的超链接，会在另一个框架内显示相关网页。使用框架网页，可以将许多网页分层次地、有条理地结合在一起，方便客户快速查找所需的内容。

框架主要由以下元素组成。

1）边框

每个框架都有一个边界，在边界上有一个边框将相邻的框架分开。边框就相当于相邻框架之间的分隔线。在一个框架网页中，可以设置某一个框架具有边框，也可以同时设置多个框架具有边框。边框具有两种属性：一种是边框的大小，即边框的宽度；另一种是边框的颜色。

2）滚动条

滚动条是框架窗口中用来滚动网页内容的一种工具，当框架窗口中的网页内容超出了窗口的显示范围时，就需要使用滚动条来滚动网页以便观察网页中其他部分的内容。

3）网页

网页即框架中的内容。在设计框架网页时，必须为每个框架指定一个网页。这个网页可以是已经存在的，也可以是临时新建的。

6.3.1 创建框架网页

一个框架网页实际是由一个框架集(Frameset)构成的，框架集是由各个框架组成的一个集合。

中文版 FrontPage 2003 提供了最流行的框架网页布局模板，用户可以使用这些模板轻轻松松地创建框架网页。

操作步骤如下。

(1) 单击“文件”菜单中的“新建”命令，弹出“新建”任务窗格。

(2) 在“新建网页”选项组中单击“其他网页模板”超链接，如图 6-12 所示。

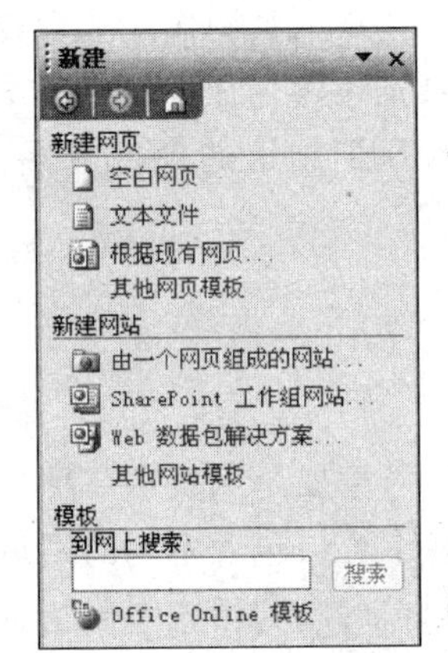

图 6-12 “新建”任务窗格

(3) 在弹出的“网页模板”对话框中切换到“框架网页”选项卡，如图 6-13 所示。

(4) 在“框架网页”列表中选择一种框架，如“横幅和目录”模板，在“说明”选项组中会显示出该框架模板的详细说明，而在下方的“预览”选项组中会显示出建立框架网页的效果图。

(5) 单击“确定”按钮，运用“横幅和目录”模板创建的框架网页如图 6-14 所示。

建立好框架网页后，可以看到在网页的视图栏中增加了“无框架”视图模式。用户可以进入该视图，为那些不能浏览该框架网页的浏览器添加一定的注释信息。当然，用户也可以在

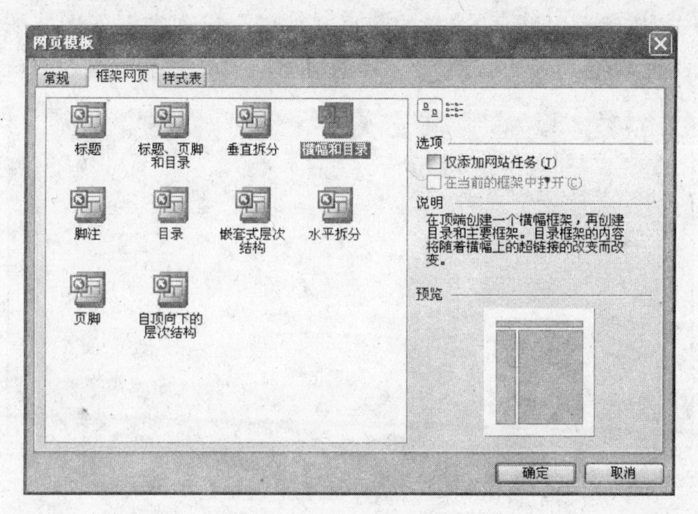

图 6-13 “框架网页”选项卡

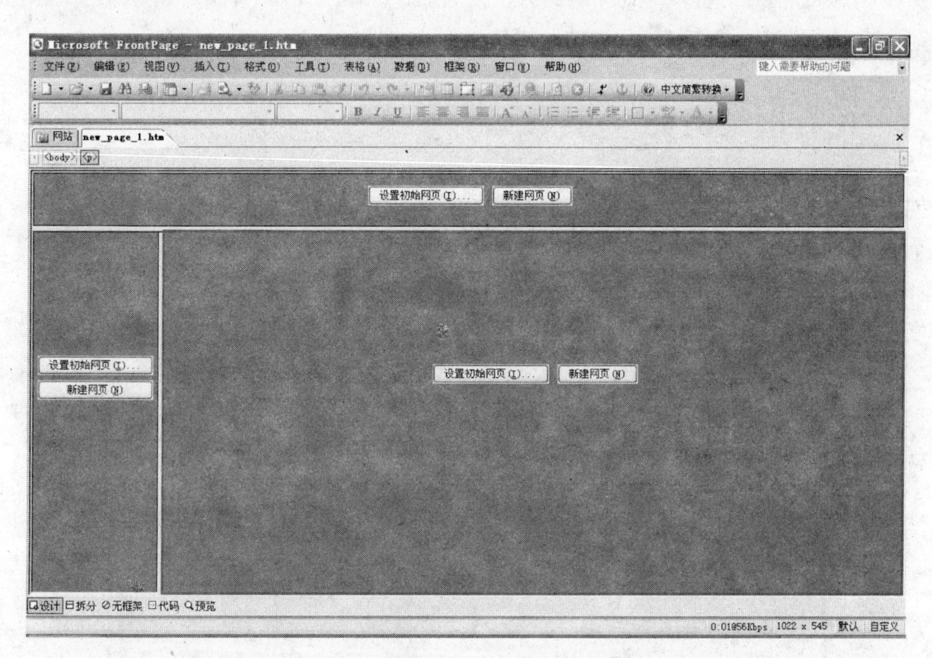

图 6-14 运用“横幅和目录”模板创建的框架网页

“无框架”视图模式中设计一个新网页，让无法显示框架的浏览器显示。

在选择了一个框架网页后，用户可以对框架网页中的每个框架进行编辑。创建之初，每个框架都包括两个按钮，即“设置初始网页”按钮和“新建网页”按钮。其中“设置初始网页”按钮用于将所在框架中显示的网页指定为一个已创建的网页，而“新建网页”按钮则为相应框架创建一个新的空白网页。通过上述两个按钮的操作，可以设置框架的链接以及在框架中创建网页。

要在新创建的网页中设置当前框架所要显示的网页，可单击“设置初始网页”按钮，打开如图 6-15 所示的“插入超链接”对话框，在该对话框中可以设置框架的目标网页。选定文件后单击“确定”按钮返回网页，选择的网页文件就会出现在框架中。如果选定的网页框架区域很大，中文版 FrontPage 2003 会自动增加水平滚动条和垂直滚动条。

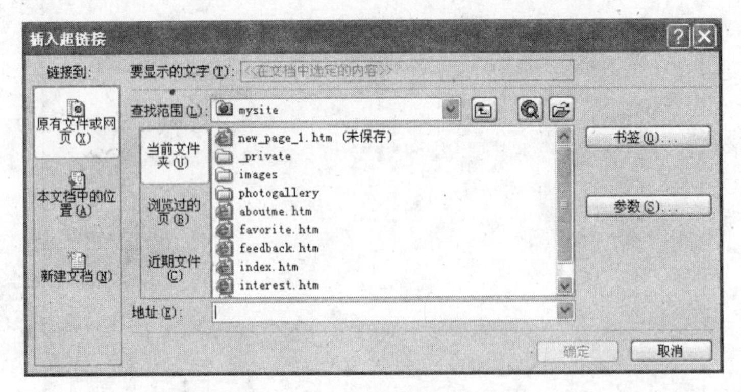

图 6-15 “插入超链接”对话框

要在相应的框架中直接建立网页，用户可在图 6-14 中直接单击“新建网页”按钮，将光标定位在该框架中，直接在其中加入相应的信息即可。

6.3.2 保存框架网页

创建一个框架网页之后，因为其中的每一个框架中显示的都是一个独立的网页，且都有一个初始页面，所以，每个框架中的初始页面都要保存为一个 HTML 文件。除此之外，还需要一个 HTML 文件来记录各框架在网页中的排列方式等总体的结构信息。

操作步骤如下。

(1) 单击“常用”工具栏中的“保存”按钮，弹出“另存为”对话框，如图 6-16 所示。该对话框的右边包含一个框架网页结构图，如果网页是新建的，框架结构图中表示该框架的部分就会以深色显示，表示当前正在保存的框架网页。

图 6-16 “另存为”对话框

(2) 在“保存位置”下拉列表框中选择好保存的位置，在“文件名”下拉列表框中输入相应框架的初始网页的文件名。单击“更改标题”按钮可以更改网页标题的内容，该标题内容在 IE 中显示在浏览器的标题栏中。

(3) 单击“保存”按钮，该框架网页即被保存。

6.3.3 设置框架的属性

如同设置表格、图像的属性一样，框架也需要设置属性。在中文版 FrontPage 2003 中，用户可以通过设置框架的属性来设置框架的外观。

用户如果要设置框架的属性，可先选中一个框架并在其中右击，在弹出的快捷菜单中选择“框架属性”命令，弹出“框架属性”对话框，如图 6-17 所示。

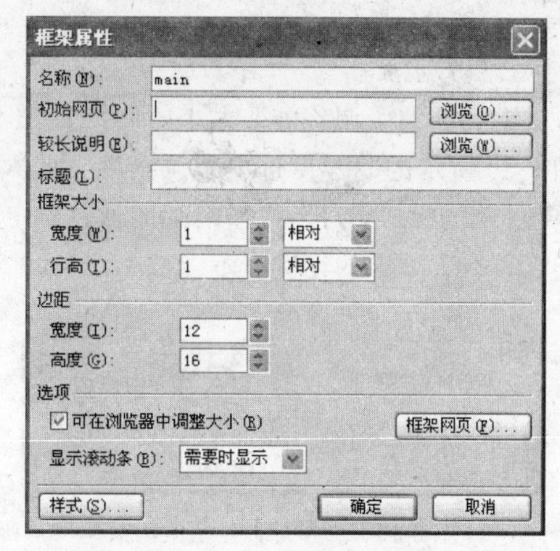

图 6-17 “框架属性”对话框

在“框架属性”对话框中，用户可进行以下设置。

1. 修改框架名称

框架名称与框架的标题不同，它不会显示在页面的标题栏上，其作用只是给框架一个名称，以方便用户建立框架间的关联。用户只需在“框架属性”对话框的“名称”文本框中输入相应的名称即可达到修改的目的，如图 6-18 所示。

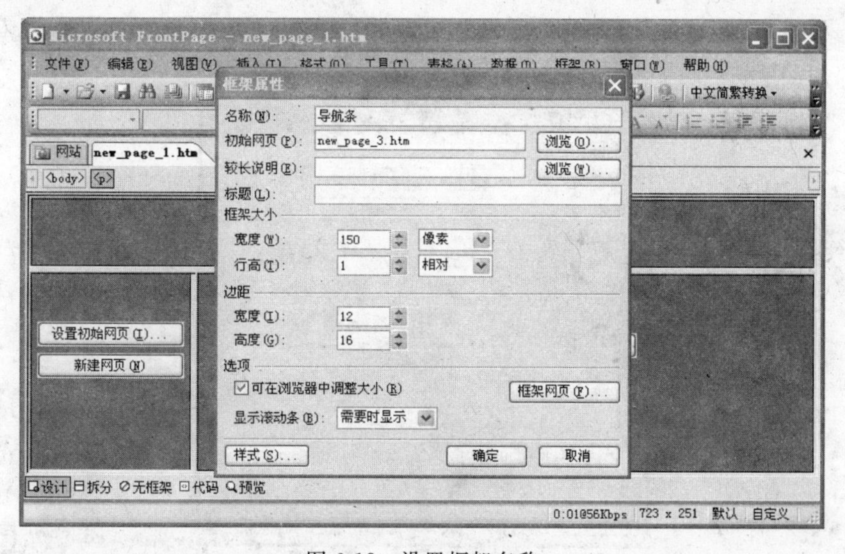

图 6-18 设置框架名称

2. 设置框架的滚动条

当用户将网页分割成几个框架后，有时会因为框架无法完全显示出加入网页的全部内容，而必须使用滚动条来调整浏览范围。用户可以在“框架属性”对话框的“选项”选项组的“显示滚动条”下拉列表框中选择是否显示滚动条，如图 6-19 所示。

通常选择“需要时显示”选项，让浏览器根据框架和网页的大小来自动判断是否加上滚动条。设置好后，如果不希望随意变动网页的设置，可取消选中“可在浏览器中调整大小”复选框，这样在“预览”视图中就不能变动框架的大小了。

3. 调整框架的大小

前面介绍了调整框架大小的两种方法，这里不再重复，需要补充说明的是，在使用如图 6-20 所示的“相对”选项来调整框架的大小时，如果网页中只有左右两个框架，并将其单位都设定为“相对”，将左框架的列宽设定为 2，将右框架的列宽设定为 3，那么，左、右框架会以 2/5、3/5 的比例显示。

图 6-19 选择是否显示滚动条

图 6-20 调整框架的大小

4. 调整框架的边距

框架边距指的是框架中网页与框架边框间的距离。用户可以在“框架属性”对话框的“边距”选项组中以像素(px)为单位来设置边距的宽度和高度。图 6-21 所示为边距宽度和高度都为 50px 的框架网页。

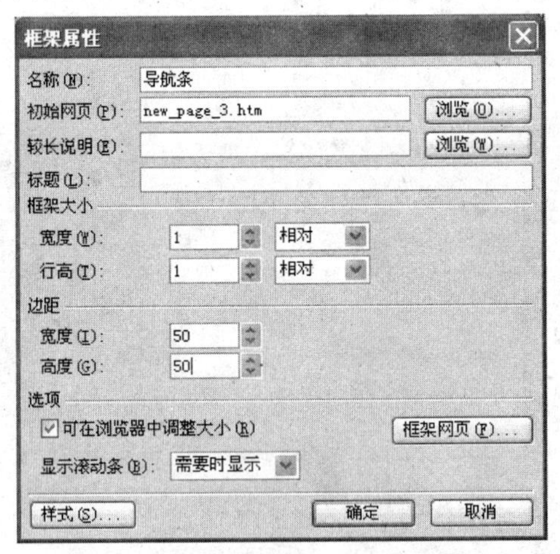

图 6-21 边距宽度和高度都为 50px 的框架网页

6.3.4 插入Web组件

中文版FrontPage 2003提供了一个强大的组件功能,能在网页中插入丰富的动态效果,让设计的网页更加生动、活泼,如在网页中插入滚动字幕、交互式按钮、站点计数器和Flash动画等。

1. 插入滚动字幕

在网页中插入滚动字幕,可以更好地体现某些特殊内容的文本,让浏览者更加注意。操作步骤如下。

(1) 打开要插入字幕的网页。

(2) 选择“插入”菜单中的“Web组件”命令,弹出“插入Web组件”对话框,在“组件类型”列表框中选择“动态效果”选项,在“选择一种效果”列表框中选择“字幕”选项,如图6-22所示。

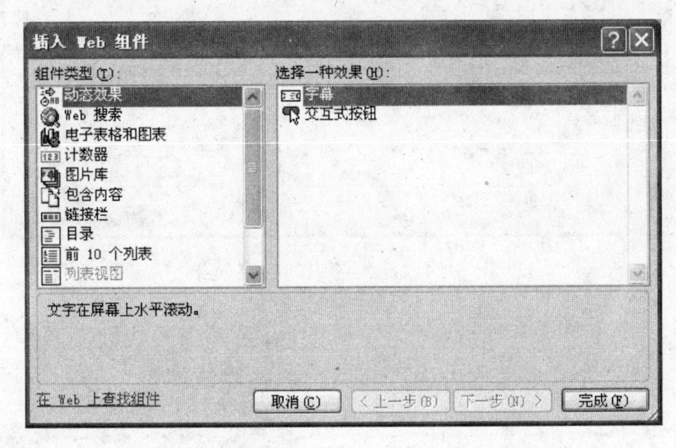

图6-22 “插入Web组件”对话框

(3) 单击“完成”按钮,弹出“字幕属性”对话框,如图6-23所示,用户可以在其中设置相关的属性。

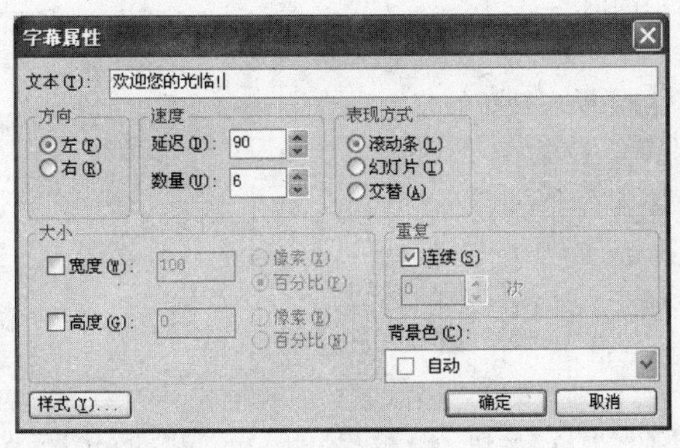

图6-23 “字幕属性”对话框

其中各选项的具体功能如下。

①“文本”文本框：用于输入字幕中显示的文本。

②“方向”选项组：用于确定文本在网页中向左或向右移动。

③“速度”选项组：用于设置字幕文本的移动延迟时间和每次移动的距离。

④“表现方式”选项组：用于设置字幕的表现方式。

⑤“大小”选项组：用于设置字幕的高度和宽度，可以选择以像素为单位，也可以按百分比设定。

⑥“重复”选项组：用于设置字幕是否连续滚动和滚动的次数。

⑦“背景色”下拉列表框：用于设置字幕的背景颜色。

(4) 单击“确定”按钮，插入的滚动字幕效果如图 6-24 所示。

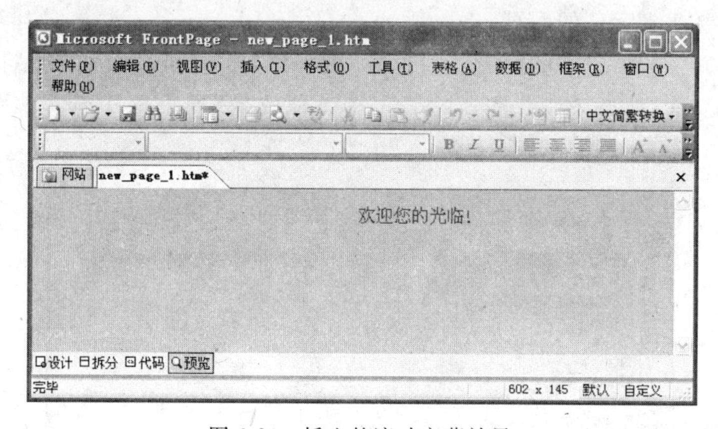

图 6-24 插入的滚动字幕效果

用户如果对插入的字幕不满意，可以右击字幕，在弹出的快捷菜单中选择“字幕属性”命令，在弹出的“字幕属性”对话框中进行相关选项的修改即可。

2. 插入交互式按钮

在网页中插入交互式按钮，对按钮建立超链接，并且在按钮位置插入背景音乐和设置其他效果，可以丰富网页的内容。

操作步骤如下。

(1) 将光标定位在要插入按钮的位置。

(2) 选择“插入”菜单中的“交互式按钮”命令，弹出“交互式按钮”对话框，如图 6-25 所示。

(3) 在默认的“按钮”选项卡中，在“按钮”列表框中选择“发光标签 6”选项，并在“文本”文本框中输入文字“文学作品”，在“链接”文本框中输入链接到的网页的地址，用户也可以单击“链接”文本框右边的“浏览”按钮，在弹出的

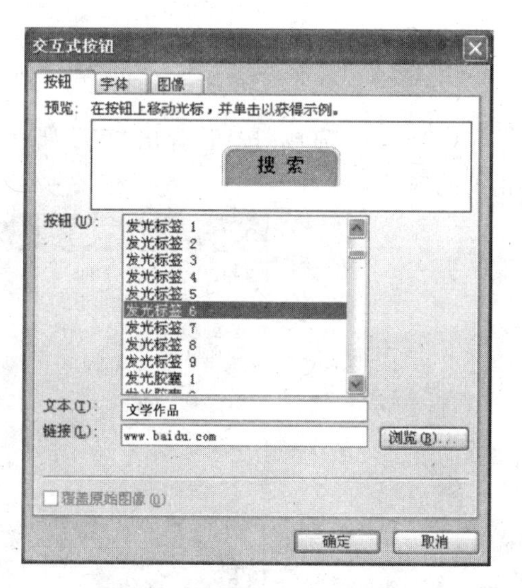

图 6-25 “交互式按钮”对话框

“编辑超链接”对话框中选择相应的网页地址。

(4) 在“交互式按钮”对话框中切换到“字体”选项卡,在其中将“字体”设置为“黑体”,“字形”设置为“常规”,“字号”设置为12,“初始字体颜色”设置为黑色,“悬停时字体颜色”设置为白色,“按下时字体颜色”设置为蓝色,如图6-26所示。

(5) 切换到“图像”选项卡,选中“保持比例”复选框,如图6-27所示。用户还可以根据需要设置其他的选项。

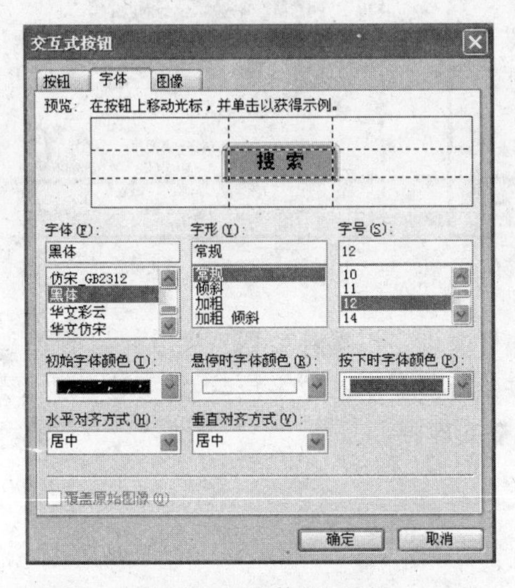

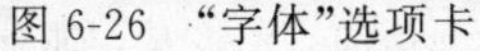
图6-26 “字体”选项卡

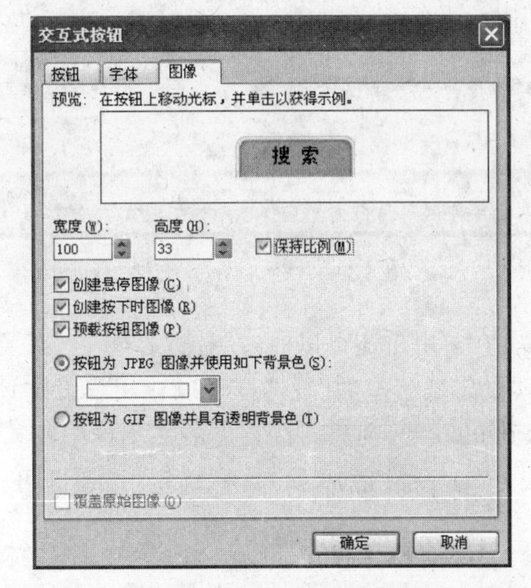

图6-27 “图像”选项卡

(6) 设置完成后,单击“确定”按钮。

(7) 切换到“预览”视图,将鼠标指针置于创建的按钮上,会发现在按钮上的字体颜色发生了变化,而单击时字体颜色也发生了变化,单击该按钮将链接到相应的网页。

用户如果对插入的按钮不满意,也可右击该按钮,在弹出的快捷菜单中选择“按钮属性”命令,打开图6-25中的“交互式按钮”对话框,在其中修改相应的属性即可。

3. 插入站点计数器

为了了解站点的访问情况,用户可在网页中使用站点计数器来记录被访问的次数。浏览者浏览一次该网页,站点计数器中的数字就加1。访问某站点的人次数显示出了该站点的受欢迎程度,可以为站点广告商提供依据。

操作步骤如下。

(1) 将光标定位在要插入站点计数器的位置。

(2) 选择“插入”→“Web组件”命令,打开“插入Web组件”对话框,在“组件类型”列表框中选择“计数器”选项,在“选择计数器样式”列表框中选择一种样式,如图6-28所示。

(3) 单击“完成”按钮,弹出“计数器属性”对话框,如图6-29所示。用户在其中可以设定计数器的样式,如果对现有的样式不满意,还可以选中“自定义图片”单选按钮,在其右方的文本框中输入背景图片所在的具体路径和名称。

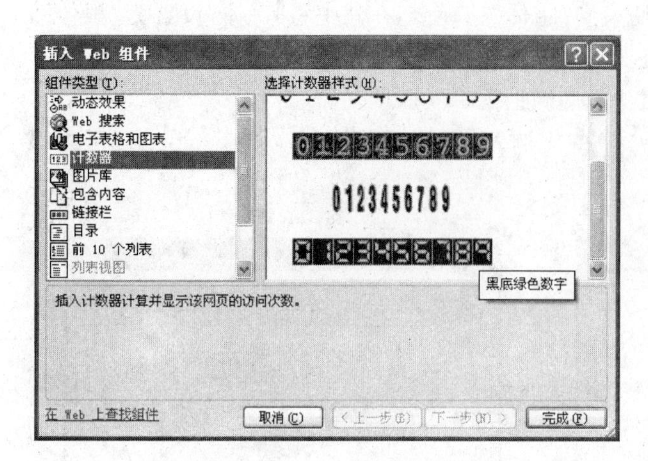

图 6-28 “插入 Web 组件”对话框

图 6-29 “计数器属性”对话框

(4) 用户还可以通过“计数器重置为”复选框来设定每次计数器重置时起始的数字；而“设定数字位数”复选框可以让用户设定计数器所要显示的数字位数，如要让计数器显示到 999999，则只需在右方的文本框中输入位数 6 即可。

(5) 设置完成后，单击“确定”按钮即可。

4. 插入 Flash 影片

运用中文版 FrontPage 2003 制作网页时，若能插入一些 Flash 影片，则效果将更加丰富多彩。

操作步骤如下。

(1) 将光标定位在要插入 Flash 影片的位置。

(2) 选择“插入”→“图片”→“Flash 影片”命令，弹出“选择文件”对话框，如图 6-30 所示，在其中选择一部合适的 Flash 影片。

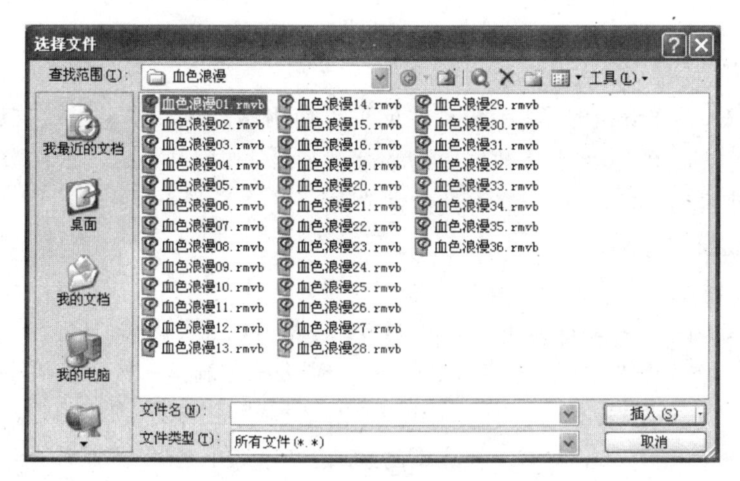

图 6-30 “选择文件”对话框

(3) 单击“插入”按钮,将 Flash 影片插入到网页中。

(4) 单击“视图”工具栏中的“预览”按钮,切换到“预览”视图,则插入的 Flash 影片会自动播放。

用户若对默认的 Flash 影片的属性不满意,可双击插入的 Flash 影片,在弹出的“Flash 影片属性”对话框中进行相应的设置。设置完成后,单击“确定”按钮即可。

5. 插入 Java 小程序

Java 是一种网络编程语言,具有平台独立性、面向对象、多线程、安全性等优点,特别是它跟 Internet 的成功结合,使之迅速成为当今世界上最热门的编程语言。

插入 Java 小程序的操作与插入 Flash 影片的操作基本一致,下面对操作过程进行具体介绍。

(1) 准备好相应的 Java 小程序。

(2) 将光标定位在要插入 Java 小程序的位置。

(3) 选择“插入”菜单中的“Web 组件”命令,在弹出的“插入 Web 组件”对话框的“组件类型”列表框中选择“高级控件”选项,在“选择一个控件”列表框中选择“Java 小程序”选项,如图 6-31 所示。

(4) 单击“完成”按钮,弹出“Java 小程序属性”对话框,如图 6-32 所示,在其中可以对相应选项进行设置。

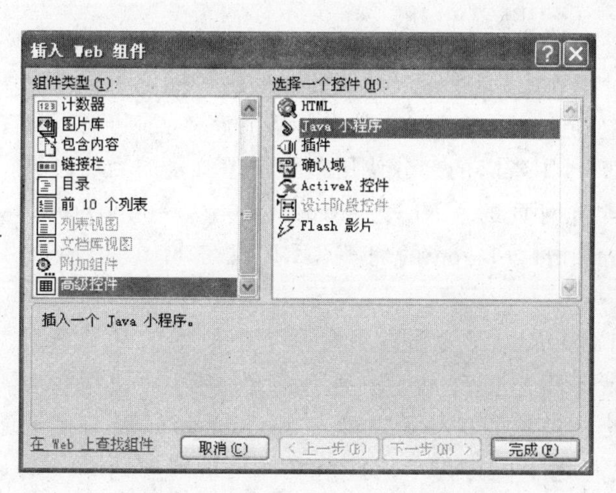

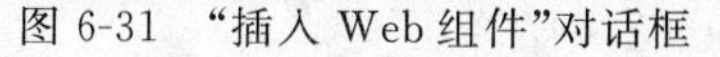
图 6-31 “插入 Web 组件”对话框

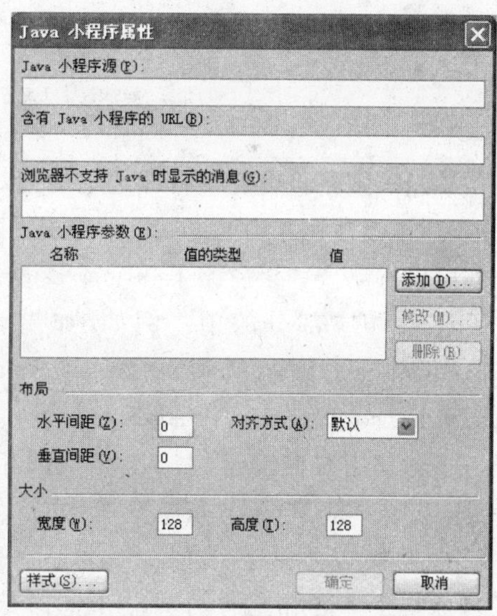

图 6-32 “Java 小程序属性”对话框

(5) 全部设置完成后,单击“确定”按钮即可将 Java 小程序插入到网页中。

6.4 创建超链接

6.4.1 超链接概述

超链接通常是从一个网页到另一个目标网页或本页中不同位置之间的连接，但随着Internet功能的不断扩充和完善，现在，超链接的目标也可以是一幅图片、电子邮件地址、文件(如多媒体文件或Office文档)，甚至可以是一个应用程序。从载体上看，超链接的载体可以是文本，也可以是图片或图片中的某一位置。

当用户单击网页中的超链接后，目标网页就会在Web浏览器中预定的位置显示出来。如果超链接的目标是电子邮件地址，则会启动邮件管理程序(如Outlook、Foxmail)向目标地址发送邮件。如果是其他目标，则使用操作系统中与此类文件相关联的应用程序来打开或运行它。例如，如果目标是一幅Web图片，则通常会在另一个打开的窗口中显示它；如果目标是一个AVI文件，就会在媒体播放机或其他媒体播放程序中进行播放；如果目标是一个应用程序或其他文件，用户还可以选择在当前位置打开或是保存到本机中。

在链接后面起作用的是HTML代码，它为Web浏览器提供一个URL(统一资源定位符)，这个URL则被用做Web上的目标地址。图6-33所示是一个URL的具体示例，在该示例中的URL包含了协议、Web服务器、路径和文件名四部分。

http://www.microsoft/frontpage/productinfo/default.htm

协议　Web服务器　路径　文件名

图6-33　一个URL具体示例

超链接是包含完整目标地址的绝对超链接，如果用户设计的超链接目标位于本站点内，还可以使用相对超链接。在创建相对超链接时，除了文件名不能省略外，前边三部分都可以省略。如果省略了一个或多个部分，则省略的部分使用包含该超链接的当前网页URL中相应部分的值。例如，如果当前网页的URL为http://www. kangbo. com/public/news. htm，则相对超链接/image/image1. jpg的完整URL就是http://www. kangbo. corn/images/imagel. jpg。

建议用户在创建超链接时使用相对URL，因为如果用户网页中使用的都是绝对URL，则一旦Web服务器变更，用户就不得不更改站点中所有的超链接，而使用相对URL则可以避免这个问题。例如，一个超链接的目标被设置为product. htm，则表示此目标与超链接所在的网页位于同一路径之中，因而，不论这个文件夹被移动到哪一个Web服务器或当前服务器的其他文件夹中，这个超链接始终有效。

在FrontPage 2003中创建到文件系统或Web目标的超链接时，用户不必知道这个目标URL，只需用浏览器打开这个网页或文件，FrontPage就会自动创建有效的超链接。如果创建当前站点中目标的超链接，FrontPage将自动使用相对URL。如果移动了站点中的文件或网页，FrontPage 也会自动校正超链接。

6.4.2 创建和编辑超链接

在创建超链接之前，用户应首先确定超链接的载体和超链接的目标。在 FrontPage 中，作为超链接载体的对象既可以是文本，也可以是图像或图像中的一个特殊区域（通常称为热点）。而超链接的目标也可以是文件、网页、网页内部位置（即书签）以及电子邮件地址。超链接的目标不同，则创建的方法也有所区别。

1. 链接到其他网页

用户在创建站点时，不可能在一个网页中包含所有希望在站点中发布的消息，通常，站点中包含了存储不同信息的各种网页，甚至会包含具有不同功能的子站点。为了使漫游者能够全面浏览站点中的信息，用户必须创建一个完整的链接网络。例如，站点首页中包含到各子站点首页的超链接，在一些子网页中插入到首页的链接。一般情况下，创建本站点中网页的超链接时要使用相对超链接，而在站点之外的友情链接，则往往需要绝对超链接。

2. 链接到文件

能够从 Internet 上下载文件是促使 Web 更加流行的原因之一，许多软、硬件生产商现在都通过 Web 进行一些技术支持。例如，软件生产商通常会允许用户从公司站点上下载最新的试用版本软件，而硬件生产商则在站点中提供一些最新的驱动程序或是庞大的说明资料。除此之外，用户可能还需要交流一些无法在浏览器中阅读的文档或具有特殊用途的文件。由于从 FTP 节点的下载速度会更快一些，因此，这些文件通常存放在 FTP 服务器中，但仍需要在网页中创建链接以方便用户的下载。例如，许多网页中都存在如“单击此处下载”这样的超链接，而漫游者根本不必关心文件的位置。

如果用户要插入一个到文件的链接，可先选定要作为超链接载体的文本或图片，然后单击“常用”工具栏中的“插入超链接”按钮，打开如图 6-15 所示的“插入超链接”对话框。用户可单击其中的“浏览文件”按钮，打开如图 6-34 所示的“链接到文件”对话框，选定相应的文件夹和文件，单击“确定”按钮，返回“插入超链接”对话框，在该对话框的“地址”文本框中就可以看到刚才选定的文件名了，最后单击“确定”按钮返回。

在创建到文件的超链接后，漫游者只需要单击这个链接，浏览器就会自动识别此文件的格式。如果它是一个可在浏览器中打开的如文本文件、Web 图片等格式的文件，则它们会在浏览器中显示；如果是一个应用程序或是其他浏览器不支持的格式文件，浏览器会提示用户下载或运行。

3. 链接到电子邮件地址

许多站点的制作者都希望同漫游者进行一些交流，而技术支持站点则必须回答客户的技术问题，这种双向的交流通常是通过电子邮件来进行的。用户也可以通过在网页中

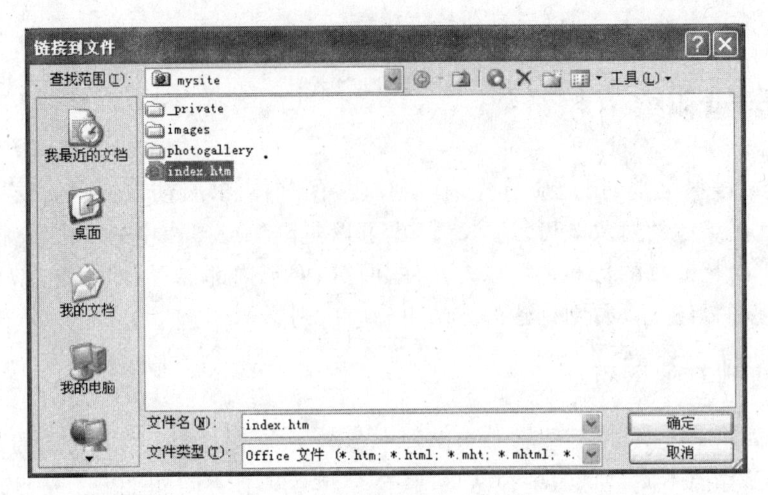

图 6-34 “链接到文件”对话框

公布自己的电子邮件地址来达到这些目的。

在公布电子邮件地址时,当然可以直接在网页中输入这个地址,但这未免显得有些呆板而且不方便漫游者操作。许多站点的制作者都使用了一种较亲切的文本或活泼俏皮的卡通信使来代替一个简单的地址,如“写信给我”。漫游者只需单击这句话,便会自动启动邮件发送程序(如 Outlook),用户只需输入邮件正文后直接发送即可。这句话就是一个到电子邮件地址的超链接。

如果用户要插入一个到电子邮件地址的超链接,可先选定要作为电子邮件地址的文本或图片,然后单击“常用”工具栏中的“插入超链接”按钮,打开如图 6-15 所示的“插入超链接”对话框,单击其中的“电子邮件地址”按钮,打开如图 6-35 所示的“编辑超链接”对话框。在该对话框中的“电子邮件地址”文本框中输入相应的电子邮件地址,如 mymail@126.com。

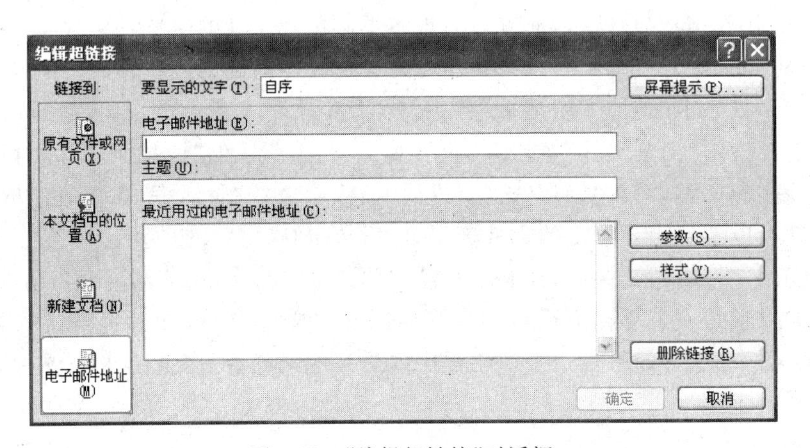

图 6-35 “编辑超链接”对话框

FrontPage 2003 会自动在地址前添加电子邮件协议“mailto:”以说明后面的字符是电子邮件地址。最后,单击“确定”按钮返回即可。

用户也可直接在“插入超链接”对话框的“地址”文本框中直接输入电子邮件地址，但一定要加上邮件协议“mailto:”；否则将无法启动邮件发送程序，并将给出无法打开目标之类的错误信息。

4. 链接到书签

在一些类似术语表的特殊网页中，通常在网页的顶部有一个目录或索引，单击目录的名称就可以将网页滚动到相应的位置，在此位置通常还有一个名为“返回”的超链接，单击它便又回到目录的位置。链接到书签指的就是此类链接。通过书签的超链接可以直接定位到当前网页或其他目标网页中的某一特定的位置，而不是从头显示该网页。

要创建到书签的超链接，必须首先在目标网页中插入所有的书签。用户可先选定要插入书签的文本，然后选择“插入”菜单中的“书签”命令，在“书签名称”文本框中输入书签名，单击“确定”按钮返回即可。

设定好书签后，用户就可以创建到书签的超链接了。先选定要作为超链接载体的文本或图片，然后单击“常用”工具栏中的“插入超链接”按钮，打开如图 6-15 所示的“插入超链接”对话框，单击左侧的“本文档中的位置”按钮，在右边的列表栏中选择一个设定好的书签，最后单击“确定”按钮返回即可。

5. 编辑超链接

从前面的介绍可以看出，一个超链接主要有载体和链接目标两种属性。因此，对超链接的编辑、修改、删除、取消等操作都是针对这两种属性进行的。

如果要修改超链接的目标，用户可将光标移到文本载体的内部或是单击选定图片，然后单击“常用”工具栏中的“插入超链接”按钮，即可打开与“创建超链接”对话框类似的“编辑超链接”对话框，用户可以利用创建超链接时的方法更改超链接的目标。

如果要删除包括载体和目标的超链接，可选定超链接载体，然后单击“常用”工具栏中的“剪切”按钮或按 Del 键即可；如果仅需要将超链接目标取消，使超链接载体恢复原貌，只需要选定超链接载体，单击“插入超链接”按钮，打开“编辑超链接”对话框，然后将 URL 框中的目标地址删除即可。

6. 设置超链接的样式

默认情况下，在创建文本超链接之后，超链接显示为蓝色带下划线的文本。当使用超链接在页面间跳转时，超链接的样式会根据当前状态改变。通常，在单击超链接后，该超链接文本即变成褐色，如果超链接仍显示在目标网页中，则显示为红色。如果用户为网页设置了背景颜色或图片，则这些默认的设置可能与背景相冲突而无法辨认。用户可根据实际情况对超链接的不同显示颜色进行控制。

如果要更改超链接的颜色，用户可在“设计”视图中右击页面，在弹出的快捷菜单中选择“网页属性”命令，打开“网页属性”对话框，切换到如图 6-36 所示的“格式”选项卡，可在该选项卡的“颜色”选项组中选择超链接的不同显示颜色。用户只需在“超链接”下拉列表框、“已访问的超链接”下拉列表框、“当前超链接”下拉列表框中选择相应的颜色，最后单击“确定”按钮即可将改变后的超链接颜色应用到网页中，包括以前所建立的超链接。

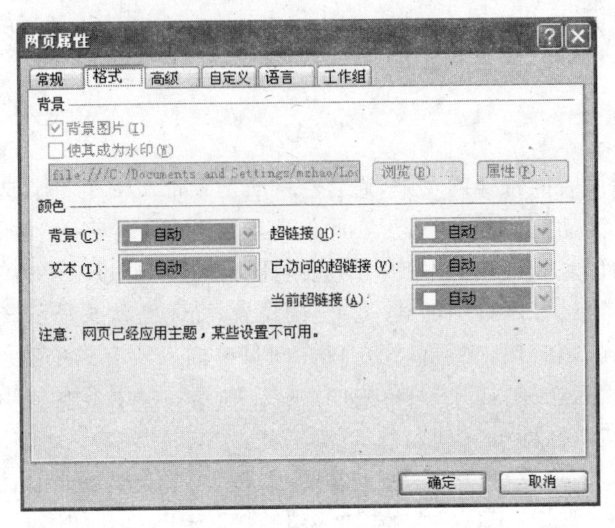

图 6-36 “格式”选项卡

6.5 插入其他对象

图像在网页中具有提供信息、展示作品、装饰网页、表现个人情调和风格的作用。因此，本节将重点介绍有关图像方面的操作，如插入图像、设置图像和编辑图像等。

网页图像的类型主要有两种：一是动态图像；二是静态图像。动态图像的格式可以是动态 GIF 图像或视频文件，静态图像的格式有 JPEG、GIF、PNG 这 3 种。但是中文版 FrontPage 2003 提供了静态图像文件格式转换功能，可将其他格式的图片文件转换成 JPEG 格式、GIF 格式或 PNG 格式。

在中文版 FrontPage 2003 中编辑网页时，可以插入的图像有 JPEG、GIF、TIFF、TGA、RAS、EPS、PCX、PNG、PCD 及 WMF 格式，保存网页时中文版 FrontPage 2003 自动将其他格式的图像文件转换成网页中的 3 种基本格式之一。

GIF(图像转换)格式的图像最多只能有 256 种颜色，这种格式最适用于少量颜色的高反差的图像，如商标或卡通。Web 中大多数背景图像都是 GIF 格式的。

JPEG(联合图像专家组)格式的图片中可以容纳上百万种颜色，适用于颜色变化较大的图像，如照片。JPEG 格式的文件压缩比较大。

PNG(可移植网络图像)格式是一种新的可移植网络图像格式。它可以在不丢失信息的情况下进行压缩，并可以使用 48 位颜色调色板，既支持透明色又可以容纳上百万种颜色，是目前最适合于网上使用的一种图像格式。许多新的浏览器都支持 PNG 格式。

1. 插入图像

由于图像文件的原始位置与类型不同，因此将其插入到网页中的方法也不相同。一般情况下，建议用户先将设计网页中所要用到的图像文件引入到站点中某个特定的目录下(如 images)，然后再插入到网页中，也可以从图像文件的原始位置直接插入。

如果用户已经拥有一个图像文件，或者在浏览 Web 页时发现了自己喜爱的图片，就可以将此图像插入到自己的 Web 页面中。在 Web 页面中插入图片时，图像格式必须为 GIF、JPEG、BMP、TIFF、TGA、RAS、EPS、PCX、PNG、PCD 或 WMF。在保存带有图片的网页时，FrontPage 会提示是否将此图片保存到站点中。如果图片格式不是 GIF 或 JPEG，则低于 256 色的图像被转换为 GIF 格式，其他所有图片都被转换为 JPEG 格式。

2. 插入音频

在网站空间和网络速度条件允许的情况下，在网页中插入一些与主题相匹配的背景音乐能使网页更具内在美，更能使浏览者流连忘返。

在中文版 FrontPage 2003 中，可插入的音频文件有 AU、AIFF、WAVE、MIDI 文件格式。

1) 在网页中插入背景音乐

在中文版 FrontPage 2003 中，用户可以为自己创建的网页插入背景音乐，使得浏览器打开该网页时就能自动播放该音乐。在添加背景音乐之前，用户可先录制好音乐，然后以上面介绍的几种文件格式将其保存在文件系统中。

操作步骤如下。

(1) 打开需要添加背景音乐的网页。

(2) 在网页中右击，在弹出的快捷菜单中选择“网页属性”命令，打开“网页属性”对话框，如图 6-37 所示。

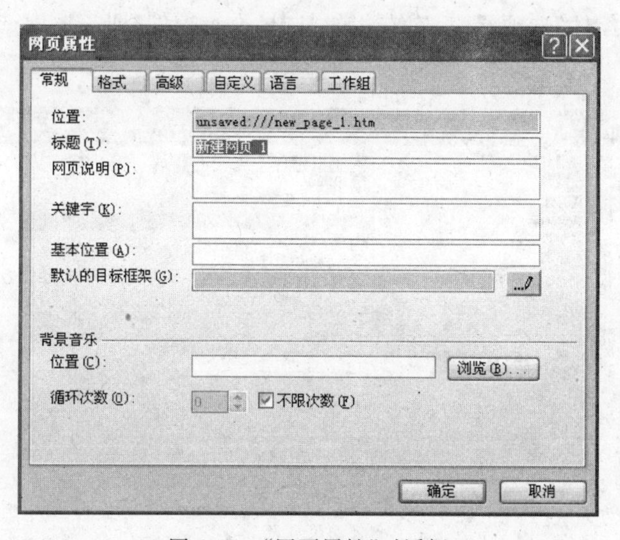

图 6-37 “网页属性”对话框

(3) 在默认的“常规”选项卡中，在“背景音乐”选项组的“位置”文本框中输入背景音乐所在的具体路径和名称，也可以单击“浏览”按钮来选择背景音乐。

(4) 选定背景音乐后，在“循环次数”微调框中设置背景音乐播放的次数，也可以选中

“不限次数”复选框，让背景音乐一直播放下去。

(5) 设置完成后，单击“确定”按钮即可将音乐作为背景添加到网页中。

另外，用户也可以选择“插入”→“图片”→“剪贴画”命令，打开“剪贴画”任务窗格，在“结果类型”下拉列表框中选择“声音”选项，然后单击“搜索”按钮，此时 FrontPage 将自动列出搜索到的音频文件，选中一个音频文件即可将其插入到网页中。

2) 在网页中插入音频插件

“插件”指的是为了内联显示或播放这些文件而安装或插入到网页中的应用程序。只要有播放各种类型文件的插件，用户就可以将浏览器的功能扩展到几乎任意类型的文件。使用插件并不影响浏览器的其他性能，它是浏览器功能的扩展和补充。当浏览器启动时，先检查系统安装了哪些插件，在遇到有插件的网页时，浏览器自动调入插件显示或播放对应的文件。一旦离开该网页，插件将自动被释放以节约系统资源。

插件是 Netscape 公司最先开发出来的，在 Netscape 的 Web 站点中列出了许多插件的目录和链接到相应插件的超链接，该站点中包含插件目录的 URL 为 http://home.netscape.com/plugins/index.htm，用户可以到该站点下载。下载之后，可以根据插件提供的安装指示信息安装新插件。Internet Explorer 和 Netscape Navigator 都支持插件，但它们都有各自的特点。

作为背景音乐插入到 Web 网页中的音频文件有很多局限性。如果要在网页中插入音频信息，可以采用插件的方式插入。

操作步骤如下。

(1) 打开需要添加插入音频插件的网页。

(2) 选择“插入”→“Web 组件”命令，打开“插入 Web 组件”对话框，在“组件类型”列表框中选择“高级控件”选项，然后在右边的“选择一个控件”列表框中选择“插件”选项，如图 6-38 所示。

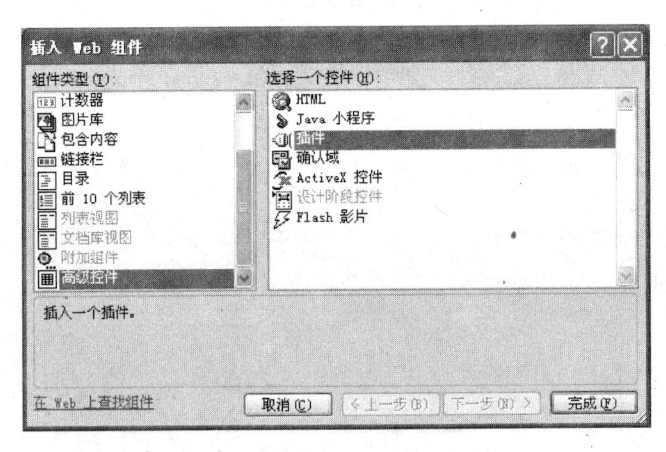

图 6-38 “插入 Web 组件”对话框

(3) 单击“完成”按钮，弹出“插件属性”对话框，如图 6-39 所示。

(4) 设置好以上选项后，单击“确定”按钮即可将音频插件插入到网页中。

如果用户要修改该音频插件的话，只要在该插件上右击，在弹出的快捷菜单中选择

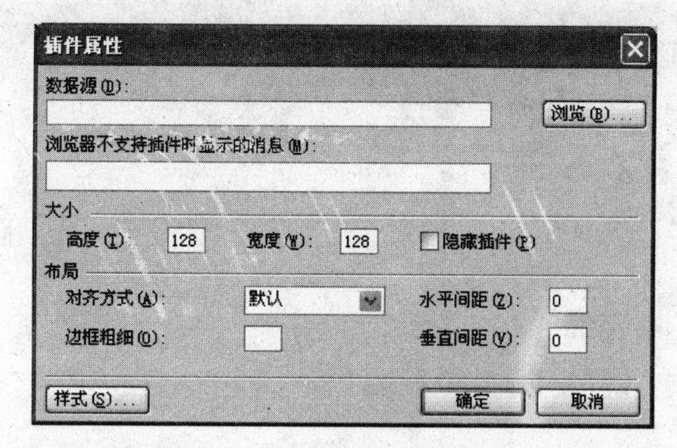

图 6-39 “插件属性”对话框

“插件属性”命令,在弹出的“插件属性”对话框中修改相应属性即可。

3. 插入视频

在网页中插入视频文件可以使网页的内容更加丰富,同时,加入与网页内容相关的视频可以使网页的主题更加突出。

将视频文件插入网页之后,网络漫游者通过 Web 浏览器的帮助,就可观看视频文件的内容。考虑到 Web 浏览器的性能差异,应该尽可能地选择那些比较流行的视频格式,否则有些网络漫游者可能因为视频格式的问题,无法浏览视频的内容,在打开的网页中就可能出现一片空白。

在网页中经常使用的视频文件格式有以下两种。

(1) AVI 文件。它能够在安装 Windows 操作系统的计算机里播放,它的名称来源于该文件的扩展名(AVI)。Apple 用户也可以从浏览器中下载,并免费使用软件播放,因此,AVI 格式的视频文件在网页中应用非常普遍。

(2) MOV 文件。它是 Apple 公司推出的视频文件格式,与之配套的播放软件是 QuickTime。免费获得这种播放软件之后,在安装 Windows 操作系统的计算机中也能够播放视频文件。MOV 文件的扩展名是 MOV 或 QT。

选择何种格式的视频文件取决于所掌握的视频素材,每种格式的功能都很不错。为了观察视频文件的运行效果,可在不同的浏览器窗口中打开包含视频文件的网页进行检查和测试。

在中文版 FrontPage 2003 中可以很容易地在创建的网页中插入动态的视频信息。用户可以设定当浏览者打开网页或将鼠标指针移至视频处时自动播放该视频文件。另外,通过设置所插入的视频属性,用户也可以控制视频播放的次数。

操作步骤如下。

(1) 打开需要添加插入视频文件的网页。

(2) 选择“插入”→“图片”→“视频”命令,打开“视频”对话框,如图 6-40 所示,在其中选择要插入的视频文件。单击“打开”按钮,即可将视频文件插入到网页文件中。

(3) 单击视图栏中的“预览”按钮,切换到“预览”视图,起初看到的文件不是播放的文

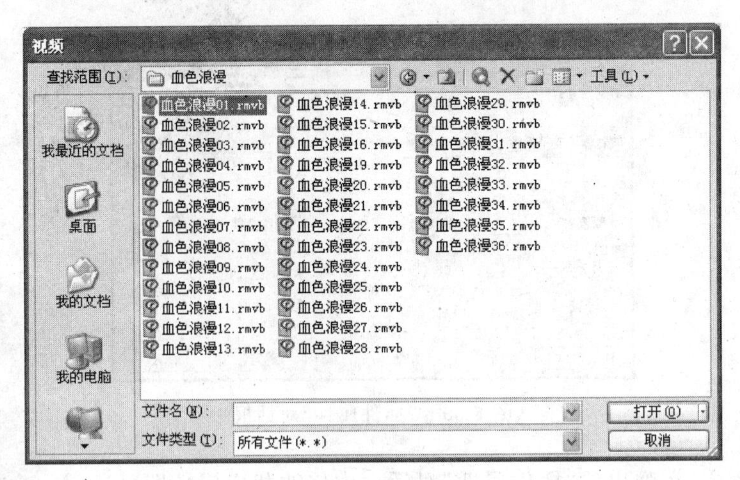

图 6-40 “视频”对话框

件,只有当鼠标指针移到该视频文件上时才会自动播放。

插入视频文件后,用户还可以对该视频文件进行设置。具体操作为:右击视频文件,在弹出的快捷菜单中选择“图片属性”命令,在弹出的“图片属性”对话框中切换到“视频”选项卡,如图 6-41 所示。在该选项卡中,用户可以在“视频源”文本框中修改视频文件所在的位置,也可以在“重复”选项组中设置视频文件播放的次数和循环播放之间延迟的时间。另外,用户还可以在“开始”选项组中选择打开文件时或是当鼠标指针悬停于视频文件上时播放该视频文件。

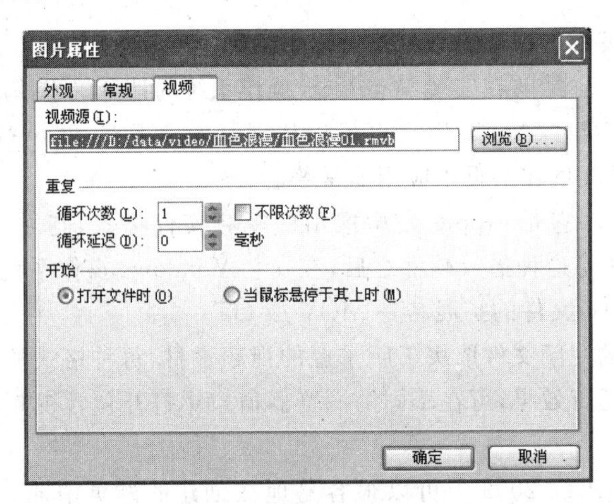

图 6-41 “视频”选项卡

6.6 表　　单

除了使用表单向导建立表单网页外,用户还可以在网页中加入许多表单域以组成一个表单网页。一个表单由若干个表单域组成,要接收的数据类型不同,所对应的表单域类型也不相同。

6.6.1 表单域类型

FrontPage 2003 提供的表单域主要有以下几种类型。

（1）文本框：文本框在表单网页中可以接收诸如姓名、地址、电话号码等类似的内容较少的信息。因该文本框的最大输入区域不超过一行，当输入的文本内容超过该宽度时文本可以在框中左右移动。

（2）文本区：文本区在表单网页中可以接受多行文本，特别是当让漫游者发表意见和建议时用滚动文本框可以让用户尽情发表见解。当输入的文本内容较多时，可以通过拖动文本框右侧的上、下滚动条调整框中的文本显示。

（3）复选框：复选框是指在表单网页中预先定义好的若干项目，可以让漫游者从中选择多个项目。比如在表单网页中列出公司的产品，让漫游者从中选择要购买的商品名称，就可以用复选框完成。

（4）单选按钮：单选按钮在正常情况下只有一个按钮是按下的。在表单网页中单选按钮可以从列出的项目中选择其中的一项，比如要选择一个人的性别，即可在男、女两个单选按钮中选择其一。

（5）下拉列表框：之所以这样命名，是因为在单击该表单域时一列选项就“下拉”出来了。下拉列表功能与单选按钮类似，它们都可以让漫游者从一组预先定义好的选项中进行选择。它与单选按钮的不同之处在于下拉菜单只在漫游者单击该表单域右侧的向下三角时打开选项，节省了表单网页的空间。

（6）高级按钮：高级按钮中的按钮包括 3 种类型，即提交按钮、重置按钮、高级按钮。提交按钮主要用于在完成表单操作时单击此按钮将表单结果传输到服务器，由表单结果处理器进行相应的处理。重置按钮可以在漫游者输入错误时，单击该按钮清除表单输入内容重新输入表单内容。提交按钮和重置按钮是表单中不可缺少的表单域。高级按钮可以让用户自己定义单击该按钮时的动作。

（7）图片：在表单中可以插入一个图片来代替提交按钮。

（8）标签：准确地说，标签不是一个独立的表单域，它是表单域的说明信息。一般情况下可以将标签与表单域合并为一个整体，单击标签也可以选中对应的表单域。

此外，用户还可以在表单中加入文件上载、分组框等表单域，由于它们平常很少会被使用到，在这里就不做介绍了。

6.6.2 加入文本框

文本框是最常用的表单域，可以接受漫游者输入的多种信息。如果要把一个文本框加入到当前网页中，用户可先将光标定位到要插入的位置，然后选择“插入”→“表单”→“文本框”命令即可加入。

如果用户对插入的文本框有特殊要求，还可以修改该文本框的属性。将光标移到文本框中并右击，在弹出的快捷菜单中选择“文本框属性”命令，打开如图 6-42 所示的“文本框属性”对话框。

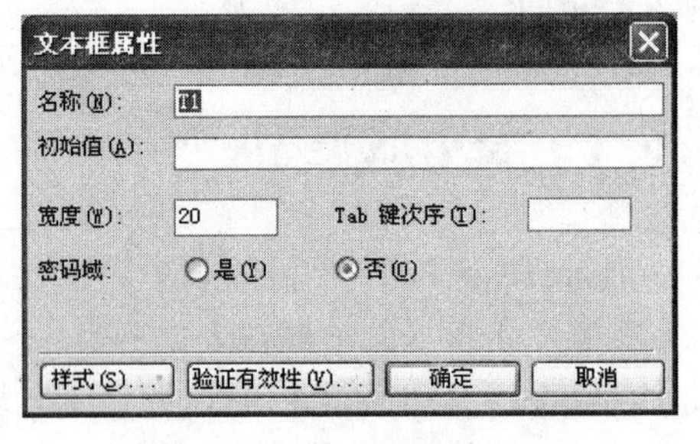

图 6-42 “文本框属性”对话框

该对话框各部分的功能如下。

(1)“名称”文本框：用于修改文本框的名字，一般可选择一个能反映文本框作用的单词和拼音的名字，比如该文本框的作用是让漫游者输入电子信箱地址，则可以用 E-mail 来命名。

(2)“初始值”文本框：用于为文本框设置一个初始值，默认情况初始值为空。有时设置初始值可以节约漫游者的时间，比如某文本框提示漫游者输入自己所在的城市，若漫游者北京人较多则可以在“初始值”文本框中设置初始值为“北京市”。

(3)“宽度”文本框：用于设置单行文本框的宽度，该值仅影响文本框的外观尺寸，并不影响能够接受漫游者输入文本的长度。

(4)“Tab 键次序”文本框：用于设置当漫游者按 Tab 键时光标移到下一个表单域的顺序。默认情况下，Tab 键次序是按加入顺序进行的，通过设置 Tab 键次序可以控制光标移动的顺序。

(5)“密码域”选项组：作用是为了避免在输入密码时旁观者看到屏幕上的内容而泄露密码。如果当前插入的文本框是为了让漫游者输入密码，则可以设置“密码域”为“是”，这样可以使漫游者在该文本框中输入的内容在屏幕上以“*”或圆点显示。

(6)“验证有效性”按钮：单击该按钮可进入如图 6-43 所示的“文本框有效性验证”对话框，在该对话框中可以对输入数据的类型、范围和显示方式进行控制。

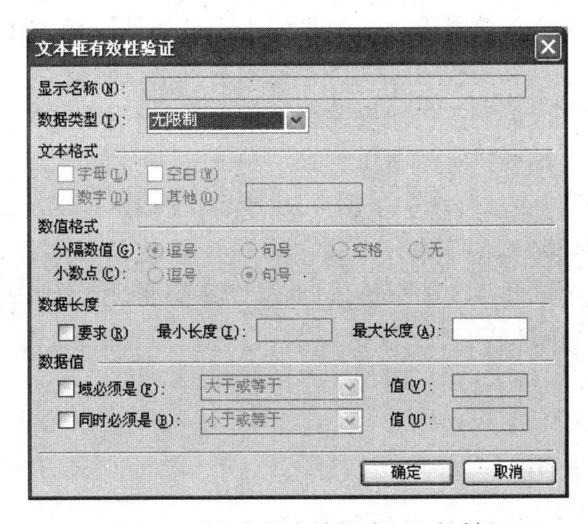

图 6-43 “文本框有效性验证”对话框

用户可先在“数据类型”下拉列表框中选择可以限制输入的数据类型，分别为“文本”、“整数”、“数字”和“无限制”。选择好后，用户还要根据情况设置输入数据的格式和范围。

如果用户选择数据类型为“文本”，可在下方的“文本格式”选项组的复选框中选择是否允许在文本框中输入字母、数字、空白或其他内容。如果用户选择数据类型为“整数”或“数字”,可在下方的“数值格式”选项组的单选按钮中选择分隔数值所选用的分隔符及小数点符号,分隔数值即是对于不小于 1000 的数字每隔 3 位加入一个分隔符,例如,选择“分隔数值”为“逗号”,则 123456 就显示为 123,456。

数据类型和格式设置好后,用户可在“数据长度”选项组中选中“要求”复选框,并可以设置输入数据的最小长度和最大长度。也可在“数据值”选项组中选中“域必须是”和“同时必须是”复选框设置输入数据的范围。如果选择的数据类型为“无限制”或“文本”,那么这些选项将把漫游者输入到文本框中的信息与字母表顺序(ASCII 码)进行比较。比如指定表单域的值必须大于 E,那么所有输入到文本框中的信息就必须以字母 F 及以后的字母开头。若数据类型为整数或数字,范围选项就按数值的大小进行比较。

文本框有效性检查属性设置完毕,单击“确定”按钮关闭“文本框有效性验证”对话框,返回“文本框属性”对话框。再次单击“确定”按钮关闭“文本框属性”对话框。

按以上步骤添加的单行文本框,仅有一个文本框而没有说明性的文字。这样会给漫游者一种莫名其妙的感觉,不知该输入什么数据。用户可以在文本框的前面加入一串说明性的文字,但文字与文本框相互没有联系,单击文字并不能选中文本框。使用标签可以使二者统一起来。要为文本框添加标签,用户可先在文本框前输入说明性的文本信息,然后拖动光标选中文本和文本框。最后选择“插入”→“表单”→“标签”命令即可。

6.6.3 加入文本区

文本区与文本框类似,只是文本区可以接受多行文本,它对于那些需要输入成段文本的漫游者来说是比较理想的选择。如果用户要加入文本区,可先将光标定位到要插入文本区的位置,然后选择“插入”→“表单”→“文本区”命令,即可在网页中加入一个空白的文本区。

同文本框一样,用户也可以修改文本区的属性,只需选中文本区并且右击,在弹出的快捷菜单中选择“表单域属性”命令,即可打开如图 6-44 所示的“文本区属性”对话框。其中的各项修改方式与图 6-42 所示的“文本框属性”对话框中相同,这里就不再重复介绍了。

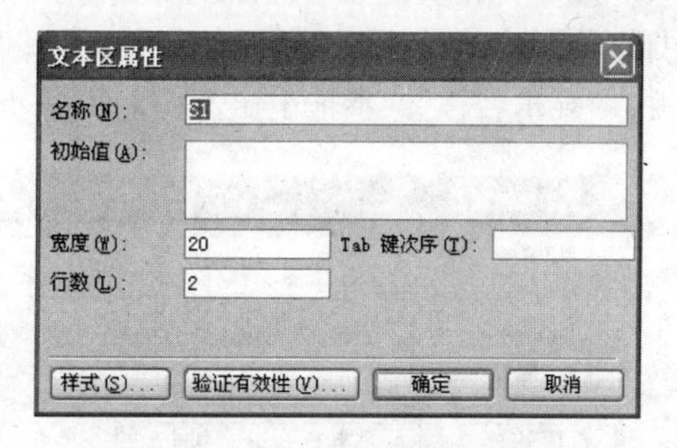

图 6-44 “文本区属性”对话框

6.6.4 加入复选框

复选框提供了多个互相不排斥的选项,让漫游者从中选择若干个选项。每选中一项,在复选框中加入一个“√”符号。如果用户要在网页中加入复选框,可先将光标定位到要插入复选框的位置,然后选择“插入”→“表单”→“复选框”命令,即可在网页中加入一个复选框。

同前两个表单域一样，选中复选框并且右击，在弹出的快捷菜单中选择"表单域属性"命令即可打开如图 6-45 所示的"复选框属性"对话框。

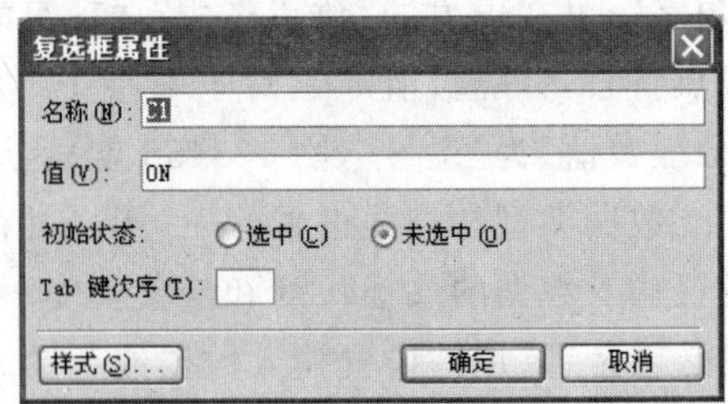

图 6-45 "复选框属性"对话框

在该对话框中，用户可在"值"文本框中输入一个字符串值关联到该复选框，当漫游者提交表单时，如果选择了该复选框，就会把"名称"中设置的名字附带对应的数值传送到服务器。另外，如果用户要使该复选框最初出现时就被选中，可以设置"初始状态"选项组为"选中"。其他的内容与文本框中一样，在这里就不再介绍了。

6.6.5 加入单选按钮

单选按钮是提供给漫游者通过从多个按钮中选择其中一个的表单域。单选按钮通常以列表的形式出现，其中只有一个按钮能被选中，当重新选中另外一个按钮时先前被选中的按钮将取消选中状态。一组单选按钮使用同一个组名，漫游者一次只能选择组中的一个按钮。如果要在网页中加入单选按钮，可先将光标定位到要插入单选按钮的位置，然后选择"插入"→"表单"→"选项按钮"命令，即可在网页中加入一个单选按钮。

同前几个表单域的操作一样，用户可打开如图 6-46 所示的"选项按钮属性"对话框来编辑单选按钮。在该对话框中用户可设置选项按钮的组名称、值、初始状态和 Tab 键次序，基本操作方法也是与前面相同的。

此外，用户若要限制漫游者必须选定单选按钮中的一个，可以单击"验证有效性"按钮打开如图 6-47 所示的"选项按钮验证"对话框，在该对话框中选中"要求有数据"复选框，并在"显示名称"文本框中输入一个名称，最后单击"确定"按钮返回即可。

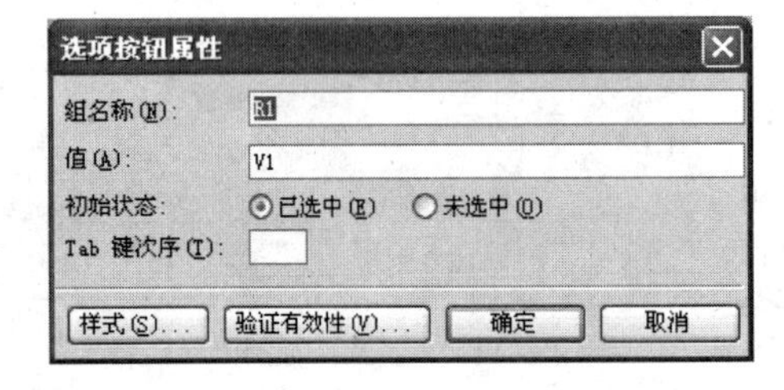

图 6-46 "选项按钮属性"对话框

图 6-47 "选项按钮验证"对话框

6.6.6 加入下拉列表框

下拉列表框可以允许一个或多个选项被选择。当一个下拉列表框被漫游者提交时，该下拉列表框的名称和所选中的选项被作为一个"名称-数值"组传送到服务器。如果用户要在网页中加入下拉列表框，可先将光标定位到要插入下拉列表框的位置，然后选择

"插入"→"表单"→"下拉框"命令,即可在网页中加入一个下拉列表框。

按照前面的方法,用户可打开如图 6-48 所示的"下拉框属性"对话框。用户可先在"名称"文本框中输入该下拉列表框的名称,然后单击"添加"按钮打开"添加选项"对话框,如图 6-49 所示。

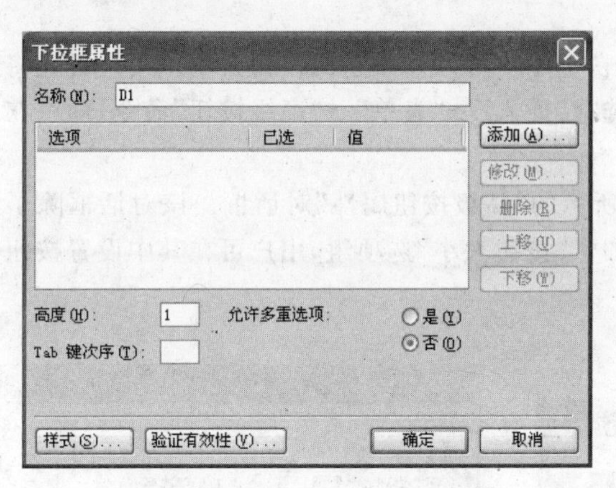

图 6-48 "下拉框属性"对话框

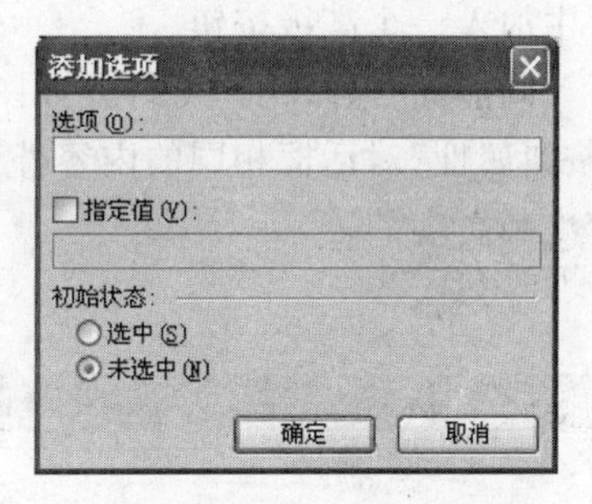

图 6-49 "添加选项"对话框

用户可在该对话框的"选项"文本框中输入菜单选项的名字。如果还要为菜单选项指定一个值,选中"指定值"复选框,在下方的文本框中输入一个字符串值。其中选项名在浏览器中显示,而指定的值将在漫游者选中时传送到服务器。另外,用户也可在"初始状态"选项组中设置该菜单选项的初始状态为"选中"或"未选中"。设置完毕后单击"确定"按钮返回"下拉框属性"对话框,该对话框中将添加一个选项。重复该步骤即可添加多个选项。对于其中的每一个选项,用户可以设置该选项的高度、Tab 次序和是否允许多重选项,如果选中"是"单选按钮,则漫游者可一次选择多个选项。

完成设置后,用户还可以通过"修改"按钮修改选项属性,通过单击"删除"按钮删除不需要的选项。此外,用户也可以通过"上移"、"下移"按钮调整各选项的排列位置。

6.6.7 加入高级按钮与图像

如前所述,按钮包括"普通"按钮、"提交"按钮和"重置"按钮,其中"提交"按钮与"重置"按钮是一个完整表单应该具备的按钮。漫游者完成表单操作时,可以单击"提交"按钮将表单结果送交服务器处理。单击"重置"按钮可以将表单内容恢复到初始状态。一般在向网页中插入第一个表单域的同时,系统就自动在网页中添加了"提交"按钮和"重置"按钮。用户可以按 Del 键删除选中的按钮,也可以对插入按钮的名称、标签等属性进行修改。如果用户对"提交"按钮单调的外观不满意,可以用一个图片来代替,这样可以使表单更加美观。此外,用户还可以使用"普通"按钮,自己定义对表单的处理方式。

1. 修改"提交"按钮和"重置"按钮的属性

无论用户加入哪一个表单域,FrontPage 2003 都会自动为用户添加"提交"按钮和"重置”按钮。与前面一样，用户可打开如图 6-50 所示的“按钮属性”对话框修改按钮的属性。用户可在其中修改按钮的名称、值/标签、按钮类型和 Tab 次序，具体操作方式与前面相同。

2. 修改“高级按钮”的属性

高级按钮与“普通”按钮的不同之处在于用户可以修改它的按钮大小。用户可先将光标定位到要插入高级按钮的位置，然后选择“插入”→“表单”→“高级按钮”命令，即可在网页中加入一个高级按钮。

同前面一样，用户可打开如图 6-51 所示的“高级按钮属性”对话框。该对话框除了与“按钮属性”对话框相同的内容外，还增加了“按钮大小”选项组，用户可在其中设置按钮的宽度和高度。

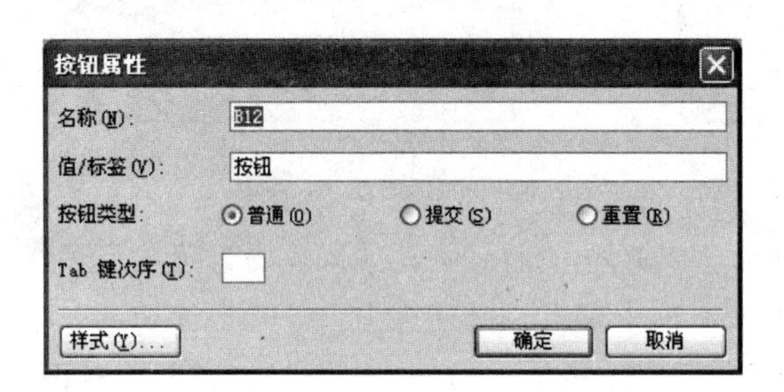

图 6-50 “按钮属性”对话框

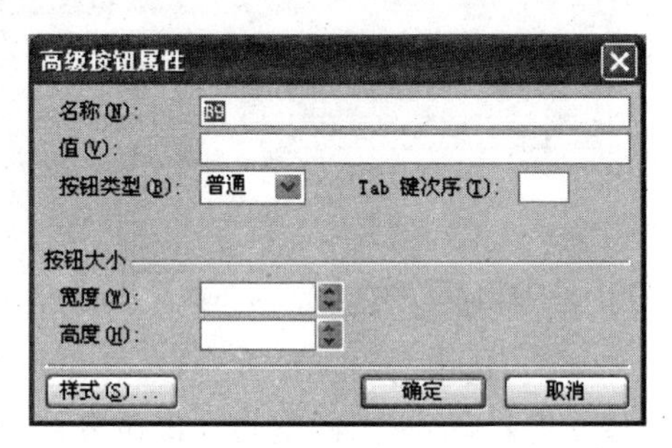

图 6-51 “高级按钮属性”对话框

3. 加入图片表单域

通过选择“插入”→“表单”→“图片”命令，用户可以在弹出的“图片”对话框中选择一幅图片来代替单调的“提交”按钮，这个图片称为图片表单域。图片表单域可以取代“提交”按钮的全部作用。用户单击该表单域以后，一样可以将表单结果传递到服务器。此外，漫游者在该图片中单击位置的坐标值也可以传到服务器。

6.6.8 为表单添加隐藏域

表单的隐藏域在网页中对漫游者是不可见的，也不能让漫游者修改，只在提交表单时随其他表单输入内容传送到服务器。表单隐藏域可以向表单处理器传递表单的作用、作者、创建时间等信息。

如果用户要添加一个隐藏域，可右击已经加入表单域的网页，在弹出的快捷菜单中选择“表单属性”命令，打开如图 6-52 所示的“表单属性”对话框，再单击其中的“高级”按钮，打开如图 6-53 所示的“高级表单属性”对话框。

在该对话框中，用户可单击“添加”按钮，打开如图 6-54 所示的“名称/值对”对话框，在其中输入要隐藏的表单域的名称和值，单击“确定”按钮即可添加一个隐藏的表单域。重复以上步骤即可添加多个隐藏的表单域。

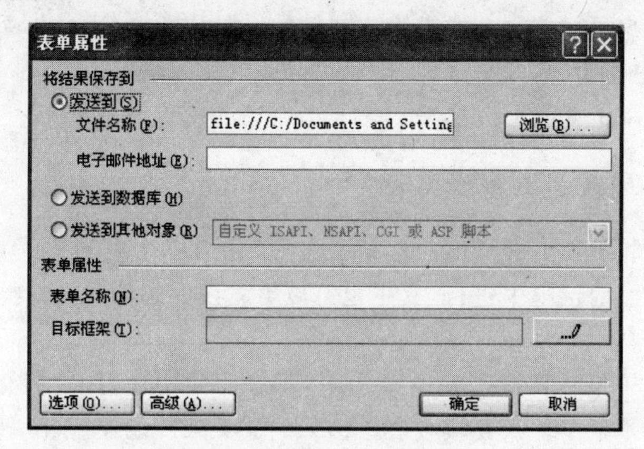

图 6-52 “表单属性”对话框

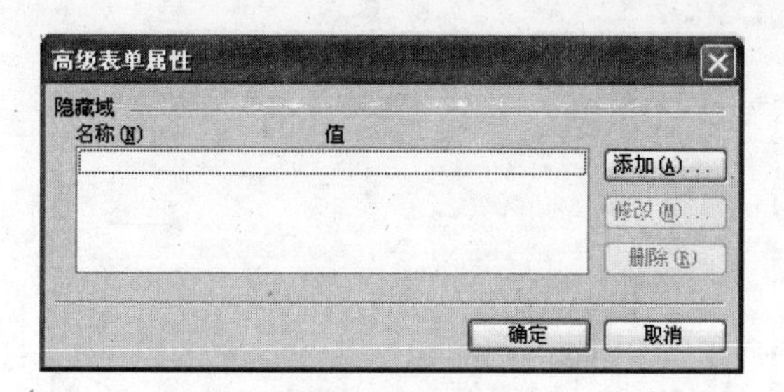

图 6-53 “高级表单属性”对话框

图 6-54 “名称/值对”对话框

6.6.9 保存表单结果

在漫游者结束表单操作单击“提交”按钮时，只有当“提交”按钮知道表单结果送往何处时提交才能进行。FrontPage 2003 有内置的表单处理程序，用以完成对表单结果的提交处理。表单处理程序对表单结果的处理可以将表单结果保存为站点中的一个文件或者将表单结果发送到一个电子邮件地址。此外，也可以将表单结果发送到一个自定义脚本中，由于一般不会用到，在本节中将不做介绍。

1. 将表单结果保存到文件

在默认情况下，表单处理程序将表单结果以文件形式保存在站点中。当漫游者再次提交表单时，FrontPage 2003 就将新的表单结果添加到这个文件中。在漫游者提交表单后，系统会根据情况在浏览器窗口中展示一个确认网页(成功提交时)或一个失败网页(出现有效性错误时)。当出现失败网页时，漫游者必须返回到表单重新修改表单输入的内容。

如果用户要将表单结果保存到文件，可在表单网页内右击，在弹出的快捷菜单中选择“表单属性”命令，打开如图 6-52 所示的“表单属性”对话框。在该对话框中用户可看到默认的表单结果发送的目的地为当前站点下的一个文本文件，其位置和文件名出现在“文件名称”文本框中,用户可在该文本框中修改文件的位置和文件名。

此外,如果用户单击下方的“选项”按钮,可打开“保存表单结果”对话框,其中的“文件结果”选项卡如图 6-55 所示。

2. 将表单结果发送到电子信箱

用户可以设置将漫游者提交的表单结果作为电子邮件传递到一个电子信箱中。该设置同样在“表单属性”对话框中进行,其中也可以事先设置邮件的文件类型、邮件的主题等信息。

如果用户要将表单结果发送到电子信箱,可按前面所述打开“表单属性”对话框,在“电子邮件地址”文本框中输入要接收表单结果的电子邮件地址,单击“确定”按钮即可。

如果用户要修改邮件的格式和标题,可按前面所述打开“保存表单结果”对话框,然后切换到如图 6-56 所示的“电子邮件结果”选项卡。

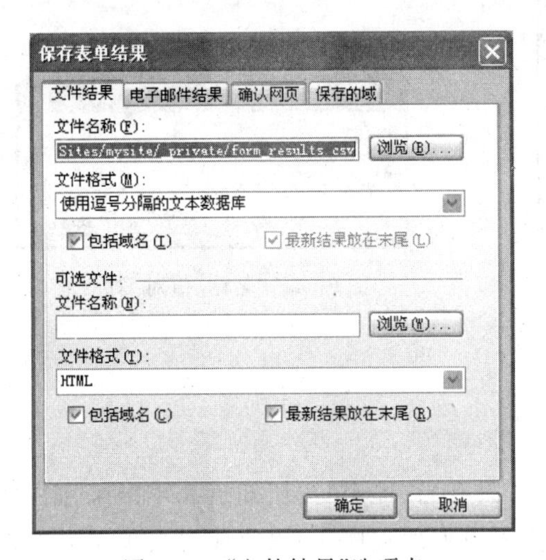

图 6-55 “文件结果”选项卡

图 6-56 “电子邮件结果”选项卡

完成上述设置后,用户可单击“确定”按钮返回“表单属性”对话框,再单击“表单属性”中的“确定”按钮即可将设置应用到网页中。

6.7 发布站点

站点发布可以说是站点设计过程中极为关键的一步,当用户完成站点的编辑、制作工作之后,就可以向 Internet 上发布自己的成果,以实现信息共享。为了便于用户发布站点,FrontPage 2003 提供了站点发布向导,用户只需完成其中的设置就可以成功地将自己的站点发布到 Internet 中去。在进行发布前,用户还可以设定要发布文件的发布状态,即指定其中的哪些文件需要发布,哪些文件不发布。一切设定完毕,就可以用 FrontPage 2003 的发布站点命令进行发布。在发布网页之前应确保网页设计的各方面都已正确,如超链接无中断，网页的功能确实如设计时所期望的那样。

6.7.1 检查超链接

在站点发布之前，检查站点中所有文件的链接是否有效是一项至关重要的工作。虽然在文件移动时 FrontPage 2003 会自动校正链接，但也难免会在编辑网页时造成一些人为的失误，也可能在制作了一个网页后忘记加入导航结构或其他网页根本无法与它链接，这些都将导致链接的失败而使用户无法访问个别网页，甚至无法通过站点中的链接来访问全部内容。要检查站点中的超链接，可选择“工具”→“重新计算超链接”命令，打开如图 6-57 所示的对话框，该对话框用于说明相应的操作，单击“确定”按钮即可对当前站点的链接状态进行验证，它的结果将反映在站点的“报表”视图内，如图 6-58 所示。在该视图中，用户可以看到链接的状态、原有链接目标的 URL、链接源所在的网页、网页标题、目标网页等信息。如果“报表”视图中不是超链接情况，用户可选择“视图”→“报表”→“问题”→“超链接”命令，以使“报表”视图中显示超链接情况。

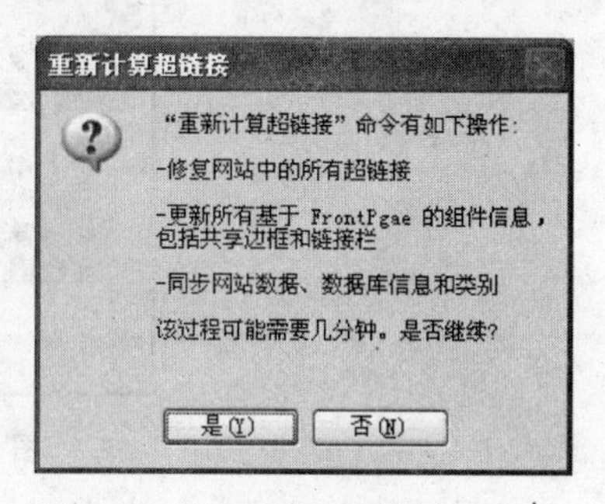

图 6-57 “重新计算超链接”对话框

Microsoft FrontPage - C:\Documents and Settings\mzhao\My Document...

文件(F) 编辑(E) 视图(V) 插入(I) 格式(O) 工具(T) 表格(A) 数据(D) 框架(R) 窗口(W) 帮助(H)

网站 new_page_1.htm*

超链接

状态	超链接	位于网页	网页标题	目标
中断	http://www.example.com	interest.htm	兴趣	外部
中断	http://www.example.com	index.htm	欢迎光临我的网站!	外部
中断	http://www.example.com/	favorite.htm	收藏夹	外部
中断	http://www.example.com/	interest.htm	兴趣	外部
中断	http://www.example.com/people	index.htm	欢迎光临我的网站!	外部
中断	http://www.example.net	favorite.htm	收藏夹	外部
中断	http://www.example.net	index.htm	欢迎光临我的网站!	外部
中断	http://www.example.net/	interest.htm	兴趣	外部
中断	http://www.example.org	favorite.htm	收藏夹	外部
中断	http://www.example.org	index.htm	欢迎光临我的网站!	外部
确定	photogallery/photo26003/real...	photogallery/photo26...		内部
确定	photogallery/photo26003/real...	photogallery/photo26...		内部
确定	images/mount.gif	photogallery/photo26...		内部
确定	photogallery/photo26003/moun...	photogallery/photo26...		内部
确定	images/mycat.jpg	photogallery/photo26...		内部
确定	photogallery/photo26003/myca...	photogallery/photo26...		内部
确定	images/parrot1.jpg	photogallery/photo26...		内部

文件夹 远程网站 报表 导航 超链接 任务

0 个中断的内部超链接，10 个中断的外部超链接 默认 自定义

图 6-58 重新计算超链接后的“报表”视图

双击“超链接”下拉列表框中的一个超链接后，用户即可对断开的链接进行修改，此时将打开如图 6-59 所示的“编辑超链接”对话框。修复断开的链接有两种方法：修改链接

源与更换链接目标。准备修改链接源时，可单击“编辑网页”按钮，打开链接源所在的网页，删除已经断开的链接源，或者为链接源更换另一个链接目标。

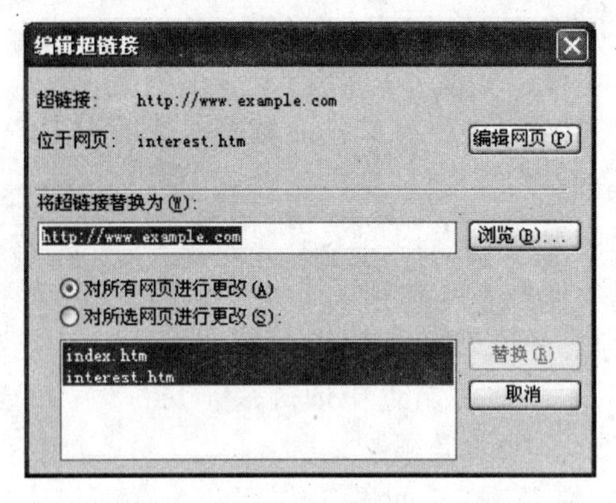

图 6-59 “编辑超链接”对话框

更换链接目标时，用户可在“将超链接替换为”文本框内直接输入新链接目标的URL，也可以单击“浏览”按钮查找、定位链接目标的URL。选中“对所有网页进行更改”单选按钮时，对链接目标的更改将对站点内所有的网页生效，而打开链接源所在的网页时，只能更改所选网页的链接目标，这与选中“对所选网页进行更改”单选按钮的效果是一致的。

完成链接目标的修改之后，用户可单击“替换”按钮以使已经进行的修改生效。再次切换至站点的“报表”视图方式时，用户就可以看到断开的链接已经修正了。

6.7.2 设置文件的发布状态

在发布站点时，用户可以根据情况设置文件的发布状态。该状态决定了站点中的相应文件是否发布。创建的新站点在发布时对包含的文件一般应全部发送。若是对已发布站点的维护更新，只要把修改过的文件发布就可以了，一般没有必要把所有文件都重新上传，这样可以节约时间，避免长时间占用线路的开销。

用户可以通过“报表”视图显示一个站点上的所有文件的发布状态。该状态通过文件是否标识来决定其是否发布。在该视图中查看文件发布状态时，用户也可以更改各文件的发布状态。

如果用户要设置文件的发布状态，可先打开要发布的站点，然后单击视图栏中的“报表”按钮进入“报表”视图，选择“视图”→“报表”→“工作流”→“发布状态”命令，即可显示当前站点的“发布状态”报表，如图 6-60 所示。

如果用户希望不发布站点中的某个文件，可选中“发布状态”列表框的一个文件并且右击，在弹出的快捷菜单中选择“不发布”命令，即可不发布该文件，此时该文件的“发布”一栏会变为“不发布”，同时其文件图标也会发生变化，图 6-61 就是对文件 mycat.jpg 设置为“不发布”后的“发布状态”报表。

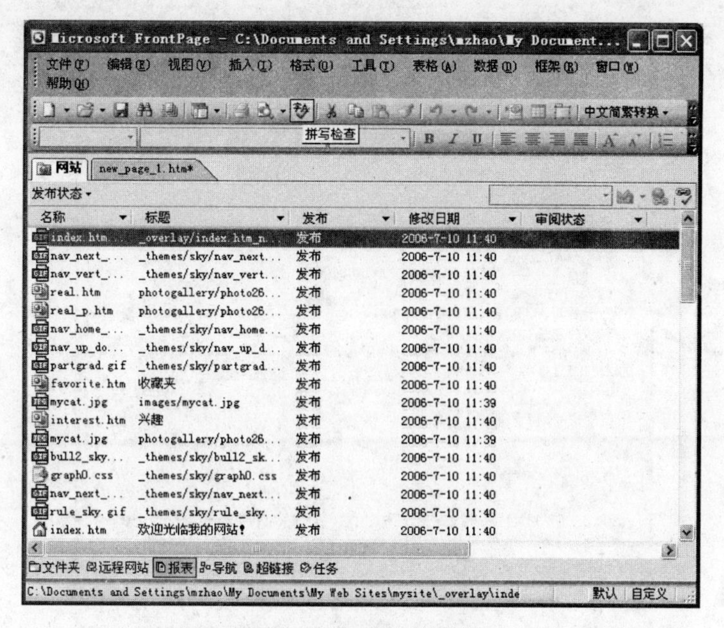

图 6-60 “发布状态”报表

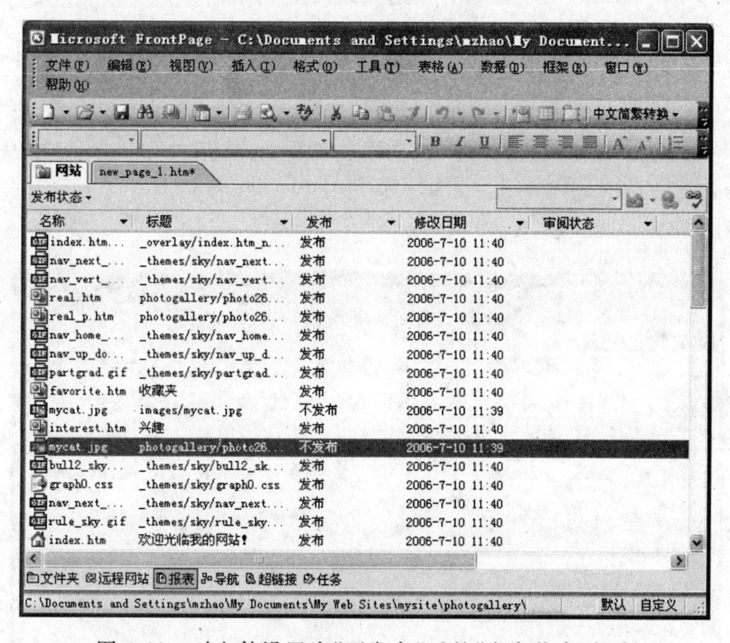

图 6-61 对文件设置为“不发布”后的“发布状态”报表

6.7.3 使用文件系统发布站点

如果用户在 Internet 上没有属于自己的空间来发布站点，那么可以先使用自身计算机中的文件系统来发布站点。虽然暂时无法使其他用户在浏览器中查看、阅读自己的工作成果，但可以观察到发布站点的具体状况。

如果用户要使用文件系统发布站点，可先打开要发布的站点，然后选择“文件”菜单中的“发布网站”命令，打开如图 6-62 所示的“远程网站属性”对话框。

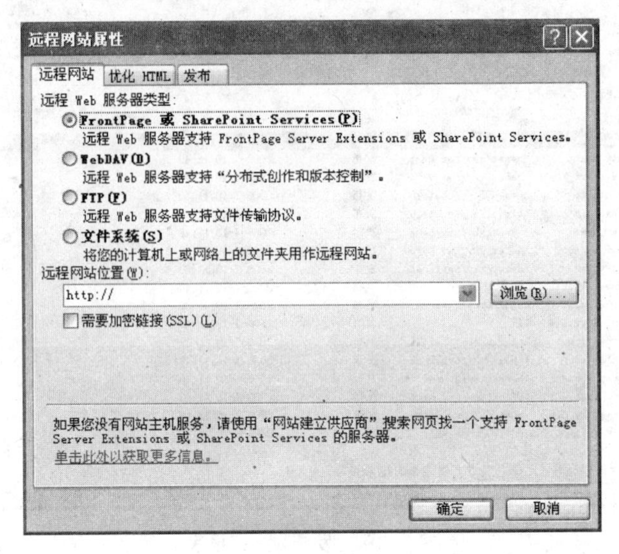

图 6-62 “远程网站属性”对话框

在此对话框中，用户可选择“远程 Web 服务器类型”选项组中的“文件系统”单选按钮，然后在下方的“远程网站位置”下拉列表框中输入一个本地计算机中的具体路径作为远程网站，也可单击“浏览”按钮选择一条路径。最后，单击“确定”按钮，FrontPage 2003 会提示用户是否建立站点，再单击“确定”按钮即可。此时，FrontPage 2003 会自动转到“远程网站”视图，如图 6-63 所示。

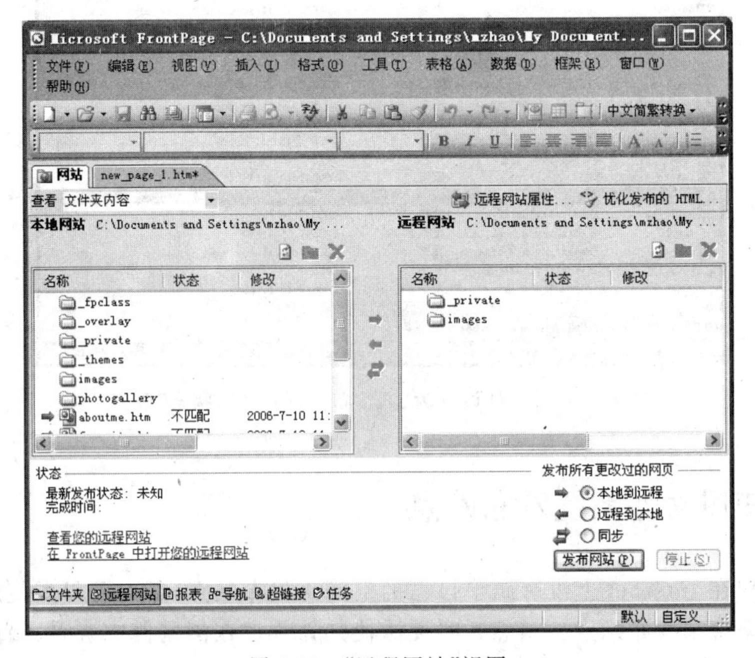

图 6-63 “远程网站”视图

在此视图中，用户可单击“发布网站”按钮，要发布站点中的所有文件和文件夹就会自动复制到远程网站中。发布好的“远程网站”视图如图6-64所示，用户可在其中查看发布日志文件及远程网站中的内容。

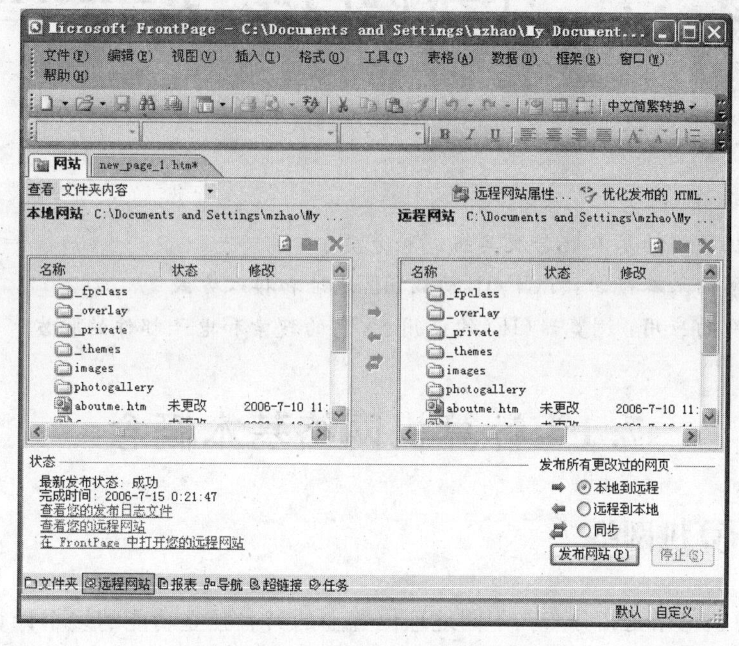

图6-64 发布好的“远程网站”视图

6.8 本章小结

本章主要介绍了FrontPage的窗口、视图方式、创建站点和网页、创建和管理任务等，着重介绍了编辑网页、编辑表格、编辑图像、编辑框架、编辑表单、插入媒体和动态特效的设置，最后介绍了维护与发布站点的操作。

在网页制作方面，FrontPage是“所见即所得”的。用户只要具有Word之类软件的使用经验，即使没有或只有很少的HTML语言知识，也可非常快捷地制作出自己的网页。因此，使用FrontPage，使网页制作人员不需要将太多的精力花费在学习HTML语言上，而可以把更多的精力投入到网页的创意上。

FrontPage 2003在保留了以前版本传统功能的基础上，又增加了许多新功能，分别涉及站点的管理与创建、内容的更新与发布、图片库的应用、日常任务、团队协作能力、电子商务和语言等内容，使用户对Web站点的创建更加容易，对Web站点的控制和管理更加方便，而且支持多用户联机协同开发Web站点。

第7章 计算机网络与 Internet 基础

本章要点

- 计算机网络的基本概念及其组成和分类
- 因特网的基本概念：TCP/IP 协议、IP 地址和接入方式
- 因特网的应用：浏览器(IE)的使用、信息的搜索和电子邮件的收发

7.1 计算机网络基本概念

7.1.1 计算机网络

所谓计算机网络是指分布在不同地理位置上的具有独立功能的多个计算机系统，通过通信设备和通信线路相互连接起来，在网络软件的管理下实现数据传输和资源共享的系统。它综合应用了几乎所有的现代信息处理技术、计算机技术、通信技术的研究成果，把分散在广泛领域中的许多信息处理系统连接在一起，组成一个规模更大、功能更强、可靠性更高的信息综合处理系统。

计算机网络系统具有丰富的功能，其中最重要的是资源共享和快速通信。

1. 快速通信(数据传输)

这是计算机网络最基本的功能之一。计算机网络为分布在不同地点的计算机用户提供了快速传送信息的手段，网上不同的计算机之间可以传送数据、交换信息(如文字、声音、图形、图像和视频等)，为人类提供了前所未有的方便。例如，电子邮件可为有关部门和个人快速传送信函、公文，甚至图像和语音等多媒体信息，提供快捷方便的邮件服务。

2. 共享资源

这是计算机网络的重要功能。计算机资源包括硬件、软件和数据等。所谓共享资源就是指网络中各计算机的资源可以互相通用。这样可以减少信息冗余，节约投资，提高设备的利用率。例如，在一个办公室里的几台计算机可以经网络共用一台激光打印机。

3. 提高可靠性

在一个较大的系统中，个别部件或计算机出现故障是不可避免的。计算机网络中的各台计算机可以通过网络互相设置为后备机，这样，一旦某台计算机出现故障时，网络中的后备机即可代替其继续执行，保证任务正常完成，避免系统瘫痪，从而提高了计算机的可靠性。

4. 分担负荷

当网上某台计算机的任务过重时，可将部分任务转交到其他较空闲的计算机上去处理，从而均衡计算机的负担，减少用户的等待时间。

5. 实现分布式处理

将一个复杂的大任务分解成若干个子任务，由网上的计算机分别承担其中的一个子任务，共同运作、完成，以提高整个系统的效率，这就是分布式处理模式。计算机网络使分布式处理成为可能。

7.1.2 数据通信

通信是指在两个计算机或终端之间经信道（如电话线、同轴电缆、光缆等）传输数据或信息的过程，有时也叫数据通信、远程通信、网络通信等。随着通信技术的不断发展，这些术语的区别已经日趋模糊，实际上更多的人都把任何类型的数据传输统称为通信。

下面简单介绍有关通信的几个常用术语。

1. 信道

信道是传输信息的必经之路。计算机网络中，信道有物理信道和逻辑信道之分，物理信道是指用来传输数据和信号的物理通路，它由传输介质和相关的通信设备组成。计算机网络中常用的传输介质有双绞线、同轴电缆、光缆和无线电波等。逻辑信道也是网络的一种通路，它是在发送点和接收点之间的众多物理信道的基础上，再通过结点内部的连接来实现的，称为“连接”。根据传输介质的不同，物理信道可分为有线信道（如电话线、双绞线、同轴电缆、光缆等）、无线信道和卫星信道。如果根据信道中传输的信号类型来分，则物理信道又可划分为模拟信道和数字信道。模拟信道传输模拟信号，如调幅或调频波；数字信道直接传输二进制脉冲信号。

2. 数字信号和模拟信号

通信的目的是传输数据，信号则是数据的表现形式。信号可分为数字信号和模拟信号两类。数字信号是一种离散的脉冲序列，通常用一个脉冲表示一位二进制数。现在，计算机内部处理的信号都是数字信号。模拟信号是一种连续变化的信号，可以用连续的电波表示，声音就是一种典型的模拟信号。

3. 调制与解调

普通电话线是针对话音通话而设计的模拟信道，主要适用于模拟信号的传输。如果要在模拟信道上传输数字信号，就必须在信道两端分别安装调制解调器(Modem)，用数字脉冲信号对模拟信号进行调制和解调。在发送端，将数字脉冲信号转换成能在模拟信道上传输的模拟信号，此过程称为调制(Modulate)；在接收端，再将模拟信号转换还原成数字脉冲信号，这个反过程称为解调(Demodulate)。把这两种功能结合在一起的设备称为调制解调器(Modem)。

4. 带宽与数据传输速率

在模拟信道中，以带宽表示信道传输信息的能力。带宽用传送信息信号的高频率与低频率之差表示，以 Hz、kHz、MHz 或 GHz 为单位，如电话信道的带宽为 300～3400Hz。

在数字信道中，用数据传输速率(比特率)表示信道的传输能力，即每秒传输的二进制位数(b/s)，单位为 b/s、Kb/s、Mb/s 或 Gb/s，如调制解调器的传输速率为 56Kb/s。研究证明，通信信道的最大传输率与信道带宽之间存在着明确的关系，所以在网络技术中“带宽”与“速率”几乎成为同义词。带宽与数据传输速率是通信系统的主要技术指标之一。

5. 误码率

它是指在信息传输过程中的出错率，是通信系统的可靠性指标。在计算机网络系统中，一般要求误码率低于 10^{-6}(百万分之一)。

7.1.3 计算机网络的组成

从系统功能的角度看，计算机网络主要由资源子网和通信子网两部分组成。资源子网与通信子网的关系如图 7-1 所示。

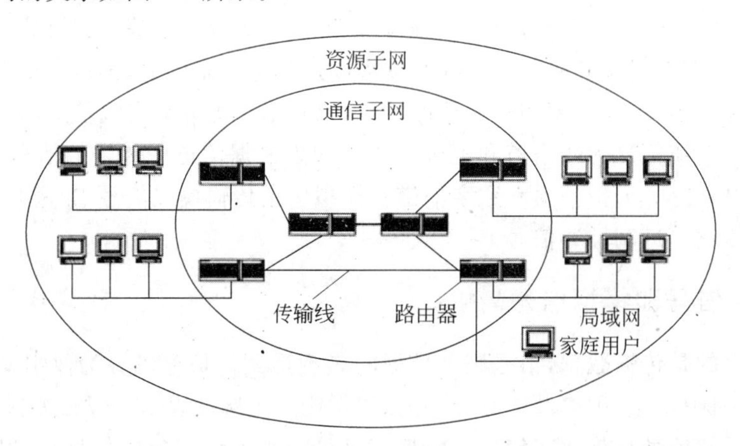

图 7-1 计算机网络的资源子网与通信子网

资源子网主要包括联网的计算机、终端、外部设备、网络协议及网络软件等，其主要任务是收集、存储和处理信息，为用户提供网络服务和资源共享功能等。通信子网即把各站点互相连接起来的数据通信系统，主要包括通信线路(即传输介质)、网络连接设备(如通信控制处理器)、网络协议和通信控制软件等,其主要任务是连接网上的各种计算机,完成数据的传输、交换和通信处理。

7.1.4 计算机网络的分类

计算机网络的分类标准很多,如按计算机网络的拓扑结构分类、按网络的交换方式分类、按网络协议分类、按数据的传输方式分类等。但是,各种分类标准只能从某一方面反映网络的特征。按网络覆盖的地理范围(距离)进行分类是最普遍的分类方法,它能较好地反映出网络的本质特征。依照这种方法,可把计算机网络分为 3 类:局域网、广域网和城域网。

1. 局域网

局域网(Local Area Network,LAN)是一种在小区域内使用的网络,其传送距离一般在几千米之内,最大距离不超过 10km。它是在微型计算机大量推广后被广泛使用的,适合于一个部门或一个单位组建的网络,如在一个办公室、一幢大楼或校园内组建。局域网具有传输速率高(10~1000Mb/s)、误码率低、成本低、容易组网、易维护、易管理、使用灵活方便等特点,深受广大用户的欢迎。

2. 广域网

广域网(Wide Area Network,WAN)也叫远程网络,覆盖地理范围比局域网要大得多,可从几十千米到几千千米。广域网覆盖一个地区、国家或横跨几个洲,可以使用电话线、微波、卫星或者它们的组合信道进行通信。后面即将介绍的因特网就是典型的广域网。广域网络的传输速率较低,一般在 96Kb/s~45Mb/s 范围之内。

3. 城域网

城域网(Metropolitan Area Network,MAN)是一种介于局域网和广域网之间的高速网络,覆盖地理范围介于局域网和广域网之间,一般为几千米到几十千米,传输速率一般在 50Mb/s 左右,其用户多为需要在市内进行高速通信的较大单位或公司等。

7.1.5 网络的拓扑结构

拓扑是一数学分支,它是研究与大小、形状无关的点、线和面构成的图形特征的方法。网络的拓扑结构是构成网络的节点(如工作站)和连接各节点的链路(如传输线路)组成的图形的共同特征。网络拓扑结构主要有星型、环型和总线型等几种。

1. 星型结构

星型结构是最早的通用网络拓扑结构形式,其中每个站点都通过连线(如电缆)与主控机相连,相邻站点之间的通信都通过主控机进行,所以,要求主控机有很高的可靠性。

这是一种集中控制方式的结构。星型结构的优点是结构简单，控制处理也较为简便，增加工作站点容易；缺点是一旦主控机出现故障，会引起整个系统的瘫痪，可靠性较差。星型结构如图 7-2(a)所示。

2. 环型结构

网络中各工作站通过中继器连接到一个闭合的环路上，信息沿环型线路单向(或双向)传输，由目的站点接收。环型网适合那些数据不需要在中心主控机上集中处理而主要在各自站点进行处理的情况。环型结构的优点是结构简单、成本低；缺点是环中任意一点的故障都会引起网络瘫痪，可靠性低。环型拓扑结构如图 7-2(b)所示。

3. 总线型结构

网络中各个工作站均经一根总线相连，信息可沿两个不同的方向由一个站点传向另一站点。这种结构的优点是：工作站连入或从网络中卸下都非常方便；系统中某工作站出现故障也不会影响其他站点之间的通信，系统可靠性较高；结构简单，成本低。这种结构是目前网络中普遍采用的形式。总线型结构如图 7-2(c)所示。

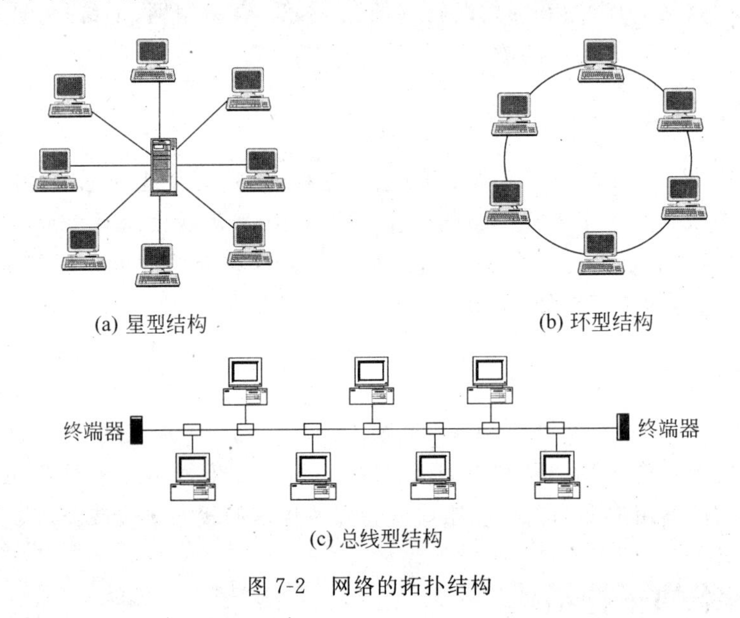

图 7-2　网络的拓扑结构

7.1.6　组网和联网的硬件设备

与计算机系统类似，计算机网络系统也由网络软件和硬件设备两部分组成。网络操作系统对网络进行控制与管理。目前，在局域网上流行的网络操作系统有 Windows NT Server、NetWare、UNIX 和 Linux 等。下面主要介绍常见的网络硬件设备。

1. 局域网的组网设备

1）传输介质

局域网中常用的传输介质有同轴电缆、双绞线和光缆等。

2）网络接口卡

网络接口卡(简称网卡)是构成网络必需的基本设备，它用于将计算机和通信电缆连接起来，以便经电缆在计算机之间进行高速数据传输。因此，每台连接到局域网的计算机(工作站或服务器)都需要安装一块网卡，通常网卡都插在计算机的扩展槽内。网卡的种类很多，它们各有自己适用的传输介质和网络协议。

3）集线器

集线器(Hub)是局域网的基本连接设备。在传统的局域网中，联网的节点通过双绞线与集线器连接，构成物理上的星型拓扑结构。目前，市场上的集线器有独立式集线器、堆叠式集线器和智能型集线器等。

2. 网络互联设备

1）路由器

处于不同地理位置的局域网通过广域网进行互联是当前网络互联的一种常见方式。路由器(Router)是实现局域网与广域网互联的主要设备。

路由器用于检测数据的目的地址，对路径进行动态分配，根据不同的地址将数据分流到不同的路径中。如果存在多条路径，则根据路径的工作状态和忙闲情况，选择一条合适的路径，动态平衡通信负载。

2）调制解调器

调制解调器(Modem)是 PC 通过电话线接入因特网的必备设备，它具有调制和解调两种功能。调制解调器分为外置和内置两种，外置调制解调器是在计算机机箱之外使用的，一端用电缆连接在计算机上，另一端与电话插口连接，其优点是便于从一台设备移到另一台设备上去。内置调制解调器是一块电路板，插在计算机或终端内部，价格比外置调制解调器便宜，但是一旦插入机器就不易移动了。

通信过程中，信道的发送端和接收端都需要调制解调器。发送端的调制解调器将数字信号调制成模拟信号送入通信线路，接收端的调制解调器再将模拟信号解调还原成数字信号进行接收和处理。

7.2 因特网初探

因特网是一个建立在网络互联基础上的网际网，是一个全球性的巨大的信息资源库。它缩短了人们的生活距离，把世界变得更小了。利用电子邮件可以在极短的时间内与世界各地的亲朋好友联络。接入因特网可以漫游世界各地，获取各类(如商业的、学术的、生活的)有用的信息。因特网的应用和普及正在改变着人们的工作和生活方式。

本节将介绍因特网的基本概念和简单应用。

7.2.1 因特网概述

1. 因特网概述

迄今为止，因特网还没有一个统一的、严格的定义。但是，可以这样来理解，因特网是通过路由器将世界不同地区、规模大小不一、类型不同的网络互相连接起来的网络，是一个全球性的计算机互联网络，音译为“因特网”，也称“国际互联网”。它是一个信息资源极其丰富的、世界上最大的计算机网络。

Internet 始于 1968 年美国国防部高级研究计划局（ARPA）提出并资助的 ARPANET 网络计划，其目的是将各地不同的主机以一种对等的通信方式连接起来，最初只有 4 台主机。此后，TCP/IP 协议的提出，为 Internet 的发展奠定了基础。1985 年美国国家科学基金会（NSF）发现 Internet 在科学研究上的重大价值，投资支持 Internet 和 TCP/IP 的发展，将美国五大超级计算机中心连接起来，组成 NSFnet，推动了 Internet 的发展。1992 年美国高级网络和服务公司 ANS 组建了新的广域网 ANSnet，其传输容量是被取代的 NSFnet 的 30 倍，传输速率达到 45Mb/s，成为目前 Internet 的主干网。

20 世纪 80 年代，由于 Internet 的发展和巨大成功，世界先进工业国家纷纷接入 Internet，使之成为全球性的互联网络。1991 年以前，无论在美国还是其他国家，Internet 的应用被严格限制在科技与教育领域。后来由于其开放性和具有信息资源的共享和交换能力，吸引了大批的用户，其应用领域也突破原来的限制，扩大到文化、政治、经济、商业等各领域。

据不完全统计，全世界有 180 多个国家和地区已经加入到因特网中。

我国于 1994 年 4 月正式接入因特网，从此中国的网络建设进入了大规模发展阶段。到 1996 年初，中国的 Internet 已形成了中国科技网（CSTNET）、中国教育和科研计算机网（CERNET）、中国公用计算机互联网（CHINANET）和中国金桥信息网（CHINAGBN）四大具有国际出口的网络体系。前两个网络主要面向科研和教育机构，后两个网络向社会提供 Internet 服务，以经营为目的，属于商业性的组织。

2. 因特网提供的服务

因特网之所以受到大量用户的青睐，是因为它能够提供丰富的服务，主要包括以下几种。

(1) 电子邮件（E-mail）：电子邮件是因特网的一个基本服务。通过因特网和电子邮件地址，通信双方可以快速、方便和经济地收、发电子邮件。而且电子信箱不受用户所在的地理位置限制，只要能连接上因特网，就能使用电子信箱。正因为它具有省时、省钱、方便和不受地理位置的限制的优点，所以，它是因特网上应用最广泛的一种服务。

(2) 文件传输协议（FTP）：文件传输协议（File Transfer Protocol，FTP）为因特网用户提供在网上传输各种类型文件的功能，是因特网的基本服务之一。FTP 服务分为普通

FTP 服务和匿名(Anonymous)FTP 服务两种。普通 FTP 服务向注册用户提供文件传输服务,而匿名 FTP 服务能向任何因特网用户提供核定的文件传输服务。

(3) 远程登录(Telnet):远程登录是一台主机的因特网用户,使用另一台主机的登录账号和口令与该主机实现连接,作为它的一个远程终端使用该主机的资源的服务。

(4) 万维网(WWW)交互式信息浏览:WWW 是因特网的多媒体信息查询工具,是因特网上发展最快和使用最广的服务。它使用超文本和链接技术,使用户能以任意的次序自由地从一个文件跳转到另一个文件,浏览或查阅各自所需的信息。

此外,因特网还提供如电子公告板(BBS)、新闻(Usenet)、文件查询(Archie)、关键字检索(WAIS)、菜单检索(Gopher)、图书查询系统(Librarise)、网络论坛(NetNews)、聊天室(IRC)、网络电话、电子商务、网上购物和网上服务等多种服务功能。

7.2.2 TCP/IP 协议

因特网是通过路由器将不同类型的物理网互联在一起的虚拟网络。它采用 TCP/IP 协议控制各网络之间的数据传输,采用分组交换技术传输数据。

TCP/IP 是用于计算机通信的一组协议,而 TCP 和 IP 是这些众多协议中最重要的两个核心协议。TCP/IP 由网络接口层、网络层、传输层、应用层 4 个层次组成。其中,网络接口层是最底层,包括各种硬件协议,面向硬件;应用层面向用户,提供一组常用的应用程序,如电子邮件、文件传送等。

1. TCP 协议

它位于传输层。TCP(Transmission Control Protocol)协议向应用层提供面向连接的服务,确保网上所发送的数据报可以完整地接收,一旦数据报丢失或破坏,则由 TCP 负责将被丢失或破坏的数据报重新传输一次,实现数据的可靠传输。

2. IP 协议

它位于网络层,主要将不同格式的物理地址转换为统一的 IP(Internet Protocol)地址,将不同格式的帧转换为“IP 数据报”,向 TCP 协议所在的传输层提供 IP 数据报,实现无连接数据报传送;IP 的另一个功能是数据报的路由选择,简单地说,路由选择就是在网上从一端点到另一端点的传输路径的选择,将数据从一地传输到另一地。

7.2.3 IP 地址和域名

1. IP 地址

如上所述,因特网是通过路由器将不同类型的物理网互联在一起的虚拟网络。为了信息能准确传送到网络的指定站点,像每一部电话具有一个唯一的电话号码一样,各站点的主机(包括路由器)都必须有一个唯一的可以识别的地址,称为 IP 地址。

因为因特网是由许多个物理网互联而成的虚拟网络，所以，一台主机的 IP 地址由网络号和主机号两部分组成。IP 地址的结构如图 7-3 所示。

网络号	主机号

图 7-3　IP 地址结构

IP 地址用 32 个比特(4 个字节)表示。为便于管理，将每个 IP 地址分为 4 段(一个字节一段)，用 3 个圆点隔开，每段用一个十进制整数表示。可见，每个十进制整数的范围是 0～255。例如，202.112.128.50 和 202.204.85.1 都是合法的 IP 地址。

由于网络中 IP 地址很多，所以又将它们按照第一段的取值范围划分为 5 类：0～127 为 A 类；128～191 为 B 类；192～223 为 C 类：D 类和 E 类留作特殊用途。

IP 地址是由各级因特网管理组织分配给网上计算机的。

2. 域名

显然，用数字表示各主机的 IP 地址对计算机来说是合适的，但对于用户来说，记忆一组枯燥的数字就相当困难了。为此，TCP/IP 协议引进了一种字符型的主机命名制，这就是域名。域名(Domain Name)的实质就是用一组具有助记功能的英文简写名代替 IP 地址。为了避免重名，主机的域名采用层次结构，各层次的子域名之间用圆点“.”隔开，从右至左分别为第一级域名(也称最高级域名)、第二级域名，直至主机名(最低级域名)。其结构如下：

主机名.…….第二级域名.第一级域名

关于域名应该注意以下几点。

(1) 只能以字母字符开头，以字母字符或数字符结尾，其他位置可用字符、数字、连字符或下划线。

(2) 域名中大、小写字母视为相同。

(3) 各子域名之间以圆点分开。

(4) 域名中最左边的子域名通常代表机器所在单位名，中间各子域名代表相应层次的区域，第一级子域名是标准化了的代码(常用的第一级子域名标准代码见表 7-1)。

(5) 整个域名的长度不得超过 255 个字符。

域名和 IP 地址都是表示主机的地址，实际上是同一件事物的不同表示。用户可以使用主机的 IP 地址，也可以使用它的域名。从域名到 IP 地址或者从 IP 地址到域名的转换由域名服务器(Domain Name Server，DNS)完成。

表 7-1　常用一级子域名的标准代码

域名代码	意　　义	域名代码	意　　义
COM	商业组织	NET	主要网络支持中心
EDU	教育机构	ORG	其他组织
GOV	政府机关	INT	国际组织
MIL	军事部门	<countrycode>	国家代码(地理域名)

国际上，第一级域名采用通用的标准代码，它分为组织机构和地理模式两类。由于因

特网诞生在美国，所以其第一级域名采用组织机构域名，美国以外的其他国家，都用主机所在的地区的名称（由两个字母组成）为第一级域名，如 CN（中国）、JP（日本）、KR（韩国）、UK（英国）等。

根据《中国互联网络域名注册暂行管理办法》规定，我国的第一级域名是 CN，次级域名也分类别域名和地区域名，共计 40 个。类别域名有 AC（表示科研院所及科技管理部门）、GOV（表示国家政府部门）、ORG（表示各社会团体及民间非盈利组织）、NET（表示互联网络、接入网络的信息和运行中心）、COM（表示工、商和金融等企业）、EDU（表示教育单位）等 6 个。地区域名有 34 个“行政区域名”，如 BJ（北京市）、SH（上海市）、TJ（天津市）、CQ（重庆市）、JS（江苏省）、ZJ（浙江省）、AH（安徽省）及 FJ（福建省）等。

例如，pku. edu. cn 是北京大学的一个域名，其中 pku 是该大学的英文缩写，edu 表示教育机构，cn 表示中国。Yale. edu 是美国耶鲁大学的域名。

在因特网中，有相应的软件把域名转换成 IP 地址。所以在使用上，IP 地址和域名是等效的。

7.3 连接 Internet

连接 Internet 的常用方式可大致分为两类：个人用户（单机）连接方式和局域网连接方式。

7.3.1 上网准备

1. 个人用户连接方式

个人计算机一台、调制解调器一只（若使用 ADSL 方式连接，则需备有专用 ADSL 调制解调器）、能拨打外线的电话线路一条。

2. 局域网连接方式

申请到联网用的 IP 地址；申请到联网所用的通信线路；准备好联网所需的网络设备。

7.3.2 通过拨号网络访问 Internet 的方法

1. 调制解调器的硬件安装

调制解调器（Modem）分为两种：外置式和内置式（见图 7-4）。外置 Modem 按接口分为有串口（COM）和 USB 接口两种，而内置 Modem 有 ISA、PCI、AMR 插槽等种类。

外置 Modem 的安装比较简单：先将 Modem 的 Line 接口与墙上电话线的 RJ11 插头连接，再用电话线把 Modem 的 Phone 接口与电话机连接；然后将 Modem 所附的连接线，一头接在机箱后面的串口（COM1 或 COM2）或 USB 接口上，另一头接在 Modem 上，如

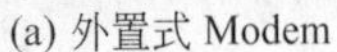

(a) 外置式 Modem　　(b) 内置式 Modem

图 7-4　调制解调器

图 7-5 所示。

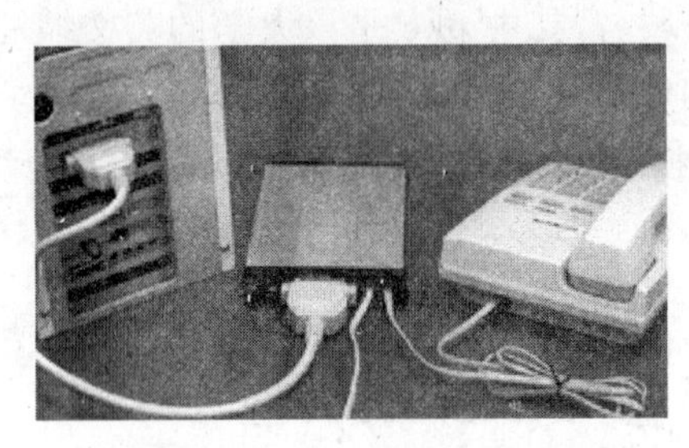

图 7-5　外置 Modem 的安装

若是内置 Modem，则需先打开机箱，取下板卡的挡片，把 Modem 卡插在扩展槽中，拧上螺钉，再装上机箱盖；然后将电话线的 RJ11 插头接入 Modem 卡上的 Line 接口，再将电话线把 Modem 卡上的 Phone 接口与电话机连接。（说明：当 Modem 正在占用电话线时，电话是不能使用的）。

2. 调制解调器的软件安装

（1）进入 Windows 的“控制面板”，双击“电话和调制解调器选项”图标，并在打开的对话框中切换到“调制解调器”选项卡，如图 7-6 所示。

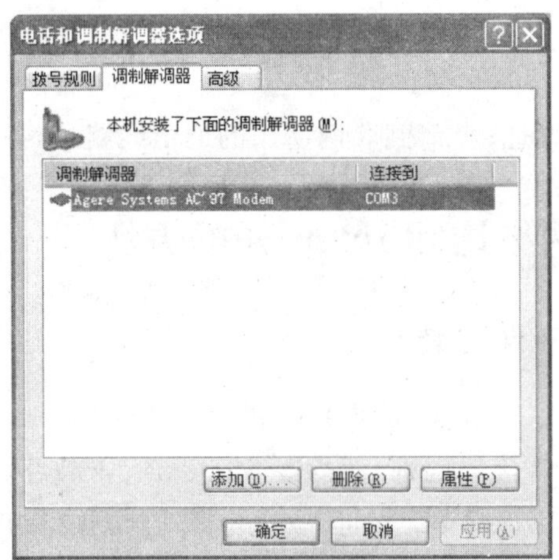

图 7-6　“电话和调制解调器选项”对话框

(2) 再单击“添加”按钮，打开“添加硬件向导”对话框，选中“不要检测我的调制解调器；我将从列表中选择”复选框，然后单击“下一步”按钮，如图 7-7 所示。

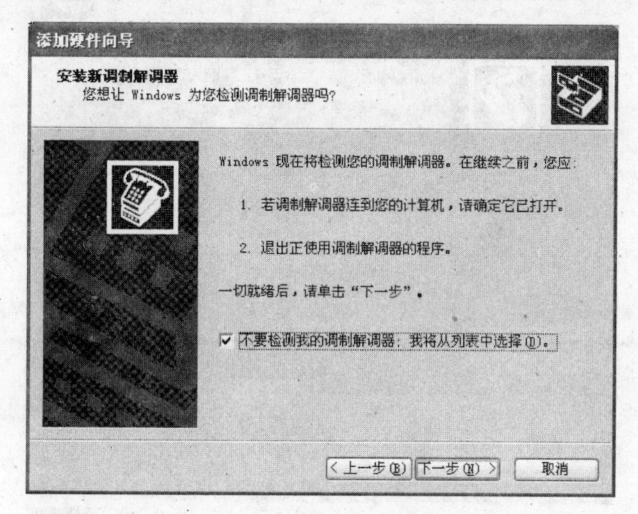

图 7-7 “添加硬件向导”对话框

(3) 在 Modem 列表中选择相应的厂商与型号，然后单击“下一步”按钮，如图 7-8 所示。

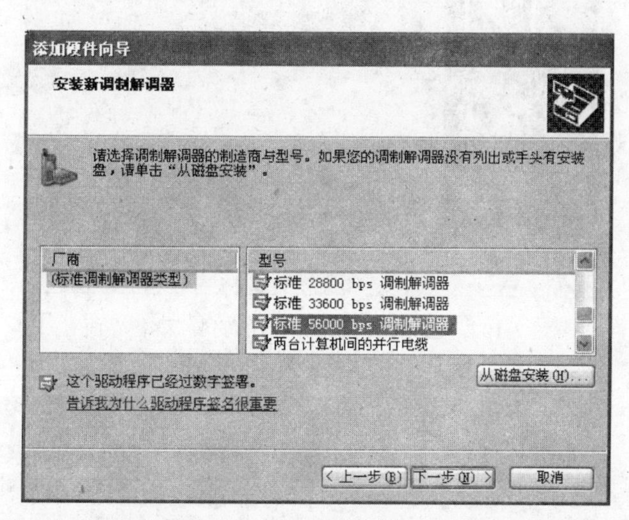

图 7-8 “添加硬件向导”对话框中的 Modem 列表

(4) 在“选择您想安装调制解调器的端口”设备界面中选定端口，单击“下一步”按钮，如图 7-9 所示；然后在“已完成调制解调器的安装”设备界面中单击“完成”按钮即可，如图 7-10 所示。

(5) 或者在如图 7-8 所示的对话框中单击“从磁盘安装”按钮，插入 Modem 的安装盘，单击“确定”按钮即可，如图 7-11 所示。

上述操作完成后，再打开“电话和调制解调器选项”对话框，在“调制解调器”选项卡中即可看到已安装的 Modem，如图 7-12 所示。

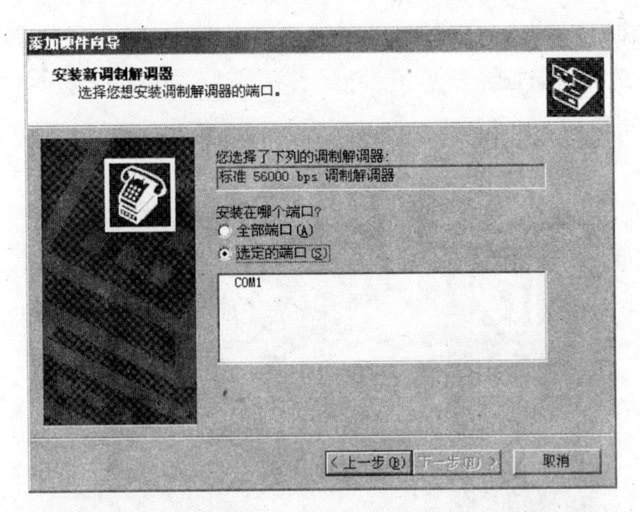

图 7-9 “选择您想安装调制解调器的端口”设备界面

图 7-10 “已完成调制解调器的安装”设备界面

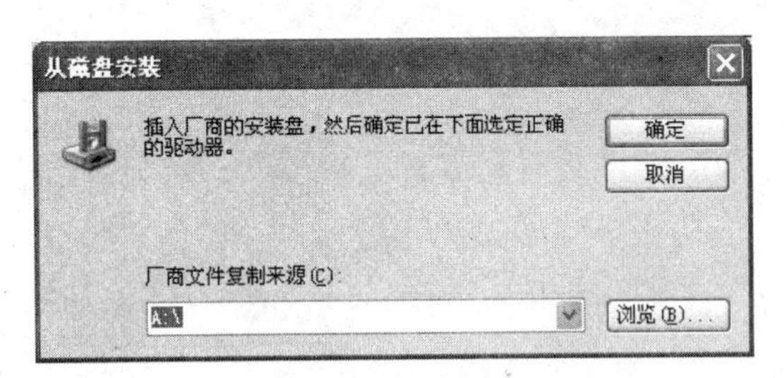

图 7-11 “从磁盘安装”对话框

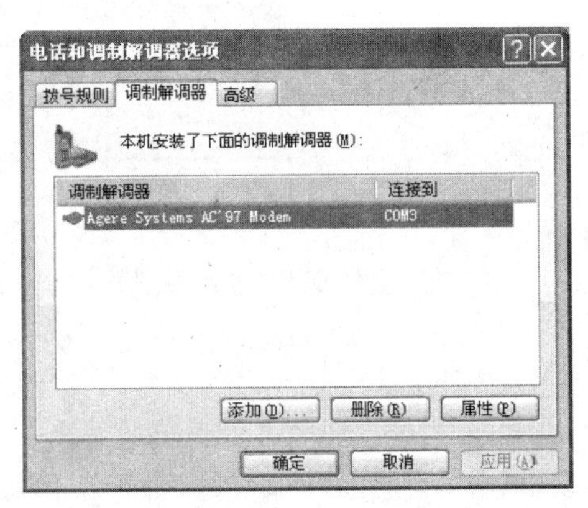

图 7-12 已安装 Modem 的“电话和调制解调器选项”对话框

3. 拨号网络的安装

单击“开始”按钮打开“开始”菜单，选择其中的“设置”项，在打开的子菜单中选择“网络连接”，如图 7-13 所示；或打开“控制面板”窗口，在其中有“网络连接”图标，如图 7-14 所示，则拨号网络已安装；否则，可通过“控制面板”→“添加或删除程序”→“添加/删除 Windows 组件”进行安装。

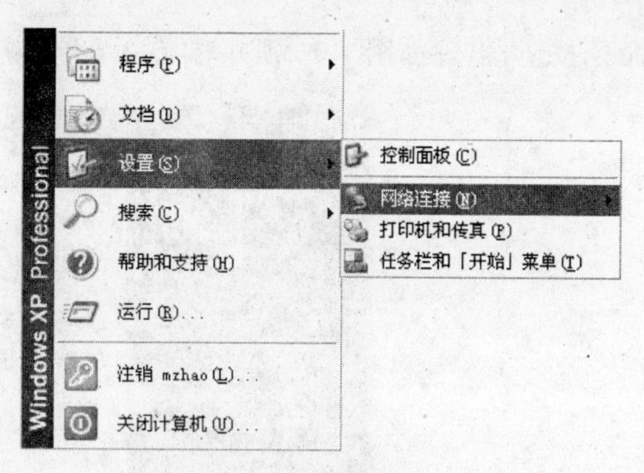

图 7-13 “开始”菜单

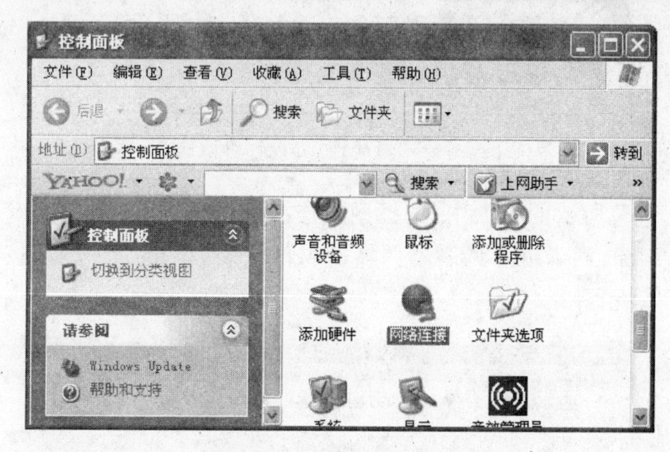

图 7-14 “控制面板”窗口

4. 建立拨号连接

(1) 打开“网络连接”窗口，如图 7-15 所示，单击网络任务中的“创建一个新的连接”

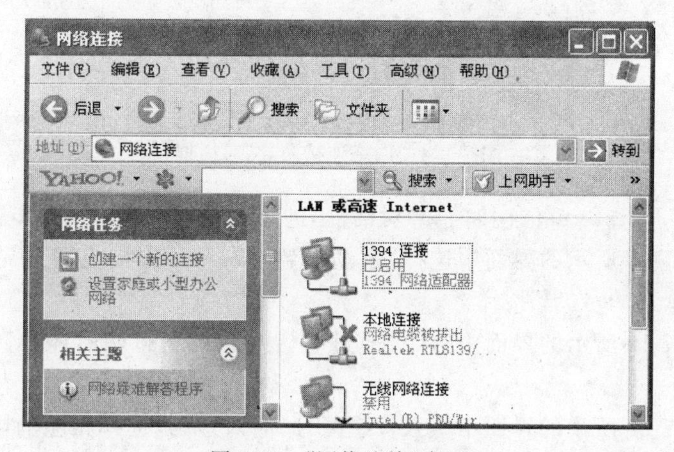

图 7-15 “网络连接”窗口

命令按钮，出现如图 7-16 所示的界面，再单击“下一步”按钮。

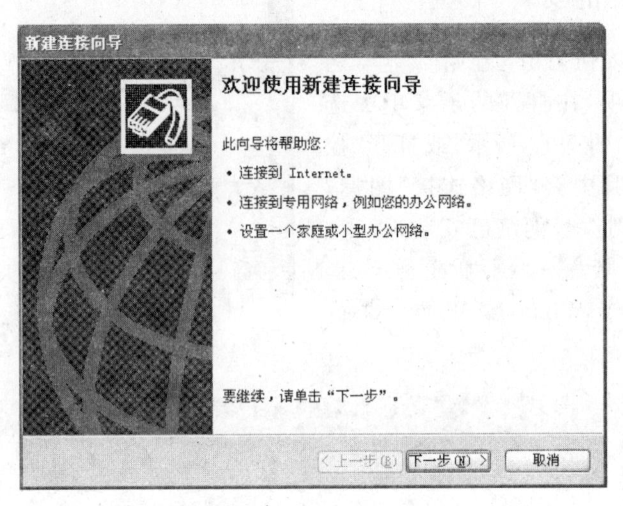

图 7-16 “新建连接向导”对话框

(2) 在如图 7-17 所示的界面中，选择网络连接类型“拨号到 Internet”单选按钮，单击“下一步”按钮(若此时尚未进行调制解调器的软件安装，单击“下一步”按钮，会进入调制解调器的软件安装步骤)。

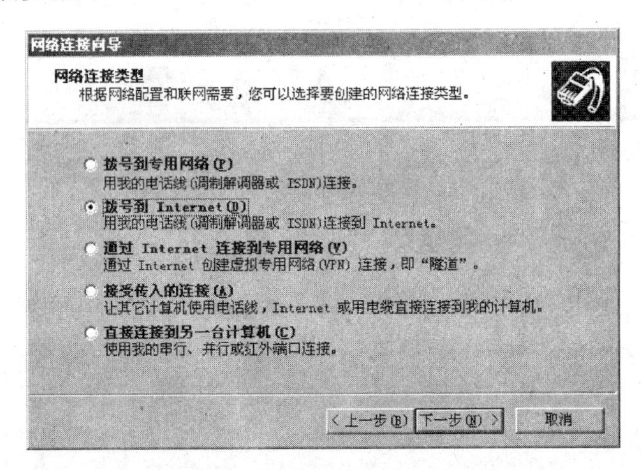

图 7-17 “网络连接向导”对话框

(3) 此时打开“Internet 连接向导”对话框，进入建立新连接的操作步骤如下。

① 在如图 7-18 所示的界面中选择“手动设置 Internet 连接或通过局域网(LAN)连接”单选按钮，单击“下一步”按钮。

② 在如图 7-19 所示的界面中选中“通过电话线和调制解调器连接”单选按钮，单击“下一步”按钮。

③ 在如图 7-20 所示的界面中填入长途区号、电话号码，选择相应的国家(地区)名称和代码(若要配置连接属性，可单击“高级”按钮)，单击“下一步”按钮。

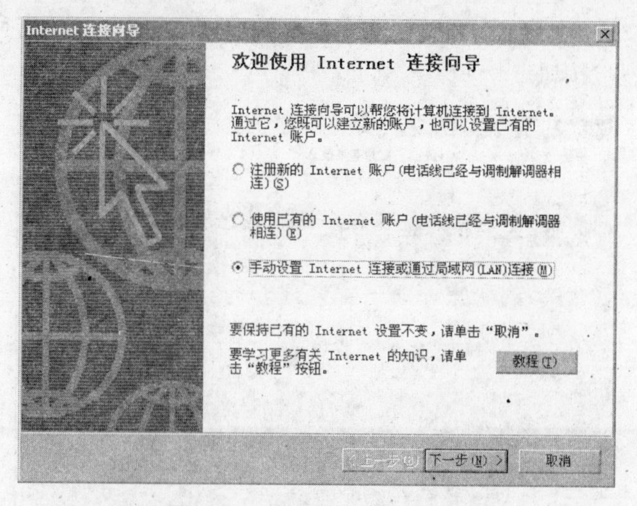

图 7-18 “Internet 连接向导”对话框(一)

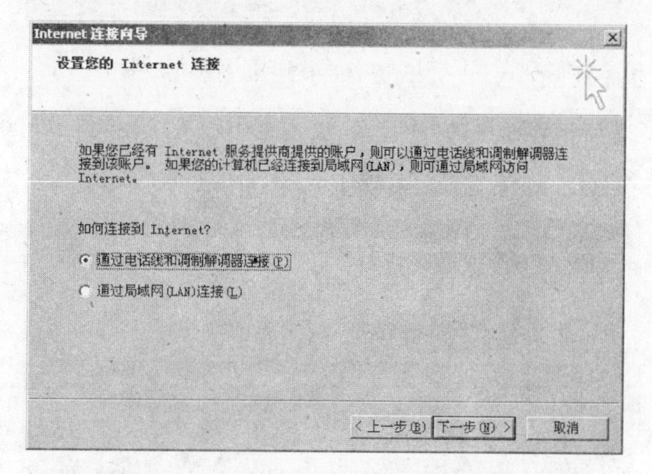

图 7-19 “Internet 连接向导”对话框(二)

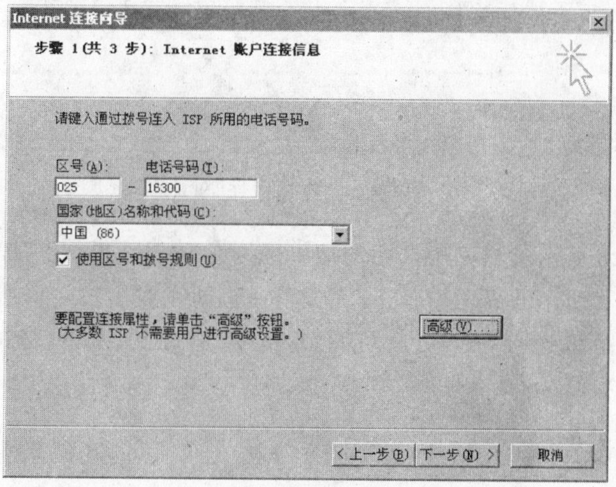

Internet 连接向导
步骤 1(共 3 步)：Internet 账户连接信息
请键入通过拨号连入 ISP 所用的电话号码。
区号(A)： 电话号码(T)：
025 - 16300
国家(地区)名称和代码(C)：
中国 (86)
使用区号和拨号规则(U)
要配置连接属性，请单击“高级”按钮。
(大多数 ISP 不需要用户进行高级设置。)
高级(V)...
< 上一步(B)
下一步(N) >
取消

图 7-20 “Internet 连接向导”对话框(三)

④ 在如图 7-21 所示界面中的“用户名”文本框中输入 16300，“密码”文本框中输入 16300，单击“下一步”按钮。

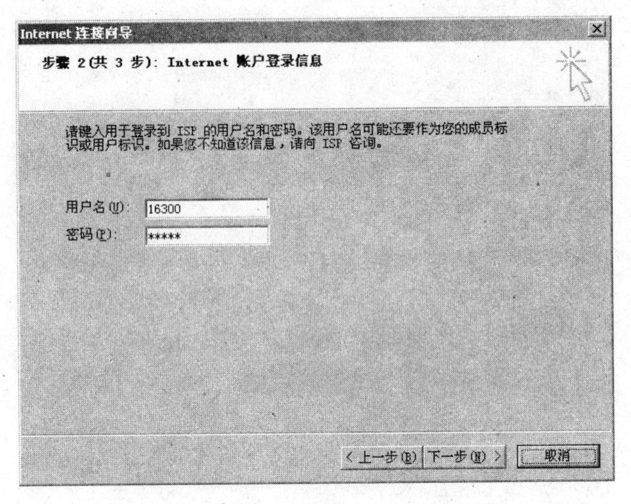

图 7-21 “Internet 连接向导”对话框(四)

⑤ 在如图 7-22 所示界面中的“连接名”文本框中输入“连接到 16300”，单击“下一步”按钮。

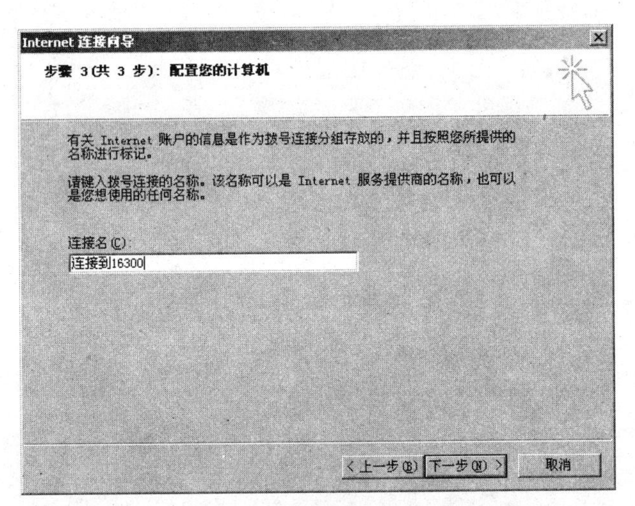

图 7-22 “Internet 连接向导”对话框(五)

⑥ 在如图 7-23 所示的界面中选中“否”单选按钮，单击“下一步”按钮。

⑦ 在如图 7-24 所示的界面中单击“完成”按钮，即完成了建立新连接的全部过程。

此时再打开“网络连接”窗口，就可看到名为“连接到 16300”的新连接，如图 7-25 所示。

5. TCP/IP 设置

打开“网络连接”窗口，右击新建的“连接到 16300”图标，在弹出的快捷菜单中选择

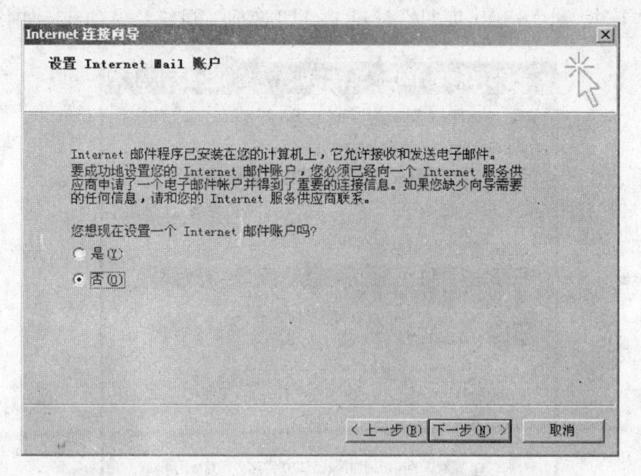

图 7-23 “Internet 连接向导”对话框(六)

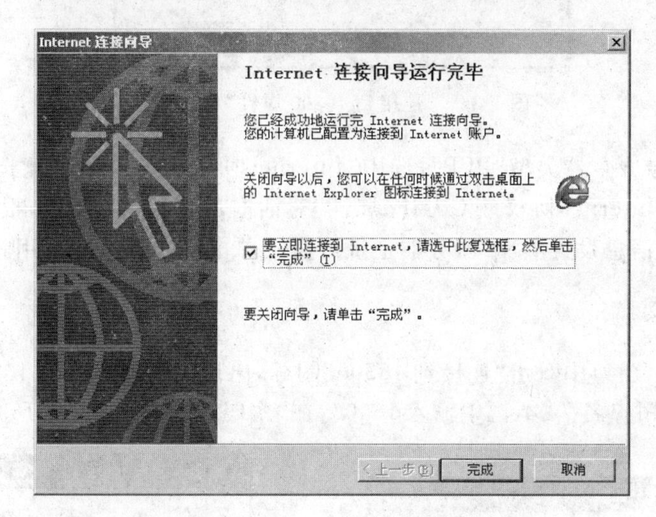

图 7-24 “Internet 连接向导”对话框(七)

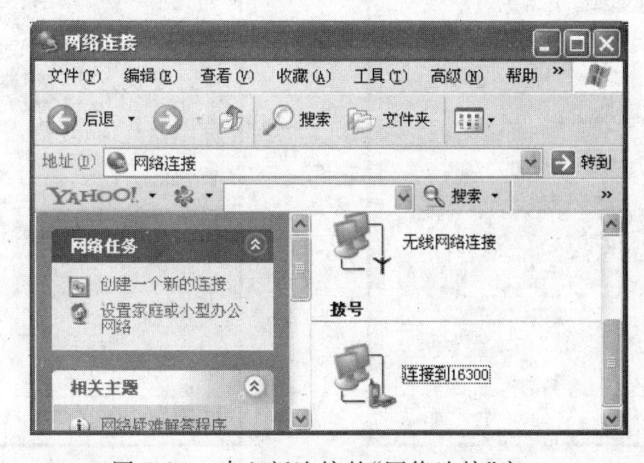

图 7-25 建立新连接的“网络连接”窗口

“属性”命令，打开“连接到 16300 属性”对话框，切换到“网络”选项卡，如图 7-26 所示。

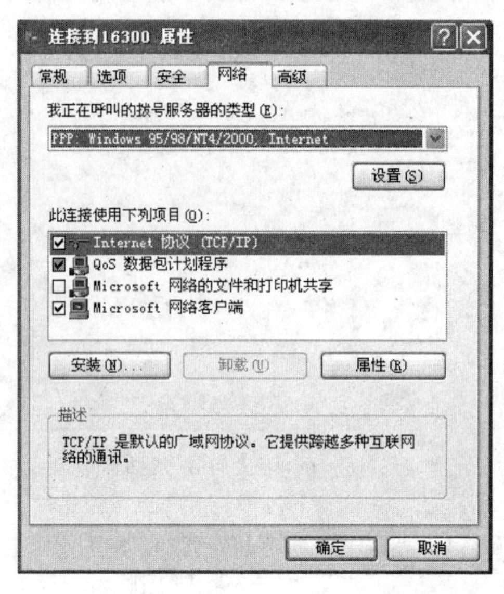

图 7-26 “连接到 16300 属性”对话框

选择默认拨号服务器类型“PPP”，选中“Internet 协议(TCP/IP)”复选框，再单击“属性”按钮，则打开“Internet 协议(TCP/IP)属性”对话框，如图 7-27 所示，根据 ISP(网络服务提供商)提供的信息设置 DNS 服务器地址或直接单击“确定”按钮采用默认值。

6. 拨号上网

在“网络连接”窗口中双击“连接到 16300”图标，出现“连接 连接到 16300”对话框，如图 7-28 所示，在“用户名”文本框中输入 16300，在“密码”文本框中输入 16300，单击“拨号”

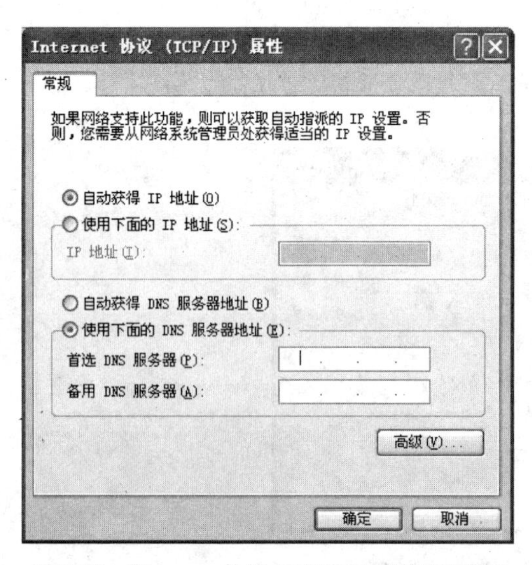

图 7-27 “Internet 协议(TCP/IP)属性”对话框

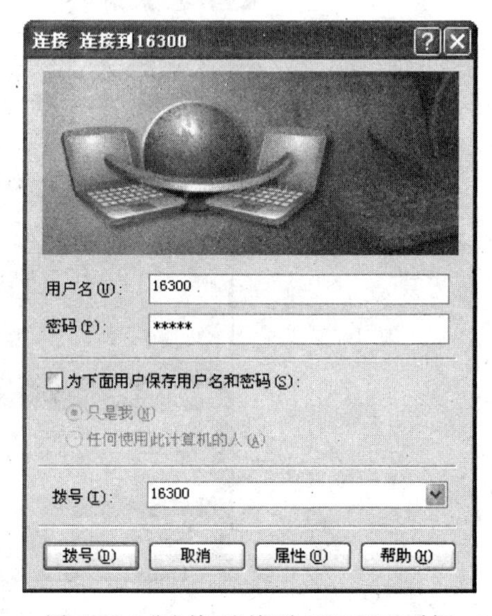

图 7-28 “连接 连接到 16300”对话框

按钮即可与 ISP 进行连接，接入 Internet。

7.3.3 通过局域网访问 Internet 的方法

1. 通过局域网连接 Internet 的两种方法

1）专线接入 Internet

专线方式指的是使用某种类型的电缆直接连入 Internet。在用户端要安装符合 TCP/IP 协议的路由器，在连到局域网的计算机端要安装网络适配器及网络协议（支持 TCP/IP 协议的通信软件）。还需向上级网络服务器管理机构申请正式的 IP 地址和域名。

2）拨号接入 Internet

拨号方式通常使用高速 Modem、ISDN，通过电话拨号访问 Internet。要想实现一线多机接入，必须在局域网内安装一台代理服务器，服务器的串口接 Modem 或 ISDN 适配器，服务器上的网卡连接局域网，配置的 IP 地址与网内的其他机器在同一地址网段中。例如，客户机 IP 地址段为 192.168.0.1～192.168.0.20，掩码 255.255.255.0，则服务器的 IP 地址可以设置为 192.168.0.250，掩码 255.255.255.0。

2. 局域网中各计算机的 IP 地址和掩码的设置方法

打开"网络连接"窗口，右击"本地连接"图标，在弹出的快捷菜单中选择"属性"命令，打开"本地连接 属性"对话框，在"常规"选项卡中选中"Internet 协议（TCP/IP）"，如图 7-29 所示，再单击"属性"按钮。在打开的如图 7-30 所示的"Internet 协议（TCP/IP）属性"对话框中，根据网络系统管理员提供的信息进行设置。

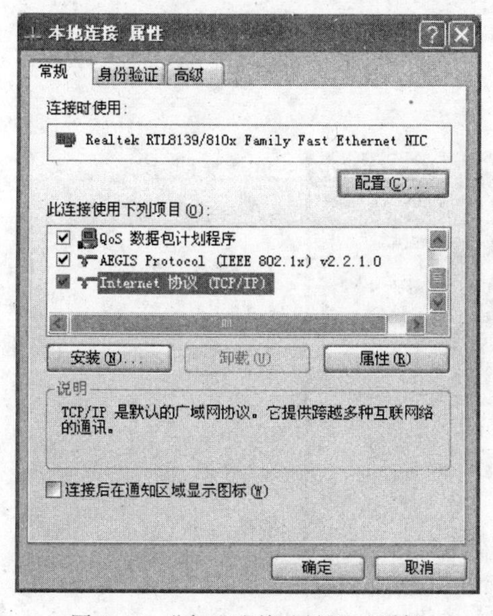

图 7-29 "本地连接 属性"对话框

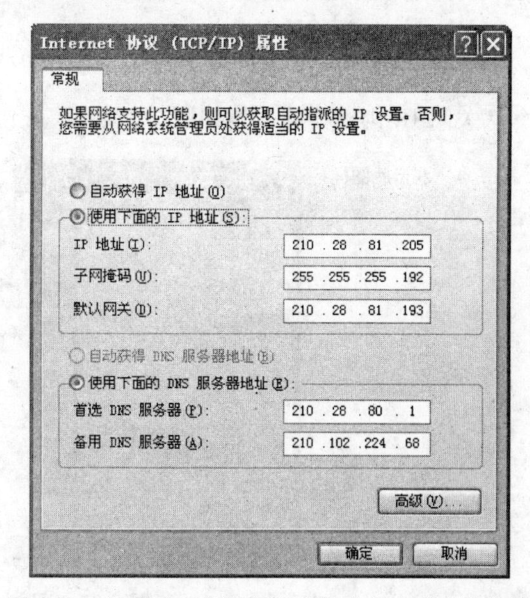

图 7-30 局域网中各计算机的 IP 地址和掩码的设置

7.4　IE 浏览器的使用

实现了与 Internet 的连接后，要在 Internet 上浏览、下载所需信息，还需要专门的软件来完成。访问 Internet 资源的软件称为浏览器。目前最常用的浏览器是 Internet Explorer(IE)和 Netscape Navigator，它们的使用方法几乎相同。现以 IE 6.0 为基础，介绍 IE 浏览器的使用方法。

7.4.1　IE 浏览器的启动与关闭

1. 启动 IE 浏览器的方法

(1) 双击桌面上的 Internet Explorer 图标，如图 7-31(a)所示。

(2) 单击 Windows 任务栏中的快速启动工具栏上的 IE 浏览器的启动按钮，如图 7-31(b)所示。

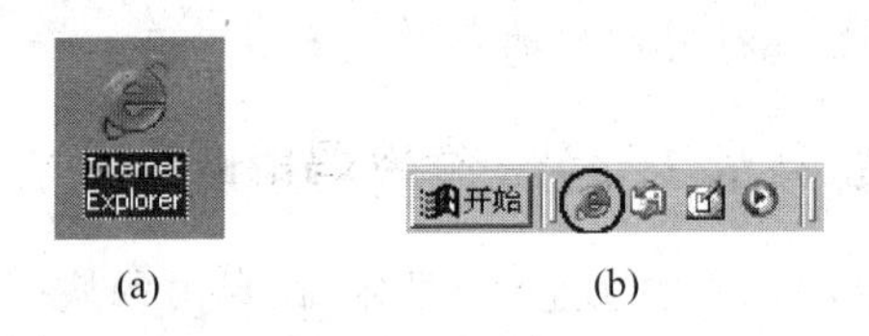

图 7-31　IE 浏览器的启动

(3) 单击“开始”按钮，打开“开始”菜单，选择“程序”，在出现的子菜单中选择 Internet Explorer 命令。

2. IE 浏览器的关闭

关闭 IE 浏览器的操作如图 7-32 所示。

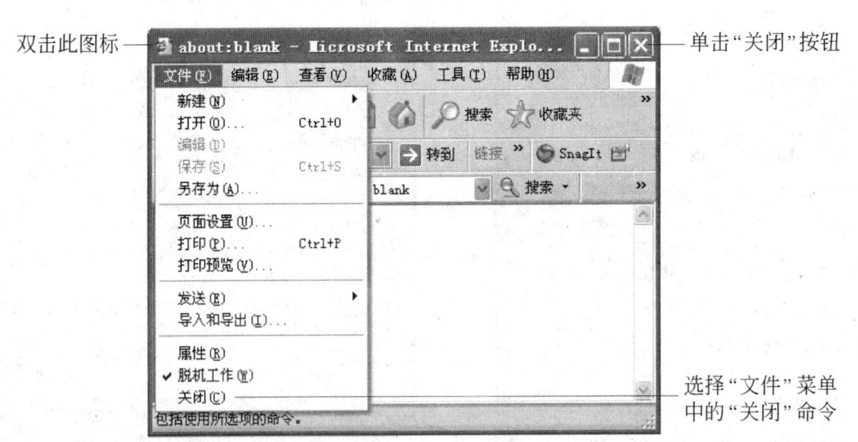

图 7-32　IE 浏览器的关闭

7.4.2 IE 浏览器的常规设置

1. 设置 IE 浏览器的默认主页

启动 IE,选择“工具”菜单中的“Internet 选项”命令,如图 7-33(a)所示;或右击桌面上的 Internet Explorer 图标,在弹出的快捷菜单中选择“属性”命令,如图 7-33(b)所示,均可打开“Internet 选项”对话框;然后在“Internet 选项”对话框的“常规”选项卡中的主页“地址”文本框中输入默认的主页地址。如设置“新浪网”为 IE 浏览器的默认主页,则输入 www.sina.com.cn,如图 7-34 所示。

(a) IE 浏览器窗口

(b) IE 快捷菜单

图 7-33 “Internet 选项”/Internet“属性”

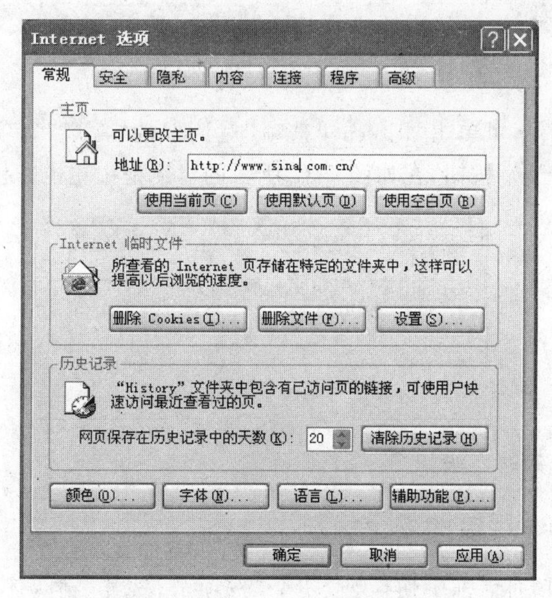

图 7-34 “Internet 选项”对话框

2. 删除 IE 的临时文件

用 IE 浏览器上网浏览网页,在本地机器上会保存若干临时文件,用于以后访问同一网站时加快访问速度。这些临时文件要占用一定的硬盘空间，若保存的临时文件过多，可删除它们以节省硬盘空间。

删除方法很简单，只要单击“Internet 选项”对话框的“常规”选项卡中的“Internet 临时文件”选项组中的“删除文件”按钮，在出现的“删除文件”对话框中单击“确定”按钮即可，如图 7-35 所示。

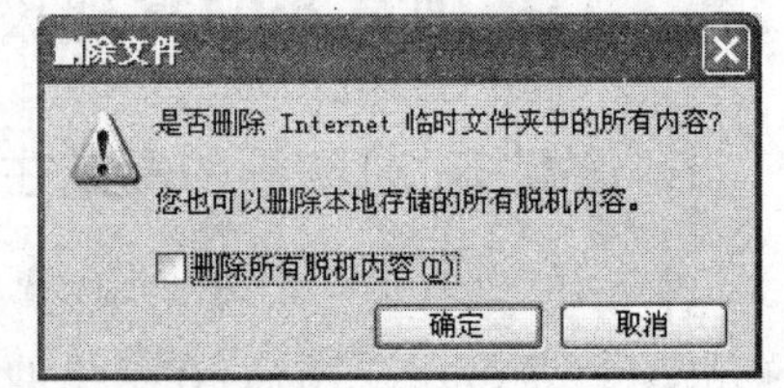

图 7-35 “删除文件”对话框

3. 设置网页保存天数和清除历史记录

用 IE 浏览器上网浏览网页，IE 浏览器会将一些浏览过的网页自动保存在本地机器上。可单击 IE 浏览器窗口的“历史”按钮，查看历史访问记录，如图 7-36 所示。

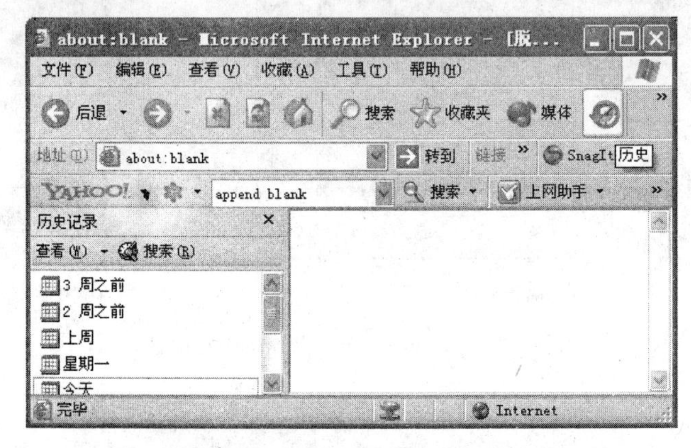

图 7-36 查看历史访问记录

若要清除历史记录，可单击“Internet 选项”对话框的“常规”选项卡的“历史记录”选项组中的“清除历史记录”按钮，在如图 7-37 所示的对话框中单击“是”按钮即可。

图 7-37 清除历史访问记录

设置网页保存天数的方法如图 7-34 所示。

4. 设置 Internet 区域的安全级别

在“Internet 选项”对话框中切换到“安全”选项卡，选择“请为不同区域的 Web 内容指定安全设置”下的 Internet，如图 7-38 所示，再单击“自定义级别”按钮，打开“安全设置”对话框，在“重置为”下拉列表框中选择所需的“安全级”，如图 7-39 所示。也可以单击“默认级别”按钮，再上、下拖动出现在左边的滑块进行“安全级别”设置，如图 7-40 所示。

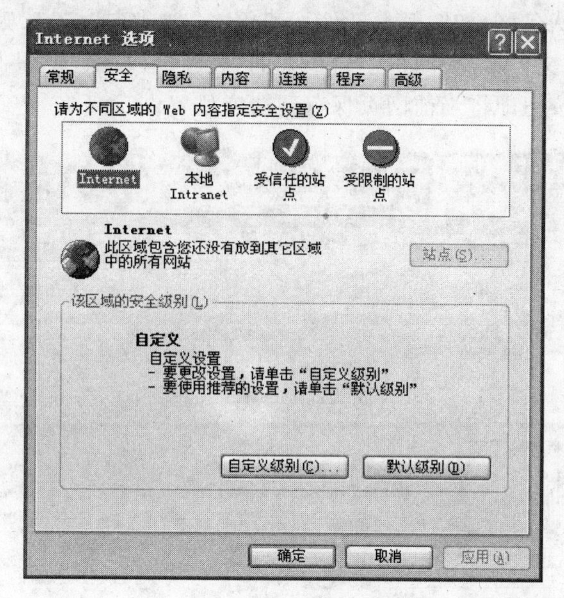

图 7-38 “Internet 选项”对话框中的“安全”选项卡

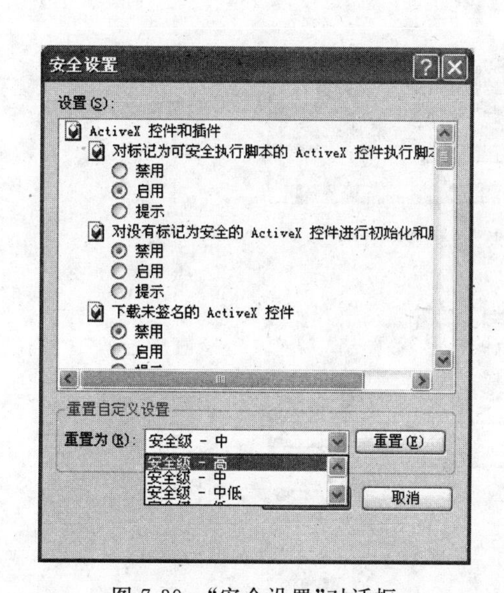

图 7-39 “安全设置”对话框

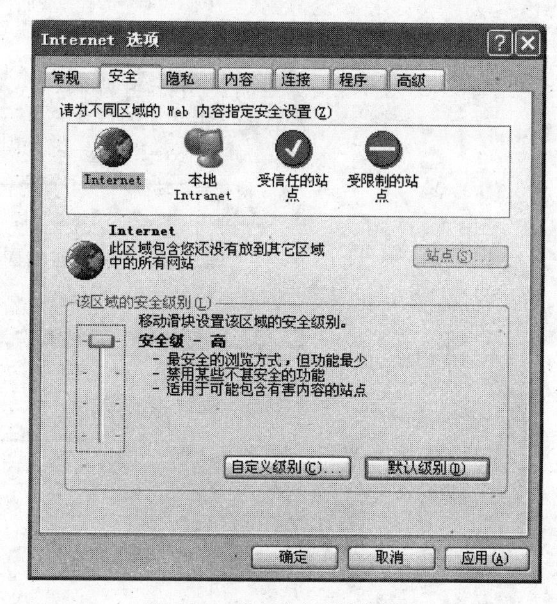

图 7-40 “安全级别”的设置

7.4.3 管理 IE 浏览器的收藏夹

1. 收藏 Web 网页

连接 Internet，启动 IE，进入需收藏的网页，选择“收藏”菜单，再选择“添加到收藏夹”命令，如图 7-41 所示。在打开的“添加到收藏夹”对话框的“名称”文本框中，输入该网页的新名称或使用默认名称，如图 7-42 所示；若单击“创建到”按钮，则出现如图 7-43 所示的界面。单击“新建文件夹”按钮可创建个人的“收藏夹”文件夹（若使用已有的文件夹则选定），单击“确定”按钮即将当前网页保存到选定位置。

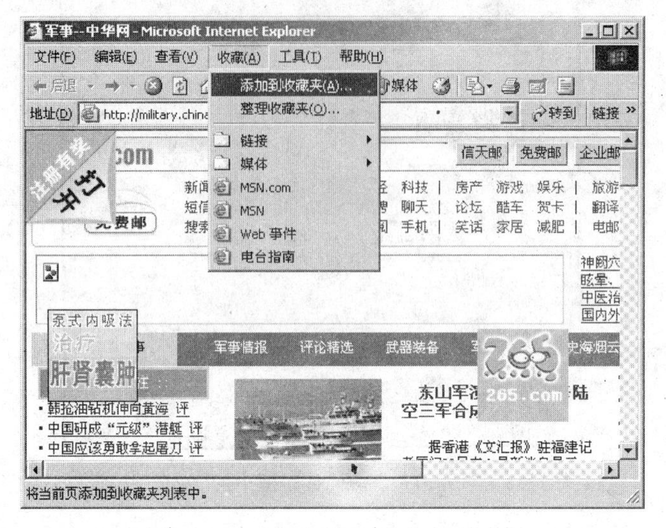

图 7-41　选择“添加到收藏夹”命令

图 7-42　“添加到收藏夹”对话框（一）

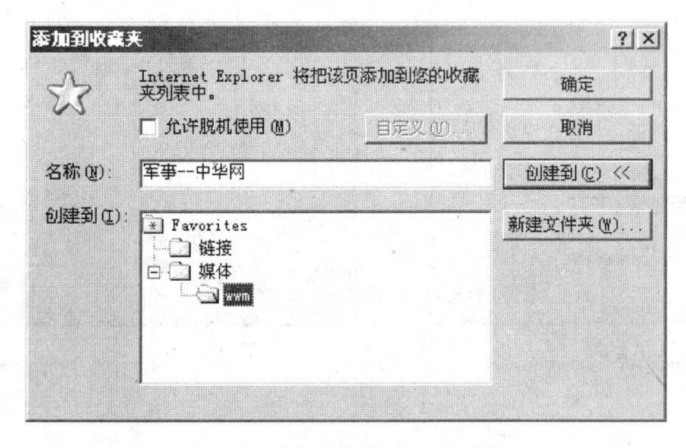

图 7-43　“添加到收藏夹”对话框（二）

2. 整理收藏夹

在如图 7-41 所示的界面中，选择“整理收藏夹”命令，打开“整理收藏夹”对话框，如图 7-44 所示，利用该对话框中的按钮可进行收藏夹的创建、移动、改名和删除。

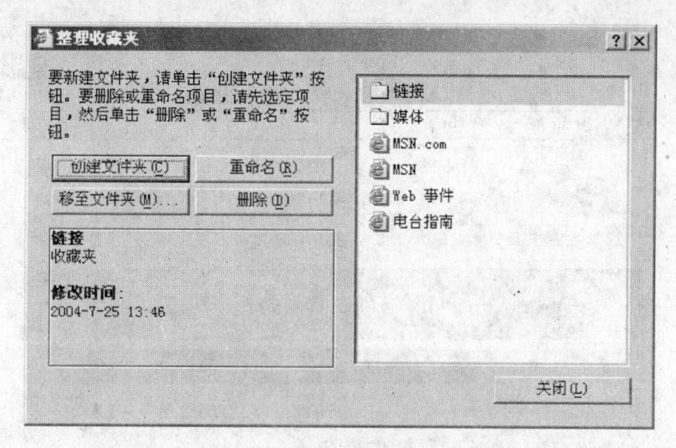

图 7-44 “整理收藏夹”对话框

7.5 网上信息检索与下载

Internet 上有极其丰富的信息资源，用户通过连接到 Internet 上的计算机可以查阅、收集、发布各种信息。

7.5.1 网页浏览

1. 在地址栏中输入网址

(1) 启动 IE 浏览器，在地址栏中单击，选择地址栏内的 URL 地址，使其变为蓝色。再输入访问的网站地址，状态栏显示连接过程及进度条。当状态栏中显示“完毕”后，就表示你已成功到达了。图 7-45 和图 7-46 显示的是进入“军事—中华网”的过程。

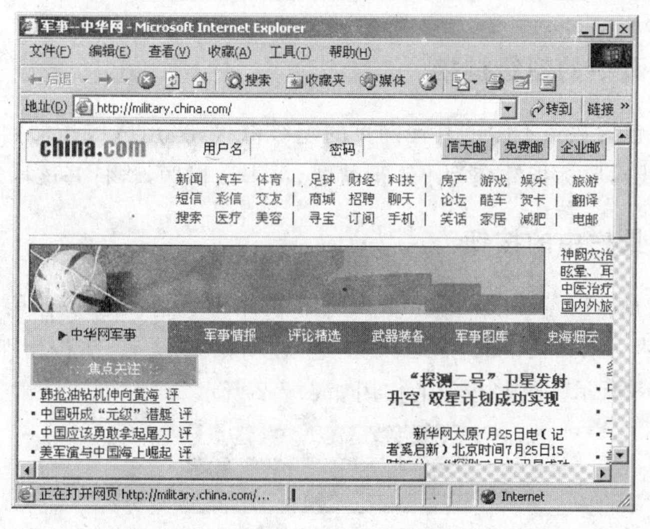

图 7-45 正在打开“军事—中华网”

图 7-46 "军事—中华网"网页

(2) 也可以单击地址栏中的下拉按钮，打开地址栏的下拉列表，从中选择一个网址，如图 7-47 所示。

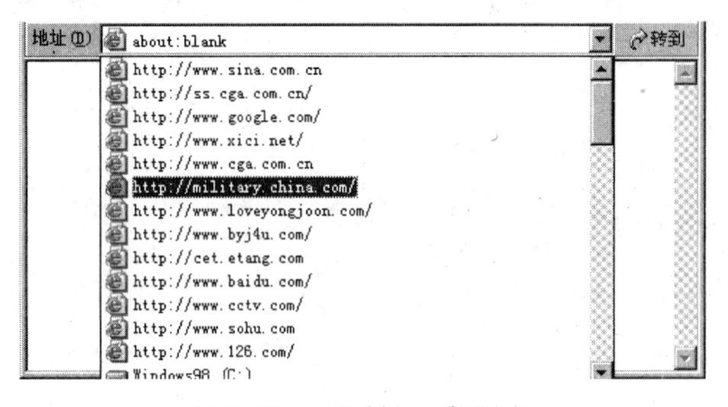

图 7-47 地址栏的下拉列表

2. 使用网页中的超级链接

每个网页均包含数目不限的其他网页的超级链接，当用鼠标指向网页中的某个标题（一般都有下划线），鼠标指针变为小手形状时，单击该标题，将打开该标题所链接的网页。

3. 使用工具栏中的按钮

用户若要查看已浏览过的网页，IE 提供了一种简单途径。IE 保留已浏览过的网页列表，用户只要使用工具栏中的"后退"、"前进"、"刷新"、"主页"等按钮即可查看已浏览过的网页，如图 7-48 所示。这些按钮的作用如表 7-2 所示。

图 7-48 工具栏中的"后退"、"前进"、"刷新"、"主页"等按钮

表 7-2　工具栏中"后退"、"前进"、"刷新"、"主页"等按钮的作用

按钮名称	功能说明	按钮名称	功能说明
后退	快速切换到当前网页的上一个网页	刷新	刷新当前网页打开的内容
前进	快速切换到当前网页的后一个网页	主页	返回到启动 IE 时默认连接的网页
停止	在网页打开的过程中,终止网页的打开		

7.5.2　信息检索

1. 使用搜索引擎

由于 Internet 上的信息量呈爆炸性地增长,并且这些信息分散在 Internet 无数的网络服务器上,若要在 Internet 上快速、有效地查找有用的信息,必须使用搜索引擎。目前常用的搜索引擎如表 7-3 所示。

表 7-3　常用的搜索引擎

搜索引擎名称	URL 地址	说　明	搜索引擎名称	URL 地址	说　明
Google	www.google.com	中英文搜索引擎	Excite	www.excite.com	英文搜索引擎
百度搜索	www.baidu.com	中文搜索引擎	搜狐	www.sohu.com	中文搜索引擎
Yahoo!	www.yahoo.com	英文搜索引擎	网易	www.163.com	中文搜索引擎
雅虎中国	cn.yahoo.com	中文搜索引擎	天网搜索	e.pku.edu.cn	中文搜索引擎
Infoseek	go.com	英文搜索引擎			

现以搜索"局域网连接"为例说明百度搜索的使用方法(其余搜索引擎的使用方法与之相似)。

在 IE 的地址栏中输入 www.baidu.com,进入百度搜索的主页;在搜索文本框中输入"局域网连接",然后单击"百度搜索"按钮,如图 7-49 所示,百度搜索即开始查询并显示搜

图 7-49　百度搜索引擎搜索"局域网连接"

索的结果，如图 7-50 所示。

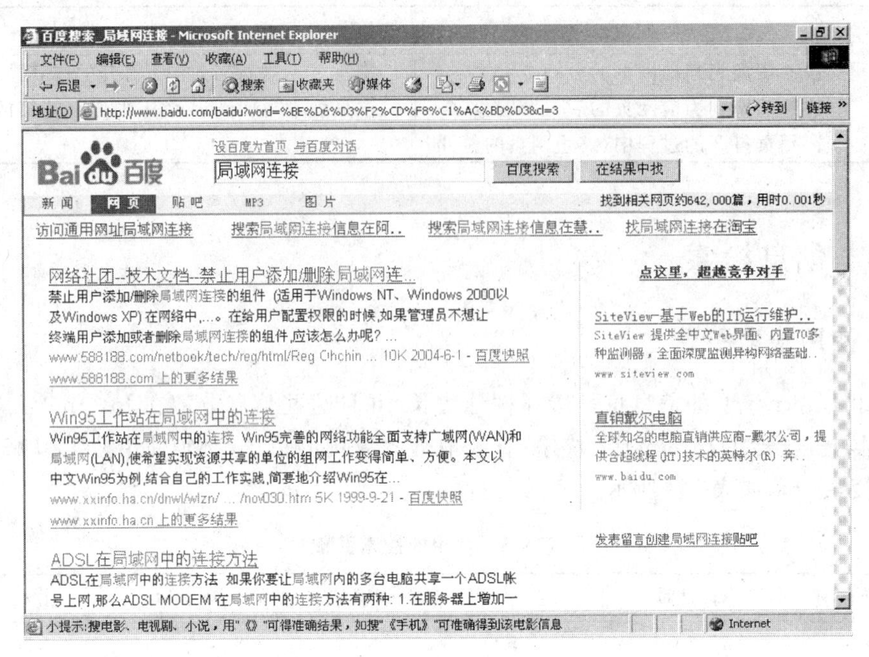

图 7-50　百度搜索引擎搜索“局域网连接”的结果

若要改变搜索设置，可单击“百度搜索”按钮旁的“高级搜索”链接，出现如图 7-51 所示的界面，再根据查询内容进行选择。

高级搜索 - Microsoft Internet Explorer

文件(F) 编辑(E) 查看(V) 收藏(A) 工具(T) 帮助(H)

地址(D) http://www.baidu.com/gaoji/advanced.html

搜索帮助 | 百度大全

高级搜索

搜索结果	包含以下全部的关键词	百度搜索
	包含以下的完整关键词	
	包含以下任意一个关键词	
	不包括以下关键词	
搜索结果显示条数	选择搜索结果显示的条数	每页显示10条
时间	限定要搜索的网页的时间是	全部时间
地区	限定要搜索的网页的地区是	全部地区 北京市 天津市 河北省 按ctrl 可多选
语言	搜索网页语言是	全部语言 仅在简体中文中 仅在繁体中文中
关键词位置	查询关键词位于	网页的任何地方 仅网页的标题中 仅在网页的URL中
站内搜索	限定要搜索指定的网站是	例如：baidu.com

点击此处进入个性设置 点击此处进入百度地区搜索

完毕 Internet

图 7-51　百度搜索的“高级搜索”窗口

2. 使用 IE 工具栏中的“搜索”按钮

IE 的工具栏中提供的一个“搜索”按钮也是用于信息检索的。在 IE 窗口中单击“搜索”按钮，打开“搜索”窗格，如图 7-52 所示，在“查找包含下列内容的网页”文本框中输入查找的关键字，如“电子邮件”，再单击其中的“搜索”按钮即可完成查询，如图 7-53 所示。

图 7-52　打开“搜索”窗格

图 7-53　搜索“电子邮件”的结果

7.5.3 信息保存与下载

1. 网页内容的保存

1）保存页面图形

进入需保存的图形所在的网页，右击该图形，在弹出的快捷菜单中，选择“图片另存为”命令，如图 7-54 所示，显示“保存图片”对话框，如图 7-55 所示，为要保存的图形选定名称、保存位置、保存类型（默认情况下，图形保存为原有格式），单击“保存”按钮即完成操作。

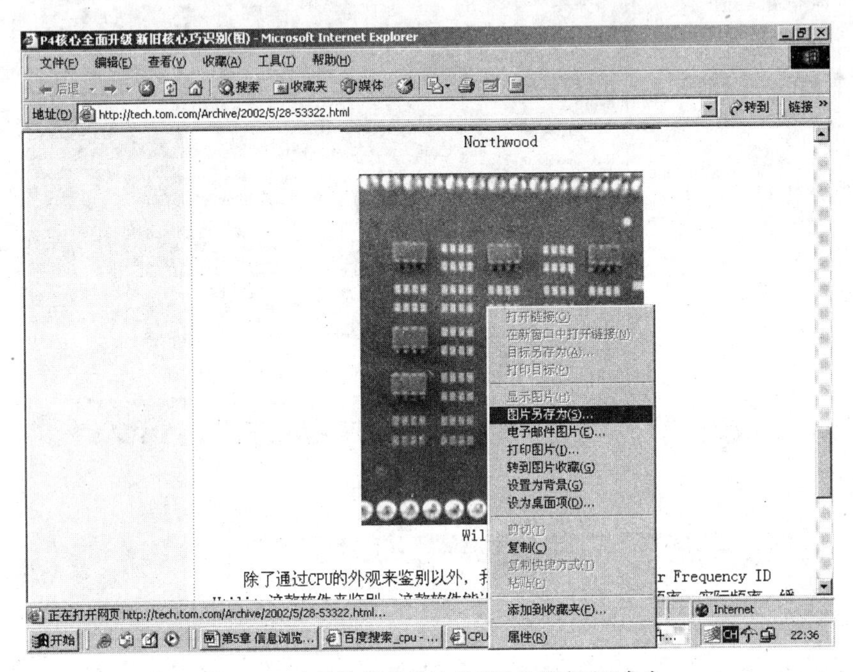

图 7-54　选择快捷菜单中的“图片另存为”命令

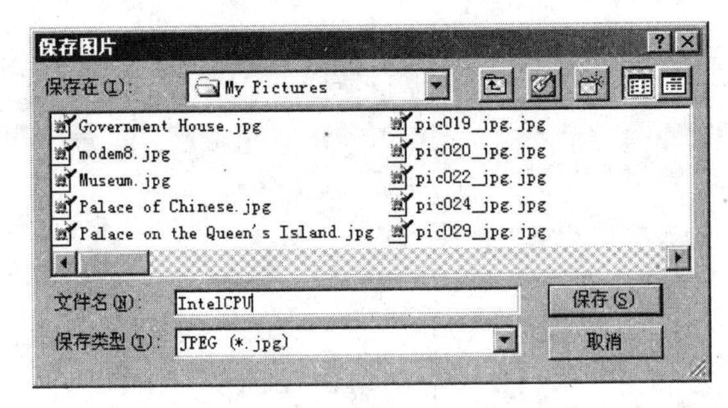

图 7-55　“保存图片”对话框

2）保存页面文字

选定网页中需复制的文字，右击，在弹出的快捷菜单中选择“复制”命令，如图 7-56 所示，然后用字处理软件（Word、WPS、记事本或写字板等）新建一个文档，将网页中选定的文字粘贴到文档中，并保存为相应类型的文件。

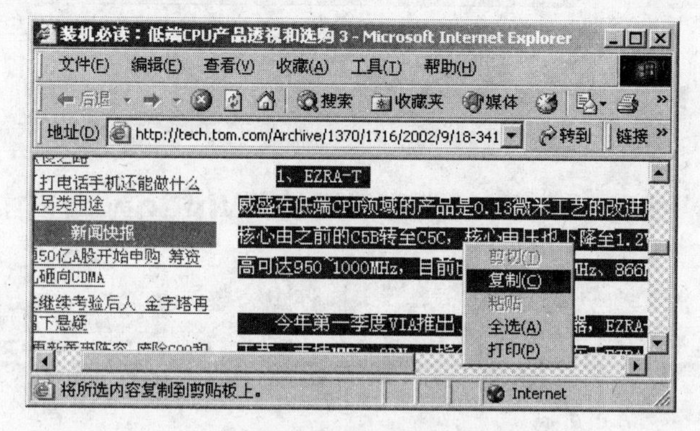

图 7-56 选择快捷菜单中的“复制”命令

3）保存网页

若要保存整个网页，可单击 IE 浏览器中的“文件”菜单，在显示的下拉菜单中选择“另存为”命令，显示“保存网页”对话框，如图 7-57 所示，为要保存的网页选定名称、保存位置、保存类型（默认保存的格式是 HTML 文档），单击“保存”按钮即完成操作。

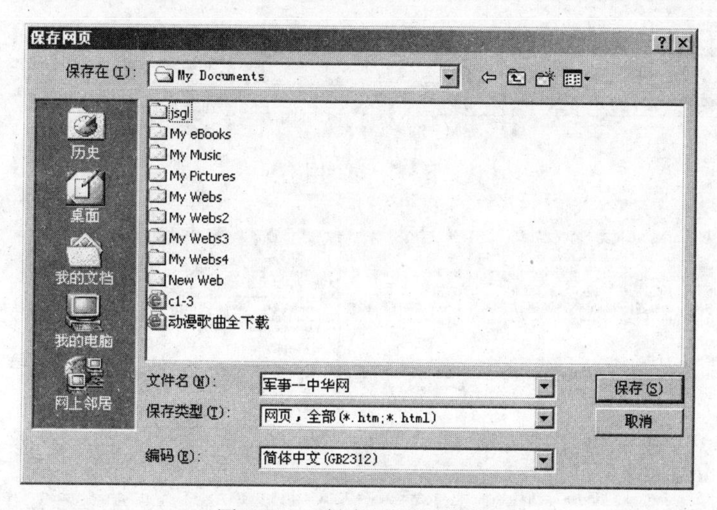

图 7-57 “保存网页”对话框

2. 文件下载

1）从网页上下载文件

(1) 在 IE 的地址栏中输入下载文件所在的网页地址（如 www.winrar.com.cn），在如图 7-58 所示的界面中单击“下载试用版”或在下方的“版本更新”栏中单击“WinRAR 3.30中文版”链接。

(2) 在如图 7-59 所示界面下方的“软件下载”栏中单击“下载地址 1”或“下载地址 2”链接。

图 7-58 WinRAR 简体中文版主页

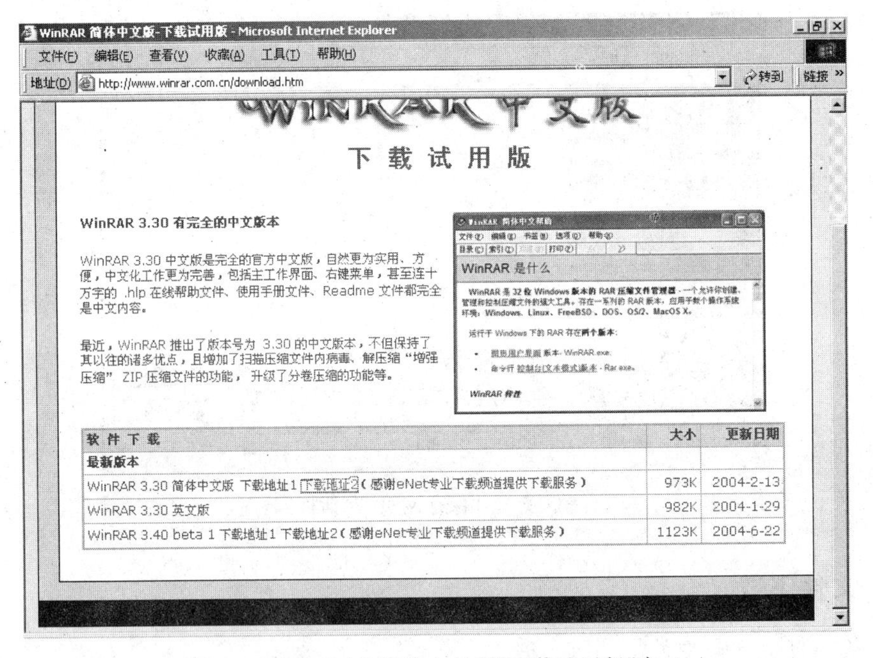

图 7-59 WinRAR 简体中文版“下载试用版”窗口

（3）在打开的“文件下载”对话框中单击“保存”按钮，如图 7-60 所示，此时会出现“另存为”对话框，如图 7-61 所示。

（4）在“另存为”对话框中设置和输入保存的文件位置、文件名、文件类型后，再单击“保存”按钮，即开始文件下载过程，如图 7-62 和图 7-63 所示。

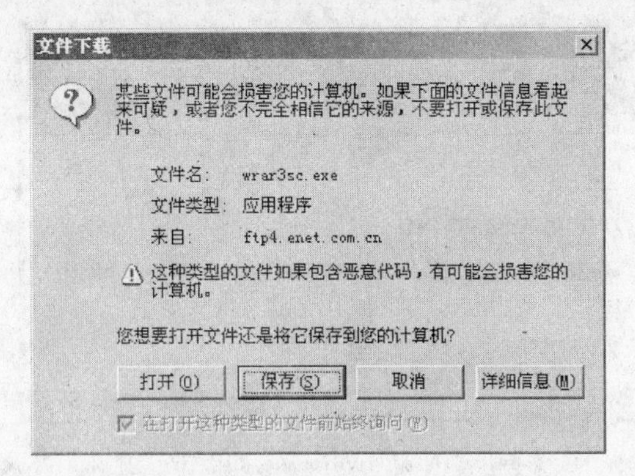

图 7-60 “文件下载”对话框

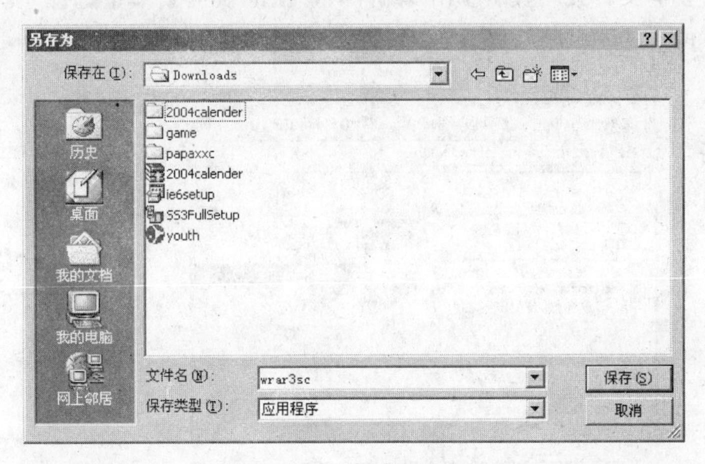

图 7-61 “另存为”对话框

图 7-62 文件下载进程对话框

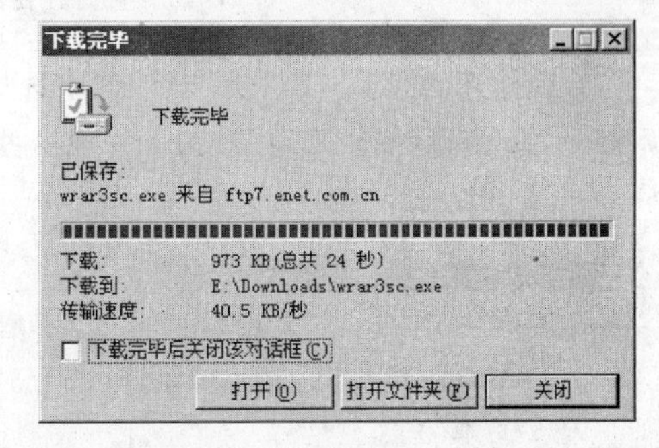

图 7-63 “下载完毕”对话框

2) 使用 FTP 下载文件

(1) 在 IE 地址栏中输入 FTP 服务器的地址(如 ftp://redhat.secsup.org/)，匿名登录该 FTP 服务器(直接输入 FTP 服务器的地址必须注意两点：一是地址中必须包含 ftp://；二是 FTP 服务器必须是匿名的，如果是非匿名的 FTP，则需使用用户名和密码)，成功登录后，会看到与资源管理器很相似的界面，如图 7-64 所示。

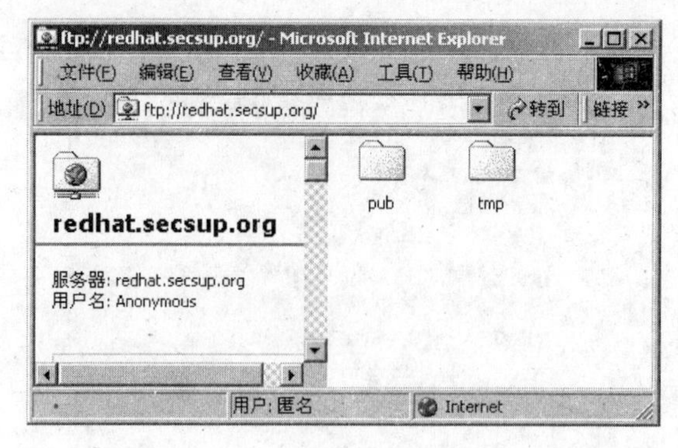

图 7-64 “ftp://redhat.secsup.org”窗口

(2) 选择需要的文件或者文件夹并右击,从弹出的快捷菜单中选择“复制到文件夹”命令,如图 7-65 所示。

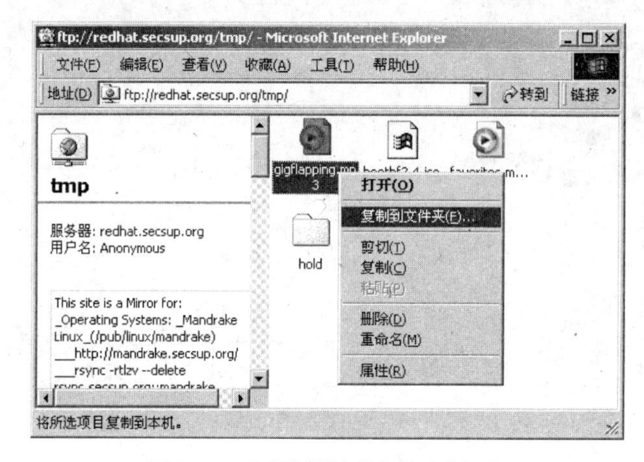

图 7-65 选择“复制到文件夹”命令

(3) 从打开的“浏览文件夹”对话框中选择一个本地文件夹,用来保存下载的文件,如图 7-66 所示,然后单击“确定”按钮。完成这些操作之后,IE 就开始复制文件了,如图 7-67 所示。

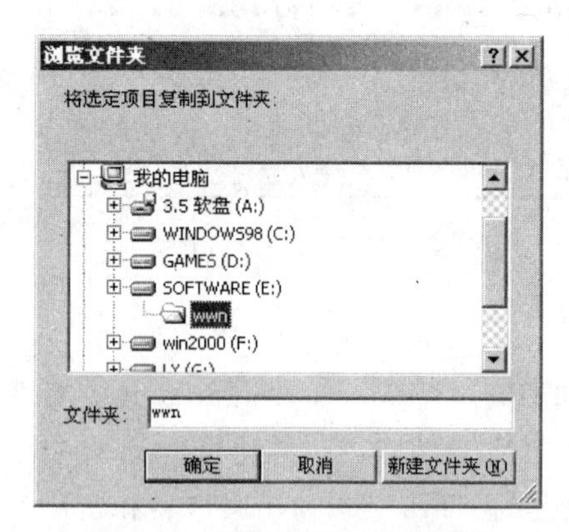

图 7-66 “浏览文件夹”对话框

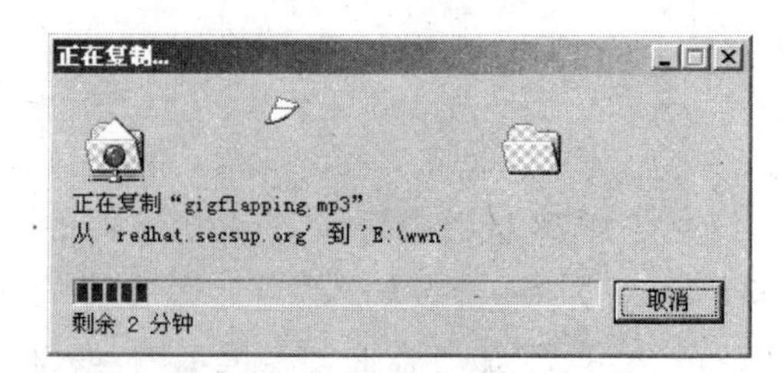

图 7-67 “正在复制”对话框

(4) 或者在如图 7-65 所示界面的弹出菜单中选择“复制”命令,然后打开“我的电脑”或“资源管理器”窗口,从中选择并打开本机硬盘上的文件夹,再使用“粘贴”命令也能完成文件下载。

3) 使用专用下载工具下载文件

使用上述两种方法在 IE 中进行文件下载是比较方便的,但有两个重大缺陷:一是下载不能“断点续传”,即一旦下载过程中出现死机、断网等情况,就可能需要从头开始下载;二是不能进行多线程下载,下载速度有“瓶颈”。因此,如果要下载几百兆的文件一般需要安装并使用专门的下载软件(如 FlashGet,又称“网际快车”)。这类下载工具都具有“多线程下载”和“断点续传”的功能。

“多线程下载”是指把要下载的一个软件分为几个部分同时下载,下载后再把这几部分合并起来;“断点续传”是指在下载一个软件的过程中,出现了突然中断或停止,可以保存已下载的部分,当再次下载时,可以从中断的地方继续下载,而不用重复下载以前已下载的部分。

7.6 收、发电子邮件

所谓电子邮件,就是利用计算机网络通信功能实现传输普通信件的一种技术。它已成为人们相互交流的基本手段之一。现介绍收、发电子邮件的两种常用方法。

7.6.1 使用电子信箱收、发电子邮件

1. 申请电子信箱

启动 IE,登录可申请免费电子信箱的网站(如 www.126.com)。在如图 7-68 所示的界面中单击“注册 260 兆免费邮箱”按钮,在打开的“服务条款”窗口中单击“我同意”按钮。

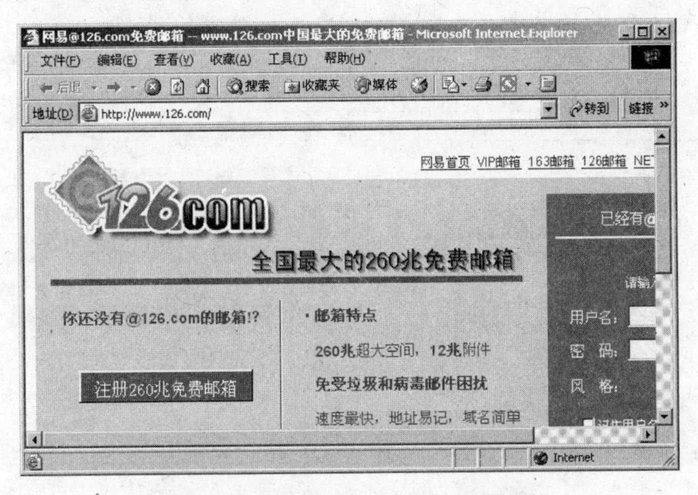

图 7-68 注册网易@126.com 免费邮箱

在其后依次打开的各窗口中填写相应的内容并单击“确定”按钮，即可完成申请免费电子信箱的操作，如图 7-69 至图 7-71 所示。

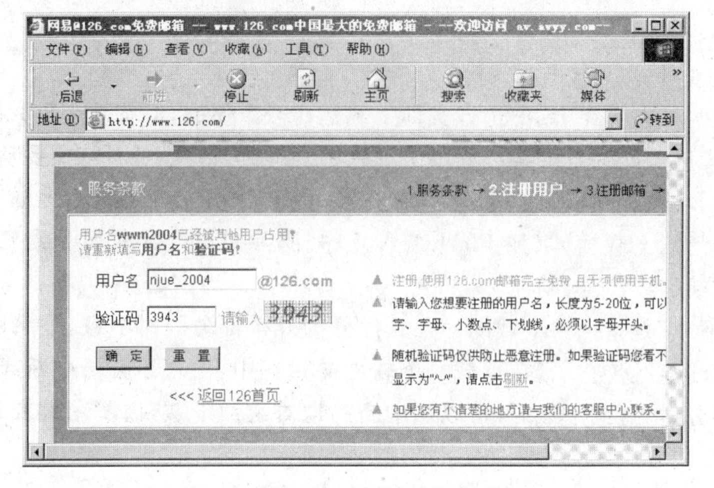

图 7-69 填写“用户名”和“验证码”

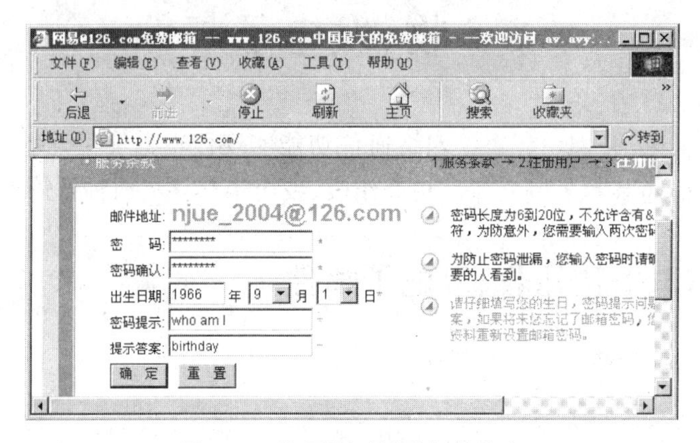

图 7-70 填写“密码”及相关信息

图 7-71 免费电子信箱申请成功界面

2. 收、发电子邮件

(1) 登录 www.126.com 网站，输入用户名和密码，单击“登录”按钮，如图 7-72 所示。

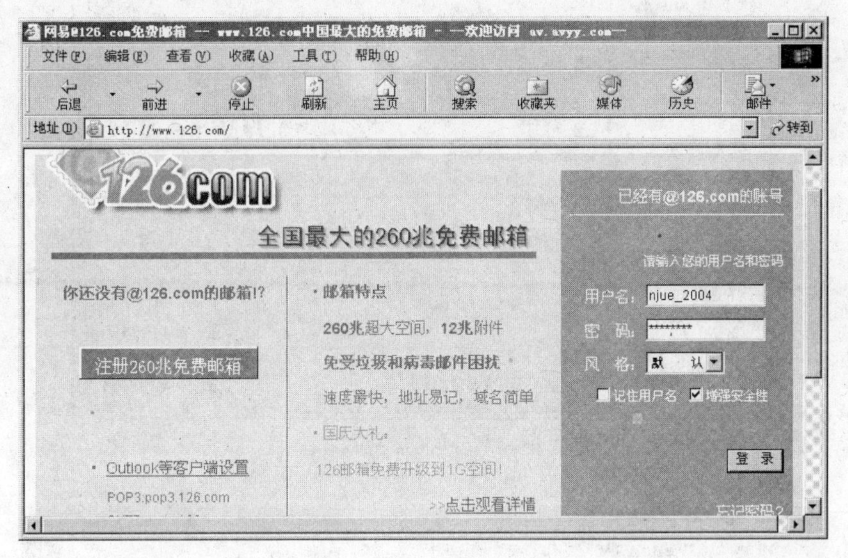

图 7-72　登录电子信箱

(2) 在打开的电子信箱窗口中，单击“收件箱”链接，如图 7-73 所示，即可打开收件箱，如图 7-74 所示。

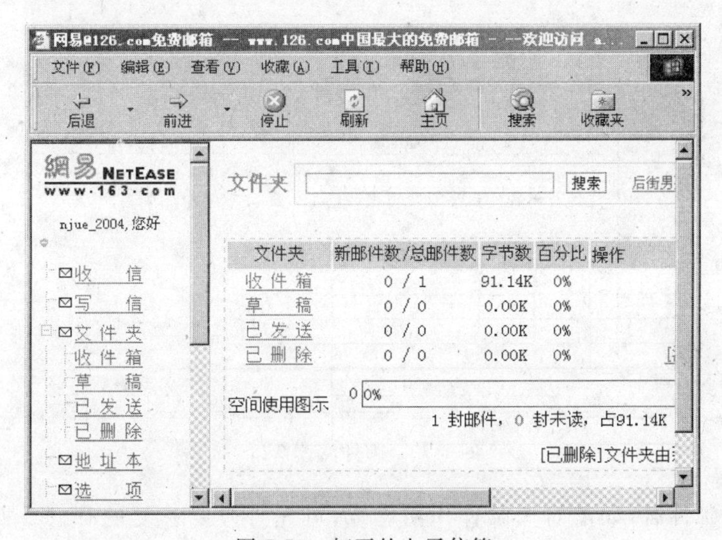

图 7-73　打开的电子信箱

(3) 在打开的收件箱中可以看到有一封含附件的邮件。单击该邮件的主题“学生成绩表”，即可打开该邮件的阅读窗口，可查阅其内容，如图 7-75 所示；单击邮件窗口下部附件栏的“下载”按钮，可将该邮件的附件下载并保存到本地硬盘上。

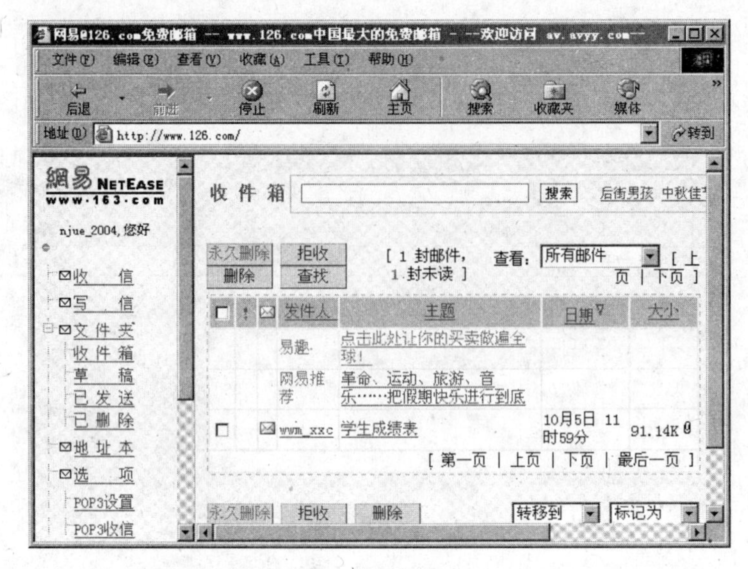

图 7-74 “收件箱”窗口

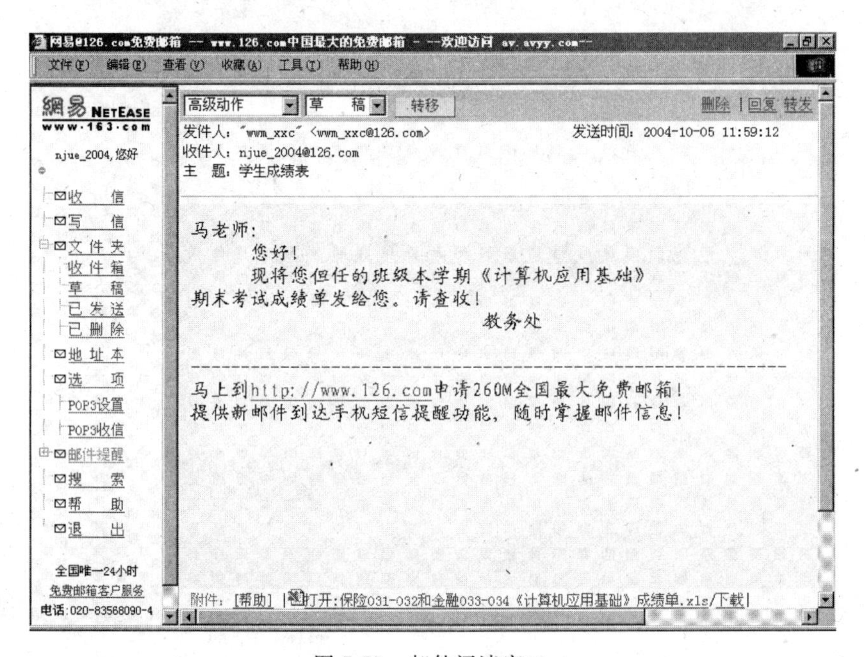

图 7-75 邮件阅读窗口

(4) 收到邮件后,如需对该邮件作出答复,可先打开要答复的邮件。如仅答复发件人,单击邮件窗口中的“回复”链接,将出现“发信”窗口。此时在“收件人”文本框中自动填写了邮件发件人的地址;在“主题”文本框中,自动填写了“Re: 学生成绩表”的内容。在邮件书写区域中,包括了原有邮件的内容。回复的内容可以写在原邮件的前面或后面。若要答复“收件人”和“抄送”文本框中的全部收件人,可单击“全部回复”链接。输入回复的内容后,单击窗口中的“发送”按钮,即完成对邮件的答复,如图 7-76 所示。

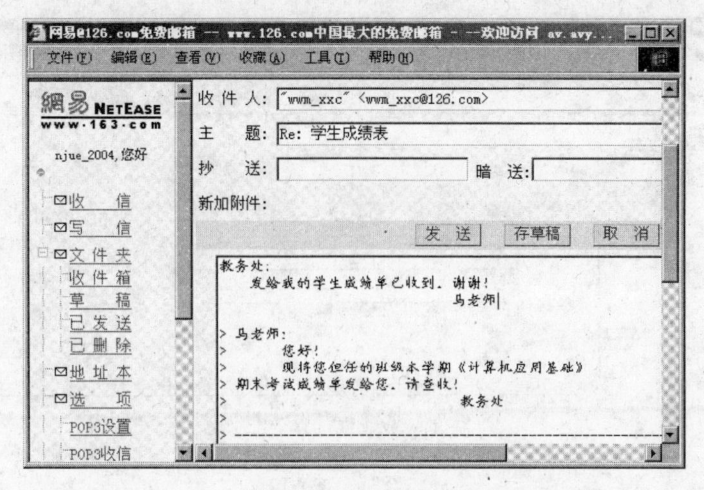

图 7-76 邮件的回复

(5) 若收到的邮件需转发给别人，则可打开要转发的邮件，在邮件阅读窗口中，单击"转发"链接，出现邮件转发窗口；在"转送地址"文本框中填写转交人的电子邮箱地址，再单击相应的按钮即完成转发操作，如图 7-77 所示。

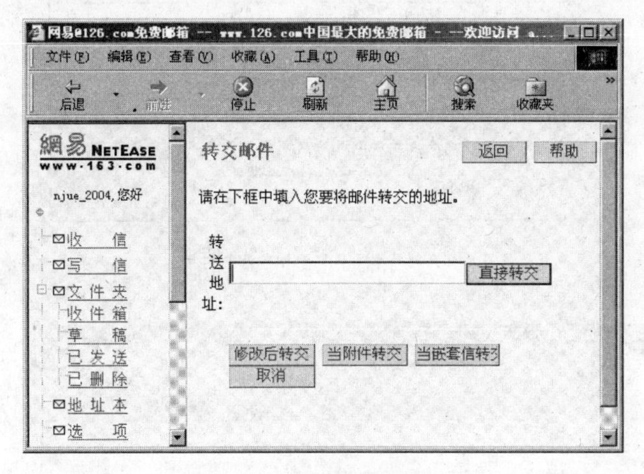

图 7-77 邮件转发窗口

(6) 若要书写一个新邮件，并把它发送出去，则先打开电子信箱，单击窗口左侧的"写信"链接，屏幕上出现"发信"窗口，在"收件人"文本框中输入收件人地址；在"抄送"文本框中输入抄送人地址(也可以不填写)；在"主题"文本框中可以输入邮件内容的主题(也可以不填写)；在"邮件"窗口下方的书写区域中输入邮件内容，如图 7-78 所示。

(7) 若所发邮件需带附件，可单击"发信"窗口中的"添加附件"按钮。在打开的"选择文件"对话框中选定作为附件的文件，如图 7-79 所示，然后单击"打开"按钮将其粘贴到邮件中，如图 7-80 所示。若所需附件不止一个，可重复以上操作，将附件一一粘贴到邮件中。

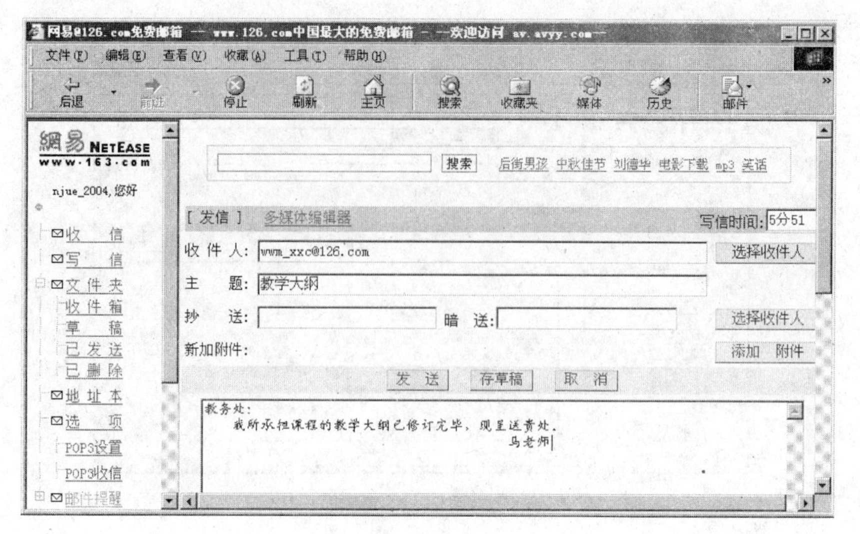

图 7-78 “发信”窗口

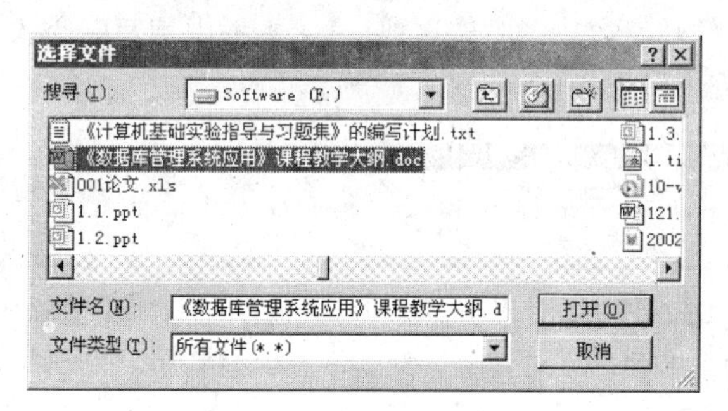

图 7-79 “选择文件”对话框

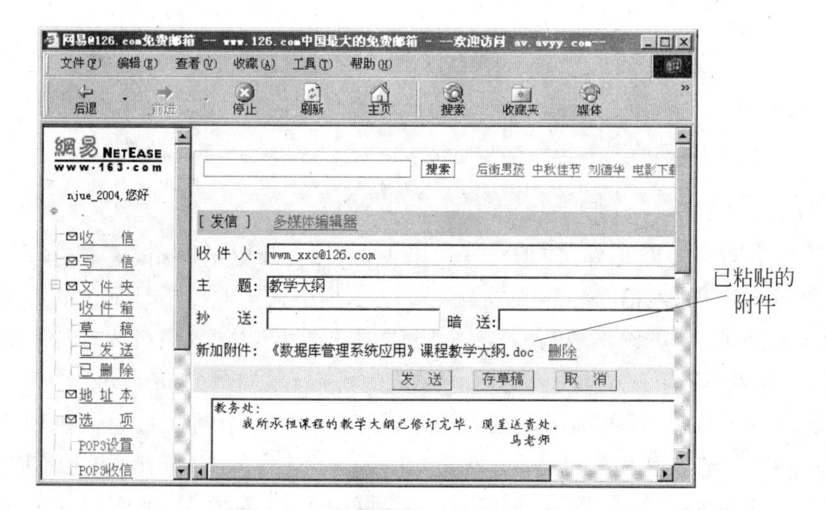

图 7-80 粘贴附件后的“发信”窗口

(8) 单击“发送”按钮，即可将邮件发送出去，如图 7-81 所示。最后单击邮箱窗口左侧的“退出”，关闭邮箱。

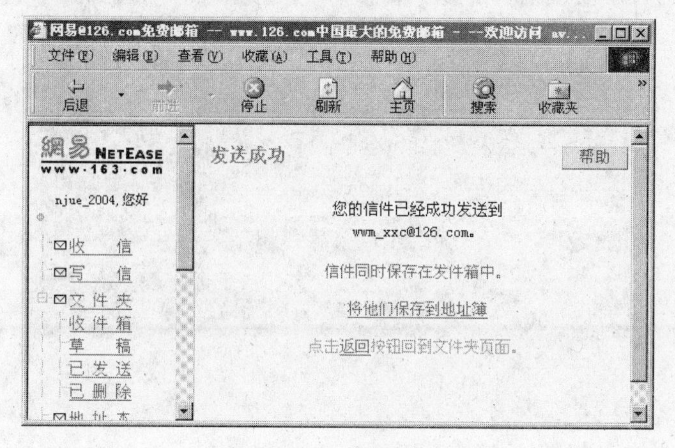

图 7-81 邮件发送

7.6.2 使用 Outlook Express 收、发电子邮件

Outlook Express 是 Windows 操作系统所带的 POP3 电子邮件收、发软件，使用 Outlook Express 必须先设置电子邮件账户。现以使用电子信箱 njue_2004@126.com 为例来说明如何设置和使用 Outlook Express。

1. 启动 Outlook Express

启动 Outlook Express 有下列方法。

(1) 双击 Windows 桌面上的 Outlook Express 图标，如图 7-82(a)所示。

(2) 单击 Windows 任务栏中的快速启动工具栏上的 Outlook Express 图标，如图 7-82(b)所示。

图 7-82 Outlook Express 的启动图标

(3) 单击“开始”按钮，打开“开始”菜单，选择“程序”子菜单，在出现的子菜单中选择 Outlook Express 命令，如图 7-83 所示。

(4) 单击 IE 浏览器窗口中的“邮件”按钮，如图 7-84 所示。

(5) 在 IE 浏览器窗口中选择“工具”菜单中的“邮件和新闻”子菜单，如图 7-85 所示。

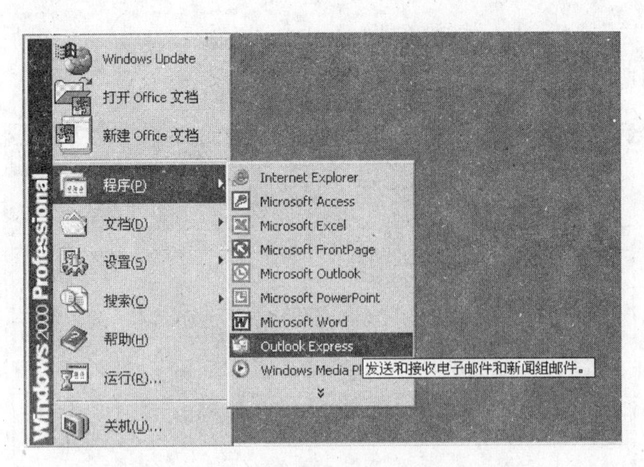

图 7-83　Outlook Express 的菜单启动

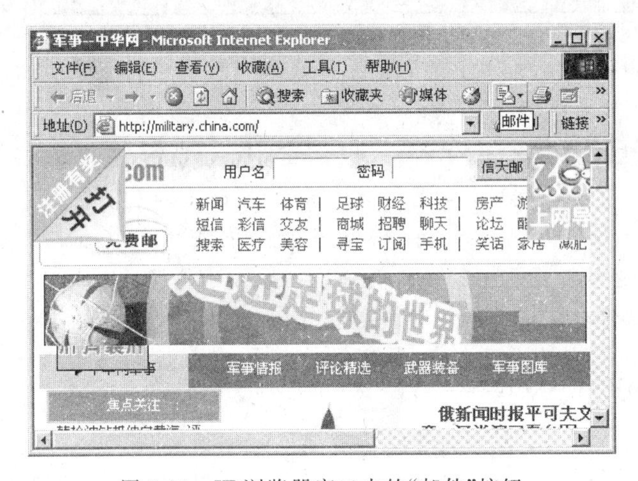

图 7-84　IE 浏览器窗口中的“邮件”按钮

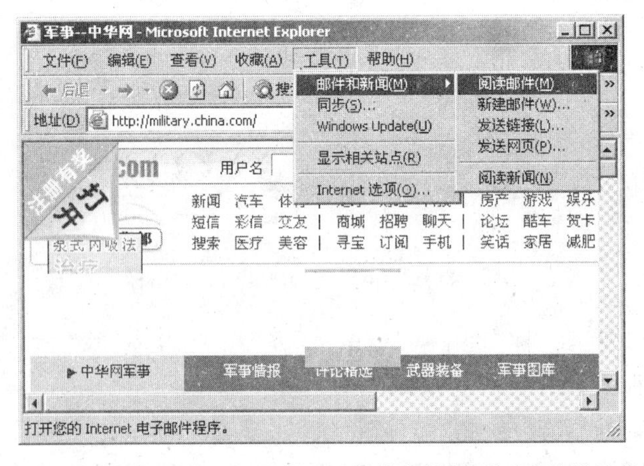

图 7-85　IE 浏览器窗口中的“工具”菜单中的“邮件和新闻”子菜单

2. 设置 Internet 邮件账号

(1) 启动 Outlook Express，在"工具"菜单中选择"账户"命令，如图 7-86 所示，进入"Internet 账户"对话框。

图 7-86 Outlook Express 窗口中"工具"菜单中的"账户"命令

(2) 在"Internet 账户"对话框中切换到"邮件"选项卡，然后单击"添加"按钮，再选择"邮件"项(至少要有一个电子邮件地址，才可使用 Outlook Express 收发邮件)，如图 7-87 所示。

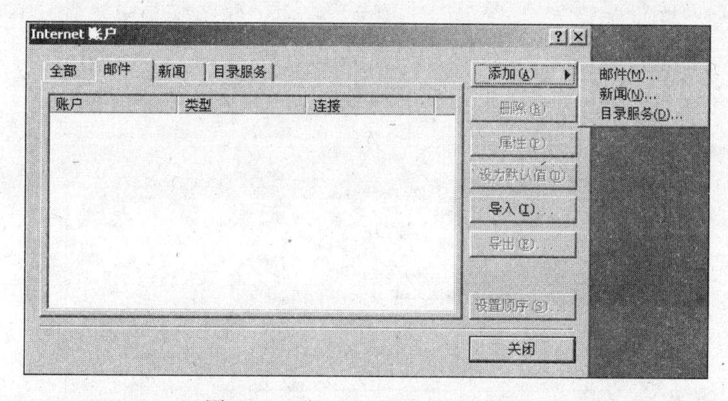

图 7-87 "Internet 账户"对话框

(3) 在打开的"Internet 连接向导"对话框中，在"显示名"文本框中输入(形式随意)，如"我的邮件"。然后单击"下一步"按钮，如图 7-88 所示。

(4) 在如图 7-89 所示的对话框中输入你的 E-mail 地址，如 njue_2004@126.com。然后单击"下一步"按钮。

(5) 在如图 7-90 所示的对话框中，输入：

接收邮件服务器(POP3)地址：pop3.126.com

发送邮件服务器(SMTP)地址：smtp.126.com

然后单击"下一步"按钮。

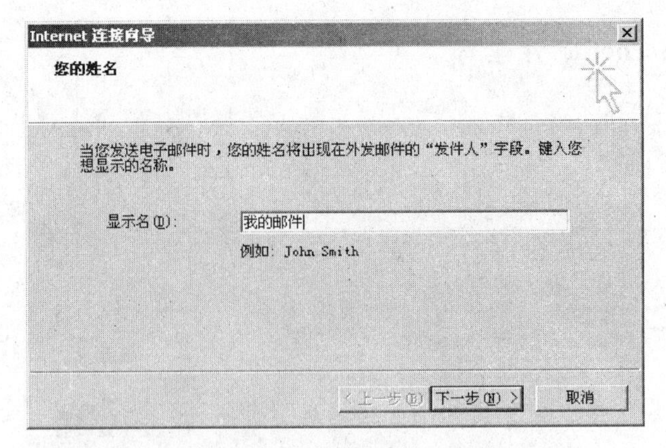

图 7-88 "Internet 连接向导"对话框(一)

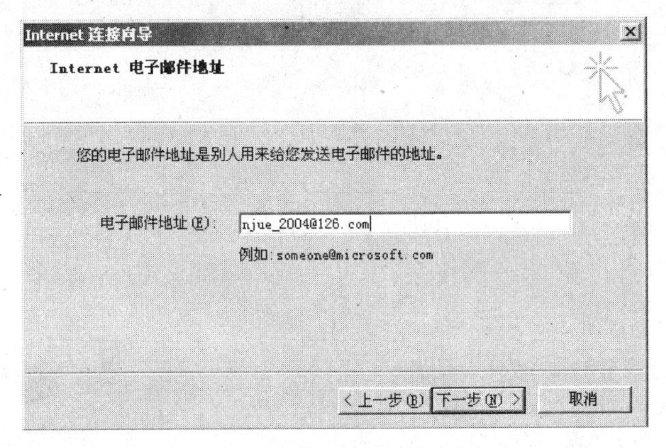

图 7-89 "Internet 连接向导"对话框(二)

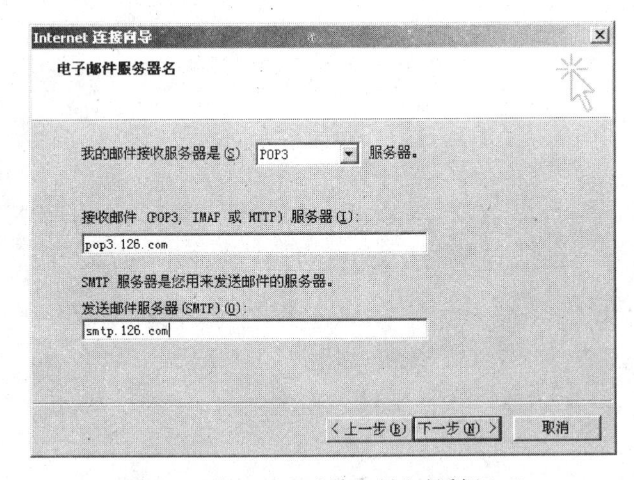

图 7-90 "Internet 连接向导"对话框(三)

(6) 在如图 7-91 所示的对话框中，输入账户名和密码。为了方便起见，可在此输入密码，并选中"记住密码"复选框，这样以后每次取邮件时，就不用再输入密码了。然后单击"下一步"按钮。

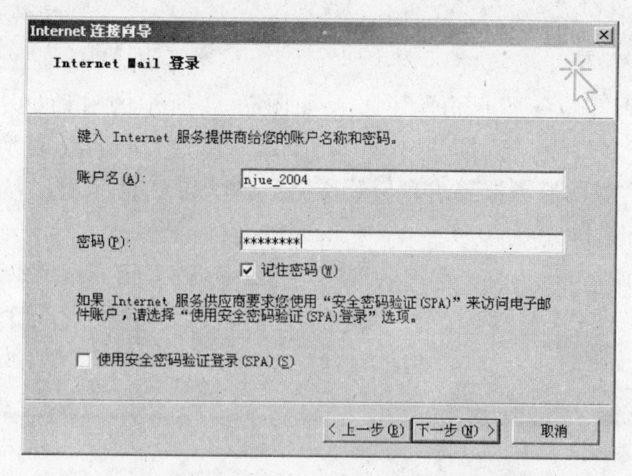

图 7-91 "Internet 连接向导"对话框(四)

(7) 最后,在如图 7-92 所示的对话框中单击"完成"按钮,结束所有的设置操作。

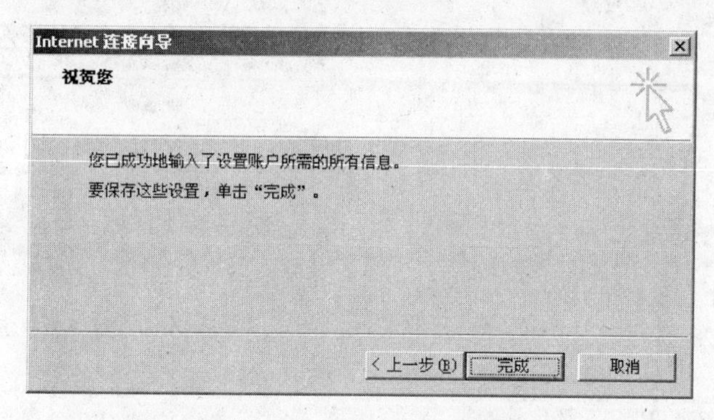

图 7-92 "Internet 连接向导"对话框(五)

再打开"Internet 账户"对话框并切换到"邮件"选项卡,可看到已设置的邮件账户,如图 7-93 所示。

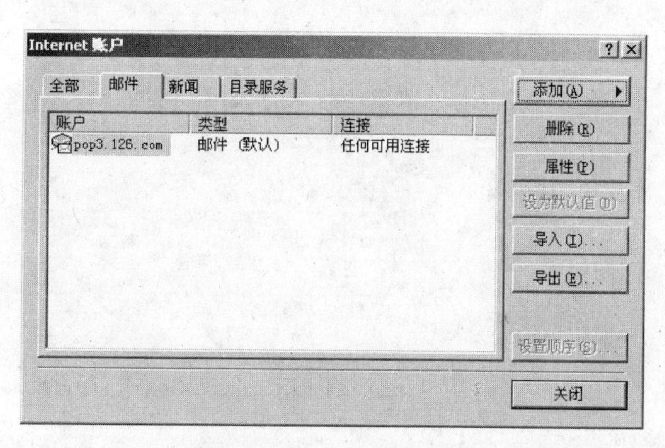

图 7-93 已设置邮件账户的"Internet 账户"对话框

3. 收、发电子邮件

(1) 设置SMTP服务器身份验证。在如图7-93所示的对话框中选定账户pop3.126.com,再单击"属性"按钮,打开"pop3.126.com属性"对话框,切换到"服务器"选项卡,选中最下方的"我的服务器要求身份验证"复选框,如图7-94所示,然后单击"确定"按钮。此时,就可以使用njue_2004@126.com来收、发电子邮件了。

(2) 启动Outlook Express,单击其窗口的"创建邮件"按钮,如图7-86所示;或打开"文件"菜单,选择"新建"子菜单中的"邮件"命令,如图7-95所示;或打开"邮件"菜单,选择"新邮件"命令,如图7-96所示。均可打开"新邮件"窗口,如图7-97所示。

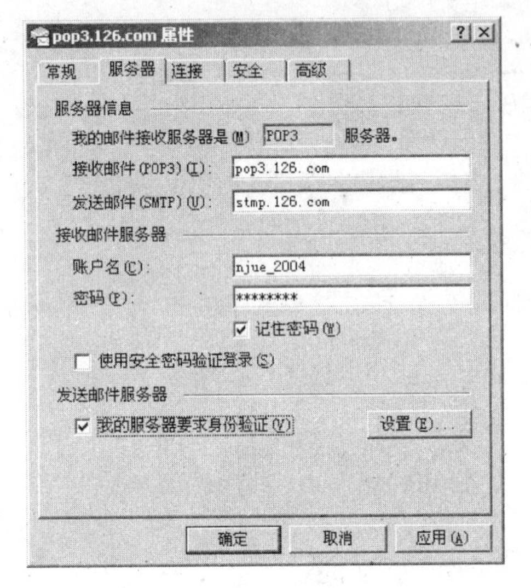

图7-94 设置SMTP服务器身份验证

图7-95 Outlook Express窗口中"文件"菜单中的"邮件"命令

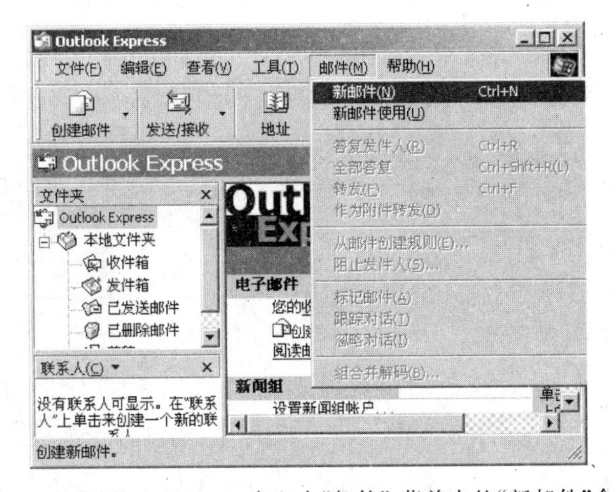

图7-96 Outlook Express窗口中"邮件"菜单中的"新邮件"命令

（3）在“收件人”文本框中输入收件人地址；在“抄送”文本框中输入抄送人地址（也可以不填写）；在“主题”文本框中可以输入邮件内容的主题（也可以不填写）；在“新邮件”窗口下方的书写区域中输入邮件内容，如图 7-98 所示。

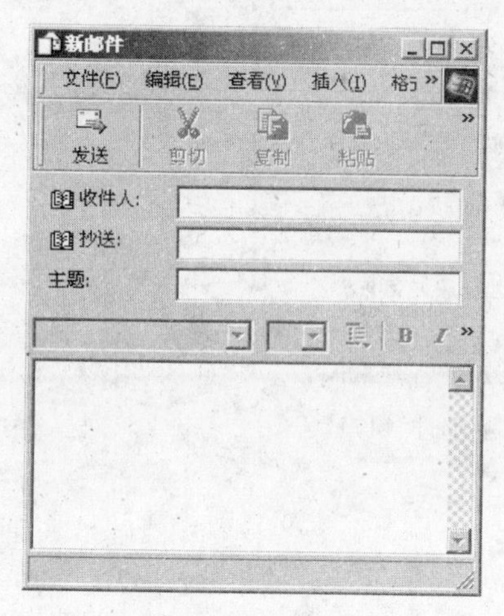

图 7-97 “新邮件”窗口

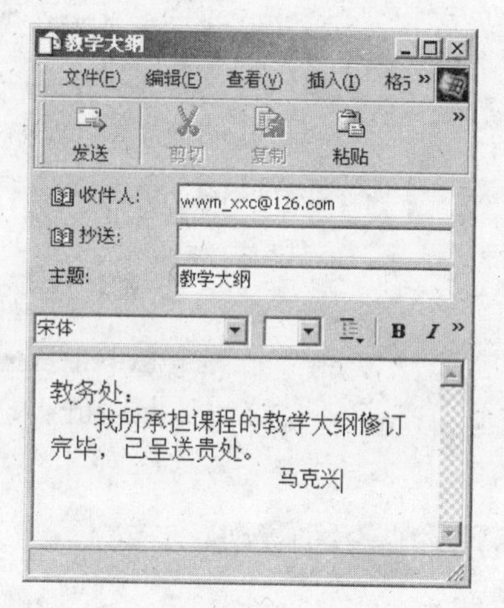

图 7-98 填写了内容的“新邮件”窗口

（4）若要添加附件，可打开“插入”菜单，选择“文件附件”命令，如图 7-99 所示，打开“插入附件”对话框，如图 7-100 所示，选定需作为附件的文件，再单击“附件”按钮将附件添加进来，如图 7-101 所示。

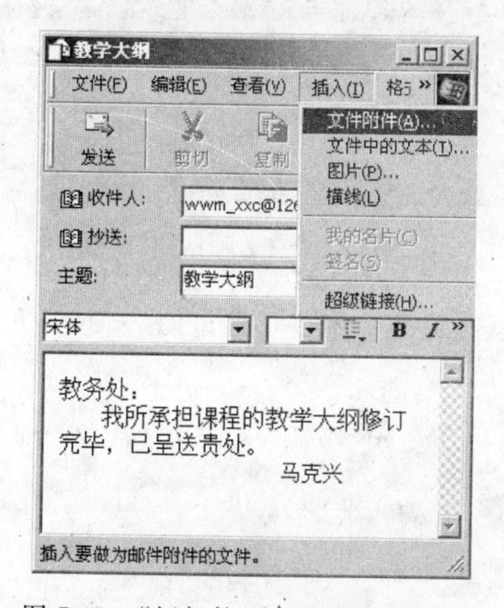

图 7-99 “新邮件”窗口“插入”菜单中的“文件附件”命令

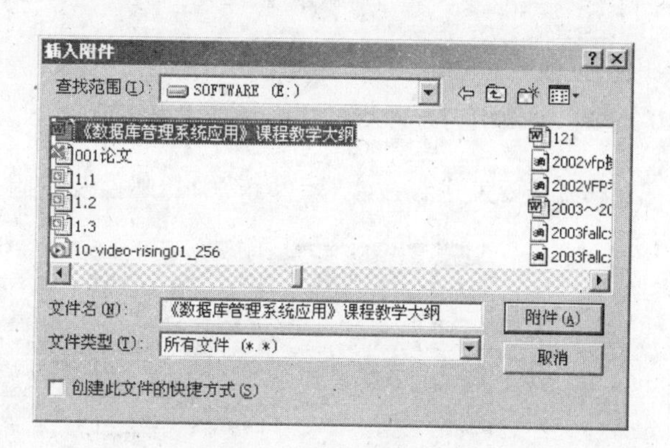

图 7-100 “插入附件”对话框

（5）单击“发送”按钮；或打开“文件”菜单，选择“发送邮件”命令，如图 7-102 所示。若当前是“联机工作”状态，则可将邮件发出；若当前是“脱机工作”状态，则做以上操作时会显示“发送邮件”对话框，提示将邮件先放到发件箱中留待联机后再发，如图 7-103 所示。

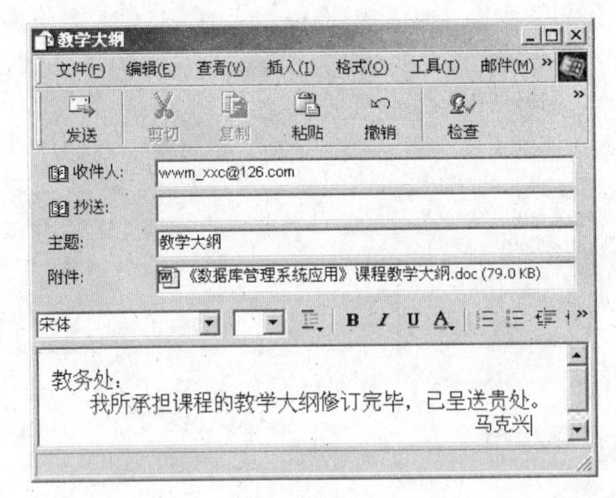

图 7-101　粘贴了附件的“新邮件”窗口

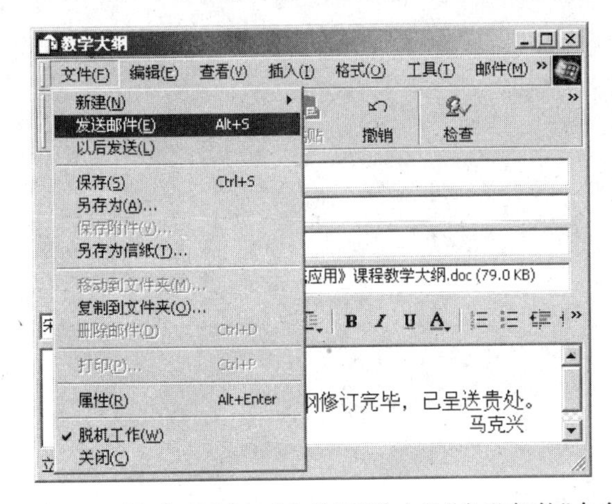

图 7-102　“新邮件”窗口“文件”菜单中的“发送邮件”命令

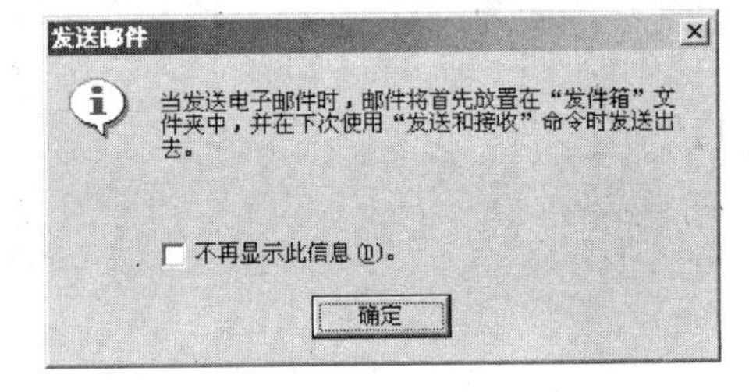

图 7-103　“发送邮件”对话框

(6) 若要发送存放在“发件箱”中的邮件及其附件(邮件有无附件可通过图 7-104 所示

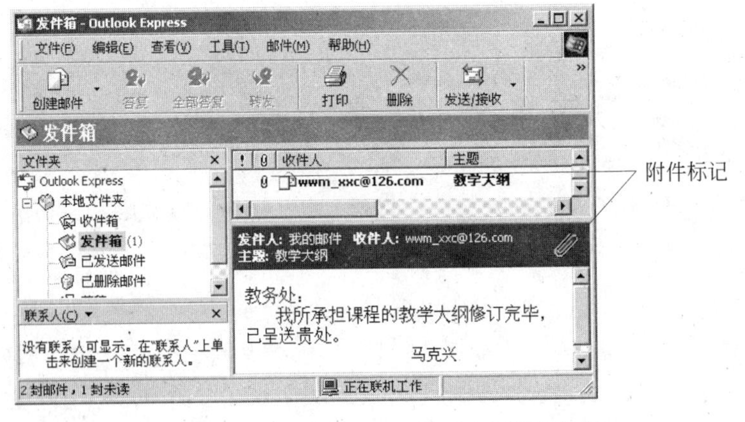

图 7-104　Outlook Express 窗口中的附件标记

的附件标记加以识别)，则需在“联机工作”状态下，在 Outlook Express 窗口中参照图 7-105 或图 7-106 所示进行操作，将邮件发出。

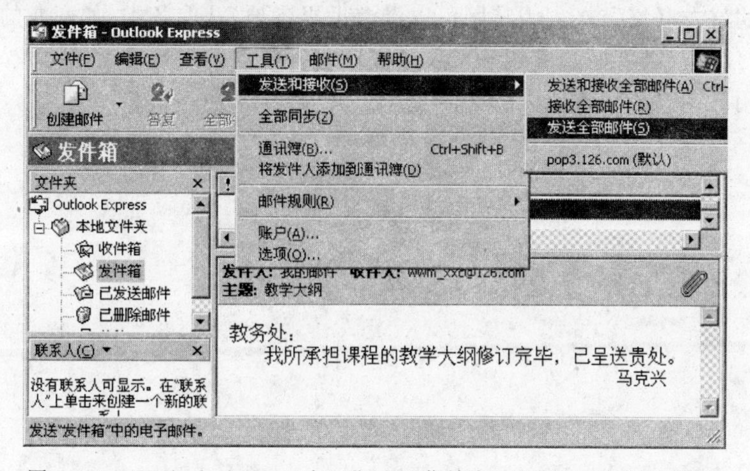

图 7-105　Outlook Express 窗口“工具”菜单中的“发送和接收”子菜单

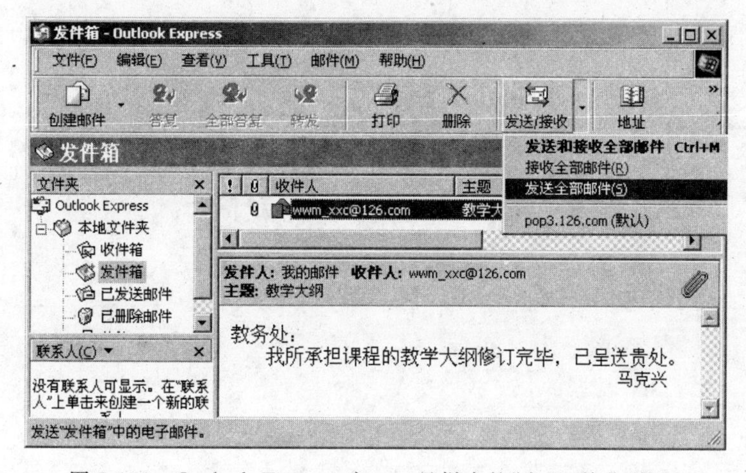

图 7-106　Outlook Express 窗口工具栏中的“发送/接收”按钮

7.7　本章小结

本章主要介绍了计算机网络的基本概念及其组成和分类；因特网的基本概念：TCP/IP 协议、IP 地址和接入方式；因特网的应用：浏览器(IE)的使用、信息的搜索和电子邮件的收、发。

计算机网络是指分布在不同地理位置上的具有独立功能的多个计算机系统，通过通信设备和通信线路相互连接起来，在网络软件的管理下实现数据传输和资源共享的系统。

因特网是一个建立在网络互联基础上的网际网，是一个全球性的巨大信息资源库。它缩短了人们的生活距离，把世界变得更小了。利用电子邮件可以在极短的时间内与世界各地的亲朋好友联络。接入因特网可以漫游世界各地，获取各类（如商业的、学术的、生活的）有用的信息。因特网的应用和普及正在改变着人们的工作和生活方式。显然，掌握因特网的使用已逐渐成为现代人的必需。

第 8 章 常用工具软件的使用

本章要点

- 多媒体播放软件
- 下载工具软件
- 图片浏览软件
- PDF 文件阅读软件
- 压缩与解压缩软件
- 系统优化软件

8.1 多媒体播放软件

豪杰超级解霸虽然早已是家喻户晓、有口皆碑,但实际上很多的用户只是知道豪杰超级解霸是用于软解压、播放影碟的,对于一些新的功能特点了解得不是太多。豪杰超级解霸 3000 版除了沿袭老版本的豪杰超级解霸的优秀功能之外,还增加了可播放市场上最近流行的压缩电影功能,可以流畅地播放 RM 的影音文件,除此之外界面彻底更新,可随时更换皮肤,使界面更具人性化。

8.1.1 豪杰超级解霸 3000 的功能特点

(1) 先进的音频技术,两声道前/后环绕,可以用普通立体音箱前后放置形成环绕音场。

(2) 过硬的 DVD 纠错,几乎能播放所有的 DVD 盘,可与 DVD 机的双光头相媲美。

(3) 强大的字幕处理能力。

(4) 可以直接拖动字幕到任意位置。

(5) 双击字幕即可改变色彩,尤其对于灰色字幕的 DVD 更需要改变颜色。

(6) 多字幕显示能力。

(7) 支持流传送格式的 MPEG 2,有许多采集卡产生的 MPG 文件是这种格式,很少有播放器能支持这种格式。高清晰度数字广播就是采用这种传递流格式的,可以收看到高清晰度数码电视。

(8) 播放断点记录功能,下次自动继续播放。

(9) 提供多声道的支持,可把普通立体声或单声道转换成多种多声道输出。

(10) 多声道的编辑,每个声道的声音可调整到任意一个音箱或耳机进行输出。

(11) 多种支持格式：MPEG 4、RA、RM、AVI、ASF、WMA、MP1、MP2、MP3、MPA、WAV、MIDI、RMI、MID 等。

8.1.2 豪杰超级解霸 3000 的安装启动与屏幕介绍

1. 软件安装

豪杰超级解霸 3000 提供了自动安装和手动安装两种安装方式。下面逐个进行介绍。

1) 自动安装

将豪杰超级解霸 3000 的光盘放入光驱，关上光驱门，稍等几秒钟，系统会自行启动安装程序，根据提示按顺序单击“安装”、“下一步”、“完成”按钮即可完成安装。

2) 手动安装

如果没有出现上述的自动安装界面，可以按照以下步骤操作。

双击桌面上的“我的电脑”图标，再双击光盘所在的图标，找到文件 Setup.exe，双击运行，根据提示顺序单击“安装”、“下一步”、“完成”按钮即可完成安装。

建议安装在默认目录下，不要安装到其他目录(更不能安装到根目录下)，以便能卸载更充分或者减少出错的概率。

2. 程序启动

豪杰超级解霸 3000 软件主要包括超级解霸和超级音频解霸。

(1) 单击屏幕左下角的“开始”按钮，再将鼠标移动到“程序”处，待屏幕弹出程序级联菜单后，再将鼠标移到“豪杰超级解霸 3000”处，出现超级解霸 3000 程序组菜单，如图 8-1 所示。

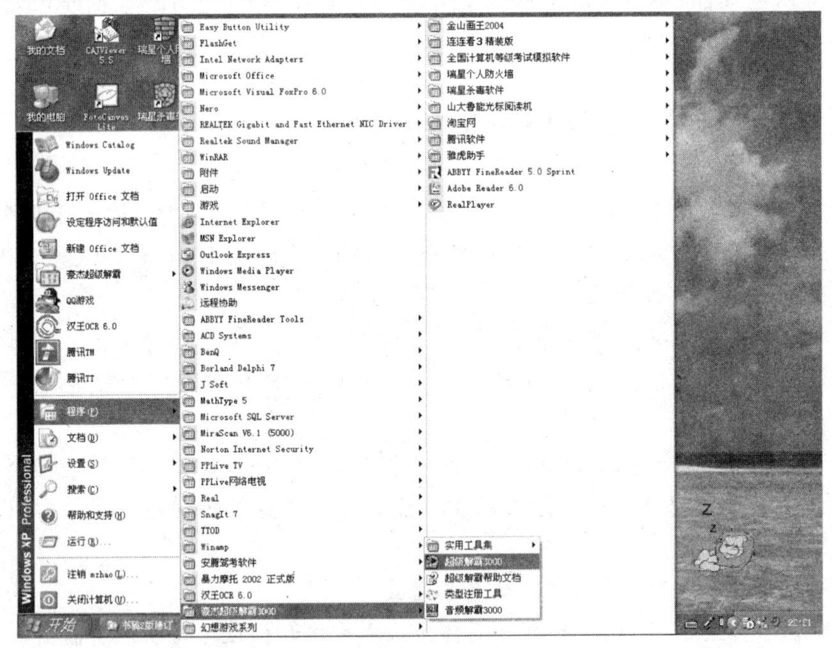

图 8-1　从“开始”菜单启动超级解霸 3000

（2）选择“豪杰超级解霸 3000”命令，超级解霸 3000 程序便开始启动，如图 8-2 所示。

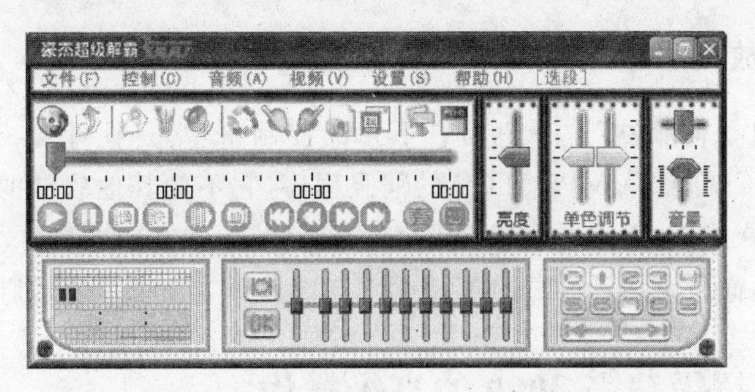

图 8-2 豪杰超级解霸 3000 的主画面

8.1.3 豪杰超级解霸3000的功能介绍

1. 系统功能项的应用

1）提高播放速度

在低配置计算机环境下使用超级解霸播放 VCD，选用“黑白高速”功能可有限地提高播放速度。该项操作的组合键定义是 Ctrl＋C。此外，可选择播放面板菜单条中的“视频”菜单中的“修改画质”命令，从其关联界面中设置以较低的播放质量换取播放速度。

2）偏色处理

使用单色方式进行视频播放时，可以采用“偏色处理”功能，这样可以实现任意的偏红、偏绿或偏蓝显示效果。

3）增强 3D 声音效果

为了增强 3D 声音效果，超级解霸提供了一个以回音方式处理播放声音的功能，使用该功能会带来类似影院的声音效果，但在播放有大量对白的影片时效果不佳，此时拖动播放面板中的“回音”项中的滑块到自己满意的位置即可。此外，在“音频”菜单项中有一个“设置音频均衡器”的功能，其中包括 16 段中、高频均衡设置，使用后音质效果更好。

4）多碟连放功能

超级解霸支持多碟连放，如果机器中安装有两个以上的 CD-ROM，将两张 VCD 碟片按盘符顺序依次放入，选择程序播放面板中的“文件”菜单中的“关上所有 CD-ROM”命令，程序会自动开始 VCD 的播放，当一个 CD-ROM 中的碟片播放结束后，程序会自动转入下一个 CD-ROM，并继续进行播放。

5）窗口的特殊效果

在“开始”菜单中选择“设置”命令，在“控制面板”中选择“显示器”选项，选择“外观”选项，将其中窗口部分色彩改成粉红色，单击“确定”按钮退出，这样当窗口盖住视频窗时，画面就会呈现通透效果。

6）循环播放

单击“循环与否”按钮，弹出播放进度条选择区域，默认是全部，可以通过拉动定位棒定位及选择新的循环开始点和结束点。

2. 自动播放伺服器应用

“超级解霸自动伺服器”位于桌面右下角的控制条中，是让计算机自动播放 VCD、CVD、SVCD、DVCD、DVD、MP3 和 CD 的伺服程序，它不像其他软件的探测器那样每隔一段时间就查一次光驱，而是一个伺服程序，只在系统通知有新光盘插入光驱之后才会查看是否可以播放，而且记住已放过的 VCD、MP3 或 CD，方便以后快速启动播放程序。

8.1.4 豪杰超级解霸 3000 的高级操作

1. 转成 MPEG 电影

将 AVI 视频文件转换为 MPEG 压缩格式文件输出，转换之后可用超级解霸等解压软件进行播放；还可按 VCD 格式转换，生成的 MPEG 可以直接刻成 VCD 光盘，如图 8-3 所示。

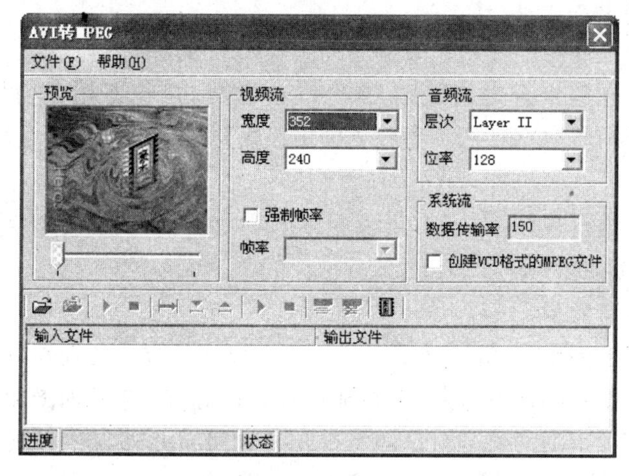

图 8-3 AVI 转换成 MPEG 电影的操作画面

具体操作如下。

1) 文件操作

输入 AVI。选择需要转化的 AVI 文件；输出 MPEG。选择需要保存的路径，并给转化的文件起个文件名。

2) 数据流的处理设置

可以设置视频的大小、播放的帧率；也可以设置音频的压缩层次（一般提供 Layer Ⅱ 和 Layer Ⅰ）和音频流的位率；还可以设置数据传输的位率；如果选中“创建 VCD 格式的 MPEG 文件”，则转换的格式将按 VCD 的标准来转换。

3) 转换

单击“开始压缩”，转换操作进行，这时可以看到工作进行的进度条；单击“停止压缩”，则停止转换，同时将已经转换的保存至指定的 MPEG 文件中。

2. MP3 数字 CD 抓轨的使用

采用 DirectCD-ROM 技术可抓 CD、DVCD、VCD、SVCD、CVD 和其他各种类型的光盘。采用 DirectCD-ROM 技术的数字抓轨程序，可以直接测出光驱的实际速度，不受光驱 Cache 影响。支持 IDE 和 SCSI 等各种类型的光驱(CD-R 可能顺序不正常)，可以直接抓取 CD 为 48kHz 高质量 16 位 WAV，支持非音乐 CD(如 DVCD)的抓取，而且自动去除多余数据，使数据最小。可以自动连续轨道抓取，支持任意位置开始抓取，不必从头开始。支持直接压缩成 MP3 文件，如图 8-4 所示。

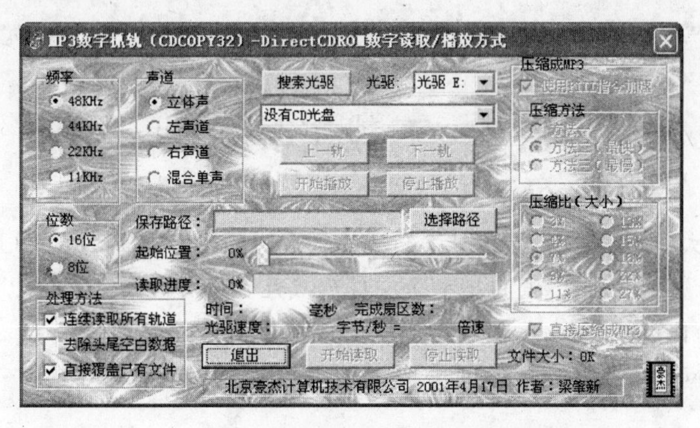

图 8-4　MP3 数字抓轨画面

使用数字抓轨程序，可以将音乐 CD 抓成 WAV 格式或直接压缩成 MP3，可以将 MP3、VCD(包括 DVCD、SVCD、CVD)直接抓成以 DAT 为扩展名的音频、影音文件。具体操作如下。

1) 将音乐 CD 抓成 WAV

运行 MP3 数字 CD 抓轨程序，将 CD 光盘放入光驱，选择装入 CD 的光驱。

此时下一栏中将出现轨道的信息，部分按钮变为可用。

选择一个轨道，选择开始点(从起始位置选择)；单击“选择路径”，选择即将要保存文件的路径，并起一个文件名；单击“开始读取”，则抓轨程序开始工作，“读取进度”指示当前的工作状态和进度。当所需操作的部分已经抓取完成，单击“停止读取”，停止工作。此时一段 WAV 文件就录制完成了。

2) 将音乐 CD 直接抓成 MP3

操作步骤与前一步骤相同，增加的步骤是：选中右下角的“直接压缩成 MP3”复选框，右边与 MP3 相关的栏目将变为可选，同时在“保存路径”中的文件扩展名变为 MP3 格式。

至于其中的“压缩方法”、“压缩比”，一般使用默认即可，这也是一般 MP3 歌曲所采用的。

3）抓取 VCD

有很多的 VCD 的文件是不能直接复制的，使用这个程序就可以将一段 VCD 或部分 VCD 文件抓取到硬盘上。

4）将 MP3 光碟抓成一个文件

如果被抓的光盘格式是 MP3 光碟，虽然抓出的文件是以 DAT 为扩展名的，但是必须使用超级音频解霸来播放这个文件。此时这个文件实际上是将所选轨道中的 MP3 抓成了一个音频文件。

有关豪杰超级解霸 3000 软件的获取和更多的信息可通过 Internet 访问网址：

http://www.gshealth.tom.cn/download01/list.asp?id=719

http://www.onlinedown.net/softY2714.htm

8.2 下载工具软件

下载的最大问题是速度，其次是下载后的管理。网际快车 FlashGet(JetCar)正是为解决这两个问题而开发的。通过把一个文件分成几个部分同时下载可以成倍地提高速度，下载速度可以提高 100%～500%。

本节将就网际快车 FlashGet 1.65 版的使用方法进行介绍。

8.2.1 FlashGet 的主要特点

(1) 支持镜像功能。可通过 Ftp Search 自动查找镜像站点，并且可通过最快的站点下载。

(2) 可创建不同的类别，把下载的软件分门别类地存放。强大的管理功能包括支持拖曳、更名、添加描述、查找、文件名重复时可自动重命名等。

(3) 可管理以前下载的文件。

(4) 可检查文件是否更新或重新下载。

(5) 充分支持代理服务器。

(6) 下载的任务可排序，重要文件可提前下载。

(7) 捕获浏览器单击，完全支持 IE。

8.2.2 FlashGet 的安装启动与屏幕介绍

1. FlashGet 的安装与启动

网际快车软件的安装过程与其他常用软件的安装基本相同，通常仅需要按照安装向导提示单击 Next(下一步)、Agree to Software License(同意该软件赋予用户的使用权限协议)和 Finish(完成)按钮。

升级 FlashGet 时直接安装到原先的目录中去,不要删除老版本目录下的 Default.jcd,该文件保存了原先下载文件的信息。如果删除将会丢失下载的任何信息,正在下载的文件也无法继续下载。如果把新版本的 FlashGet 装到不同的目录,仍然会打开最后一次使用的下载数据库(一般仍为老版本目录下的 Default.jcd)。不要同时使用两个不同版本的 FlashGet,因为每次升级会扩充一些内容,下载数据库的格式会有细小的改变,如果使用老版本的软件读、写极可能造成下载数据库的损坏。

正确安装网际快车软件后,在系统程序项中会建立一个名为 FlashGet 的启动程序组,并可在桌面上生成 FlashGet 标志图标。

在桌面上,双击图标或选择"开始"→"程序"→FlashGet 命令,即可启动网际快车软件。网际快车启动后,在任务栏将出现网际快车标志图标。

2. FlashGet 用户界面介绍

双击任务栏中的网际快车图标后,屏幕弹出用户界面,如图 8-5 所示。

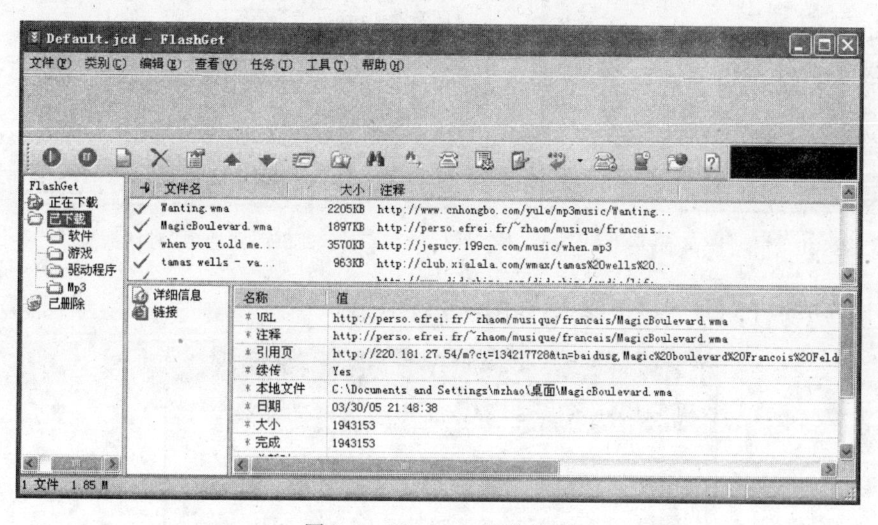

图 8-5 FlashGet 用户界面

FlashGet 用户界面主要由以下部分组成:主菜单(主窗口最上面部分)、工具条(在主菜单下面)、曲线图(在工具条右面)、虚拟文件夹(主窗口左边的树型结构)、任务列表(主窗口的右上方部分)和任务状况窗口(主窗口右下部分)。

FlashGet 能够显示比较丰富的信息,以便用户了解下载的具体情况,包括"状态"、"续传"、"名称"、"大小"、"完成数"、"百分比"、"用时"、"估计剩余时间"、"速度"、"分成的块数"、"重试次数"、URL、"注释"、"创建时间"、"完成时间"。在"查看/栏目"选项可对任务栏中显示的信息项进行编排。并且"正在下载"任务类别和"已完成"类别是各自独立的。如果当前选择的是"正在下载"类别,配置的只适用于"正在下载"类别;如果选择其他类别,配置的适用于非"正在下载"的所有类别。可以从"查看/工具栏/按钮"选项中定义工具栏的显示方式、按钮数量及按钮的顺序,如图 8-6 所示。

8.2.3 FlashGet的参数设置

1. “连接”选项卡设置

选择“工具”菜单中的“选项”命令，会弹出“选项”对话框，如图8-7所示。该对话框有13个选项卡，一般情况下建议采用程序原有的默认参数，必要时可以进行重新设置。以下是“连接”选项卡的设置。

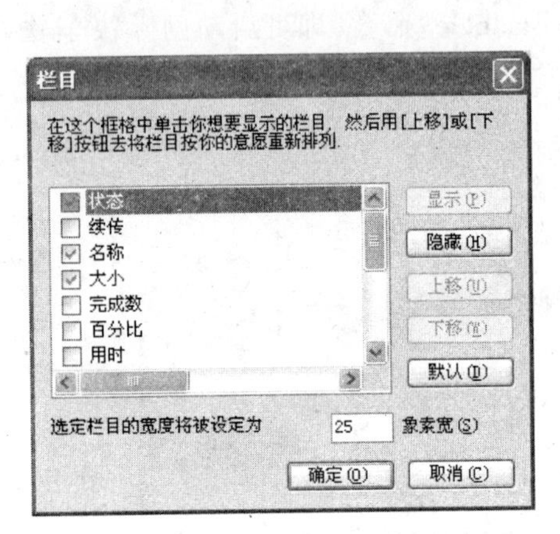

图8-6 “栏目”对话框

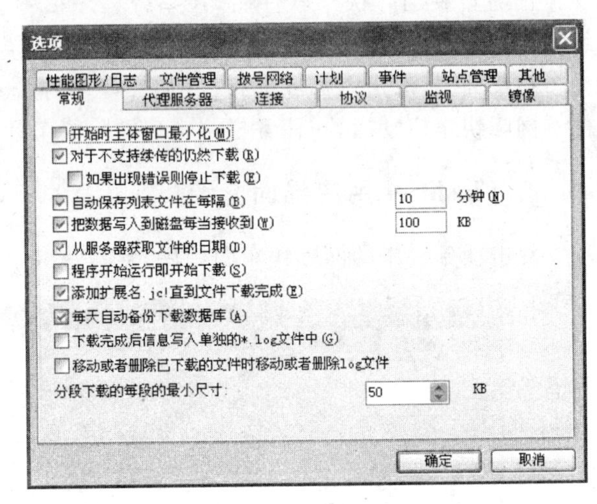

图8-7 “选项”对话框

在该选项卡下可设置以下参数，如图8-8所示。

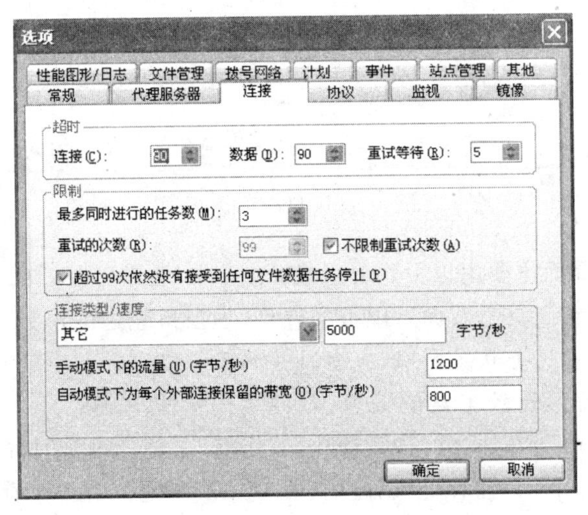

图8-8 “连接”选项卡设置对话框

(1) 错误处理。网络连接出现错误时重试次数以及两次重试之间的间隔时间。下载文件前，网际快车要先和目标服务器相连接。若一次不能连通，网际快车就要继续重新连接，一般 10 次连接不上就说明网络中有障碍和阻塞，只好以后再进行连接。

(2) 超时。设置连接或接收出现问题时，等待服务器应答的时间(秒)。在下载时若连接中断，并不立即停止工作，它要等待线路试图再接通。这里设定的是等待再接通的时间。若超过设定的连接时间仍未接通，则网际快车将停止工作。在下载过程中，有时虽然没有断线，但是没有数据信息的响应。超过设定的接收时间仍没有响应，则网际快车将停止工作。

(3) 限制。设置同时下载的最大任务数。

2. “默认下载属性”设置

选择“工具”菜单中的“默认下载属性”命令，在弹出的对话框中可设置如下参数，如图 8-9 所示。

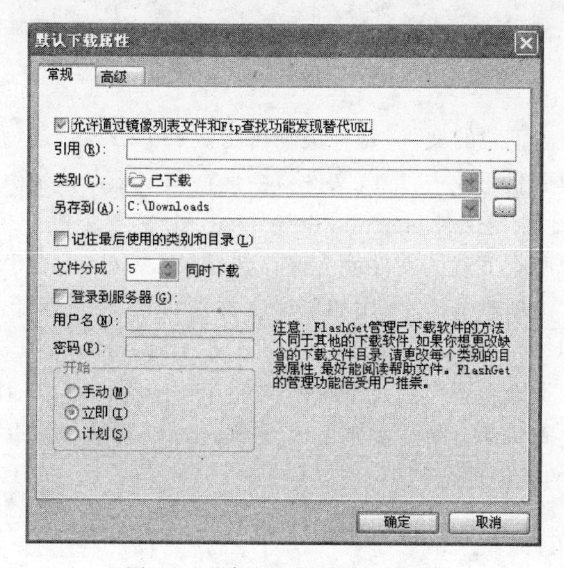

图 8-9 “默认下载属性”对话框

(1) 类别。预先设定下载文件的类型，下载时存放的目录位置。

(2) 文件分成。设置每个下载任务用的快车数目以及添加的任务是否立即开始下载。FlashGet 能把一个文件分成几个部分同时下载，形象化的说法是快车运输，车多量大，但在此设置的快车数并非越多越好，具体快车数的确定与网络、站点等因素有关，当快车数增加到一定数目，反而会造成网络阻塞，影响下载速度。

8.2.4 FlashGet 的文件管理

如图 8-10 所示为 FlashGet 的文件管理界面。

1. 归类整理文件

对下载文件进行归类整理是 FlashGet 最为重要和实用的功能之一。FlashGet 使用

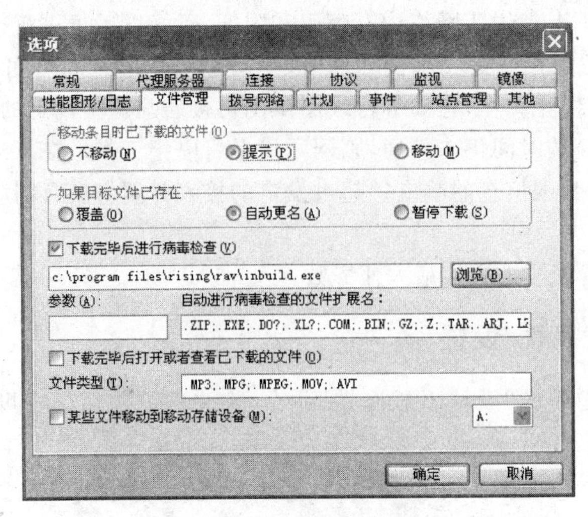

图 8-10 “文件管理”选项卡

了类别的概念来管理已下载的文件,每种类别可指定一个磁盘目录,所有指定下载任务完成后存放到该类别的下载任务中,下载文件就会保存到该磁盘目录中。比如对于 MP3 文件可以创建类别 MP3,指定文件目录 C:\download\MP3,当下载一个 MP3 文件时,指定保存到类别 MP3 中,所有下载的文件就会保存到目录 C:\download\MP3 下。如果该类别下的文件太多还可以创建子类别,比如可以在类别 MP3 下创建子类别 Disk1 和 Disk2 等,相应的目录对应 C:\download\MP3\disk1 和 C:\download\MP3\disk2 等,FlashGet 允许创建任意数目的类别和子类别。下载的文件存在的类别可以随时改变,具体的磁盘文件也可以在目录之间移动。对于类别的改变 FlashGet 提供了拖曳的功能,只需简单的拖动,就可以对下载的文件进行归类。

2. 移动删除文件

FlashGet 默认创建“正在下载”、“已下载”、“已删除”这 3 个类别,所有未完成的下载任务均放在“正在下载”类别中,所有完成的下载任务均放在“已下载”类别中,从其他类别中删除的任务均放在“已删除”类别中,只有从“已删除”类别中删除才会真正删除,这就和 Windows 的回收站的功能一样。如果下载文件很少就不需改变。如果下载的文件较多,就需要创建新的类别。从主菜单中选择“类别”或者右击,在弹出的快捷菜单中可以对类别进行管理,包括“新建类别”、“移动”、“删除”和“属性”。

同样在移动和删除任务时,FlashGet 给出了多种选择,下载的文件可以随之被删除或者移动,也可以不移动或者不删除,具体设置“选项\文件管理”。

有时由于磁盘已满或者其他原因需要移动已下载的文件到其他的磁盘目录,最好通过 FlashGet 来完成该功能,否则下载数据库中的信息会与具体的文件不同步。移动下载文件的目录的具体操作如下。

(1) 首先创建一个临时类别。

(2) 移动要更改目录的类别(比如“已下载”)中的文件到该临时类别。

(3) 更改该类别("已下载")的文件目录为新的磁盘目录(比如改为 D:\download)。

(4) 移动临时类别的文件到原先的类别("已下载")。注意:在类别间移动任务的时候要选择同时移动文件。

(5) 通过几次操作可以移动所有的类别。

8.2.5 FlashGet 文件下载操作

1. 下载操作

(1) 启动网际快车程序。

(2) 通过"选项"菜单,进行必要的参数设置(一般可采用默认的参数设置)。

(3) 指定需要下载数据的 URL 地址(单个或多个)。

(4) 选定下载任务,单击工具条中的"开始下载任务"图标。或右击后,在弹出的快捷菜单中选择"开始"或"全部开始"命令。

2. 下载指定文件网址

FlashGet 获取单个需下载文件网址的方法如下。

(1) 右击需要下载数据的 URL 地址,在弹出的快捷菜单中选择 Download by FlashGet 命令。

(2) 拖放需要下载数据的 URL 地址到拖放窗口中。

(3) 在 FlashGet 主窗口界面中直接选择"任务\新建下载任务"菜单项,或单击工具条中的"新建"按钮,再在屏幕弹出的"添加新的下载任务"对话框的"网址"栏中输入需要下载文件的网址,如图 8-11 所示。

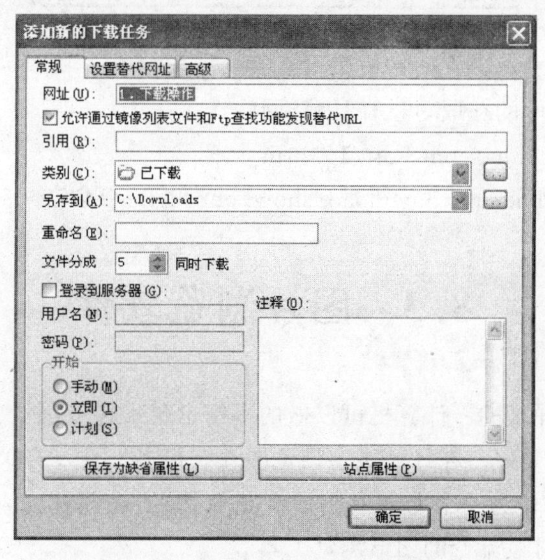

图 8-11 "添加新的下载任务"对话框

(4) 单击 URL 的同时按下 Alt 键。

3. 多个文件下载操作

有时需要下载许多文件，它们的文件名是有顺序或是有规律的。例如：

http://www.foo.com/bar06a.htm

http://www.foo.com/bar07a.htm

http://www.foo.com/bar08a.htm

http://www.foo.com/bar09a.htm

http://www.foo.com/bar10a.htm

http://www.foo.com/bar11a.htm

http://www.foo.com/bar12a.htm

对这类 URL，FlashGet 提供了简化的添加任务方法。

选择"任务"菜单中的"添加批处理任务"命令，弹出"添加成批任务"对话框，如图 8-12 所示，在上述例子中，要在 URL 项的空白框中输入 http://www.food.com/bar(*)a.htm，其范围为 6～12，通配符长度为 2。

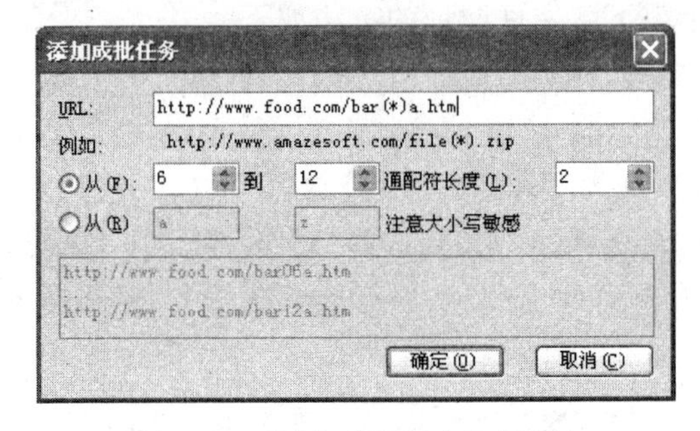

图 8-12 "添加成批任务"对话框

有关网际快车软件的获取，可访问因特网站点：

http://www.newhua.com/soft/15.htm

http://act.it.sohu.com/download/show.php?soft=14370

8.3 图片浏览软件

随着多媒体技术的发展，计算机可以做的事情也越来越多，而收集浏览各种精美的图片成了很多人的一种爱好。在计算机中浏览图片有很多工具，ACDSystem 公司推出的共享软件 ACDSee 5.0，作为一个专业的图形浏览软件，它功能强大，几乎支持目前所有的图形文件格式，是目前最流行的图形浏览工具。

8.3.1 功能特点

(1) 支持 JPG、BMP、GIF、CRW、ICO 等多种多媒体格式文件。
(2) 音频、视频文件播放,提供视频帧单独保存。
(3) 支持全屏、窗口、区域、菜单等多种截图模式。
(4) 减少红眼、裁剪、锐化、彩色化等多种工具,方便增强图像效果。
(5) 相册功能,快速实现图像组织与管理。
(6) 以缩略图方式显示图像文件。
(7) 支持 USB 设备,直接从数码相机和扫描仪获取图像。

8.3.2 安装和启动

1. 系统安装

ACDSee 5.0 是一款共享软件,下载完毕后双击文件进行安装,系统显示安装向导对话框,如图 8-13 所示。

图 8-13 安装向导对话框

一直单击"下一步"按钮,按照典型方式进行系统安装,直至出现向导完成对话框,如图 8-14 所示。

单击"完成"按钮,系统正确安装完毕。

2. 系统启动

安装完毕,选择"开始"→"程序"→ACD System→ACDSee 5.0 启动程序。首次启动 ACDSee 时,系统显示"选择用户界面"对话框,如图 8-15 所示。

选中"完全"单选按钮,单击"确定"按钮后,系统显示主界面窗口,如图 8-16 所示。

图 8-14　向导完成对话框

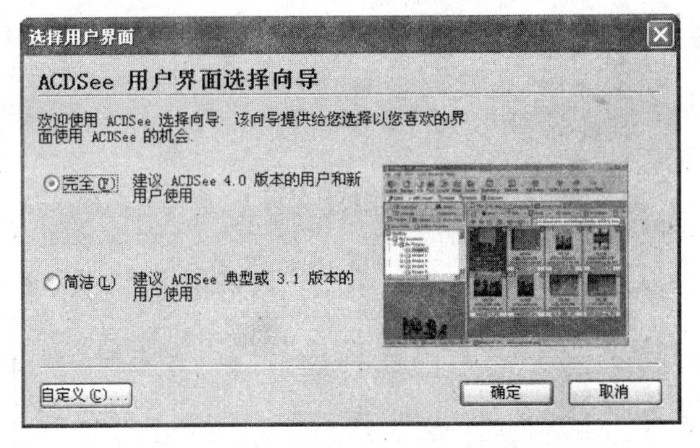

图 8-15　“选择用户界面”对话框

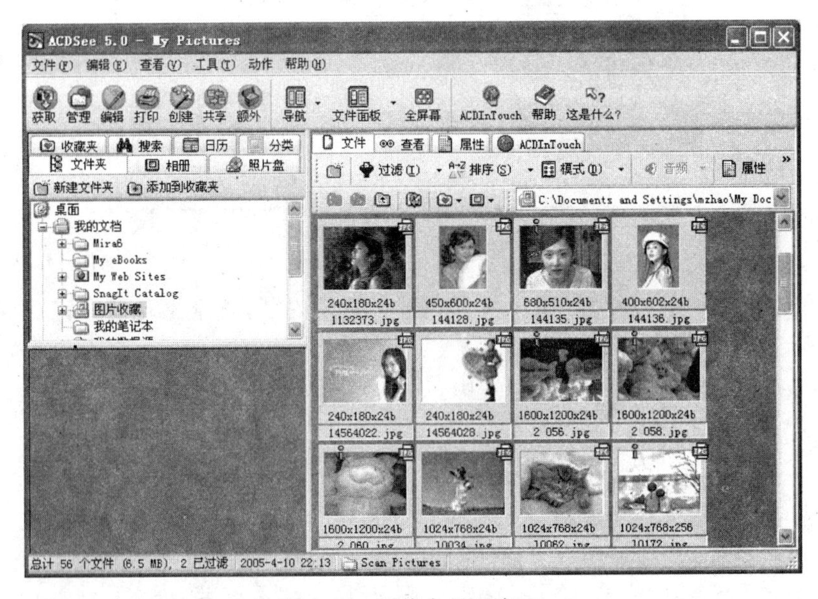

图 8-16　系统主界面窗口

系统主界面主要由主菜单、工具栏、导航面板和文件面板四部分组成。

(1) 主菜单。文件、编辑、查看、工具、动作和帮助等菜单项。

(2) 工具栏。获取、管理、编辑等组合工具按钮。

(3) 导航面板。文件夹、相册、照片盘、收藏夹等导航页。

(4) 文件面板。文件、查看、属性等文件显示列表。

8.3.3 基本功能操作

1. 图像浏览

ACDSee 提供两种不同的图像浏览方式。

方式一:

通过"资源管理器"或"我的电脑"选中需要浏览的文件,双击后系统弹出所选文件的浏览窗口,如图 8-17 所示。

图 8-17 图像浏览窗口

在图像浏览窗口中,可以通过单击工具栏中的"上一张"和"下一张"按钮,或者按空格键或 BackSpace 键,浏览该文件夹下的其他图像文件。

执行右键快捷菜单"查看"→"全屏幕"命令,可以实现在全屏幕方式下的图像浏览,此时图像浏览窗口中的菜单和工具栏均被隐藏。

方式二:

启动 ACDSee 后,在主界面的控制面板中选择"文件夹"页,在文件面板中选择"文件"页,此时的 ACDSee 界面与资源管理器十分相似,如图 8-16 所示。在"文件夹"页的树状显示框中进行文件夹选择,"文件"页中则显示该文件夹下所有符合设定条件的文件,选中并双击，系统弹出所选文件的浏览窗口，如图 8-17 所示。

“文件”页提供缩略图＋描述、缩略图、大图标、小图标、列表、详细资料、平铺等不同文件显示模式。选择“查看”→“模式”→“缩略图”菜单命令，可以在文件页显示框中直接浏览该文件夹下所有符合设定条件的文件，而无须弹出图像浏览窗口。

2. 图像编辑

1）复制、粘贴与删除

在 ACDSee 系统主界面中，可以直接对图像文件进行复制、粘贴和删除操作，具体操作方法和在资源管理器中完全相同：使用菜单栏“编辑”中的“复制”、“粘贴”命令，或使用 Ctrl＋C 或 Ctrl＋V 组合键实现。

2）放大与缩小

在如图 8-17 所示的图像浏览窗口中，单击工具栏中的“缩小”或“放大”按钮，可以对浏览的图像进行缩小或放大，该操作并不会改变图像文件本身，只是改变了图像当前的浏览效果。

单击工具栏中的“缩放”按钮，在弹出的菜单中选择“实际大小”，无论事前执行了多少缩小或放大操作，系统将按照图像文件的实际大小进行显示。

3）旋转与翻转

在图像浏览窗口中，选择“工具”→“旋转/翻转”菜单命令，系统弹出“图像旋转/翻转”设置对话框，如图 8-18 所示。

选择图 8-18 所示的 1～8 中任意按钮，窗口左侧显示进行相关旋转/翻转操作后的图像预览图，单击“确定”按钮后，实现对所选图像的旋转/翻转。该操作并不会改变图像文件本身，只是改变了图像当前的浏览效果。

4）格式转换

利用 ACDSee，能够方便地实现图像文件在 JPG、BMP、GIF 等不同格式之间的转换。

在系统主界面中，不同格式的图像文件在“文件”页通过不同的图标进行显示，采用缩略图模式进行文件显示时，缩略图的右上角也注明该文件的图像格式。

选中需要进行格式转换的文件后，在右键快捷菜单中选择“转换”命令，系统弹出“图像格式转换”对话框，如图 8-19 所示。

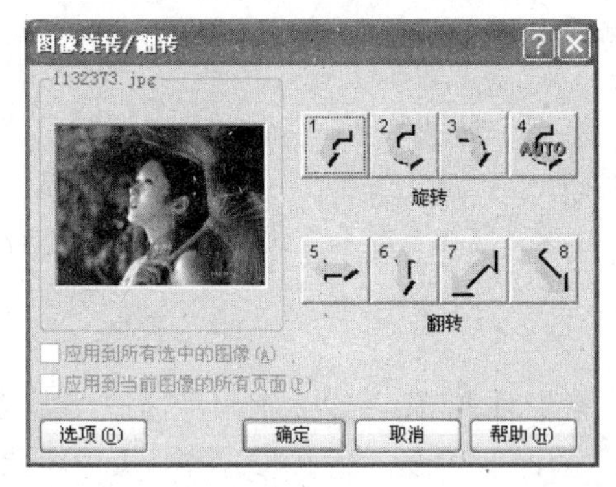

图 8-18 “图像旋转/翻转”对话框

图 8-19 “图像格式转换”对话框

在格式列表栏中选择需要转换后的图像格式后，单击“确定”按钮，系统将在原目录下按照新的图像格式，创建与文件名相同的图像文件，完成格式转换。

5）增添描述

ACDSee 能为每个图像文件增添描述信息，可在浏览图像的同时，获取与图像内容相关的其他信息。

在系统主界面中，选中“文件”页中需要添加描述信息的文件，在右键快捷菜单中选择“转换”命令，系统弹出编辑描述窗口，在文本录入框中编辑文件的描述信息后，单击“确定”按钮完成描述编辑。

增添描述信息后，在“文件”页中，将鼠标移至任意图像文件上，系统在显示该文件的名称、大小、格式、分辨率等基本信息的同时，还显示所增添的描述信息。

3. 幻灯片放映

ACDSee 提供的幻灯片放映功能，能够对当前文件夹下所有图像文件进行依次全屏显示。

1）幻灯片放映格式设定

选择菜单“工具”→“幻灯片”命令，系统弹出“幻灯片”设置对话框，如图 8-20 所示。

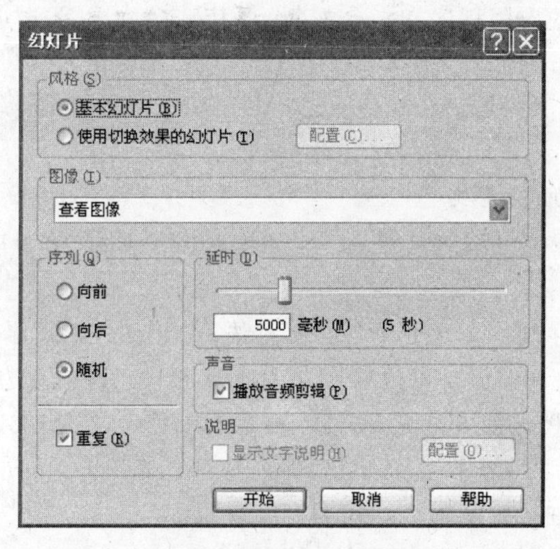

图 8-20 “幻灯片”对话框

在“序列”选项组中设定幻灯片播放的顺序和是否进行重复播放。

在“延时”选项组中设定每张幻灯片播放时的间隔时间，单位是毫秒(1000ms 为 1s)。

2）播放幻灯片

单击“开始”按钮，系统弹出如图 8-17 所示的图像浏览窗口，并按照设定的顺序和延时播放当前目录下的所有图像文件。

3）停止播放

在播放过程中单击工具栏中的“幻灯片”按钮，或按 Enter 键停止播放幻灯片。

4. 设置壁纸

使用 ACDSee 浏览图像时，可以很方便地将所喜好的图像设置成为桌面壁纸。

在系统主界面或图像浏览窗口中右击，在弹出的快捷菜单中选择“壁纸”中的“居中”命令，即可将当前图像以居中方式设置为桌面壁纸，同样选择“平铺”命令则将当前图像以平铺方式设置为桌面壁纸。

有关 ACDSee 软件的获取和更多的信息可通过 Internet 访问网址：

http://download.21cn.com/list.php?id=23593

http://download.enet.com.cn/html/040322001031901.html

8.4 PDF 文件阅读软件

8.4.1 Adobe PDF 简介

Adobe PDF(Portable Document Format，便携式文档格式)是一种通用的文件格式，不管用于创建源文档的应用程序和平台如何，将其转换为 PDF 时将保留所有的字体、格式、颜色和图形。Adobe PDF 文件紧凑，任何有免费 Adobe Reader 的人都可以共享、查看、预览和打印。使用 Acrobat Standard 或 Acrobat Professional 软件，几乎可以将任何文档转换为 Adobe PDF。

PDF 文档的特点如下：

(1) 无论在何种计算机系统或平台上，查看 Adobe PDF 的布局、字体和文本格式都完全相同。

(2) PDF 文档可在同一个页面中包含多种语言的内容，如日语和英语。

(3) PDF 文档的打印结果是可预测的，打印时将包含正确的页边距并进行正确的分页。

(4) 可给 PDF 文档添加安全性，防止不受欢迎的修改、打印或访问。

(5) 使用 Acrobat 或 Adobe Reader 中的控件可以修改 PDF 页面的缩放比例，这种功能对于放大包含大量细节的图形或示意图尤其有用。

使用 Acrobat 能够创建、处理、阅读和打印 PDF 文档。

8.4.2 创建 Adobe PDF

创建 Adobe PDF 文件的方式取决于工作流程和文档类型。

创建 PDF 文件的方法有以下几种：

(1) 使用 Adobe Distiller 几乎可以将任何文件(包括使用画图程序、排版程序和图像编辑程序创建的文件)转换为 Adobe PDF。

(2) 可以在第三方应用程序(如 Microsoft Office 应用程序)中使用 Acrobat PDFMaker 来创建 Adobe PDF 文件。为此，只需单击创作应用程序的工具栏上的“转换为 Adobe PDF”按钮。

注意：在 Acrobat Professional on Windows 中，也可以使用 Acrobat PDFMaker 直接将 Microsoft 的 Project 和 Visio 文件以及 Autodesk AutoCAD 文件转换为 Adobe PDF 文件。

(3) 使用“创建 PDF”命令可以快速地将各种格式的文件转换为 Adobe PDF，并在 Acrobat 中打开它。可以每次转换一个文件，也可以同时转换多个不同类型的文件，并将它们合并成一个紧凑的 Adobe PDF 文件。

(4) 在流行的创作应用程序中，可以直接使用“打印”命令和 Adobe PDF 打印机来创建 Adobe PDF 文件。

(5) 可以对纸质文档进行扫描并将其转换为 Adobe PDF。

(6) 可使用命令“从网页创建 PDF”来下载网页并将其转换为 Adobe PDF。

注意：在 Acrobat Professional 中，可使用专用的印前工具来检查分色，对 PDF 文件进行印前检查以检查质量问题，调整透明对象的成像方式，对 PDF 文件进行分色。

8.4.3 处理 PDF 文件

处理 PDF 文件从来没有像现在这么容易过。

处理 PDF 文件的方法有以下几种：

(1) 可添加超链接、电子书签和页面动作来提供丰富的网上冲浪体验。

(2) 使用功能强大的内容重用工具，可将文本另存为其他文件格式、以图像格式提取图像以及将 PDF 页面转换为图像格式，以便在其他应用程序中重用这些内容。新的“选择”工具使得提取文本、表格和图像从来没有这么容易过。

(3) 只需单击一下鼠标就可以将 Microsoft Outlook 电子邮件转换为 Adobe PDF。

(4) 使用内置的或第三方的安全处理程序，可以给绝密 PDF 文档添加复杂的保护功能，防止用户复制文本和图形、打印文档甚至打开文件。通过添加数字签名来认可文档的内容和格式。在安全的电子信封中发送文件。在 Acrobat 7.0 中，可以创建有名称的安全性策略以方便重用，还可以使用 Adobe LiveCycle 策略服务器来实现高级安全性和控制。

(5) 可以在完全电子化的文档审阅周期中添加注释、附件和标记文本。所有的审阅和注释工具都位于一个工具栏中。可以将 PDF 文档中的注释导入到某些类型的源文档中。使用 Acrobat Professional，可以要求 Adobe Reader 用户参与电子审阅。

(6) 创建复杂的多媒体演示文稿。使用 Acrobat Professional，可以在 Adobe PDF 文件中嵌入 3D 对象。

(7) 创建 PDF 表单。使用 Acrobat Professional 自带的 Adobe LiveCycle Designer 软件，可以创建基于 XML 的表单。

(8) 使用“管理器”来管理 PDF 文件。

8.4.4 阅读 PDF 文件

可以使用 Adobe Reader、Acrobat Elements、Acrobat Standard 或 Acrobat Professional 来

阅读 PDF 文档。可以通过网络、Web 服务器、CD、DVD 和磁盘来共享 PDF 文档。

8.4.5 万维网上的 Adobe PDF

万维网极大地增加了将电子文档提供给广大用户的可能性。由于 Web 浏览器可被配置成在浏览器窗口中运行其他应用程序，因此可以在网站上发布 PDF 文件。用户可以下载这些 PDF 文件并使用 Adobe Reader 在浏览器窗口中查看。

在网页中包含 PDF 文件时，应引导用户访问 Adobe 网站，以便他们第一次查看 PDF 文档时能够下载免费的 Adobe Reader。

可以每次一页的方式查看并打印网上的 PDF 文档。采用每次一页的下载方式时，Web 服务器只发送被请求的页面给用户，从而缩短了下载时间。另外，用户还可以轻松地打印选定的页面或文档中所有的页面。PDF 是一种适合在网上发布大型电子文档的格式。PDF 文档的打印结果是可预测的，将包含正确的页边距并进行正确的分页。

还可以下载网页并将其转换为 Adobe PDF，使得可以轻松地保存、分发和打印网页。

8.5 压缩与解压缩软件

WinRAR 是 32 位 Windows 版本的 RAR 压缩文件管理器，一个允许用户创建、管理和控制压缩文件的强大工具。RAR 存在一系列的版本，应用于数个操作系统环境：Windows、Linux、FreeBSD、DOS、OS/2、MacOS X。运行于 Windows 下的 RAR 存在两个版本：图形用户界面版本 WinRAR.EXE 和命令行控制台（文本模式）版本 RAR.EXE。

8.5.1 软件特点

(1) 完全支持 RAR 和 ZIP 压缩文件。

(2) 高度成熟的原创压缩算法，比常规方法更能够提升压缩率 10%～50%，尤其是在压缩大量的小文件时效果更加明显。

(3) 对于文本、声音、图像和 32 位及 64 位 Intel 可执行程序压缩的特殊优化算法。

(4) 具有拖放功能、向导的外壳界面和命令行界面。

(5) 支持对非 RAR 压缩文件（CAB、ARJ、LZH、TAR、GZ、ACE、UUE、BZ2、JAR、ISO）的管理。

(6) 支持多卷压缩文件。

(7) 可使用默认的或是选择的自解压模块创建自解压文件（也可用于分卷）。

(8) 支持恢复物理受损的压缩文件。

(9) 支持 Unicode 文件名、文件加密、压缩文件注释、错误日志等。

8.5.2 软件的安装

双击下载的压缩包，出现安装界面，如图 8-21 所示。

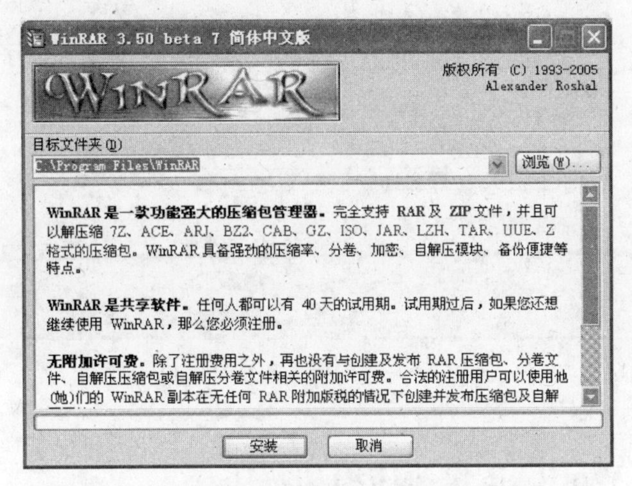

图 8-21 软件安装界面

单击“浏览”按钮，选择好安装路径后，再单击“安装”按钮开始安装，安装过程中需要设置压缩文件的格式关联，如图 8-22 所示。

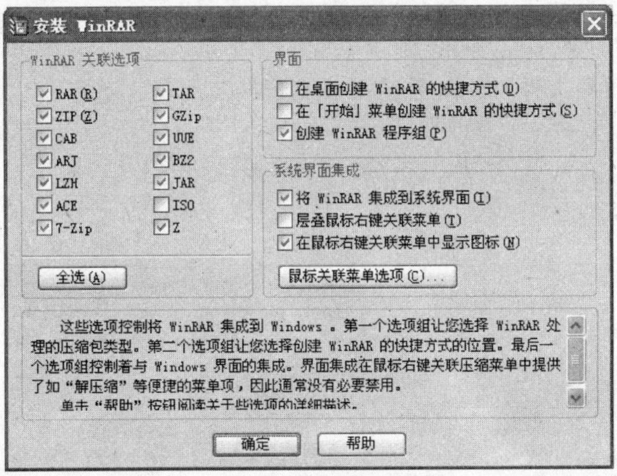

图 8-22 文件格式关联

在“WinRAR 关联选项”选项组中选择需要创建联系的文件格式。如果决定经常使用 WinRAR 的话，可以与所有格式的文件创建关联。如果偶尔使用 WinRAR 的话，也可以酌情选择。右边的“界面”选项组是选择 WinRAR 在 Windows 中的位置，由上到下的功能为“在桌面创建快捷方式”、“在开始菜单创建快捷方式”和“在程序中创建快捷方式”。

单击“确定”按钮，系统弹出安装完成提示对话框，如图 8-23 所示。对话框中命令按钮由左到右分别是“运行 WinRAR”、“阅读帮助”、“查看许可”、“订购”和“主页”，单击“完成”按钮即完成安装。

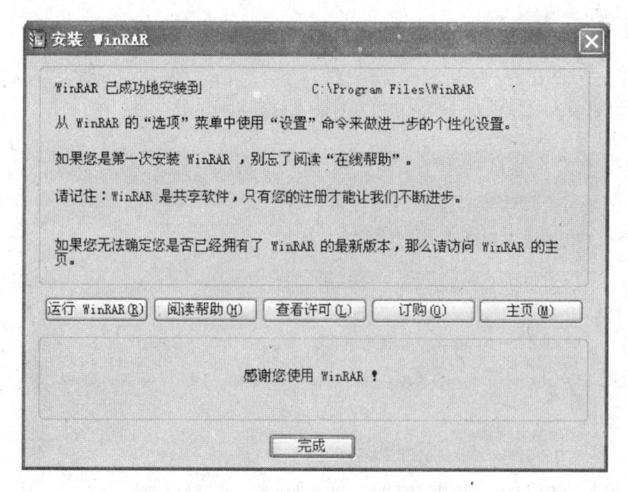

图 8-23　安装完成提示对话框

8.5.3　使用 WinRAR 快速压缩和解压

WinRAR 支持在右键快捷菜单中快速压缩和解压文件，操作十分简单。

1. 快速压缩

选中需要压缩的文件后，右击，弹出系统快捷菜单，如图 8-24 所示。

选择“添加到压缩文件”命令，系统弹出“压缩包名称及参数”设置对话框，如图 8-25 所示。

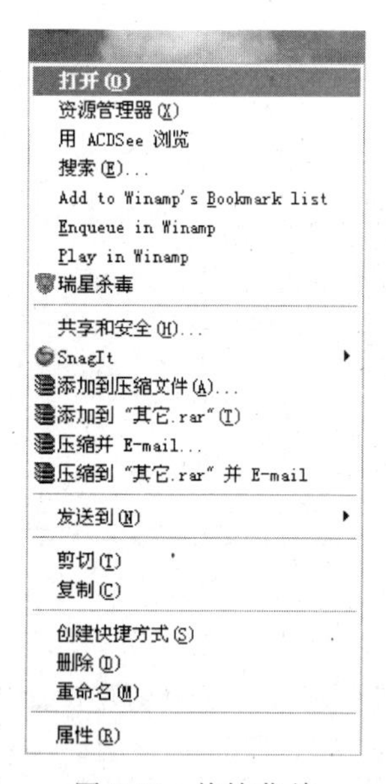

图 8-24　快捷菜单

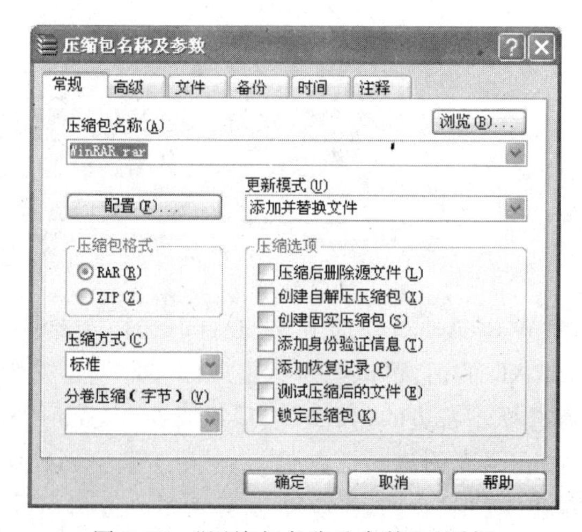

图 8-25　“压缩包名称及参数”对话框

操作步骤如下。

(1) 在“压缩包名称”下拉列表框中指定压缩文件保存的目录和文件名,还可以通过单击“浏览”按钮来做出选择。

(2) 在“压缩包格式”选项组中选择文件压缩格式。

(3) 在“压缩选项”选项组中选择其他压缩条件选项。

以上的选项设置好后,单击“确定”按钮,开始压缩文件。

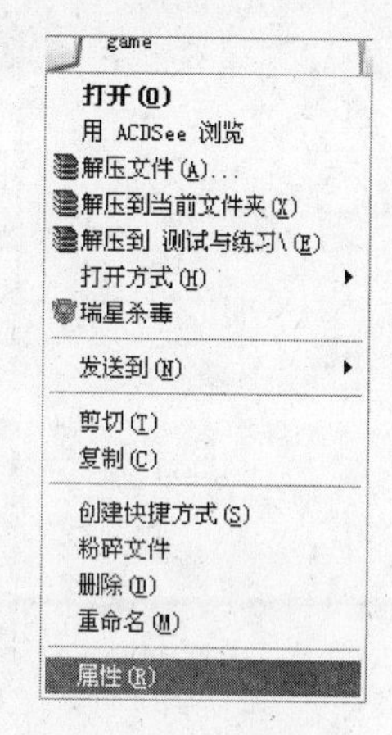

图 8-26 快捷菜单

2. 快速解压

选中需要解压缩的文件并右击,弹出系统快捷菜单,如图 8-26 所示。

选择“解压到当前文件夹”命令,可以将文件直接解压缩到当前目录下。

选择“解压文件”命令后,系统弹出“解压缩路径及选项”对话框,如图 8-27 所示。

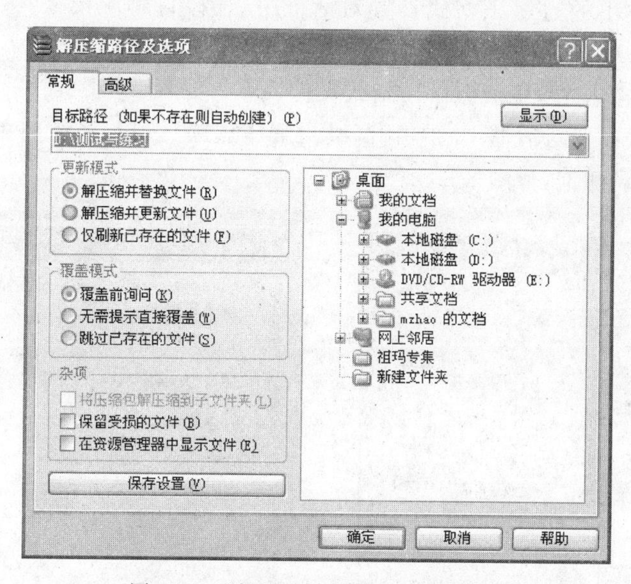

图 8-27 “解压缩路径及选项”对话框

在该对话框的“目标路径”下拉列表框中,指定解压缩后文件的存储路径和名称。

“更新模式”选项组:解压并替代文件,或解压并更新文件,或仅更新已存在的文件。

“覆盖模式”选项组:在覆盖前询问,没有提示直接覆盖,跳过已经存在的文件。

设置以上的选项后,单击“确定”按钮,开始解压文件。

8.5.4 使用 WinRAR 创建自解压可执行文件

使用 WinRAR 创建自解压可执行文件的主要步骤如下。

(1) 创建 WinRAR 压缩文件。

(2) 双击生成的 WinRAR 压缩文件，系统弹出 WinRAR 主界面，如图 8-28 所示。

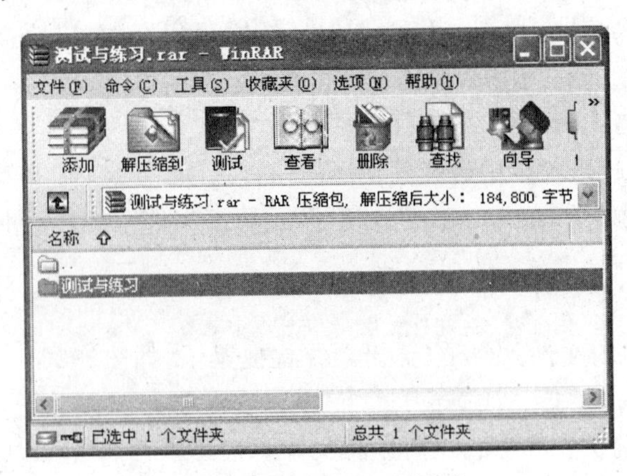

图 8-28　WinRAR 主界面

(3) 在工具栏的最右侧单击"自解压"按钮。

(4) 在系统弹出的自解压格式设置对话框中，选择自解压模块为 Default. SFX，如图 8-29 所示。

(5) 单击"确定"按钮，生成自解压格式文件。

在自解压格式设置对话框中，单击"高级自解压选项"按钮，系统将弹出"自解压压缩包高级选项"设置对话框，如图 8-30 所示。

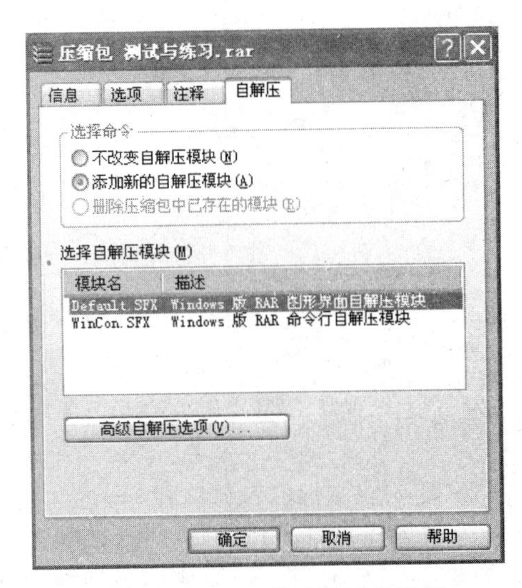

图 8-29　自解压格式设置对话框

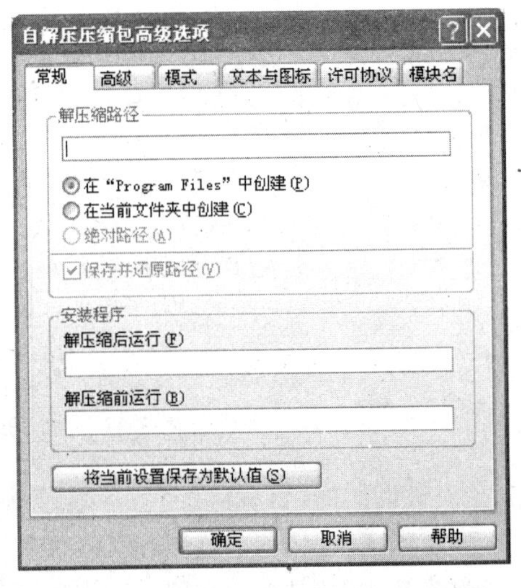

图 8-30　"自解压压缩包高级选项"对话框

在该对话框中，可以设定自解压文件执行后的默认解压路径、解压后运行的程序、解压前运行的程序等设置项。

有关 WinRAR 软件的获取和更多的信息可通过 Internet 访问网址：http://www.rarlab.com/download.htm。

也可以通过下列网址获得 WinRAR 3.5 汉化版：

http://www.onlinedown.net/soft/5.htm(WinRAR 3.5 简体中文版)

8.6 系统优化软件

是不是感觉 Windows 越来越慢了？是不是觉得 Windows 不够安全？使用 Windows 优化大师，能够为系统提供全面有效而简便的优化、维护和清理手段，将从桌面到网络、从注册表清理到垃圾文件扫除、从黑客程序搜索到系统检测，为计算机提供一个较为全面的解决方案。

8.6.1 软件主要特点

Windows 优化大师软件主要有以下特点。

(1) 系统信息检测。详细检测系统的各种硬件、软件信息。系统检测模块分为 9 个大类：系统信息总揽、处理器和 BIOS、视频系统信息、音频系统信息、存储系统信息、网络系统信息、其他外部设备、软件信息检测、系统性能测试(Benchmark)。

(2) 系统性能优化。包括磁盘缓存优化(含 Windows 内存整理)、桌面菜单优化、文件系统优化、网络系统优化(含快猫加鞭)、开机速度优化、系统安全优化和后台服务优化等。

(3) 系统清理维护。包括注册表清理、垃圾文件清理、冗余动态链接库清理、ActiveX/COM 组件清理、软件智能卸载、系统个性设置、其他优化选项和优化维护日志等。

8.6.2 下载与安装

完整的 Windows 优化大师发行版是一个安装程序，在使用前必须首先进行程序的安装工作。通常情况下，只要在资源管理器中直接双击安装程序文件，软件即开始执行安装，如图 8-31 所示。

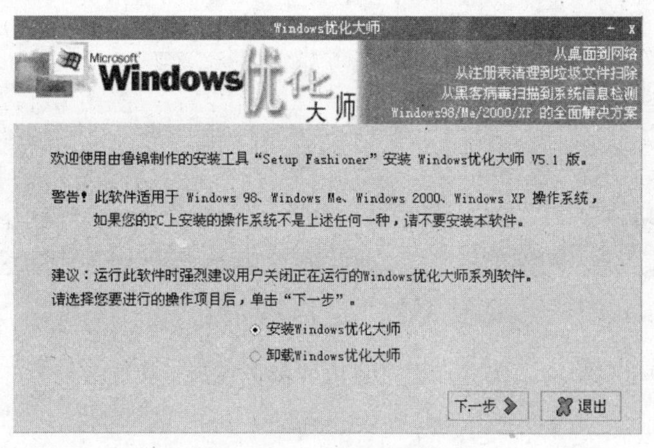

图 8-31 系统安装界面

选中“安装 Windows 优化大师”单选按钮后，单击“下一步”按钮继续安装，然后一直单击“下一步”按钮，就可以完成安装。

8.6.3 启动与主界面介绍

可以通过桌面上的快捷方式，也可以从“开始”菜单中启动 Windows 优化大师，在启动过程中，可以了解一些软件的基本版本信息，如图 8-32 所示。

图 8-32 系统版本信息

随后进入系统的主界面，如图 8-33 所示。

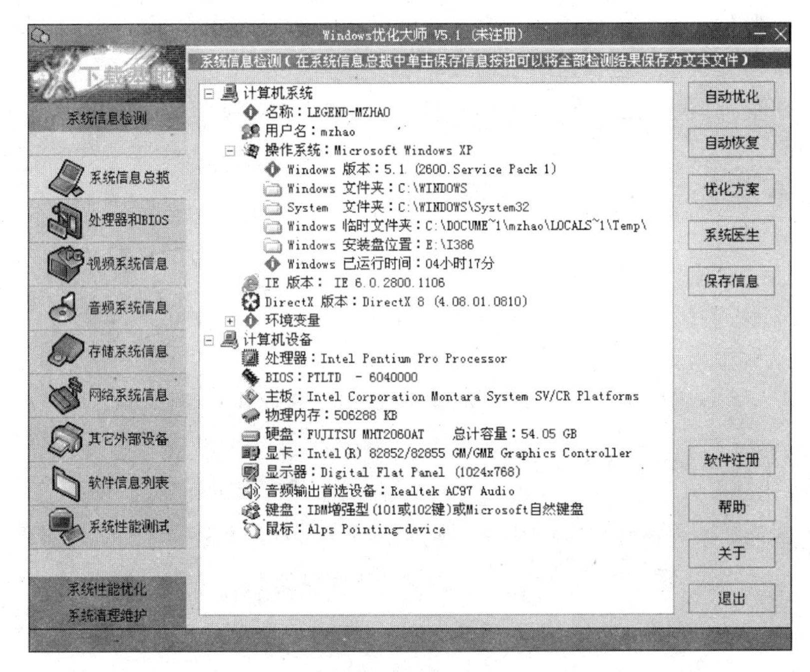

图 8-33 系统主界面

Windows 优化大师的系统主界面主要由两部分组成：功能导航栏和信息显示区。

8.6.4 系统主要功能介绍

1. 系统信息检测

系统信息检测的主要功能为：提供系统的硬件、软件情况报告，同时提供的系统性能测试(Benchmark)可以比较准确地检测用户系统的CPU/内存速度、2D显示卡速度、3D显示卡速度等。

(1) 系统信息总揽。检测Windows操作系统的一些情况(如Windows的版本信息等)，同时对系统的主要硬件设备列表显示。

(2) 处理器和BIOS。检测计算机的CPU、BIOS、主板(Windows 9x用户需要额外安装Windows管理规范，下载地址：http://www.wopti.net)。

(3) 视频系统信息。检测用户的显示卡和显示器。

(4) 音频系统信息。检测Wave输入/输出设备、MIDI输入/输出设备、音频附加设备和混音设备。

(5) 存储系统信息。检测系统的内存、硬盘和光驱的情况。

(6) 网络系统信息。检测局域网和广域网的信息。

(7) 其他外部设备。检测键盘、鼠标、USB控制器、打印机、即插即用设备(Windows 9x用户需要额外安装Windows管理规范，下载地址：http://www.wopti.net)。

(8) 软件信息检测。检测用户计算机中安装的软件。

(9) 系统性能测试。通过测试处理器/内存速度、显示卡/内存速度给出系统的综合评分。

2. 磁盘缓存优化

Windows的磁盘缓存对系统的运行起着至关重要的作用。一般情况下，Windows会自动设定使用最大量的内存作为磁盘缓存。对磁盘缓存空间进行设定，可节省系统计算缓存的时间，而且可以保证其他程序对内存的要求。

在优化大师的功能导航栏中，单击“系统性能优化”中的“磁盘缓存优化”，进行磁盘缓存优化，如图8-34所示。

1) 磁盘缓存和内存性能设置

可以通过滑块对输入/输出缓存大小、最小内存消耗进行调节，滑块在调整的过程中，Windows优化大师会针对不同的内存大小给出合适的推荐提示。

2) 虚拟内存

对虚拟内存进行优化，可以省去Windows计算Windows 386.swp的时间，同时也减少了磁盘碎片的产生。虚拟内存不能小于系统内存的容量，应将虚拟内存设置到系统最快的硬盘上，并采用Windows优化大师的推荐大小。

3) 其他设置

其他设置内容包括缩短Ctrl＋Alt＋Del组合键关闭无响应程序的等待时间，优化页

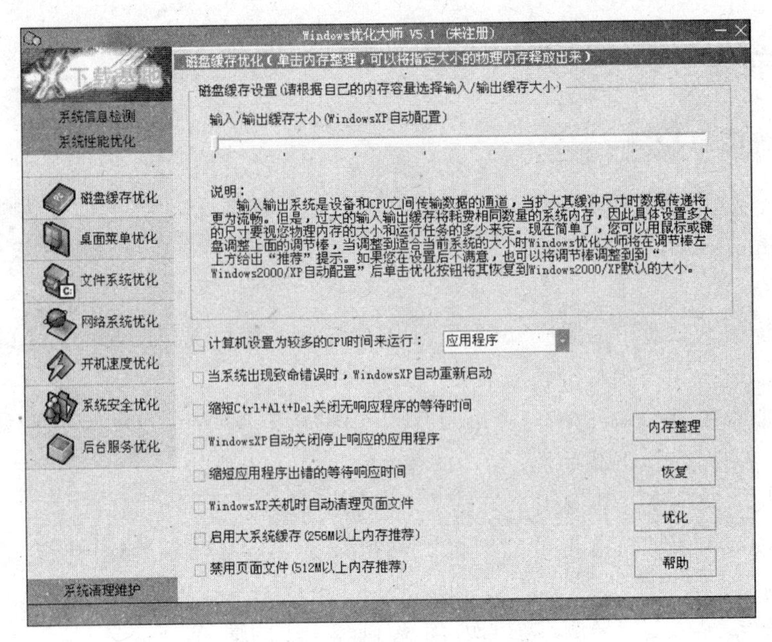

图 8-34　磁盘缓存优化

面、DMA 通道的缓存区、堆栈和断点值,缩短应用程序出错的等待时间,优化多虚拟机协调工作,优化队列缓存区,加速磁盘碎片整理等。

在 Windows XP 环境下,优化大师的磁盘缓存设置中还有一些选项:“当系统出现致命错误时,Windows XP 自动重新启动”、“Windows XP 自动关闭停止响应的应用程序”、“Windows XP 关机时自动清理页面文件”、“启用大系统缓存(128MB 以上内存推荐)”等。

所有设置完成后,单击“优化”按钮,系统自动进行磁盘缓存优化工作。

3. 桌面菜单优化

在优化大师的功能导航栏中,单击“系统性能优化”中的“桌面菜单优化”项,进行桌面菜单优化,如图 8-35 所示。

菜单速度的优化给人的感觉是最明显的。Windows 优化大师提供了以下几种功能。

(1) 开始菜单速度:可以加快“开始”菜单的运行速度。建议将该值调到最快。

(2) 菜单运行速度:可以加快所有菜单的运行速度。建议将该值调到最快。

(3) 桌面图标缓存:可以提高桌面上图标的显示速度。建议使用系统默认值。

(4) 重建图标缓存:可以帮助减小图标缓存文件的大小。建议在图标显示变慢和图标显示混乱时选中该复选框。

(5) 关闭菜单动画效果:此复选框将取消菜单的动画效果。建议选中。

(6) 关闭平滑卷动效果。建议选中。

(7) 加速 Windows 的刷新率:实际上是让 Windows 具备自动刷新功能。建议选中。

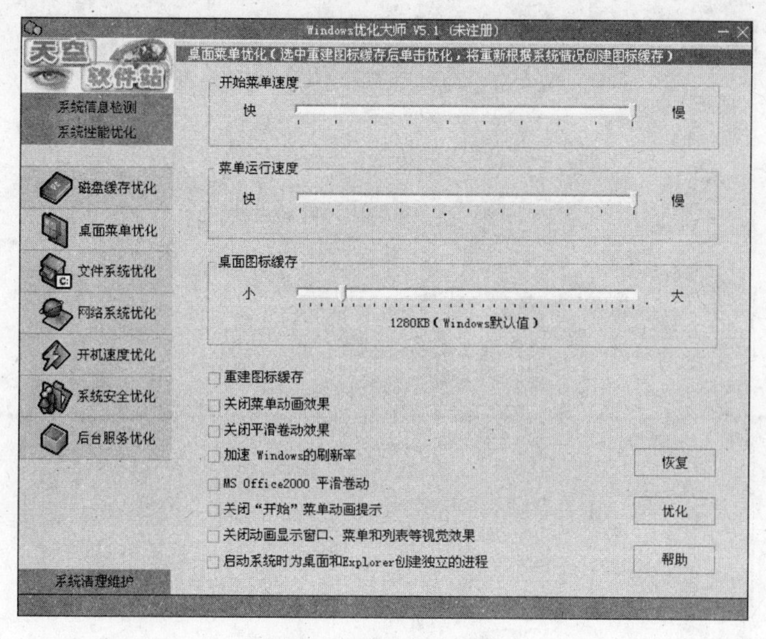

图 8-35 桌面菜单优化

(8) MS Office 2000 平滑卷动：对于没有安装 MS Office 2000 的系统，此复选框为不可选(灰色)。安装了 MS Office 2000 的用户，可以选中此复选框对 MS Office 2000 进行优化。

(9) 关闭“开始”菜单动画提示。建议选中。

(10) 关闭动画显示窗口、菜单和列表等视觉效果。建议选中。

(11) 启动系统时为桌面和 Explorer 创建独立的进程：对于部分 Windows 9x 系统，选中此复选框后每次开机系统将自动打开“我的电脑”窗口，用户可以直接关闭此窗口或者取消选中该复选框。建议 Windows 2000/XP/2003 用户选中此复选框来提高系统的稳定性。

4. 文件系统优化

在优化大师的功能导航栏中，单击“系统性能优化”中的“文件系统优化”，进行文件系统优化，如图 8-36 所示。

Windows 优化大师针对不同的用户类型为用户提供了 7 种文件系统优化方式。其中包括 Windows 标准用户，适用于 Windows 的所有没有特殊需求的用户；计算机游戏爱好者用户，适用于经常玩 Quake 等 3D 游戏的用户；系统资源紧张用户，适用于开机后系统资源的可用空间较小的用户；多媒体爱好者，适用于经常运行多媒体程序的用户；大型软件用户，适用于经常同时运行几个大型程序的用户；光盘刻录机用户，适用于经常进行光盘刻录的用户；录音设备用户，适用于经常进行音频录制和转换的用户。

(1) 二级数据高级缓存。CPU 的处理速度要远远大于内存的存取速度，而内存的存取速度又要比硬盘的存取速度快得多。这样，CPU 与内存之间就形成了影响性能的瓶

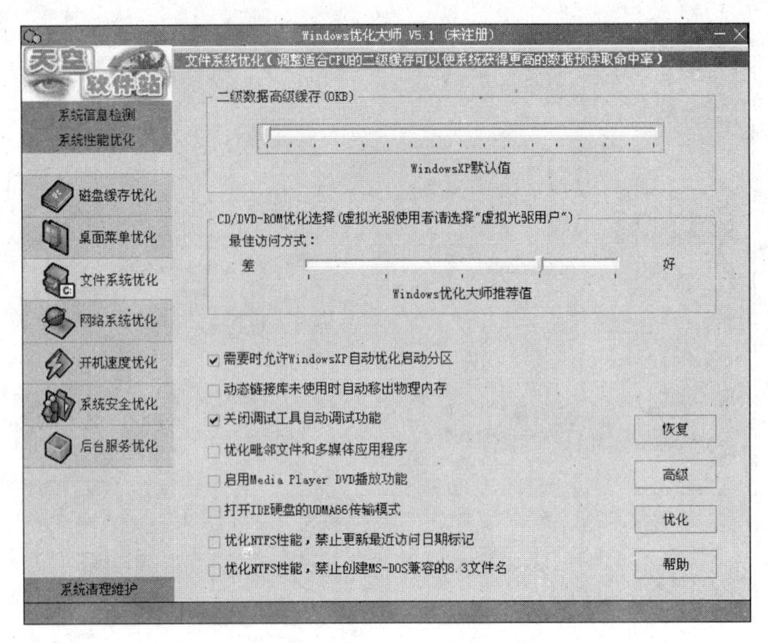

图 8-36　文件系统优化

颈,CPU 为了能够迅速从内存获取处理数据,于是也设置了一种缓冲机制 L2 Cache(二级缓存)。调整这个选项能够使 Windows 2000/XP 更好地配合 CPU 利用该缓存机制获得更高的数据预读命中率。

(2) CD/DVD-ROM 优化选择。Windows 优化大师根据用户的内存大小、硬盘可用空间,自动为用户提供了最为准确的 CD/DVD-ROM 最佳访问方式。对于没有使用虚拟光驱的用户在设置此项目时建议将滑块调整到“Windows 优化大师推荐值”,对于虚拟光驱用户则必须将滑块调整到最大值。

(3) 需要时允许 Windows XP 自动优化启动分区(此功能仅提供给 Windows XP 用户)。Windows XP 包含一个新的特征,即在需要的时候可以自动优化启动分区。此选项将启用该功能。建议 Windows XP 用户选择。

(4) 动态链接库未使用时自动移出物理内存。建议选择操作系统自动把当前没有使用的 DLL 动态链接库移到硬盘上的虚拟内存中,以便释放更多的物理内存给其他的应用程序。

(5) 关闭调试工具自动调试功能。建议用户选择。

(6) 优化毗邻文件和多媒体应用程序。这个选项是优化文件系统的连续毗邻文件分配的大小,选中该选项可以提高多媒体文件的性能。建议选择的同时单击“高级”按钮,用户可以根据自己的硬盘大小选择适合自己的优化数值,在选择过程中,Windows 优化大师会给出详细的推荐信息。

(7) 启用 Media Player DVD 播放功能。用户使用 DVD 光驱并安装了 Media Player 播放软件时,建议选择。

(8) 打开 IDE 硬盘的 UDMA66 传输模式。建议用户选择。为了保持系统的稳定性，Windows XP、Windows 2000、Windows 9x 都没有把硬盘的 UDMA66 模式打开，这个优化项目可以帮助用户开启这个模式。

(9) 优化 NTFS 性能，禁止更新最近访问日期标记。当 Windows 2000/XP 访问一个位于 NTFS 卷上的目录时，会更新其检测到的每一个目录的最近访问日期标记，这样如果存在大量的目录将会影响系统的性能。使用此选项将禁止操作系统更新目录的最近访问日期标记，以达到提高系统速度的目的。注意：如果使用者的文件系统不是 NTFS 时选择此选项不会提高文件系统性能。建议使用 NTFS 文件系统的 Windows 2000/XP 用户选择此选项。

(10) 优化 NTFS 性能，禁止创建 MS-DOS 兼容的 8.3 文件名。在 NTFS 分区上创建 MS-DOS 兼容的 8.3 格式文件名将会影响 NTFS 文件系统的速度，建议使用 NTFS 文件系统的 Windows 2000/XP 用户选择此选项。注意：启用此选项后，部分 16 位程序在安装时可能出现无法创建诸如"C:\progra～1\applic～1"目录名的问题，这时候用户可以通过重新启用此功能来解决。

设置完成后，系统自动进行文件系统优化工作。

5. 网络系统优化

在优化大师的功能导航栏中，单击"系统性能优化"中的"网络系统优化"，进行网络系统优化，如图 8-37 所示。

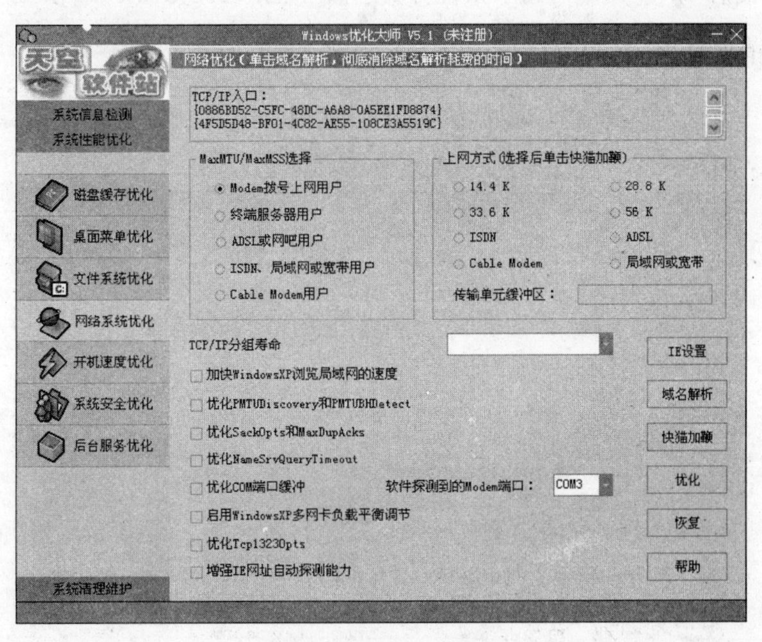

图 8-37　网络系统优化

如果是拨号上网用户，Windows 优化大师将检测到的调制解调器列表列在该页的上方，如果用户在 Windows 2000 下面运行，Windows 优化大师同时还将列出 TCP/IP 的入口。

Windows 优化大师提供的网络优化功能(同时适用于 Windows 98/Me/2000/XP)如下。

(1) MaxMTU/MaxMSS 选择。正确选择上网用户类型。

(2) 上网方式。正确选择上网方式,传输单元缓冲区值采用系统默认值即可。

(3) 优化 PMTUDiscovery、PMTUBHDetect 和 Tcp13230pts。选中该项将提高拨号上网的性能。建议选择。

(4) 优化 SackOpts 和 MaxDupAcks。建议选中。

(5) 优化 NameSrvQueryTimeout。优化该值可以增加连接的成功率。

(6) 优化 COM 端口缓冲。这是为 Modem 所在的 COM 端口设置的缓冲大小。选中该项,Windows 优化大师会根据内存大小设置相应的缓冲大小(内存小于 64MB,缓冲区为 1024B;内存大于等于 64MB,缓冲区为 2048B)。同时,Windows 优化大师还将端口的波特率设置为 115 200(在 Windows XP 中,优化数值为 921 600)。注意,Windows 优化大师将自动查找系统中 Modem 连接的端口,如果在用户使用过程中发现 Windows 优化大师检测到的 Modem 端口不是实际 Modem 连接的端口,用户可以自行制定要优化的 Modem 端口。

(7) 减少上网超时现象。优化 SlowNet 值,可以不选择。

(8) 增强 IE 网址自动探测能力。将在注册表的 HKEY_ LOCAL_MACHINE\SOFTWARE\Microsoft\Internet Explorer\Main\UrlTemplate 中添加 2(www. %s. org)、3 (www. %s. net)、4(www. %s. edu)等。建议选择。

设置完成后,单击"优化"按钮,系统自动进行网络系统优化工作。

6. 开机速度优化

在优化大师的功能导航栏中,单击"系统性能优化"中的"开机速度优化",进行开机速度系统优化,如图 8-38 所示。

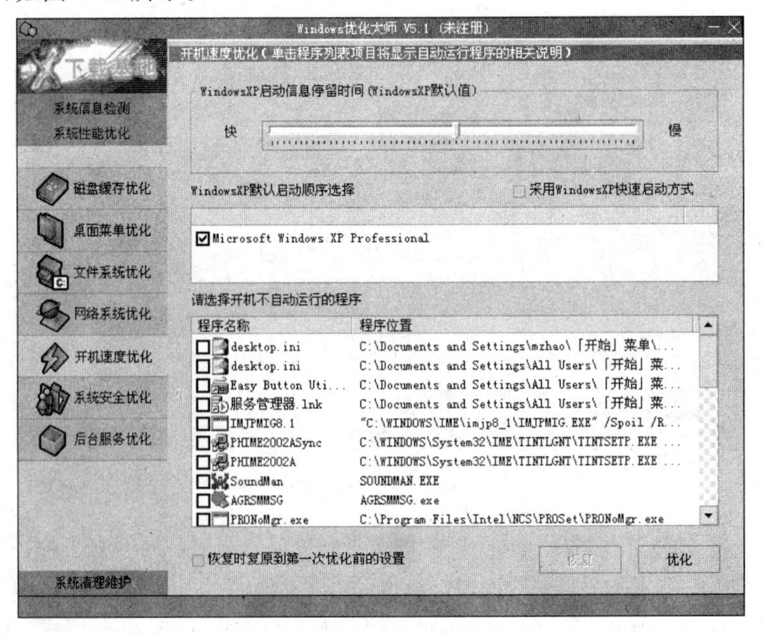

图 8-38 开机速度优化

这个优化项主要是为了减少启动过程中的等待时间以及控制开机时自动启动的小程序,在这里可以做以下设置。

(1) 启动信息停留时间。可以根据情况选择时间,也可以采用系统默认的时间。

(2) 采用 Windows XP 快速启动方式。该复选框出现在 Windows XP 环境下。建议选中。

(3) 默认启动顺序选择。如果安装了两个以上的操作系统,那么 Windows 优化大师会让你选择把哪个系统设置为默认启动的操作系统。

(4) 选择开机不自动运行的程序。有很多软件安装后总是自动运行,所以这里可以控制它们。

7. 系统安全优化

在优化大师的功能导航栏中,单击"系统性能优化"中的"系统安全优化",进行系统安全优化,如图 8-39 所示。

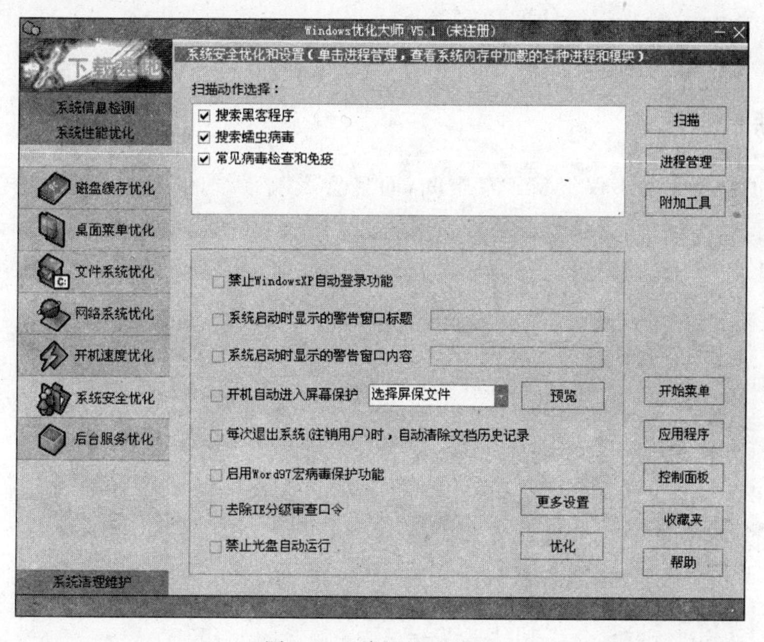

图 8-39 系统安全优化

为了弥补 Windows 操作系统安全性的不足,Windows 优化大师为计算机用户提供了系统安全的一些增强措施,具体如下。

(1) 开机自动进入屏幕保护。选中该复选框后,在右侧下拉列表框中选择屏保文件后,单击"优化"按钮,重新启动系统后,Windows 将直接进入屏幕保护。

(2) 每次退出系统时,自动清除文档历史记录。选中该复选框,Windows 每次启动时自动清除"运行"、"文档"、"历史记录"框中的历史记录。

(3) 启用 Word 97 宏病毒保护功能。如果安装了 Word,可以选中此复选框。

(4) 去除 IE 分级审查口令。如果忘记了 IE 分级审查口令,建议选中此复选框。

(5) 禁止光盘自动运行。选中该复选框，插入光盘，Windows 将不会自动运行光盘上的 AutoRun.inf 文件。

(6) 单击“开始菜单”按钮，在“开始”菜单设置窗口中，列出了一些可以屏蔽的“开始”菜单中的选项，根据提示，去掉选项前的小钩，单击“确定”按钮，退出 Windows 优化大师后重启系统，即可隐藏“开始”菜单中的这个选项。

(7) 单击“应用程序”按钮，在系统弹出的应用程序设置窗口中，列出了“开始”菜单/程序中的所有选项，选中要隐藏的程序后，单击“确定”按钮后，退出 Windows 优化大师后重启系统，即可隐藏“开始”菜单中的“程序”中的这个选项。

(8) 单击“控制面板”按钮，在系统弹出的控制面板设置窗口中，列出了控制面板中的所有选项，选中要隐藏的程序后，单击“确定”按钮后，退出 Windows 优化大师后重启系统，即可隐藏控制面板中的这个选项。

(9) 单击“更多设置”按钮，在更多的系统安全设置窗口中，提供了一些高级选项给对 Windows 有一定使用经验的用户，包括锁定桌面、隐藏桌面上的所有图标、禁止运行注册表编辑器 Regedit 及禁止运行任何程序等。

完成设置后，单击“优化”按钮，系统自动进行系统安全优化。

8. 注册信息清理

臃肿的注册表文件不仅浪费磁盘空间，而且会影响系统的启动速度及系统运行中对注册表的存取效率，因此有必要适当控制其大小的增长。在优化大师的功能导航栏中，单击“系统清理维护”中的“注册信息清理”，进行系统注册表清理，如图 8-40 所示。

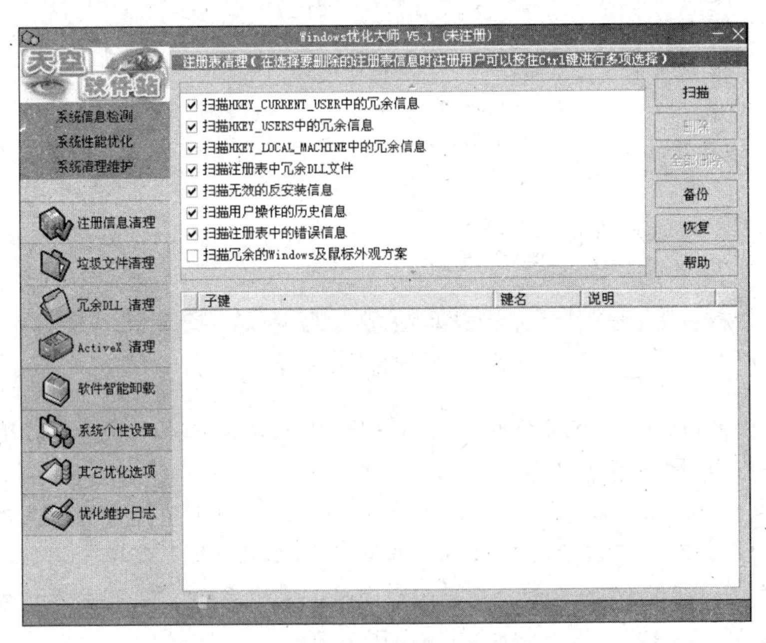

图 8-40 注册表清理

选择了扫描选项后，单击“扫描”按钮，Windows 优化大师将注册表中扫描到的冗余信息放到结果列表中。双击结果列表中的注册表冗余信息，Windows 优化大师将弹出注册表信息窗口，其中给出了有关该项注册表内容的详细信息，对于一些特殊的注册表信息，Windows 优化大师还给出了一些建议和说明。

Windows 优化大师提供了注册表的备份和恢复功能。注册表备份文件为当前目录下的所有 *.reg 文件，分别以备份时间进行命名。

建议：在删除前花上几秒钟，备份自己的注册表以防不测。在使用过程中清理删除不用的旧的注册表备份文件，以便节约硬盘空间。

9. 垃圾文件清理

随着 Windows 系统的使用，硬盘上的垃圾文件会越来越多。使用 Windows 优化大师可以轻松地帮助用户将垃圾文件查找出来并删除掉。在优化大师的功能导航栏中，单击“系统清理维护”中的“垃圾文件清理”，进行垃圾文件清理，如图 8-41 所示。

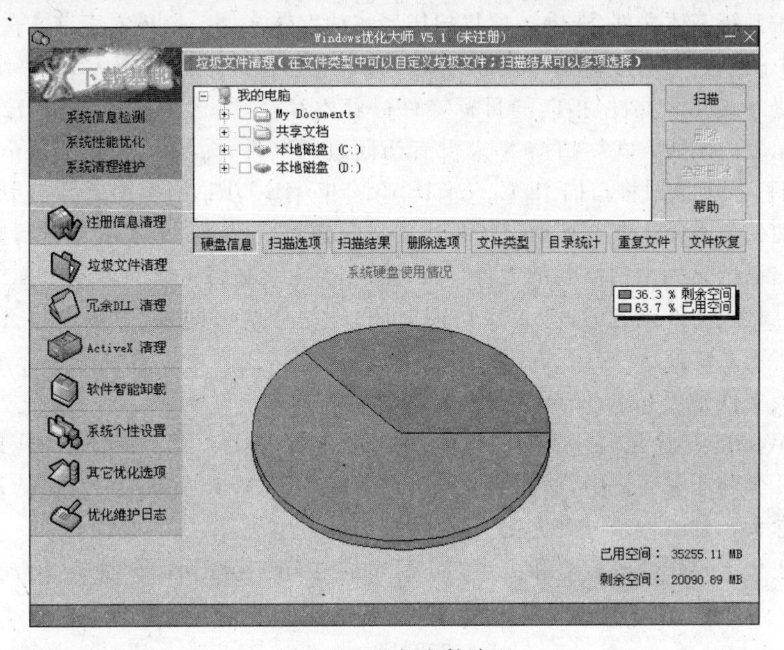

图 8-41　垃圾文件清理

(1) 扫描。根据选中的扫描类型扫描垃圾文件。

(2) 删除。删除扫描结果中选中的文件。Windows 优化大师的删除方式有 3 种：删除文件到回收站；直接删除文件；将文件移动到指定的目录。

(3) 全部删除。删除扫描结果中所有的文件。

(4) 硬盘信息。以饼状图的方式显示出 Windows 操作系统占用的硬盘使用情况。

(5) 扫描结果。列出扫描到的垃圾文件的名称和文件大小。选中文件后，扫描结果栏将出现一个 hint 窗口显示该文件的路径和文件名。右击可选择删除该文件、查看该文件的属性（包括文件名称、文件大小和文件的只读、存档、隐藏和系统属性）或者以该文件的默认打开方式打开该文件。

(6) 删除选项。在此可以选择删除类型，包括将文件移送到回收站，直接删除文件，将文件删除后备份到指定的目录。默认情况下该软件不允许删除字体文件，即使用户选择了“允许删除字体文件”，在删除字体文件时，系统将提示用户是否删除该字体在注册表中的信息，并且针对系统可能要使用的字体给出警告。建议用户不要删除给出警告信息的字体文件，除非确实不想使用这些字体。

(7) 文件类型。此处为扫描的垃圾文件类型，优化大师已经定义了一些常用的垃圾文件类型，可以自行添加和删除垃圾文件类型。单击“推荐”按钮，Windows 优化大师将为用户推荐常见的可以安全删除的垃圾文件类型。常见的垃圾文件类型包括 *.～*(临时文件)、chklist. * 和 *.chk(丢失簇的恢复文件)、*.gid(帮助文件产生的临时文件)、*.bak 和 *.old(旧的备份文件)、*.tmp(可以安全删除的临时文件)。

(8) 扫描选项。扫描使用文件类型列表，选中该项，在扫描选中的硬盘时将使用上面的文件类型中选中的垃圾文件类型。扫描系统临时目录，选中该项将扫描系统的临时文件夹。扫描系统字体文件，选中该项将扫描系统的字体文件。扫描零字节文件，选中该项将扫描选中的硬盘上的所有文件大小为 0 的文件。扫描无效的快捷方式，系统中可能存在一些快捷方式(lnk 文件)指向的目标文件已经不存在了，选中该项将找出选中的硬盘上的这些无效的快捷方式。扫描 X 天没有访问过的文件，天数 X 可以是 0～999。扫描 IE 临时文件，选中该项将扫描 IE Cache、IE Cookies、IE URL 历史记录等与 IE 浏览器相关的临时文件。需要注意的是 IE URL 历史记录必须使用全部删除功能进行删除。

双击扫描结果栏中扫描到的文件，Windows 优化大师将对此文件给出详细的说明信息(如文件属性、文件创建时间、上次访问时间、上次修改时间等)。单击打开，Windows 优化大师将用系统默认的打开方式打开该文件。这时，用户可以对该文件作进一步了解以便确认该文件是否有用，保证了删除的安全可靠。

尽管 Windows 优化大师的功能很多，但是也不必每个功能都要使用，只要把关键的和常用的几个功能灵活运用，就能够有很好的效果，怎么样？有没有对自己的计算机进行“洗礼”的念头？赶紧下载一个优化大师试试吧！

有关优化大师软件的获取和更多的信息可通过 Internet 访问网址：

http://www.wopti.net/

http://www.newhua.com/soft/3398.htm

8.7 本章小结

本章主要介绍了多媒体播放软件、下载工具软件、图片浏览软件、PDF 文件阅读软件、压缩与解压软件、系统优化软件的使用方法。掌握这些实用知识有利于熟练使用计算机，提高操作效率，也为学习其他相关内容打下坚实的基础。

第9章 计算机安全与维护

本章要点

- 计算机病毒
- 网络黑客与网络攻防
- 数据加密和数字签名
- 防火墙技术

信息安全指的是保护计算机信息系统中的资源(包括计算机硬件、计算机软件、存储介质、网络设备和数据等)免受毁坏、替换、盗窃或丢失等。

信息系统的安全主要包括计算机系统的安全和网络方面的安全。随着网络的不断发展,全球信息化已成为人类发展的趋势,由于网络具有开放性和互联性等特征,使得网络易受计算机病毒、黑客、恶意软件和其他不轨行为的攻击,所以信息系统的安全是一项很重要的工作。在本章中将主要介绍与信息安全有关的计算机病毒、网络黑客与网络攻防、数据加密和数字签名、防火墙技术以及网络道德树立、软件工程师道德规范、国家有关计算机安全的法律、法规和软件知识产权等内容。

9.1 计算机病毒

9.1.1 计算机病毒的定义、特点及危害

1. 计算机病毒的定义

什么是计算机病毒?概括来讲计算机病毒指的就是具有破坏作用的程序或指令集合。在《中华人民共和国计算机信息系统安全保护条例》中的定义是:“计算机病毒是指编制或者在计算机程序中插入的破坏计算机功能或者数据,影响计算机使用并且能够自我复制的一组计算机指令或者程序代码”。

2. 计算机病毒的特点

(1) 破坏性。破坏是广义的,不仅破坏计算机软件系统,还能破坏计算机硬件系统。其破坏性包括占用CPU时间、占用内存空间、破坏数据和文件、干扰系统的正常运行等。病毒破坏的严重程度取决于病毒制造的目的和技术水平。

(2) 传染性。计算机病毒的传染性是指病毒具有把自身复制到其他程序中的特性。

病毒可以附着在程序上，通过磁盘、光盘、计算机网络等载体进行传染，被破坏的计算机又成为病毒生成的环境及新传染源。

(3) 隐蔽性。当运行受感染的程序时，病毒程序能首先获得计算机系统的监控权，进而能监视计算机的运行，并传染其他程序，但不到发作时机，整个计算机系统一切正常。病毒的隐蔽性常常使广大计算机用户对病毒失去应有的警惕性。

(4) 潜伏性。它是指计算机病毒具有依附其他媒体而寄生的能力。计算机病毒可能会长时间潜伏在计算机中，病毒的发作是由触发条件来确定的，在触发条件不满足时，系统没有异常症状。

(5) 寄生性。计算机病毒程序是一段精心编制的可执行代码，一般不独立存在。它的载体通常是磁盘系统区或程序文件，此即病毒的寄生性。正是由于病毒的寄生性及上述的潜伏性，计算机病毒一般难以觉察和检测。

3. 计算机病毒的危害

在使用计算机时，有时会碰到一些莫名其妙的现象，如计算机无缘无故地重新启动，运行某个应用程序突然出现死机，屏幕显示异常，硬盘中的文件或数据丢失等。这些现象有可能是因硬件故障或软件配置不当引起的，但多数情况下是计算机病毒引起的。计算机病毒的危害是多方面的，归纳起来大致可以分成以下几方面。

(1) 破坏硬盘的主引导扇区，使计算机无法启动。

(2) 破坏文件中的数据，删除文件。

(3) 对磁盘或磁盘特定扇区进行格式化，使磁盘中信息丢失。

(4) 产生垃圾文件，占据磁盘空间，使磁盘空间逐个减少。

(5) 占用 CPU 运行时间，使运行效率降低。

(6) 破坏屏幕正常显示，破坏键盘输入程序，干扰用户操作。

(7) 破坏计算机网络中的资源，使网络系统瘫痪。

(8) 破坏系统设置或对系统信息加密，使用户系统紊乱。

9.1.2 计算机病毒的分类

计算机病毒的种类很多，其分类的方法也不尽相同，下面通过不同的分类方法对计算机病毒的种类进行归纳和简要的介绍。

1. 按病毒攻击的操作系统来分类

(1) 攻击 DOS 系统的病毒。这类病毒出现最早、最多，变种也多，杀毒软件能够查杀的病毒中一半以上都是 DOS 病毒，可见 DOS 时代 DOS 病毒的泛滥程度。

(2) 攻击 Windows 系统的病毒。目前 Windows 操作系统几乎已经取代 DOS 操作系统，从而成为计算机病毒攻击的主要对象。首例破坏计算机硬件的 CIH 病毒就是一个攻击 Windows 95/98 的病毒。

(3) 攻击 UNIX 系统的病毒。由于 UNIX 操作系统应用非常广泛，且许多大型的系统均采用UNIX作为其主要的操作系统，所以UNIX病毒的破坏性是很大的。

(4) 攻击OS/2系统的病毒。该类病毒比较少见。

2. 按病毒攻击的机型来分类

(1) 攻击微型计算机的病毒，这是世界上传播最为广泛的一种病毒。

(2) 攻击小型机的计算机病毒。

(3) 攻击工作站的计算机病毒。

3. 按病毒的破坏情况分类

(1) 良性计算机病毒。它是指其不包含有立即对计算机系统产生直接破坏作用的代码，这类病毒主要是为了表现其存在，而不停地进行扩散，但它不破坏计算机内的程序和数据。

(2) 恶性计算机病毒。它是指在其代码中包含有损伤和破坏计算机系统的操作，在其传染或发作时会对系统产生直接的破坏作用。例如，米开朗基罗病毒，当米氏病毒发作时，硬盘的前17个扇区将被彻底破坏，使整个硬盘上的数据无法被恢复，造成的损失是无法挽回的。

4. 按病毒的寄生方式和传染对象来分类

(1) 引导型病毒。这是一种在系统引导时出现的病毒，磁盘引导区传染的病毒主要是用病毒的全部或部分逻辑取代正常的引导记录，而将正常的引导记录隐藏在磁盘的其他地方，所以系统一启动其就获得控制权，如"大麻"和"小球"病毒就是这种类型。

(2) 文件型病毒。该类病毒一般感染可执行文件(.exe和.com)，病毒寄生在可执行程序中，只要程序被执行，病毒也就被激活，病毒程序会首先被执行，并将自身驻留在内存，然后设置触发条件，进行传染。如CIH病毒，属文件型病毒，主要感染Windows 95/98下的可执行文件，在Windows NT操作系统中无效。CIH病毒会破坏计算机硬盘和改写计算机基本输入/输出系统(BIOS)，导致系统主板的破坏。该病毒已有很多的变种。

(3) 混合型病毒。综合了引导型和文件型病毒的特性，此种病毒通过这两种方式来感染，更增加了病毒的传染性，不管以哪种方式传染，只要中毒就会经开机或执行程序而感染其他的磁盘或文件。

(4) 宏病毒。这是一种寄生于文档或模板宏中的计算机病毒，一旦打开这样的文档，宏病毒就会被激活，驻留在Normal模板上，所有自动保存的文档都会感染上这种宏病毒，而且如果其他用户打开了感染病毒的文档，宏病毒又会转移到他的计算机上。凡是具有写宏能力的软件都可能存在宏病毒，如Word和Excel等Office软件。Taiwan NO.1文件宏病毒发作时会出一道连计算机都难以计算的数学乘法题目，并要求输入正确答案，一旦答错，则立即自动开启20个文件，并继续出下一道题目，一直到耗尽系统资源为止。

5. 网络病毒

随着计算机网络的发展和应用，尤其是Internet的广泛应用，通过网络来传播病毒已经是当前病毒发展的主要趋势，影响最大的病毒当属计算机蠕虫。计算机蠕虫是通过网络的通信功能将自身从一个节点发送到另一个节点并自动启动的程序，往往导致网络堵塞、网络服务拒绝，最终造成整个系统瘫痪。例如，W97M-MELISSA（美丽杀手）和ExploreZip（探险蠕虫），以邮件附件的形式藏匿在回复的电子邮件中。用户一不小心打开那个名为Zip-files.exe的附件时，探险蠕虫就会感染计算机。蠕虫病毒在后台进行自我复制，将自身的副本作为附件向收件箱中所有未读邮件发送一封回信。更为可怕的是，它会疯狂地删除硬盘上的Office文档和各种程序语言的源程序文件，造成无可挽回的损失。

特洛伊木马（Trojan Horse），原指古希腊士兵藏在木马内进入敌方城市从而攻占城市的故事。在Internet上，特洛伊木马指一些程序设计人员在其可从网络上下载的应用程序或游戏中，包含了可以控制用户计算机系统的程序，可能会造成用户的系统被破坏甚至瘫痪。木马病毒是目前网络病毒中比较流行、破坏性较大的一种病毒。

9.1.3 计算机病毒的防治

计算机病毒已经泛滥成灾，几乎无孔不入。据统计，计算机病毒的种类已经超过4万多种，而且还在以每年40%的速度递增，随着Internet的广泛应用，病毒在网络中的传播速度越来越快，其破坏性也越来越强，所以必须了解必要的病毒防治方法和技术手段，尽可能做到防患于未然。

1. 计算机病毒的预防

计算机病毒防治的关键是做好预防工作，首先在思想上给予足够的重视，采取“预防为主，防治结合”的方针；其次是尽可能切断病毒的传播途径，经常做病毒检测工作，最好在计算机中装入具有动态检测病毒入侵功能的软件。一般当计算机感染了病毒以后，系统会表现出一些异常的症状，如系统运行速度变慢，文件的大小或日期发生改变，文件莫名其妙地丢失，屏幕上出现异常的提示或图形等，计算机用户平时就应该留意这些现象并及时作出反应，尽早发现，尽早清除，这样既可以减少病毒继续传染的可能性，还可以将病毒的危害降到最低限度。

2. 计算机病毒的检测

计算机病毒给广大计算机用户造成严重的甚至是无法弥补的损失，要有效地阻止病毒的危害，关键在于及早发现病毒，并将其清除。现在几乎所有的杀毒软件都具有在线监测病毒的功能。例如，金山网镖的病毒防火墙就能在机器启动时自动加载并动态地监测网络上传输的数据，一旦发现有病毒可疑现象就能马上给出警告和提示信息。

计算机病毒的检测技术是指通过一定的技术手段判定出计算机病毒的一种技术。病毒检测技术主要有两种：一种是根据计算机病毒程序中的关键字、特征程序段内容、病毒特征及传染方式、文件长度的变化，在特征分类的基础上建立的病毒检测技术；另一种是不针对具体病毒程序的自身检验技术，即对某个文件或数据段进行检验和计算并保存其结果，以后定期或不定期地根据保存的结果对该文件或数据段进行检验，若出现差异，即表示该文件或数据段的完整性已遭到破坏，从而检测到病毒的存在。

计算机病毒的检测技术已从早期的人工观察发展到自动检测某一类病毒，今天又发展到能自动对多个驱动器、上千种病毒自动扫描检测。目前，有些病毒检测软件还具有在压缩文件内进行病毒检测的能力。现在大多数商品化的病毒检测软件不仅能检查隐藏在磁盘文件和引导扇区内的病毒，还能检测内存中驻留的计算机病毒。

3. 计算机病毒的清除

一旦检测到计算机病毒，就应该想办法将病毒立即清除，由于病毒的防治技术总是滞后于病毒的制作，所以并不是所有病毒都能马上得以清除。目前市场上的查杀毒软件有许多种，可以根据需要选购合适的杀毒软件。下面简要介绍常用的几个查杀毒软件。

1) 金山毒霸

由金山公司设计开发的金山毒霸杀毒软件有多种版本，可查杀超过 2 万种病毒和近百种黑客程序，具备完善的实时监控(病毒防火墙)功能，它能对多种压缩格式文件进行病毒查杀，能进行在线查毒，具有功能强大的定时自动查杀功能。

2) 瑞星杀毒软件

瑞星杀毒软件是专门针对目前流行的网络病毒研制开发的，采用多项最新技术，有效提升了对未知病毒、变种病毒、黑客木马和恶意网页等新型病毒的查杀能力，在降低系统资源消耗、提升查杀毒速度、快速智能升级等多方面进行了改进，是保护计算机系统安全的工具软件。

3) 诺顿防毒软件

诺顿防毒软件(Norton AntiVirus)是 Symantec 公司设计开发的软件，可侦测上万种已知和未知的病毒，每当开机时，诺顿自动防护系统会常驻在 System Tray，当用户从磁盘、网络上或 E-mail 附件中打开文档时便会自动检测文档的安全性，若文档内含有病毒，便会立即警告，并作适当的处理。Symantec 公司平均每周更新一次病毒库，可通过诺顿防毒软件附有的自动更新(LiveUpdate)功能，连接 Symantec 公司的 FTP 服务器下载最新的病毒库，下载完后自动完成安装更新的工作。

4) 江民杀毒软件

江民杀毒软件由江民科技公司设计开发，能够检测或清除目前流行的近 8 万种病毒。具有实时内存、注册表、文件和邮件监视功能，实时监控软硬盘、移动盘等设备，实时监控各种网络活动，遇到病毒即报警并隔离。

由于现在的杀毒软件都具有在线监视功能，一般在操作系统启动后即自动装载并运行，时刻监视打开的磁盘文件、从网络上下载的文件及收发的邮件等。有时，在一台计算机上同时安装多个杀毒软件后，使用时可能会有冲突，容易导致原有杀毒软件不能正常工作。对用户来说选择一个合适的防杀毒软件主要应该考虑以下几个因素。

(1) 能够查杀的病毒种类越多越好。

(2) 对病毒具有免疫功能，即能预防未知病毒。

(3) 具有实现在线检测和即时查杀病毒的能力。

(4) 能不断对杀毒软件进行升级服务，因为每天都可能有新病毒产生，所以杀毒软件必须能够对病毒库进行不断的更新。

9.2 网络黑客及防范

9.2.1 网络黑客

网络黑客(Hacker)一般指的是计算机网络的非法入侵者，他们大都是程序员，对计算机技术和网络技术非常精通，了解系统的漏洞及其原因所在，喜欢非法闯入并以此作为一种智力挑战而沉醉其中。有些黑客仅仅是为了验证自己的能力而非法闯入，并不会对信息系统或网络系统产生破坏，但也有很多黑客非法闯入是为了窃取机密的信息、盗用系统资源或出于报复心理而恶意毁坏某个信息系统等。

9.2.2 黑客常用的攻击方式

1. 黑客的攻击步骤

一般黑客的攻击分为以下 3 个步骤。

1) 信息收集

信息收集是为了了解所要攻击目标的详细信息，通常黑客利用相关的网络协议或实用程序来收集。例如，SNMP 协议可用来查看路由器的路由表，了解目标主机内部拓扑结构的细节；用 TraceRoute 程序可获得到达目标主机所要经过的网络数和路由数，用 ping 程序可以检测一个指定主机的位置并确定是否可到达等。

2) 探测分析系统的安全弱点

在收集到目标的相关信息以后，黑客会探测网络上的每一台主机，以寻找系统的安全漏洞或安全弱点。黑客一般会使用 Telnet、FTP 等软件向目标主机申请服务，如果目标主机有应答就说明开放了这些端口的服务。其次使用一些公开的工具软件，如 Internet 安全扫描程序 ISS(Internet Security Scanner)、网络安全分析工具 SATAN 等来对整个网络或子网进行扫描，寻找系统的安全漏洞，获取攻击目标系统的非法访问权。

3) 实施攻击

在获得了目标系统的非法访问权以后，黑客一般会实施以下的攻击。

(1) 试图毁掉入侵的痕迹，并在受到攻击的目标系统中建立新的安全漏洞或后门，以便在先前的攻击点被发现以后能继续访问该系统。

(2) 在目标系统安装探测器软件，如特洛伊木马程序，用来窥探目标系统的活动，继续收集黑客感兴趣的一切信息，如账号与口令等敏感数据。

(3) 进一步发现目标系统的信任等级，以展开对整个系统的攻击。

(4) 如果黑客在被攻击的目标系统上获得了特许访问权，那么他就可以读取邮件，搜索和盗取私人文件，毁坏重要数据以至破坏整个网络系统，那么后果将不堪设想。

2. 黑客的攻击方式

黑客攻击通常采用以下几种典型的攻击方式。

1) 密码破解

通常采用的攻击方式有字典攻击、假登录程序、密码探测程序等，主要是获取系统或用户的口令文件。

(1) 字典攻击。这是一种被动攻击，黑客先获取系统的口令文件，然后用黑客字典中的单词一个一个地进行匹配比较，由于计算机速度的显著提高，这种匹配的速度也很快，而且由于大多数用户的口令采用的是人名、常见的单词或数字的组合等，所以字典攻击成功率比较高。

(2) 假登录程序。设计一个与系统登录画面一模一样的程序并嵌入到相关的网页上，以骗取他人的账号和密码。当用户在这个假的登录程序上输入账号和密码后，该程序就会记录下所输入的账号和密码。

(3) 密码探测。在 Windows NT 系统内保存或传送的密码都经过单向散列函数(Hash)的编码处理，并存放到 SAM 数据库中。于是网上出现了一种专门用来探测 NT 密码的程序 LophtCrack，它能利用各种可能的密码反复模拟 NT 的编码过程，并将所编出来的密码与 SAM 数据库中的密码进行比较，如果两者相同就得到了正确的密码。

2) IP 嗅探与欺骗

(1) 嗅探(Sniffing)。这是一种被动式的攻击，又叫网络监听，就是通过改变网卡的操作模式让它接受流经该计算机的所有信息包，这样就可以截获其他计算机的数据报文或口令。监听只能针对同一物理网段上的主机，对于不在同一网段的数据包会被网关过滤掉。

(2) 欺骗(Spoofing)。这是一种主动式的攻击，即将网络上的某台计算机伪装成另一台不同的主机，目的是欺骗网络中的其他计算机误将冒名顶替者当做原始的计算机而向其发送数据或允许它修改数据。常用的欺骗方式有 IP 欺骗、路由欺骗、DNS 欺骗、ARP(地址转换协议)欺骗及 Web 欺骗等。典型的 Web 欺骗原理是：攻击者先建立一个 Web 站点的副本，使它具有与真正的 Web 站点一样的页面和链接，由于攻击者控制了副本 Web 站点，被攻击对象与真正的 Web 站点之间的所有信息交换全都被攻击者所获取，如用户访问 Web 服务器时所提供的账号、口令等信息，攻击者还可以假冒成用户给服务器发送数据，也可以假冒成服务器给用户发送消息，这样攻击者就可以监视和控制整个通信过程。

3) 系统漏洞

漏洞是指程序在设计、实现和操作上存在的错误。由于程序或软件的功能一般都较为复杂，程序员在设计和调试过程中总有考虑欠缺的地方，绝大部分软件在使用过程中都需要不断地改进与完善。被黑客利用最多的系统漏洞是缓冲区溢出(Buffer Overflow)，因为缓冲区的大小有限，一旦往缓冲区中放入超过其大小的数据，就会产生溢出，多出来的数据可能会覆盖其他变量的值，正常情况下程序会因此出错而结束，但黑客却可以利用这样的溢出来改变程序的执行流程，转向执行事先编好的黑客程序。

4）端口扫描

由于计算机与外界通信都必须通过某个端口才能进行，黑客可以利用一些端口扫描软件，如 SATAN、IP Hacker 等对被攻击的目标计算机进行端口扫描，查看该机器的哪些端口是开放的，由此可以知道与目标计算机能进行哪些通信服务。例如，邮件服务器的 25 号端口是接收用户发送的邮件，而用户接收邮件则与邮件服务器的 110 号端口通信，访问 Web 服务器一般都是通过其 80 号端口等。了解了目标计算机开放的端口服务以后，黑客一般会通过这些开放的端口发送特洛伊木马程序到目标计算机上，利用木马来控制被攻击的目标，如“冰河 V8.0”木马就是利用了系统的 2001 号端口。

9.2.3 防止黑客攻击的策略

1. 数据加密

加密的目的是保护系统内的数据、文件、口令和控制信息等，同时也可以提高网上传输数据的可靠性，这样即使黑客截获了网上传输的信息包，一般也无法得到正确的信息。

2. 身份认证

通过密码或特征信息等来确认用户身份的真实性，只对确认了的用户给予相应的访问权限。

3. 建立完善的访问控制策略

系统应当设置入网访问权限、网络共享资源的访问权限、目录安全等级控制、网络端口和节点的安全控制、防火墙的安全控制等，通过各种安全控制机制的相互配合，才能最大限度地保护系统免受黑客的攻击。

4. 审计

把系统中和安全有关的事件记录下来，保存在相应的日志文件中。例如，记录网络上用户的注册信息，如注册来源、注册失败的次数等；记录用户访问的网络资源等各种相关信息，当遭到黑客攻击时，这些数据可以用来帮助调查黑客的来源，并作为证据来追踪黑客；也可以通过对这些数据的分析来了解黑客攻击的手段以找出应对的策略。

5. 其他安全防护措施

首先不随便从 Internet 上下载软件，不运行来历不明的软件，不随便打开陌生人发来的邮件中的附件；其次要经常运行专门的反黑客软件，可以在系统中安装具有实时检测、拦截和查找黑客攻击程序用的工具软件，经常检查用户的系统注册表和系统启动文件中的自启动程序项是否有异常，做好系统的数据备份工作，及时安装系统的补丁程序等。

9.3 数据加密与数字签名

9.3.1 数据加密技术

随着计算机网络的迅速发展，网上数据通信将会越来越频繁，为了保证重要数据在网上传输时不被窃取或篡改，就有必要对传输的数据进行加密，以保证数据的安全传输。所谓数据加密就是将被传输的数据转换成表面上杂乱无章的数据，只有合法的接收者才能恢复数据的本来面目，而对于非法窃取者来说，转换后的数据是读不懂的毫无意义的数据。人们把没有加密的原始数据称为明文，将加密以后的数据称为密文，把明文变换成密文的过程叫加密，而把密文还原成明文的过程叫解密。加密和解密都需要有密钥和相应的算法，密钥一般是一串数字，而加、解密算法是作用于明文或密文以及对应密钥的一个数学函数。

在密码学中根据密钥使用方式的不同一般分为两种不同的密码体系，即对称密钥密码体系和非对称密钥密码体系。对称密钥密码体系在加密和解密过程中使用相同的密钥，而非对称密钥密码体系在加密和解密过程中使用的是不同的密钥，一般用公钥进行加密，而用与之对应的私钥进行解密（也可以用私钥进行加密，而用与之对应的公钥进行解密）。

下面先用两个简单的例子来说明数据是如何加密的。例如，将字母 a、b、c、d、…、x、y、z 的自然顺序保持不变，但使之与 b、c、d、e、…、y、z、a 分别对应，那么明文 secret 对应的密文就是 tfdsfu，字符的位置不变，但字符本身已被改变了，对于不知道密钥的人来说，tfdsfu 就是一串无意义的字符，这样的加密方式称为替换加密，此时密钥为 1，属于对称密钥密码体系的一种加密方式。

如果按某一规则重新排列明文中的字符顺序，即改变字符的位置，字符本身不变，这样的加密方式称为置换加密（或叫变位加密）。例如，明文为“南京大学计算机科学技术系基础学科教研室”的文字按每行 6 个字的顺序重新排列，不足 6 个字时假设采用“啊”填充，写成以下所示形式：

南京大学计算
机科学技术系
基础学科教研
室啊啊啊啊啊

发送时按列的顺序“南机基室京科础啊大学学啊学技科啊计术教啊算系研啊”发送，合法的接收者收到这样的密文后只需按一定的间隔读取一个汉字即可还原成明文，而对于非法窃取密文的人来说就是一串无意义的文字，这种加密方式也属于对称密钥密码体系的一种。

下面主要来了解有关对称密钥密码体系和非对称密钥密码体系的加密思想和两者之间的区别及其应用。

1. 对称密钥密码体系

对称密钥密码体系也叫密钥密码体系，要求加密和解密双方使用相同的密钥。其加密方式主要有以下几个特点。

1）对称密钥密码体系的安全性

这种加密方式的安全性主要依赖于以下两个因素：第一，加密算法必须是足够强的，即仅仅基于密文本身去解密在实践上是不可能做到的；第二，加密的安全性依赖于密钥的秘密性，而不是算法的秘密性。因此，没有必要确保算法的秘密性，而需要保证密钥的秘密性。正因为加、解密算法不需要保密，所以制造商可以开发出低成本的芯片以实现数据的加密，适合于大规模生产，广泛应用于军事、外交和商业等领域。

2）对称加密方式的速度

对称密钥密码体系的加、解密算法一般都是基于循环与迭代的思想，将简单的基本运算如移位、取余和变换运算构成对数据流的非线性变换，达到加密和解密的目的，所以算法的实现速度极快，比较适合于加密数据量大的文件内容。

3）对称加密方式中密钥的分发与管理

对称加密系统存在的最大问题是密钥的分发和管理非常复杂、代价高昂。比如对于具有 n 个用户的网络，需要 $n(n-1)/2$ 个密钥，在用户群不是很大的情况下，对称加密系统是有效的，但是对于大型网络，用户群很大而且分布很广时，密钥的分配和保存就成了大问题，同时也就增加了系统的开销。

4）常见的对称加密算法

对称密钥密码体系最著名的算法有 DES（美国数据加密标准）、AES（高级加密标准）和 IDEA（欧洲数据加密标准）。

2. 非对称密钥密码体系

非对称密钥密码体系又叫公钥密码体系，非对称加密使用两个密钥：一个公共密钥 PK 和一个私有密钥 SK。这两个密钥在数学上是相关的，并且不能由公钥计算出对应的私钥，同样也不能由私钥计算出对应的公钥。

1）非对称密钥密码体系的安全性

这种加密方式的安全性主要依赖于私钥的秘密性，公钥本来就是公开的，任何人都可以通过公开途径得到别人的公钥。非对称加密方式的算法一般都是基于尖端的数学难题，计算非常复杂，它的安全性比对称加密方式的安全性更高。

2）非对称加密方式的速度

非对称加密方式由于算法实现的复杂性导致了其加、解密的速度远低于对称加密方式。通常被用来加密关键性的、核心的机密数据。

3）非对称加密方式中密钥的分发与管理

由于用于加密的公钥是公开的，密钥的分发和管理就很简单，比如对于具有几个用户的网络，仅需要 $2n$ 个密钥。公钥可在通信双方之间公开传递，或在公用储备库中发布，但相关的私钥必须是保密的，只有使用私钥才能解密用公钥加密的数据，而使用私钥加密的数据只能用公钥来解密。

4）常见的非对称加密算法

目前国际最著名、应用最广泛的非对称加密算法是RSA算法，由美国MIT大学的Ron Rivest、Adi Shamir、Leonard Adleman三人于1978年公布，它的安全性是基于大整数因子分解的困难性，而大整数因子分解问题是数学上的著名难题，至今没有有效的方法予以解决，因此可以确保RSA算法的安全性。

在实际应用中可利用两种加密方式的优点，采用对称加密方式来加密文件的内容，而采用非对称加密方式来加密密钥，这就是混合加密系统，它较好地解决了运算速度问题和密钥分配管理问题。

9.3.2 数字签名

数字签名(Digital Signature)是指对网上传输的电子报文进行签名确认的一种方式，这种签名方式不同于传统的手写签名。手写签名只需把名字写在纸上就行了；而数字签名却不能简单地在报文或文件里写个名字，因为在计算机中可以很容易地修改名字而不留任何痕迹，这样的签名很容易被盗用，如果这样，接收方将无法确认文件的真伪，达不到签名确认的效果。那么计算机通信中传送的报文又是如何得到确认的呢？这就是数字签名所要解决的问题，数字签名必须满足以下3条。

(1) 接收方能够核实发送方对报文的签名。

(2) 发送方不能抵赖对报文的签名。

(3) 接收方不能伪造对报文的签名。

假设A要发送一个电子报文给B，A、B双方只需经过下面3个步骤即可。

(1) A用其私钥加密报文，这便是签字过程。

(2) A将加密的报文送达B。

(3) B用A的公钥解开A送来的报文。

以上3个步骤可以满足数字签名的3个要求：首先签字是可以被确认的，因为B是用A的公钥解开加密报文的，这说明原报文只能被A的私钥加密而只有A才知道自己的私钥。其次发送方A对数字签名是无法抵赖的，因为除A以外无人能用A的私钥加密一个报文。最后签字无法被伪造，只有A能用自己的私钥加密一个报文，签字也无法重复使用，签字在这里就是一个加密过程，报文被签字以后是无法被篡改的，因为加密后的报文被改动后是无法被A的公钥解开的。

目前数字签名已经应用于网上安全支付系统、电子银行系统、电子证券系统、安全邮件系统、电子订票系统、网上购物系统、网上报税等一系列电子商务应用的签名认证服务。如果需要发送添加数字签名的安全电子邮件，首先启动Outlook Express，选择“工具”→“选项”命令，在出现的“选项”对话框中切换到“安全”选项卡，在弹出的对话框中，选中“在对所有待发邮件中添加数字签名”，或在“新邮件”界面中选择“工具”→“数字签名”命令就可以对指定的新邮件添加数字签名。

要能够添加数字签名，必须首先获取一个数字标识即数字证书，下面介绍有关数字证书的内容。

9.3.3 数字证书

数字证书相当于网上的身份证，它以数字签名的方式通过第三方权威认证中心 CA(Certificate Authority)有效地进行网上身份认证，数字身份认证是基于国际 PKI(Public Key Infrastructure，公钥基础结构)标准的网上身份认证系统，帮助网上各终端用户识别对方身份和表明自身的身份，具有真实性和防抵赖的功能，与物理身份证不同的是，数字证书还具有安全、保密、防篡改的特性，可对网上传输的信息进行有效的保护和安全的传递。

数字证书一般包含用户的身份信息、公钥信息及身份验证机构(CA)的数字签名数据。身份验证机构的数字签名可以确保证书的真实性，用户公钥信息可以保证数字信息传输的完整性，用户的数字签名可以保证信息的不可否认性。

数字证书的内容主要有以下两部分。

1) 申请者的信息

(1) 版本信息，用来与 X.509 的将来版本兼容。

(2) 证书序列号，每一个由 CA 发行的证书必须有一个唯一的序列号。

(3) CA 所使用的签名算法。

(4) 发行证书 CA 的名称。

(5) 证书的有效期限。

(6) 证书主题名称。

(7) 被证明的公钥信息，包括公钥算法和公钥的位字符串表示。

(8) 包含额外信息的特别扩展。

2) 身份验证机构的信息

数字证书还包含发行证书 CA 的签名和用来生成数字签名的签名算法。

随着 Internet 的日益普及，以网上银行、网上购物为代表的电子商务已越来越受到人们的重视，开始深入到普通百姓的生活中。在网上做交易时，由于交易双方并不在现场交易，无法确认双方的合法身份，同时交易信息是交易双方的商业秘密，在网上传输时必须既安全又保密，交易双方一旦发生纠纷，还必须能够提供仲裁，所以在网上交易之前必须先去申领一个数字证书，那么到何处去申请？目前国内已有几十家提供数字证书的 CA 中心，如中国人民银行认证中心(CFCA)、中国电信认证中心(CTCA)、各省市的商务认证中心等，可以申领的证书一般有个人数字证书、单位数字证书、安全电子邮件证书、代码签名数字证书等，用户只需携带有关证件到当地的证书受理点，或者直接到证书发放机构即 CA 中心填写申请表并进行身份审核，审核通过后交纳一定费用就可以得到装有证书的相关介质(软盘、IC 卡或 Key)和一个写有密码、口令的密码信封。用户还需登录指定的相关网站下载证书私钥，然后就可以在网上使用数字证书了。

9.4 防火墙技术

9.4.1 防火墙概述

防火墙(Firewall)是设置在被保护的内部网络和外部网络之间的软件和硬件设备的组合,对内部网络和外部网络之间的通信进行控制,通过监测和限制跨越防火墙的数据流,尽可能地对外部屏蔽网络内部的结构、信息和运行情况,用于防止发生不可预测的、潜在破坏性的入侵或攻击,这是一种行之有效的网络安全技术。图 9-1 所示是一个防火墙示意图。

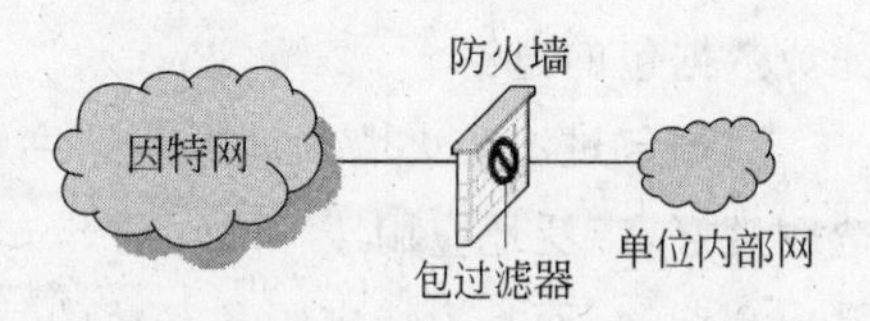

图 9-1　防火墙示意图

防火墙通常是运行在一台计算机上的一个计算机软件,主要保护内部网络的重要信息不被非授权访问、非法窃取或破坏,并记录了内部网络和外部网络进行通信的有关安全日志信息,如通信发生的时间、允许通过数据包和被过滤掉的数据包信息等。

将局域网络放置于防火墙之后可以有效阻止来自外界的攻击。例如,一台 WWW 代理服务器防火墙,它不是直接处理请求,而是验证请求发出者的身份、请求的目的地和请求的内容,如果一切符合要求的话,这个请求会被批准送到真正的 WWW 服务器上。当真正的 WWW 服务器处理完这个请求后并不直接把结果发送给请求者,而把结果送到代理服务器,代理服务器会按照事先的规则检查这个结果是否违反了安全策略,当一切都验证通过后,返回结果才会真正地送到请求者的手里。

企业在把公司的局域网(Intranet)接入 Internet 时,肯定不希望让全世界的人随意翻阅公司内部的工资单、个人资料或客户数据库。即使在公司内部,同样也存在这种数据非法存取的可能性,如一些对公司不满的员工可能会修改工资表或财务报告。而在设置了防火墙以后,就可以对网络数据的流动实现有效的管理:允许公司内部员工可以使用电子邮件、进行 Web 浏览及文件传输等服务,但不允许外界随意访问公司内部的计算机,同样还可以限制公司中不同部门相互之间的访问,新一代的防火墙还可以阻止网络内部人员将敏感数据向外传输,限制访问外部网络的一些危险站点。

大部分防火墙软件都可以与防病毒软件搭配实现扫毒功能,有的防火墙则直接集成了扫毒功能。对于个人计算机,可以用防病毒软件建立病毒防火墙。例如,经纬 AV95 Ⅲ,这是一个完善的、嵌入式的操作系统(Windows 95/98/2000/NT)内核的病毒防火墙,可在线检测,即时查杀病毒。还有金山公司提供的病毒防火墙以及瑞星公司提供的病毒防火墙都可以达到在线检测病毒,只要发现病毒的症状即可告警并提示处理方法。

9.4.2 防火墙的主要类型

按照防火墙实现技术的不同,可以将防火墙分为以下几种主要的类型。

1. 包过滤防火墙

数据包过滤是指在网络层对数据包进行分析、选择和过滤。选择的依据是系统内设置的访问控制表(又叫规则表),规则表指定允许哪些类型的数据包可以流入或流出内部网络。通过检查数据流中每一个 IP 数据包的源地址、目的地址、所用端口号、协议状态等因素或它们的组合来确定是否允许该数据包通过。包过滤防火墙一般可以直接集成在路由器上,在进行路由选择的同时完成数据包的选择与过滤,也可以由一台单独的计算机来完成数据包的过滤。

数据包过滤防火墙的优点是速度快、逻辑简单、成本低、易于安装和使用,网络性能和透明度好,广泛地应用于 Cisco 和 Sonic System 等公司的路由器上。缺点是配置困难,容易出现漏洞,而且为特定服务开放的端口存在着潜在的危险。

例如,"天网个人防火墙"就属于包过滤类型防火墙,根据系统预先设定的过滤规则以及用户自己设置的过滤规则来对网络数据的流动情况进行分析、监控和管理,有效地提高了计算机的抗攻击能力。

2. 应用代理防火墙

应用代理防火墙能够将所有跨越防火墙的网络通信链路分为两段,使得网络内部的客户不直接与外部的服务器通信。防火墙内外计算机系统间应用层的连接由两个代理服务器之间的连接来实现。优点是外部计算机的网络链路只能到达代理服务器,从而起到隔离防火墙内外计算机系统的作用;缺点是执行速度慢,操作系统容易遭到攻击。

代理服务在实际应用中比较普遍,如学校校园网的代理服务器一端接入 Internet,另一端接入内部网,在代理服务器上安装一个实现代理服务的软件,如 WinGate Pro、Microsoft Proxy Server 等,就能起到防火墙的作用。

3. 状态检测防火墙

状态检测防火墙又叫动态包过滤防火墙。状态检测防火墙在网络层由一个检查引擎截获数据包并抽取出与应用层状态有关的信息,以此作为依据来决定对该数据包是接受还是拒绝。检查引擎维护一个动态的状态信息表并对后续的数据包进行检查,一旦发现任何连接的参数有意外变化,该连接就被中止。

状态检测防火墙克服了包过滤防火墙和应用代理防火墙的局限性,能够根据协议、端口及 IP 数据包的源地址、目的地址的具体情况来决定数据包是否可以通过。

在实际使用中,一般综合采用以上几种技术,使防火墙产品能够满足对安全性、高效性、适应性和易管理性的要求,再集成防毒软件的功能来提高系统的防病毒能力和抗攻击能力。例如,瑞星企业级防火墙 RFW-100 就是一个功能强大、安全性高的混合型防火墙,它集网络层状态包过滤、应用层专用代理、敏感信息的加密传输和详尽灵活的日志审计等多种安全技术于一身,可根据用户的不同需求,提供强大的访问控制、信息过滤、代理服务和流量统计等功能。

9.4.3 防火墙的局限性

防火墙设计时的安全策略一般有两种方式：一种是没有被允许的就是禁止；另一种是没有被禁止的就是允许。如果采用第一种安全策略来设计防火墙的过滤规则，其安全性比较高，但灵活性差，只有被明确允许的数据包才能跨越防火墙，所有其他数据包都将被丢弃。而第二种安全策略则允许所有没有被明确禁止的数据包通过防火墙，这样做当然灵活方便，但同时也存在着很大的安全隐患。在实际应用中一般需要综合考虑以上两种策略，尽可能做到既安全又灵活。防火墙是网络安全技术中非常重要的一个因素，但不等于装了防火墙就可以保证系统百分之百的安全，从此高枕无忧，防火墙仍存在许多的局限性。

1. 防火墙防外不防内

防火墙一般只能对外屏蔽内部网络的拓扑结构，封锁外部网上的用户，连接内部网上的重要站点或某些端口，对内也可屏蔽外部的一些危险站点，但是防火墙很难解决内部网络人员的安全问题。例如，内部网络管理人员蓄意破坏网络的物理设备，将内部网络的敏感数据复制到软盘等，防火墙将无能为力。据统计，网络上的安全攻击事件有70%以上来自网络内部人员的攻击。

2. 防火墙难以管理和配置，容易造成安全漏洞

由于防火墙的管理和配置相当复杂，对防火墙管理人员的要求比较高，除非管理人员对系统的各个设备（如路由器、代理服务器、网关等）都有相当深刻的了解，否则在管理上有所疏忽是在所难免的。

9.5 本章小结

本章主要介绍了计算机病毒、网络黑客与网络攻防、数据加密和数字签名、防火墙技术。

计算机病毒是指编制或者在计算机程序中插入的破坏计算机功能或者数据，影响计算机使用并且能够自我复制的一组计算机指令或者程序代码。它具有破坏性、传染性、隐蔽性、潜伏性、寄生性的特点。

网络黑客（Hacker）一般指的是计算机网络的非法入侵者，他们大都是程序员，对计算机技术和网络技术非常精通，了解系统的漏洞及其原因所在，喜欢非法闯入并以此作为一种智力挑战而沉醉其中。

随着计算机网络的迅速发展，网上数据通信将会越来越频繁，为了保证重要数据在网

上传输时不被窃取或篡改，就有必要对传输的数据进行加密，以保证数据的安全传输。

防火墙(Firewall)是设置在被保护的内部网络和外部网络之间的软件和硬件设备的组合，对内部网络和外部网络之间的通信进行控制，通过监测和限制跨越防火墙的数据流，尽可能地对外部屏蔽网络内部的结构、信息和运行情况，用于防止发生不可预测的、潜在破坏性的入侵或攻击的网络安全技术。

第10章 多媒体技术

本章要点

- 多媒体技术的基本概念
- 声音
- 图像
- 视频

计算机以高速的计算速度、海量的存储空间、丰富的色彩表现为媒体在计算机上进行处理和应用提供了广阔的舞台。多媒体的开发与应用,使人与计算机之间的信息交流变得生动活泼、丰富多彩。

本章主要介绍与多媒体技术相关的基本概念、常用媒体类型和基本应用,通过学习Windows自带的多媒体工具的使用,帮助读者掌握多媒体技术的基本内涵。

10.1 多媒体技术概述

传统的视觉方式与表现方法是人类用自身的“生物眼”来观察世界,经过主观的艺术加工来展示现实世界。随着信息技术的发展,社会的存在与观念在改变,计算机已成为人类观察世界、表现世界的好帮手。现代艺术实现借助于“机械眼”,即人们通过操纵使用创意机械(计算机)和实施机械(数码照相机、数码摄像机、扫描仪、激光打印机等机械设备),再经过人们的艺术加工,丰富了摄取信息的途径与表现信息的能力,使所表现的世界更为丰富、具体且生动。因此学习多媒体技术的有关原理知识,掌握流行的多媒体的工具,是享用信息技术成果、在信息社会中发展必备的基础。

10.1.1 多媒体技术的概念

1. 媒体

媒体(Media)是指承载或传递信息的载体。日常生活中,大家熟悉的报纸、书本、杂志、广播、电影、电视均是媒体,都以它们各自的媒体形式进行着信息传播。它们中有的以文字作为媒体,有的以声音作为媒体,有的以图像作为媒体,还有的(如电视)将图、文、声、像综合作为媒体,同样的信息内容,在不同领域中采用的媒体形式是不同的,书刊领域采用的媒体形式为文字、表格和图片;绘画领域采用的媒体形式是图形、文字和色彩;摄影领域采用的媒体形式是静止图像和色彩;电影、电视领域采用的媒体是图像或运动图像、声音和色彩。

2. 多媒体和多媒体技术

多媒体一词译自英文 Multimedia,是多种媒体信息的载体,信息借助载体得以交流传播。在信息领域中,多媒体是指文本、图形、图像、声音、影像等这些“单”媒体和计算机程序融合在一起形成的信息媒体,是指运用存储与再现技术得到的计算机中的数字信息。

图、文、声、像构成多媒体,采用以下几种媒体形式传递信息并呈现知识内容。

(1) 图,包括图形(Graphics)和静止图像(Images)。

(2) 文,文本(Text)。

(3) 声,声音(Audio)。

(4) 像,包括动画(Animation)和运动图像(Motion Video)。

多媒体技术是指利用计算机技术把多种媒体信息综合一体化,使它们建立起逻辑联系,并能进行加工处理的技术。这里所说的“加工处理”主要是指对这些媒体的录入、对信息的压缩和解压缩、存储、显示、传输等。显然,多媒体技术是一种基于计算机的综合技术,包括数字化信息的处理技术、音频和视频技术、计算机硬件和软件技术、人工智能和模式识别技术、通信和图像技术等,因而是一门跨学科的综合技术。

3. 多媒体数据的特点

多媒体信息处理是指对文字、声音、图形、静态影像、活动影像等多媒体信息在计算机运算下的综合处理。在传统媒体中,声、图、像等媒体几乎都以模拟信号的方式进行存储和传播,而在计算机多媒体系统中将以数字的形式对这些信息进行存储、处理和传播。

多媒体数据具有下述特点。

1) 数据量巨大

计算机要完成将多媒体信息数字化的过程,需要采用一定的频率对模拟信号进行采样,并将每次采样得到的信号采用数字方式进行存储,较高质量的采样通常会产生巨大的数据量。构成一幅分辨率为640×480 的256 色的彩色照片的数据量是0.3 MB;CD 质量双声道声音的数据量要 1.4 MB/s。

为此,需要有专用于多媒体数据的压缩算法。例如,对于声音信息,有 MP3、MP4 等;对于图像信息,有 JPEG 等;对于视频信息,有 MPEG、RM 等。采用这些压缩算法能够显著地减小多媒体数据的体积,多数压缩算法的压缩率都能达到 80%以上。

2) 数据类型多

多媒体数据包括文字、图形、图像、声音、文本、动画等多种形式,数据类型丰富多彩。

3) 数据类型间差距大

媒体数据在内容和格式上的不同,使其处理方法、组织方式、管理形式上存在很大差别。

4) 多媒体数据的输入和输出复杂

由于信息输入与输出与多种设备相连,输出结果如声音播放与画面显示的配合等就是多种媒体数据的同步合成效果。

10.1.2 媒体的分类

目前常见的媒体元素主要有文本、图形、图像、音频、动画和视频图像等。

1. 文本

文本是由字符、符号组成的一个符号串，如语句、文章等，通常通过编辑软件生成。文本中如果只有文本信息，没有其他任何有关格式的信息，则称为非格式化文本文件或纯文本文件；而带有各种文本排版信息等格式信息的文本，称为格式化文本文件。Word 文档就是典型的格式化文本文件。

2. 图形

图形是指计算机生成的各种有规则的图，如直线、圆、圆弧、矩形、任意曲线等几何图和统计图等。图形的最大优点在于可以分别控制处理图中的各个部分，如在屏幕上移动、旋转、放大、缩小、扭曲而不失真，不同的物体还可在屏幕上重叠并保持各自的特性，必要时仍可分开。图 10-1 就是一个图形生成的白菜图案。

3. 图像

图像是指由输入设备捕捉的实际场景画面或以数字化形式存储的任意画面。计算机可以处理各种不规则静态图片，如扫描仪、数字照相机或摄像机输入的彩色、黑白图片或照片等都是图像。图像记录着每个坐标位置上颜色像素点的值。所以图形的数据信息处理起来更灵活，而图像数据则与实际更加接近，但是它不能随意放大。图 10-2 就是图像放大的结果。

图 10-1　图形生成的白菜

图 10-2　图像放大后的结果

4. 音频

音频是声音采集设备捕捉或生成的声波以数字化形式存储，并能够重现的声音信息。音频信息增强了对其他类型媒体所表达信息的理解。“音频”常常作为“音频信号”或“声音”的同义词。计算机音频技术主要包括声音的采集、数字化、压缩/解压缩以及声音的播放。

5. 动画

动画是运动的图画，实质是一幅幅静态图像或图形的快速连续播放。动画的连续播放既指时间上的连续，也指图像内容上的连续，即播放的相邻两幅图像之间内容相差很小。

6. 视频

若干有联系的图像数据连续播放便形成了视频。视频图像可来自录像带、摄像机等视频信号源的影像，如录像带、影碟上的电影/电视节目、电视、摄像等。

10.1.3 多媒体技术的硬件基础

多媒体计算机硬件系统的标准是在 1990 年 11 月，由 Microsoft 公司和 Philips 公司等 14 家厂商共同召开的多媒体开发者会议上制定的。在这次会议上，成立了多媒体微机市场协会(Multimedia PC Marketing Council，Inc.)，并颁布 MPC 1.0 版和 MPC 2.0 版商标和测试规格，标准中给出了系统的最低要求和建议配置。

为了处理多种媒体数据，在普通计算机系统的基础上，需要增加一些硬件设备构成多媒体个人计算机(简称 MPC)，MPC 由计算机传统硬件设备、光盘存储器、音频信号处理子系统、视频信号处理子系统构建而成，如图 10-3 所示。

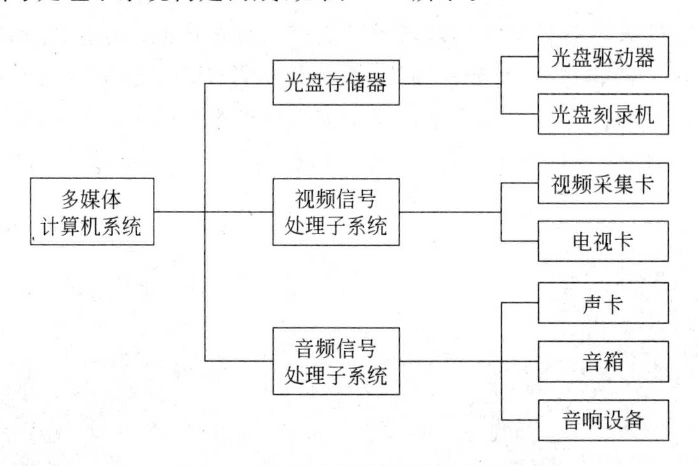

图 10-3 多媒体计算机配置示意图

(1) 新一代的处理器。高性能的计算机主机 CPU 芯片(586 以上的 CPU 芯片)对于大量多媒体数据的处理是至关重要的，可以完成专业级水平的各种多媒体制作与播放，建立可制作或播出多媒体的主机环境。

(2) 光盘存储器(CD-ROM、DVD-ROM)。多媒体信息的数据量庞大。仅靠硬盘存储空间是远远不够的，多媒体信息内容大多来自 CD-ROM、DVD-ROM。因此大容量光盘存储器成为多媒体系统必备标准部件之一。

(3) 音频信号处理系统。它包括声卡、话筒、音箱、耳机等。其中，声卡是最为关键的设备，它含有可将模拟声音信号与数字声音信号互相转换（A/D 和 D/A）的器件，具有声音的采样与压缩编码、声音的合成与重放等功能，通过插入主板扩展槽与主机相连。

(4) 视频信号处理子系统。它具有静态图像或影像的采集、压缩、编码、转换、显示、播放等功能，如图形加速卡、MPEG 图像压缩卡等。视频卡也是通过插入主板扩展槽与主机相连。通过卡上的输入/输出接口与录像机、摄像机、影碟机和电视机等连接，使之能采集来自这些设备的模拟信号信息，并以数字化的形式在计算机中进行编辑或处理。

(5) 其他交互设备。如鼠标、游戏操作杆、手写笔、触摸屏等。这些设备有助于用户和多媒体系统交互信息，控制多媒体系统的执行等。

10.2 数字媒体——声音

10.2.1 声音的数字化

声音是通过空气的震动发出，通常用模拟波的方式表示它。振幅反映声音的音量，频率反映了音调。音频是连续变化的模拟信号，而计算机只能处理数字信号，要使计算机能处理音频信号，必须把模拟音频信号转换成用“0”、“1”表示的数字信号，这就是音频的数字化，将模拟信号通过音频设备（如声卡）数字化，会涉及采样、量化及编码等多种技术。

10.2.2 数字化声音的保存

常用的数字化声音文件类型有 WAV、MIDI 和 MP3。

1. WAV

WAV 被称为“无损的音乐”，是 Microsoft 公司开发的一种声音文件格式，用于保存 Windows 平台的音频信息资源，被 Windows 平台及其应用程序所支持。WAV 格式支持多种压缩算法，支持多种音频位数、采样频率和声道，标准格式的 WAV 文件和 CD 格式一样，也是 44.1kHz 的采样频率，速率 88Kb/s，16 位量化位数。可以看出，WAV 格式的声音文件质量和 CD 相差无几，是目前 PC 上广为流行的声音文件格式，几乎所有的音频编辑软件都能够读取 WAV 格式。

2. MIDI

MIDI（Musical Instrument Digital Interface），被称为“作曲家的最爱”。MIDI 允许数字合成器和其他设备交换数据。MID 文件格式由 MIDI 继承而来。MID 文件并不是一段录制好的声音，而是记录声音的信息，然后告诉声卡如何再现音乐的一组指令。这样一个 MID 文件每存 1 分钟的音乐只用 5～10 KB。今天，MID 文件主要用于原始乐器作品、流行歌曲的业余表演、游戏音轨及电子贺卡等。MID 文件重放的效果完全依赖声卡的档次。它的最大用处是在计算机作曲领域。MID 文件可以用作曲软件写出，也可以通过声卡的 MIDI 接口把外接音序器演奏的乐曲输入计算机里，制成 MID 文件。

3. MP3

MP3 是当前使用最广泛的数字化声音格式。MP3 是指 MPEG 标准中的音频部分，也就是 MPEG 音频层。根据压缩质量和编码处理的不同分为 3 层，分别对应 *.mpl、*.mp2 和 *.mp3 这 3 种声音文件。MPEG 音频文件的压缩是一种有损压缩，MPEG3 音频编码则具有 10∶1～12∶1 的高压缩率。相同长度的音乐文件，用 MP3 格式来存储，一般只有 WAV 文件的 1/10，而音质要次于 WAV 格式的声音文件。由于其文件尺寸小、音质好，所以 MP3 是当前主流的数字化声音保存格式。

10.2.3 声音文件的播放和录制

Windows 自带的 CD 唱机功能和录音机功能可以方便地实现对声音文件的播放和录制。

1. CD 唱机

Windows 是一个多任务的操作系统，可以在计算机执行其他任务的同时，使用 Windows 中的 CD 唱机在计算机上播放本地计算机或者网上的 CD 音乐。

2. 录音机

使用“录音机”可以录制、混合、播放和编辑声音，也可以将声音链接或插入到另一声音文件中，界面如图 10-4 所示。

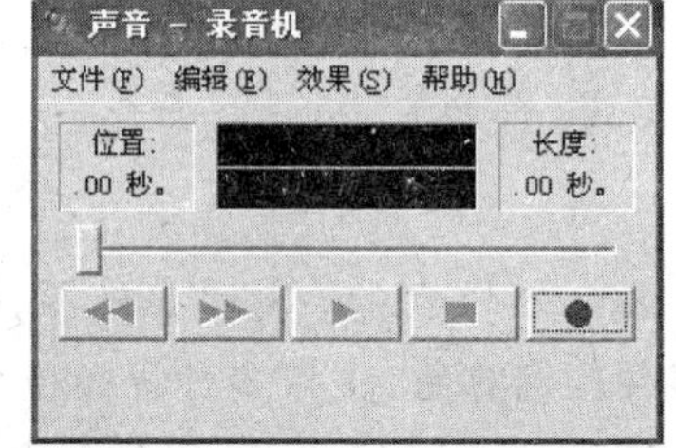

图 10-4 Windows 录音机界面

1）录音

(1) 话筒插入机箱后面的 Mic 插口中。

(2) 在“文件”菜单上选择“新建”命令，创建一个新的声音文件。

(3) 要开始录音，请单击按钮 ● 。

(4) 要停止录音，请单击按钮 ■ 。

(5) 录音完毕后，在“文件”菜单上选择“另存为”命令将所录的声音文件保存。

如果使用话筒录制人的声音，有几个问题是值得注意的：首先是人在吐气时口风会冲击话筒，对录音造成影响。解决的方法是将竹篾绕成环形，用丝袜在它上面绷紧，放置于话筒前方 1.5cm 处。这个看似简陋的自制遮风罩可有效防止口风对话筒的冲击。其次是话筒与音源的距离对录音效果有很大影响。远距离适用于美声唱法，做报告则适宜用中距离，而近距离则适合嗓门较小的人和通俗歌曲的演唱者。

2）改变录音时间

录音机默认的录音时间为 60 秒，当录制到 60 秒后自动停止录音，再次单击录音按钮，时间自动增加不超过 60 秒。当需要录制的声音文件超过 60 秒时，需要多次单击录音键，这样所录的声音将有多次短暂停顿。下面给出简单的解决方法，即可通过两次录音来完成。

(1) 在正式录制声音之前，首先进行第一次录音，当录音停止时，继续单击录音键，这样录音时间会自动增加 60 秒，如此反复，直到所想要的录音时间。

(2) 单击“搜索到开头”(向左的双箭头)，再单击录音键开始第二次录音，由于这次录音是在上一次录音文件的基础上进行的，就没有了 60 秒的限制，即可以完整录下全部内容且没有停顿，保证了录音质量，克服了录音机的录音时间限制。

3) 调整声音文件的质量

在“文件”菜单中选择“打开”命令，定位要修改的声音文件，然后双击该文件。在“文件”菜单中选择“属性”命令。在“格式转换”下单击所需的格式。单击“立即转换”按钮，指定所需的格式和属性，然后单击“确定”按钮。

注意：不能编辑压缩的声音文件。

4) 编辑录音文件

使用录音机录制的声音内容一般不是十分满意，如在某段话之间停顿过长、某一句念错后重念等，这时就可以用录音机对声音文件进行编辑。

(1) 删除部分声音的操作步骤。

① 打开这个声音文件并进行播放，直到需要剪掉的那句话停止，选择“编辑”菜单中的“删除当前位置之后的内容”命令，再单击“确定”按钮，并对当前的声音文件进行另存。

② 打开原声音文件，播放到要剪掉的那句话的最后，选择“编辑”菜单中的“删除当前位置之前的内容”命令，再单击“确定”按钮。

(2) 插入部分声音的操作步骤。

① 首先打开要编辑的文件。

② 移动滑块到要插入另一个声音文件的位置。

③ 在“编辑”菜单中选择“插入文件”命令，输入要插入文件的路径和名称，如图 10-5 所示。

④ 插入文件完毕后，在“文件”菜单中选择“另存为”命令，可将插入后的声音文件保存。

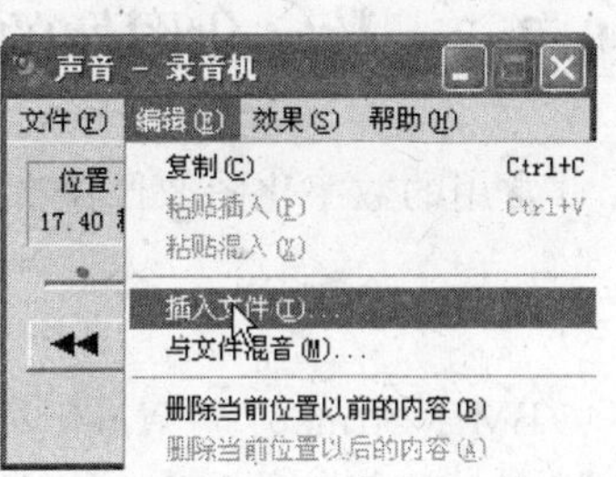

图 10-5　插入声音文件图

5) 添加背景音乐

要通过录音机为某一个声音文件添加背景音乐，可进行以下操作。

(1) 根据所录制声音的长度，选择一段合适的音乐作为背景音乐，这段音乐的时间最好长于原声音文件的长度。

(2) 对背景音乐进行处理。选择“效果”菜单中的“降低音量”命令，使音乐的声音变低，直到声音合适为止，这样就可保证背景音乐音量不会超过原来声音的音量，对背景音乐处理完毕后进行保存。

(3) 打开原声音文件，选择“编辑”菜单中的“与文件混合”命令，选择背景音乐文件，最后单击“确定”按钮即可。

10.3 数字媒体——图像

10.3.1 图像的数字化

传统的绘画可以复制成照片、录像带或印制成印刷品，这样的转化结果称为模拟图像。它们不能直接用计算机进行处理，还需要进一步转化成用一系列的数据所表示的数字图像。这个进一步转化的过程也就是模拟图像的数字化。通常采用采样的方法来解决。

采样就是计算机按照一定的规律，对模拟图像的每点所呈现出的表象特性，用数据的方式记录下来的过程。这个过程有两个核心要点：一个是采样要决定在一定的面积内取多少个点，或者叫多少个像素，称为图像的分辨率(dpi)；另一个是记录每个点的特征的数据位数，也就是所谓数据深度。比如记录某个点的亮度用1B(8bit)来表示，那么这个亮度可以有256个灰度级差。这256个灰度级差分别均匀地分布在由全黑(0)到全白(255)的整个明暗带中。当然每个一定的灰度级将由一定的数值(0～255)来表示。亮度因素是这样记录，色相及其彩度等因素也是如此。显然，无论从平面的取点还是记录数据的深度来讲，采样形成的图像与模拟图像必然有一定的差距，必然丢掉了一些数据。但这个差距通常控制得相当小，以至人的肉眼难以分辨，人们可以将数字化图像等同于模拟图像。

10.3.2 数字化图像的保存

常用的数字化图像保存格式包括BMP、JPEG和GIF。

1. BMP格式

BMP(Bitmap)是Windows操作系统中的标准图像文件格式，能够被多种Windows应用程序所支持。这种格式的特点是包含的图像信息较丰富，几乎不进行压缩，但文件占用了较大的存储空间。BMP格式支持RGB、索引颜色、灰度和位图颜色模式，但不支持Alpha通道。基本上绝大多数图像处理软件都支持此格式。

2. JPEG格式

JPEG是由联合照片专家组(Joint Photographic Experts Group)开发的。它既是一种文件格式，又是一种压缩技术。JPEG作为一种很灵活的格式，具有调节图像质量的功能，允许用不同的压缩比例对这种文件压缩。作为先进的压缩技术，它用有损压缩方式去除冗余的图像和彩色数据，在获取极高的压缩率的同时能展现十分丰富生动的图像。JPEG应用非常广泛，大多数图像处理软件均支持此格式。

3. GIF 格式

GIF(Graphics Interchange Format)是 CompuServe 公司开发的图像文件格式,采用了压缩存储技术。GIF 格式同时支持线图、灰度和索引图像,但最多支持 256 种色彩的图像。GIF 格式的特点是压缩比高,磁盘空间占用较少,下载速度快,可以存储简单的动画。这是由于 GIF 图像格式采用了渐显方式,即在图像传输过程中,用户先看到图像的大致轮廓,然后随着传输过程的继续而逐步看清图像中的细节。

10.3.3 图像文件的查看和制作

Windows 自带的画图工具和图像处理工具可以方便地实现对图像文件的制作与查看。

1. 画图工具

画图工具可以创建、查看、编辑、打印图片。可以通过画图工具建立简单、精美的图画,将图画作为桌面背景。这些绘图可以是黑白或彩色的,可以打印输出,以位图文件存放,如图 10-6 所示。

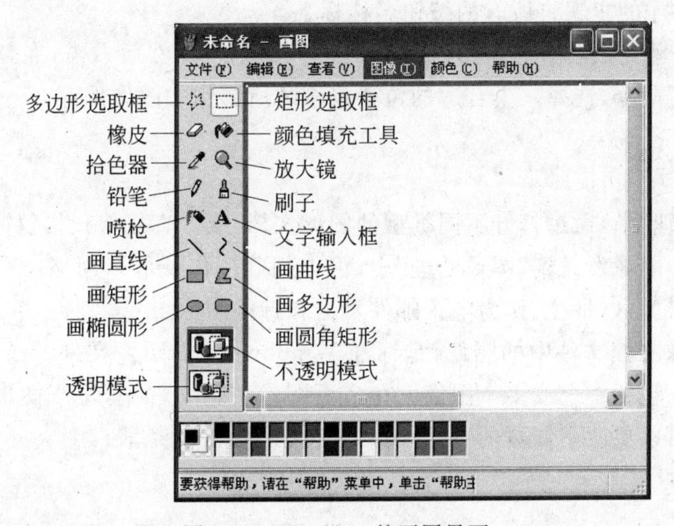

图 10-6 Windows 的画图界面

下面通过制作录音机界面来简单说明画图工具的使用。

(1) 依次选择"开始"→"程序"→"附件"→"娱乐"→"录音机"命令,当出现录音机界面后先按住键盘上的 Alt 键,再按 Print Screen 键,录音机的图像就已经被存储在剪贴板上了。打开"画图"程序,依次选择"编辑"→"粘贴"命令,出现如图 10-7 所示的界面。

(2) 将鼠标放在录音机的主界面上,然后将其拖动到屏幕中央,用橡皮将录音机外的其余部分擦去。

(3) 用"画直线工具"在 ● 上方画一条垂直的黑线,可以在下方选择线的粗细。

(4) 选择“文字输入框”,在刚才画的黑线上方画出一个矩形,并在其中输入“录音”,可以通过文字对话框选择字体和大小。完成后如图 10-8 所示。

图 10-7 粘贴录音机界面

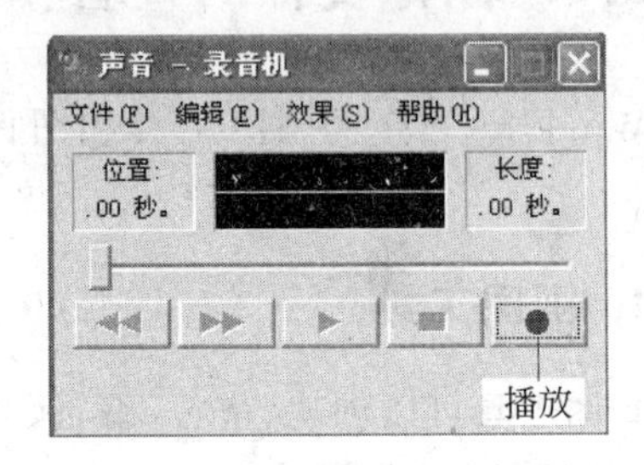

图 10-8 用画图工具标出按钮功能

(5) 重复刚才的步骤将所有的按钮名称标上。

(6) 所有步骤完成后,用“矩形选取框”选择所画图像,然后右击,在弹出的快捷菜单中选择“复制到”命令,选择一个合适的位置将刚才所制作的图像保存。

2. 图像处理

在“图像处理”中,通过打开不同类型的图形文档,或者直接将扫描仪或数字相机扫描多边形选取框的图像发送到“图像处理”中,可以加载图像。可以用缩略图或指定的任意大小查看图像,也可以批注、作为电子邮件发送和打印图像。

存储在图像文档文件中的图像,是标准 Windows 下的图像文件。根据文件格式,图像文档文件可以包括一个或多个图像。在多页图像文档文件中,每张图像都存储在一个图像页中。也可以更改图像页的页面大小、颜色、压缩和分辨率。

10.4 数字媒体——视频

10.4.1 视频的数字化

模拟视频的数字化过程首先需要通过采样,将模拟视频的内容进行分解,得到每个像素点的色彩组成,然后采用固定采样率进行采样,生成数字化视频。数字化视频和传统视频相同,由帧(Frame)的连续播放产生视频连续的效果,在大多数数字化视频格式中,播放速度为每秒钟 24 帧(24fps)。

10.4.2 数字化视频的保存

数字化视频的数据量巨大，通常采用特定的压缩算法对数据进行压缩。根据压缩算法的不同，保存数字化视频的常用格式，包括 MPEG、AVI 和 RM。

1. MPEG

MPEG(Moving Picture Experts Group)是 1988 年成立的一个专家组。这个专家组在 1991 年制定了一个 MPEG-1 国际标准。MPEG 采用的编码算法简称为 MPEG 算法，最大压缩率可达约 1∶200，用该算法压缩的数据称为 MPEG 数据，由该数据产生的文件称为 MPEG 文件，以 MPG 为后缀。

2. AVI

AVI(Audio Video Interleave)是一种音频视像交叉记录的数字视频文件格式。1992 年初，Microsoft 公司推出了 AVI 技术及其应用软件 VFW(Video For Windows)。在 AVI 文件中，运动图像和伴音数据是以交替的方式存储，并独立于硬件设备。这种按交替方式组织音频和视像数据的方式可使得读取视频数据流时能更有效地从存储媒介得到连续的信息。构成一个 AVI 文件的主要参数包括视像参数、伴音参数和压缩参数等。

3. RM

RM 格式是 Real Networks 公司开发的一种新型流式视频文件格式，又称 Real Media，是目前 Internet 上最流行的跨平台的客户/服务器结构多媒体应用标准，它采用音频/视频流和同步回放技术，实现了网上全带宽的多媒体回放。RealPlayer 就是在网上收听、收看这些实时音频、视频和动画的最佳工具。只要用户的线路允许，使用 RealPlayer 可以不必下载完音频/视频内容就能实现网络在线播放，更容易上网查找和收听、收看各种广播、电视。

10.4.3 视频文件的播放

1. Media Player 播放器概述

Windows 系列都附带了 Windows Media Player 播放器，它是 Microsoft 公司基于 DirectShow 基础之上开发的媒体播放软件。使用它可以收听或查看你最喜爱的运动队的比赛实况、新闻报道或广播，还可以回顾 Web 站点上的演唱会、音乐会或研讨会，或提前预览新片剪辑。媒体播放器界面如图 10-9 所示。

Media Player 可以播放很多的文件类型，包括 Windows Media、ASF、MPEG-1、MPEG-2、WAV、AVI、MIDI、VOD、AU、MP3 和 QuickTime 文件。VCD 使用的格式是

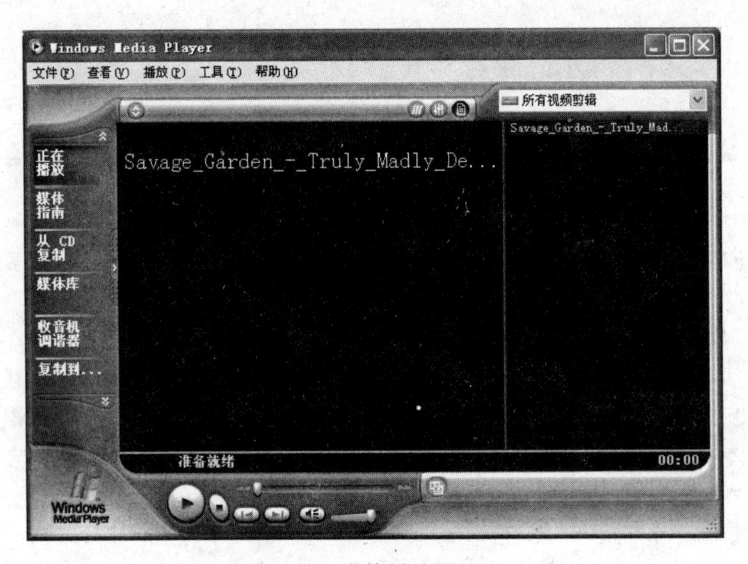

图 10-9 媒体播放器界面

MPEG-1,其扩展名为.dat,同样可以被 Media Player 播放。Favorites 菜单提供保存需要的网站,以便以后可以更快速、简便地重放。当选定了要播放的声像地址后,Windows Media Player 软件还会查看是否安装了所需的解码器。如果没安装,它会自动下载,然后播放。

2. 媒体文件的播放与访问

1) 播放媒体文件

(1) 选择"文件"菜单中的"打开"命令,然后输入 URL 或路径。

(2) 在"打开"后的文本框中输入要打开文件的位置或 Internet 链接,如 C:\Documents and Settings\user\桌面\sample.mpg。

(3) 单击"确定"按钮后可观赏媒体文件的内容,还可通过拖动滑块来选择播放的位置。

2) 访问更多的媒体文件

要访问 Internet 上的媒体资源,可以单击导航栏上的"电台"、"音乐"或"媒体指南"按钮。如要访问电台,可以单击"电台"按钮,Microsoft Windows Media Player 会自动转到相应的网页,展现出预先设置的很多电台链接,只要单击网页上感兴趣的链接就可以观看相应电台上的节目。

10.5 本章小结

多媒体技术是以数字技术为基础,把通信技术、广播技术和计算机技术融于一体,能够对文字、图形、图像、声音、视频等多种媒体信息进行存储、传送和处理的综合性技术。

在人类信息科学技术史上，它是继活字印刷术、无线电一电视机技术、计算机技术之后的又一次新的技术革命。目前，随着多媒体技术及应用已遍及到国民经济与社会生活的各个角落，它给人类的生产方式、工作方式、学习方式乃至生活方式带来巨大的变革。本章主要介绍与多媒体技术相关的基本概念、常用媒体类型和基本应用、多媒体系统组成、多媒体信息的数字化以及 Windows 自带的多媒体工具的使用。

参考文献

[1] 教育部高等教育司.信息科学技术与当代社会.北京：高等教育出版社,2002.

[2] 陶树平等.计算机科学技术导论.北京：高等教育出版社,2002.

[3] 杨振山,龚沛曾等.大学计算机基础.四版.北京：高等教育出版社,2004.

[4] 王恩波,卢效峰等.Internet技术与应用教程.北京：高等教育出版社,2004.

[5] 鄂大伟.多媒体技术基础与应用.二版.北京：高等教育出版社,2003.

[6] 郑顾平等.计算机导论.北京：中国电力出版社,2002.

[7] 谢希仁.计算机网络.5版.北京：电子工业出版社,2009.

[8] 希望图书创作室.Windows XP Professional教程.北京：宇航出版社,2003.

[9] 程旭,巨泽建等.Windows XP中文版.北京：清华大学出版社,2001.

[10] 陈维均.计算机软件基础.北京：电子工业出版社,1994.

[11] 张丽.流媒体技术大全.北京：中国青年出版社,2001.

[12] 吴功宜,吴英.计算机网络应用技术教程.北京：清华大学出版社,2002.

[13] 计算机世界.http://www.ccw.com.cn.

[14] 微软公司(中国).http://www.microsoft.com/china/index.htm.

[15] 王珊,萨师煊.数据库系统概论.4版.北京：高等教育出版社,2008.

[16] 张效祥.计算机科学技术百科全书.2版.北京：清华大学出版社,2005.

[17] 耿国华.大学计算机应用基础.北京：清华大学出版社,2005.

[18] 李秀等.计算机文化基础.4版.北京：清华大学出版社,2003.

[19] 张森等.大学信息技术基础.北京：高等教育出版社,2004.

[20] 冯博琴.大学计算机基础.北京：清华大学出版社,2004.

高等学校计算机基础教育教材精选

书　　名	书　　号
Access 数据库基础教程　赵乃真	ISBN 978-7-302-12950-9
AutoCAD 2002 实用教程　唐嘉平	ISBN 978-7-302-05562-4
AutoCAD 2006 实用教程(第 2 版)　唐嘉平	ISBN 978-7-302-13603-3
AutoCAD 2007 中文版机械制图实例教程　蒋晓	ISBN 978-7-302-14965-1
AutoCAD 计算机绘图教程　李苏红	ISBN 978-7-302-10247-2
C++及 Windows 可视化程序设计　刘振安	ISBN 978-7-302-06786-3
C++及 Windows 可视化程序设计题解与实验指导　刘振安	ISBN 978-7-302-09409-8
C++语言基础教程(第 2 版)　吕凤翥	ISBN 978-7-302-13015-4
C++语言基础教程题解与上机指导(第 2 版)　吕凤翥	ISBN 978-7-302-15200-2
C++语言简明教程　吕凤翥	ISBN 978-7-302-15553-9
CATIA 实用教程　李学志	ISBN 978-7-302-07891-3
C 程序设计教程(第 2 版)　崔武子	ISBN 978-7-302-14955-2
C 程序设计辅导与实训　崔武子	ISBN 978-7-302-07674-2
C 程序设计试题精选　崔武子	ISBN 978-7-302-10760-6
C 语言程序设计　牛志成	ISBN 978-7-302-16562-0
PowerBuilder 数据库应用系统开发教程　崔巍	ISBN 978-7-302-10501-5
Pro/ENGINEER 基础建模与运动仿真教程　孙进平	ISBN 978-7-302-16145-5
SAS 编程技术教程　朱世武	ISBN 978-7-302-15949-0
SQL Server 2000 实用教程　范立南	ISBN 978-7-302-07937-8
Visual Basic 6.0 程序设计实用教程(第 2 版)　罗朝盛	ISBN 978-7-302-16153-0
Visual Basic 程序设计实验指导与习题　罗朝盛	ISBN 978-7-302-07796-1
Visual Basic 程序设计教程　刘天惠	ISBN 978-7-302-12435-1
Visual Basic 程序设计应用教程　王瑾德	ISBN 978-7-302-15602-4
Visual Basic 试题解析与实验指导　王瑾德	ISBN 978-7-302-15520-1
Visual Basic 数据库应用开发教程　徐安东	ISBN 978-7-302-13479-4
Visual C++ 6.0 实用教程(第 2 版)　杨永国	ISBN 978-7-302-15487-7
Visual FoxPro 程序设计　罗淑英	ISBN 978-7-302-13548-7
Visual FoxPro 数据库及面向对象程序设计基础　宋长龙	ISBN 978-7-302-15763-2
Visual LISP 程序设计(AutoCAD 2006)　李学志	ISBN 978-7-302-11924-1
Web 数据库技术　铁军	ISBN 978-7-302-08260-6
程序设计教程(Delphi)　姚普选	ISBN 978-7-302-08028-2
程序设计教程(Visual C++)　姚普选	ISBN 978-7-302-11134-4
大学计算机(应用基础·Windows 2000 环境) 卢湘鸿	ISBN 978-7-302-10187-1
大学计算机基础　高敬阳	ISBN 978-7-302-11566-3
大学计算机基础实验指导　高敬阳	ISBN 978-7-302-11545-8
大学计算机基础　秦光洁	ISBN 978-7-302-15730-4
大学计算机基础实验指导与习题集　秦光洁	ISBN 978-7-302-16072-4
大学计算机基础　牛志成	ISBN 978-7-302-15485-3
大学计算机基础　訾秀玲	ISBN 978-7-302-13134-2
大学计算机基础习题与实验指导　訾秀玲	ISBN 978-7-302-14957-6

大学计算机基础教程(第2版)　张莉　ISBN 978-7-302-15953-7
大学计算机基础实验教程(第2版)　张莉　ISBN 978-7-302-16133-2
大学计算机基础实践教程(第2版)　王行恒　ISBN 978-7-302-18320-4
大学计算机技术应用　陈志云　ISBN 978-7-302-15641-3
大学计算机软件应用　王行恒　ISBN 978-7-302-14802-9
大学计算机应用基础　高光来　ISBN 978-7-302-13774-0
大学计算机应用基础上机指导与习题集　郝莉　ISBN 978-7-302-15495-2
大学计算机应用基础　王志强　ISBN 978-7-302-11790-2
大学计算机应用基础题解与实验指导　王志强　ISBN 978-7-302-11833-6
大学计算机应用基础教程　詹国华　ISBN 978-7-302-11483-3
大学计算机应用基础实验教程(修订版)　詹国华　ISBN 978-7-302-16070-0
大学计算机应用教程　韩文峰　ISBN 978-7-302-11805-3
大学计算机应用实用教程　赵明　ISBN 978-7-302-23036-6
大学信息技术(Linux 操作系统及其应用)　衷克定　ISBN 978-7-302-10558-9
电子商务网站建设教程(第2版)　赵祖荫　ISBN 978-7-302-16370-1
电子商务网站建设实验指导(第2版)　赵祖荫　ISBN 978-7-302-16530-9
多媒体技术及应用　王志强　ISBN 978-7-302-08183-8
多媒体技术及应用　付先平　ISBN 978-7-302-14831-9
多媒体应用与开发基础　史济民　ISBN 978-7-302-07018-4
基于 Linux 环境的计算机基础教程　吴华洋　ISBN 978-7-302-13547-0
基于开放平台的网页设计与编程(第2版)　程向前　ISBN 978-7-302-18377-8
计算机辅助工程制图　孙力红　ISBN 978-7-302-11236-5
计算机辅助设计与绘图(AutoCAD 2007 中文版)(第2版)　李学志　ISBN 978-7-302-15951-3
计算机软件技术及应用基础　冯萍　ISBN 978-7-302-07905-7
计算机图形图像处理技术与应用　何薇　ISBN 978-7-302-15676-5
计算机网络公共基础　史济民　ISBN 978-7-302-05358-3
计算机网络基础(第2版)　杨云江　ISBN 978-7-302-16107-3
计算机网络技术与设备　满文庆　ISBN 978-7-302-08351-1
计算机文化基础教程(第3版)　冯博琴　ISBN 978-7-302-19534-4
计算机文化基础教程实验指导与习题解答　冯博琴　ISBN 978-7-302-09637-5
计算机信息技术基础教程　杨平　ISBN 978-7-302-07108-2
计算机应用基础　林冬梅　ISBN 978-7-302-12282-1
计算机应用基础实验指导与题集　冉清　ISBN 978-7-302-12930-1
计算机应用基础题解与模拟试卷　徐士良　ISBN 978-7-302-14191-4
计算机应用基础教程　姜继忱　ISBN 978-7-302-18421-8
计算机硬件技术基础　李继灿　ISBN 978-7-302-14491-5
软件技术与程序设计(Visual FoxPro 版)　刘玉萍　ISBN 978-7-302-13317-9
数据库应用程序设计基础教程(Visual FoxPro)　周山芙　ISBN 978-7-302-09052-6
数据库应用程序设计基础教程(Visual FoxPro)题解与实验指导　黄京莲　ISBN 978-7-302-11710-0
数据库原理及应用(Access)(第2版)　姚普选　ISBN 978-7-302-13131-1
数据库原理及应用(Access)题解与实验指导(第2版)　姚普选　ISBN 978-7-302-18987-9
数值方法与计算机实现　徐士良　ISBN 978-7-302-11604-2
网络基础及 Internet 实用技术　姚永翘　ISBN 978-7-302-06488-6
网络基础与 Internet 应用　姚永翘　ISBN 978-7-302-13601-9
网络数据库技术与应用　何薇　ISBN 978-7-302-11759-9

网页设计创意与编程　魏善沛　ISBN 978-7-302-12415-3
网页设计创意与编程实验指导　魏善沛　ISBN 978-7-302-14711-4
网页设计与制作技术教程(第 2 版)　王传华　ISBN 978-7-302-15254-8
网页设计与制作教程(第 2 版)　杨选辉　ISBN 978-7-302-17820-0
网页设计与制作实验指导(第 2 版)　杨选辉　ISBN 978-7-302-17729-6
微型计算机原理与接口技术(第 2 版)　冯博琴　ISBN 978-7-302-15213-2
微型计算机原理与接口技术题解及实验指导(第 2 版)　吴宁　ISBN 978-7-302-16016-8
现代微型计算机原理与接口技术教程　杨文显　ISBN 978-7-302-12761-1
新编 16/32 位微型计算机原理及应用教学指导与习题详解　李继灿　ISBN 978-7-302-13396-4